| 개정증보 |

측량학

| 강영미 · 조성호 공저 |

SURVEYING

지우북스

머리말

모든 건설공사에서 주요한 부분이 토목이며, 이를 위해 가장 기본이 되며 선행되어야 할 기술이 측량이라 하겠다.

건설 계획 단계에서 마무리까지 조금도 소홀히 하여서는 안 되며 만약 잘못되었을 경우 많은 민원과 분쟁뿐만 아니라 토목기술의 신뢰성에도 큰 영향을 줄 것이다.

역사적으로 측량은 인류의 역사와 같이 한 것으로 나일강 유역의 농경지, 로마의 도로, 아라비아인들에 의해 고안된 컴퍼스의 이용 등으로 그 중요도와 필요성을 익히 알고 있다.

이와 같이 측량은 인간생활과 깊은 관계를 갖고 있는 기술로 사회·문화의 발전과 맥을 같이 하고 있으며 항공사진 측량기술이나 위성측지 기술 등이 이를 말해주고 있다.

본서는 저자의 오랜 강의 경험을 정리 요약하였으며, 학생들이 쉽게 이해하고 접하기 용이하도록 가능한 한 한자 사용을 하지 않았으며, 부득이한 한자는 괄호 안에 처리하고 전문용어 표기를 통일하였으며, 많은 예제와 연습문제로 측량관련 자격증 취득에 도움을 줄 수 있도록 하였다.

측량기기는 최근 공급되고 있는 기계의 내용으로 다루었으며 G.P.S(Global Positioning System), 수치지도 및 GIS(Geographic Information System)도 기본적인 내용을 다루었다.

끝으로 본서의 미비한 내용은 계속적으로 수정보완 할 것을 약속드리며, 출간을 위해 수고하여 주신 도서출판 지우북스 담당자께 감사드린다.

2020. 2

저자 씀

목차

CHAPTER 01 서 론_21

목차

목차

CHAPTER 06 다각측량_137

목차

CHAPTER 08 시거측량_221

목차

CHAPTER 11 면적 및 체적계산_289

SURVEYING

목차

CHAPTER 18 RS_431

SURVEYING ➡ CHAPTER

서 론 01

CHAPTER 01 ➡ SURVEYING

서 론

1.1 개 요

1.1.1 정 의

측량(Surveying)이란 지구표면뿐만 아니라 지하, 수중, 공중에 위치하는 여러 점들 간의 위치를 결정하거나 측설하고 지구의 형상 해석 및 내부의 특성을 조사하는 과학이며 기술이다.

일반적으로 측량은 지구와 그 환경에 대한 정보를 수집하고 처리하여 지구표면의 여러 점들 간의 위치를 결정하고 이를 기준으로 자연과 인공적인 상황을 수치화 · 도면화하여 자연의 이용과 개발, 방재 등 여러 사업의 기초자료로 이용하는 기술을 말하며 이를 연구하는 학문을 측량학이라 한다.

(1) 기하학적 측량과 물리학적 측량

1) 기하학적 측량학(Geometric Surveying)

길이 및 시각의 결정, 수평위치 결정, 높이의 결정, 위성측지, 천문측량, 사진측량, 면적 및 체적의 산정, 하해측량 등

2) 물리학적 측량학(Physical Surveying)

지구의 형상해석, 중력측량, 지자기 측량, 탄성파 측량, 지각변동 및 균형, 지구의 극운동, 대륙의 부동, 해양의 조류, 지구의 조석해석 등

1.2 측량의 발달사

1.2.1 세계적 발달사

측량의 발달은 인류의 발달과 맥을 같이 하고 있다.

B.C. 3000년 경 이집트에서는 나일강 범람으로 인한 경작지 피해 후 이를 정리하기 위하여 측량 기술이 적용되었으며, 그 후 B.C. 4세기 경 로마인들이 도로를 건설하기 위하여 평판과 유사한 기기로 측량을 하여 도면을 작성하였다.

근세의 측량은 15세기 경 아라비아인에 의한 컴퍼스의 발명, 네덜란드의 스넬(1591～1626)에 의한 삼각측량의 고안 등으로 시작되었다. 그 후 17세기 프랑스의 Pierre Vernier(1580～1637)에 의한 유표(Vernier), 18세기 각측량기인 트랜싯의 발명과 19세기 가우스(Gauss, 1777～1855)에 의한 최소자승법의 연구로 측량은 정밀관측의 방향으로 발전하였다.

이후 19세기 중엽 프랑스의 로세다(Aime Laussedat)에 의해 사진측량이 시작되었고, 20세기에 들어와서 독일의 플프리히(Karl Pulfrich, 1858～1927)에 의한 입체도화기 및 정밀좌표 측정기의 발명으로 근대 사진측량의 기초가 쌓여졌다.

1.2.2 우리나라 발달사

우리나라의 측량사를 고찰해 보면 6세기 경 통일신라시대의 영덕왕 때에는 지역을 구분하는 신라구주현총도(新羅九州縣總圖)를 제작하였고 11세기 고려 목종 때에는 전국을 십도(十道)로 나눈 고려지리도(高麗地理圖)를, 현종 때 다시 오도(五道)로 고친 오도양계주현총도(五道兩界州縣總圖)를 제작하였으며, 인종 때는 삼국사기지리지(三國史記地理誌)가 제작되었다. 그 후 조선시대에는 태종 2년에 혼일강리력대국도지도(混一疆理歷代國都之圖)라는 세계지도가 김사형에 의해 제작되었고 천하도(天下圖)는 방위표시방법(方位表示方法)이 현대의 제작방법에 가까운 지도로 인정되고 있다. 또 노사신(盧思愼)에 의해 제작된 동국여지승람(東國與地勝覽)과 맹사성(孟思誠)의 팔도지리지(八道地理誌) 등이 있고 17세기에 만들어진 정상기(鄭尙驥)의 동국지도(東國地圖)는 축척, 수륙교통 및 연해항로까지 표시된 현대적인 지형도에 가깝게 제작되었다.

1834년에는 축척 약 1:160,000으로 십리마다 좌표격자(座標格子)를 넣고 경위선표(經緯線表)와 투영법(投影法)이 적용된 청구도(靑邱圖)가 제작되었다.

이어서 철종 12년(1861년)에 다시 청구도(靑邱圖)의 내용을 보충하여 대동여지도가 제작되었고 축척은 약 1:162,000으로 전국을 22단으로 나누고 도로 선상에 십리 간격으로 점을 찍고, 하천, 바다, 산 등을 일정한 기호로 표시하였다.

김정호(호 고산자) 선생이 27년간 전국을 답사하여 만든 대동여지도는 막대한 경비와 시간이 소요된 것으로 현재의 지도와 거의 일치한다는 것은 경이적인 사실이 아닐 수 없다.

1894~1895년 사이에는 일본이 전시용으로 1:2,000,000의 한국 전도와 평판측량만으로(1 : 500,000) 만들어진 지도는 54개 도엽을 제작하였고, 1900년부터 토지조사사업으로 지적측량을 시작하였으며, 1909년 경기도 일부와 대구 부근에서 12개 임시 측량원점을 설치하여 이를 이용하여 삼각측량을 하였다, 1910년 토지조사국에서 측량 및 지도 제작을 목적으로 한 계획을 수립하였으나 한일합병으로 중단되었다.

그러나 이후 계속적인 발전으로 1966년부터 1 : 25,000, 1975년부터는 1 : 5,000의 국토기본도를 사진측량에 의해 제작할 수 있는 수준에 이르렀다.

1.3 측량의 분류

측량대상지의 넓이, 목적, 사용기계, 측량법 등에 의해 다음과 같이 분류할 수 있다.

1.3.1 측량구역의 넓이에 따른 분류

(1) 소지측량(Small Area Surveying)

지구의 곡률을 무시하고 평면으로 간주하여 실시하는 측량을 소지측량 또는 평면측량이라고 한다. 거리허용정밀도가 $1/10^6$인 경우에는 반경 11 km, 면적 380km² 이내의 지역을 평면으로 취급한다.

(2) 대지측량(Large Area Surveying)

지구표면을 곡면으로 간주하여 실시하는 측량을 대지측량 또는 측지측량이라고 한다. 거리허용정밀도가 $1/10^6$인 경우에는 반경 11 km, 면적 380km² 이상인 지역을 대상으로 한다.

그림에서 지구의 중심을 O, 중심각을 θ라 하면

지평선(APB) = L = 평면거리

수평선(CPD) = l = 곡면거리

지구의 평균반경(R) = 6,370 km

중심각(θ)

삼각형 AOP와 BOP에서 $AP=BP=R\tan\frac{\theta}{2}$

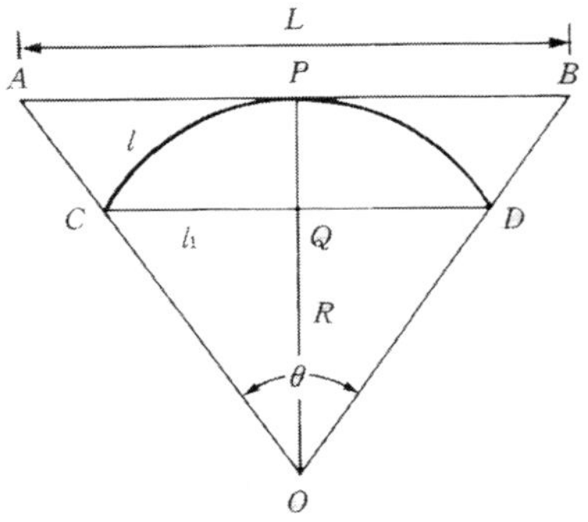

[그림] 1.1 평면거리와 곡면거리

$$L=2R\tan\frac{\theta}{2}$$

· Maclaurin의 정리에 의하면

$$L=2R(\frac{\theta}{2}+\frac{\theta^3}{2^3\cdot 3}+\frac{2\theta^5}{2^5\cdot 15}+\cdots\cdots)$$

· 괄호안의 제 3항 이하를 생략하면

$$L=2R(\frac{\theta}{2}+\frac{\theta^3}{24})=R\theta(1+\frac{\theta^2}{12})$$

$l=R\theta$, $\theta=\frac{l}{R}$ 이므로

$$L=l(1+\frac{l^2}{12R^2})$$

$$\Delta l=L-l=\frac{l^3}{12R^2}(\text{거리오차}) \quad (1.1)$$

$$\text{또, } \frac{\Delta l}{l}=\frac{l^2}{12R^2}(\text{거리정도}) \quad (1.2)$$

예제 1.1 거리오차에 따른 정도를 $1/10^6$까지 허용한다면 반경 몇 km까지를 평면으로 간주할 수 있는가?

풀이

$$\frac{1}{1,000,000}=\frac{l^2}{12R^2}$$

$$l=\sqrt{\frac{12R^2}{1,000,000}}=\sqrt{\frac{12\times 6,370^2}{1,000,000}}\fallingdotseq 22\text{ km} \qquad \therefore \text{ 반경 약 } 11\text{ km}$$

$$A=\pi\cdot r^2=\pi\cdot 11^2\fallingdotseq 380\text{ km}^2$$

1.3.2 측량 목적에 따른 분류

(1) 토지측량(Land surveying)

토지의 면적, 경계선 등을 측정하여 지도를 만들고 지물의 위치를 도면에 나타낸다.

(2) 수준측량(Leveling)

토지의 고저차를 구하는 것

(3) 지형측량(Topographic surveying)

토지의 평면위치와 고저를 동시에 측정하여 지형도를 만드는 것

(4) 노선측량(Route surveying)

길이에 비해 폭이 좁은 철도, 도로, 수로 등의 계획 및 공사에 이용된다.

(5) 하천측량(Hydrographical surveying)

하천, 항만 등에 관한 측량이며 수위, 유량, 조류(潮流), 심천(深淺) 등의 측정이 포함된다.

(6) 터널측량(Tunnel surveying)

터널의 계획, 굴착 등에 필요한 측량이며 광산측량도 이에 포함된다.

(7) 건축측량(Architectural surveying)

건축물을 건설하기 위한 측량

(8) 시가지 측량(City surveying)

도시계획 및 구획정리 등 도시의 공사에 필요한 측량

(9) 천체측량(Astronomical observation surbeying)

넓은 지구상에서 수많은 점들의 상호위치를 정하거나 경위도의 위치를 측정하는 측량

1.3.3 사용하는 기기에 따른 분류

(1) 거리측량(Distance surveying or chain surveying)
(2) 평판측량(Plantable surveying)
(3) 컴퍼스측량(Compass surveying)
(4) 트랜싯측량(Transit surveying)
(5) 레벨측량(Level surveying)
(6) 스타디아측량(Stadia surveying)
(7) 섹스턴트측량(Sextant surveying)
(8) 기압측량(Barometric surveying)
(9) 사진측량(Photogrammetry)
(10) GPS측량(Global Positioning Systems)

1.3.4 측량법에 따른 분류

우리나라의 측량법(1961년 12월 31일 제정, 법률 제938호)은 측량에 관한 기준을 정하여 측량의 정확성을 확보하고 측량의 중복배제 및 측량성과의 공공이용 등을 기함으로써 측량제도의 발전을 도모함을 그 목적으로 하고 있다.

(1) 기본측량

기본측량은 측량의 기초가 되는 측량으로서 국토교통부 장관의 명을 받아 국토지리정보원장이 실시하는 것을 말한다. 측량의 기초가 되는 측량은 삼각점 · 수준점 · 천측점 · 자기점 · 중력점 등에 관한 국가기준점측량이며, 지도 및 연안해역도 제작과 측량용 사진의 촬영 등 국가기본도 측량을 포함한다.

(2) 공공측량

공공측량은 공공의 이해에 관계가 있는 측량으로서 기본측량 외의 측량 중 국가, 지방자치단체, 정부투자기관이 실시하는 측량을 말한다. 다만, 대통령령이 정하는 바에 따라 국토교통부 장관이 지정하는 측량은 제외한다.

공공측량은 기본측량 또는 다른 공공측량의 측량 성과를 기초로 하여 실시해야 하며, 공공측량의 계획기관을 실시하려 할 때는 국토교통부령에서 정하는 기준에 따라 측량에 관한 작업규정을 작성하여 사전에 국토교통부 장관의 승인을 받아야 한다.

(3) 일반측량

기본측량 및 공공측량 이외의 측량을 말하며, 법인 또는 개인이 계획하고 실시하는 측량이다. 여기에는 관계법령의 규정에 의하여 허가·인가·면허·등록·승인 등에 필요한 첨부도서를 작성하기 위한 측량이 포함된다.

그러나 공공의 이해에 중대한 관계가 있는 일반측량에 대해서는 공공측량에 준하는 측량으로 지정하여 공공측량을 따르도록 하고 있다.

1.4 측량의 기준

1.4.1 지구의 형상

지구의 표면은 약 72%가 해면으로 조석이나 해류 등에 의하여 끊임없이 변화하고 있어 그 형상이 매우 복잡하여 수학적으로 정의하기는 어렵다. 이들 변수들은 시간의 함수로서 장시간에 걸친 측정과 분석에 의하여 결정될 수 있고 이로부터 정지상태의 평균해면을 얻을 수 있다. 이것을 지오이드(geoid)라 하며 지구의 형상으로 채용하고 있다.

(1) 지표면

실제로 측량작업이 이루어지는 면으로 수학 및 물리학적으로 정의가 불가능하여 위치계산의 기준으로 사용할 수 없다.

(2) 지오이드

지오이드(geoid)는 중력 포텐셜로 정의되는 면으로 다소의 굴곡을 가지며 평균해수면을 육지까지 연장한 가상곡면이다. 지오이드는 어느 지점에서나 중력방향과 수직하며 수준측량의 기준면이 된다.

(3) 지구 타원체

지구의 형상과 가장 근접한 회전 타원체를 지구 타원체라 한다. 회전 타원체는 수학적으로 정의되는 타원체로 굴곡이 없으며 지구의 표면적, 경·위도 결정, 지도제작 등에 활용된다.

[표] 1.1 지구 타원체

타원체	연대	적도반경(a) km	극반경(b) km	편평률(f)	비고
Bessel	1841	6,377.397	6,356.079	1 : 299.15	한국, 일본, 독일, 프랑스
Hayford	1909	6,378.388	6,356.912	1 : 293.47	1924년 국제타원체로 채택
GRS80	1980	6,378.137	6,356.752	1 : 298.26	1979년 국제타원체로 채택

① 편평률 (f) $= \dfrac{a-b}{a}$

② 이심률 (e) $= \dfrac{\sqrt{a^2-b^2}}{a}$

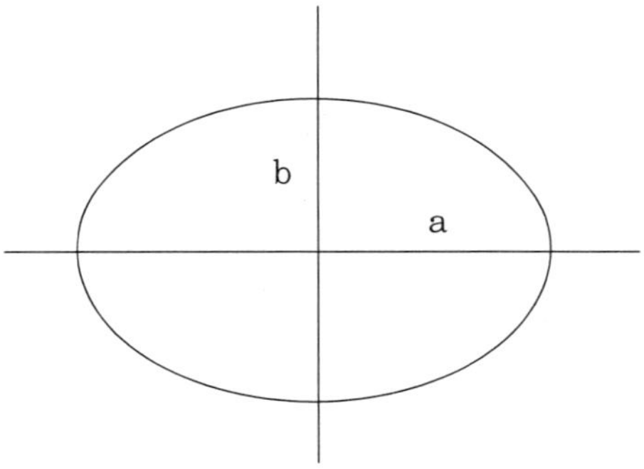

[그림] 1.2 지구 타원체

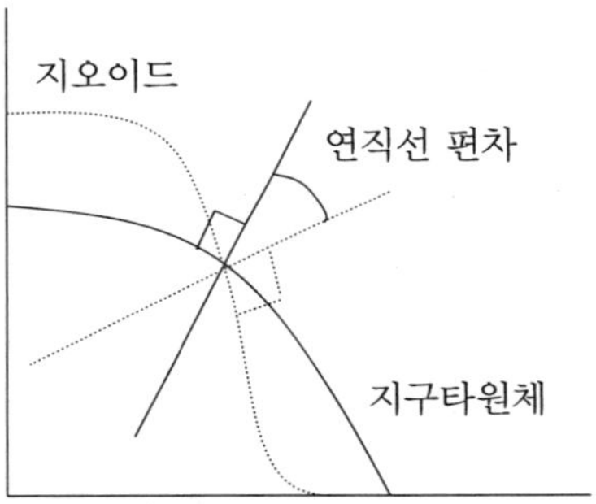

[그림] 1.3 연직선 편차

[표] 1.2 지구 타원체와 지오이드의 비교

구 분	지구 타원체	지오이드
형상	지구의 형상과 가장 근접한 회전타원체	평균해수면을 육지까지 연장한 가상곡면
이용	지구반경, 표면적, 체적, 삼각측량, 경·위도 결정, 지도제작	해발고도 기준, 수준측량 기준
기타	지구타원체의 수직선과 지오이드의 수직선(중력선)이 불일치(연직선 편차) 지오이드는 지구타원체를 기준으로 대륙에서는 높고 해양에서는 낮음	

(4) 구면 삼각형

측량 대상지역이 넓은 경우에 평면삼각법에 의한 측량 성과의 계산은 오차를 유발하므로 곡면각을 고려하여야 한다.

구면 삼각형(spherical triangle)은 세 변이 대원의 호로 이루어진 삼각형을 말하며 여기서의 대원은 지구의 중심을 지나는 평면과 구면의 교선을 의미한다.

구과량(ϵ)은 구면 삼각형의 내각의 합이 180°를 넘게 되는데 이 차를 의미한다.

$$\epsilon'' = \text{구면삼각형의 내각의 합} - 180°$$

여기서, $\epsilon'' = \dfrac{F}{r^2}\rho''$

F : 구면 삼각형 면적
r : 지구반경
ρ'' : 206,265″

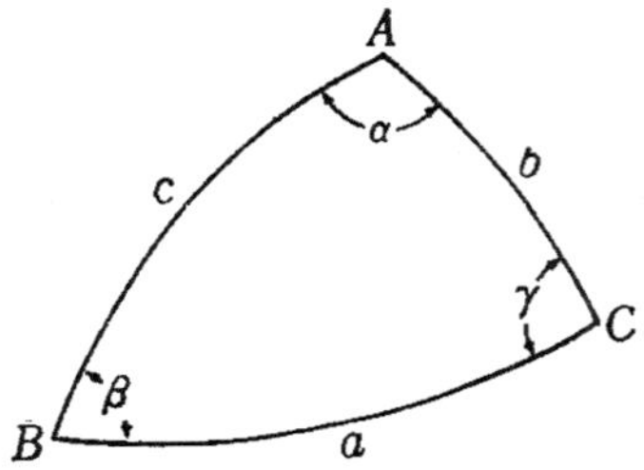

[그림] 1.4 구면 삼각형

예제 1.2 구면삼각형의 면적이 786.9km² 이라면 이 구면 삼각형의 구과량은? (단, 지구반경 (r)은 6,370 km)

풀이 $\epsilon'' = \dfrac{F}{r^2}\rho'' = \dfrac{786.9}{6{,}370^2} \times 206{,}265'' = 4''$

1.4.2 지구좌표

(1) 경위도 좌표

그리니치 천문대를 통과하는 본초자오선을 기준으로 하여 임의의 지점을 지나는 자오선까지의 적도면상의 각거리를 경도(λ)라 한다. 본초자오선을 기준으로 우측을 동경, 좌측을 서경으로 하여 0°~180°로 표기한다. 그리고 위도(ϕ)는 자오선을 따라 적도에서 어느 점까지 관측한 각거리를 말한다. 적도를 기준으로 위쪽을 북위, 아래쪽을 남위로 하여 0°~90°로 표기한다.

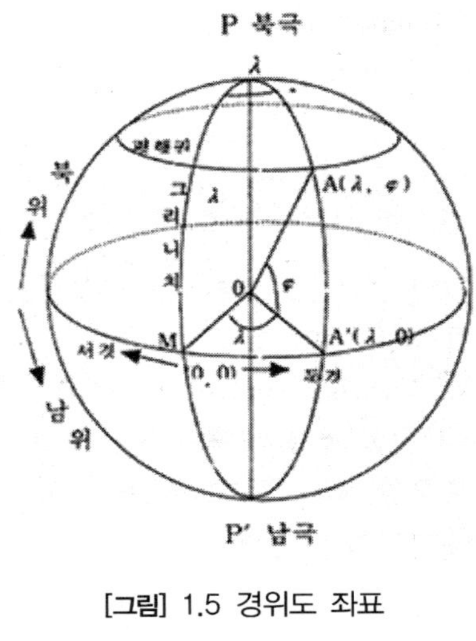

[그림] 1.5 경위도 좌표

(2) 평면직교좌표

측량 대상지역이 넓지 않은 경우에 적용하는 좌표계로서, 자오선에 일치하는 선을 X(N)축으로 하여 북쪽을 정(+)으로 하며, X(N)축에 직교하는 방향을 Y(E)축으로 하여 동쪽을 정(+)으로 한다. 그리고 지점의 위치는 거리와 방향을 이용한 x, y로 표시한다.

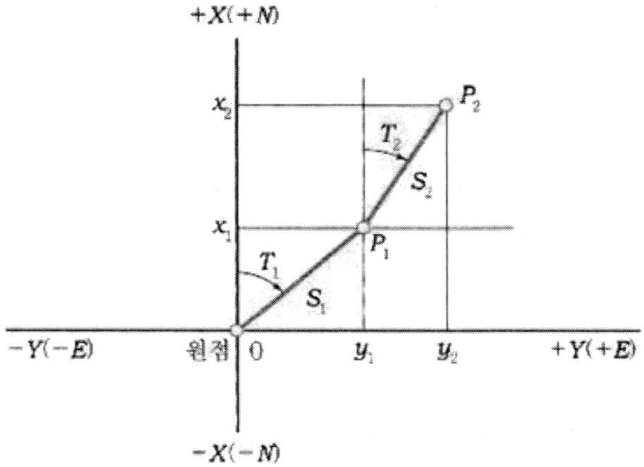

[그림] 1.6 평면직교좌표

$$x_1 = S_1 \cos T_1 \qquad y_1 = S_1 \sin T_1$$

$$x_2 = x_1 + S_2 \cos T_2 \qquad y_2 = y_1 + S_2 \sin T_2$$

(3) UTM 좌표

적도를 횡축, 자오선을 종축으로 하는 국제적인 평면직각좌표(UTM, Universal Transverse Mercator Coordinates)로서 다음과 같이 정의한다.

1) 지도투영의 적용범위는 북위 84°, 남위 80°까지이며, 그 이상지역은 국제극평면좌표(UPS)를 사용하고, 적도를 중심한 8° 간격으로 20구분(횡대, row)하고, C(80°S～72°S)에서 X(72°N～84°N)까지(단, I와 O는 제외) 20개의 알파벳 문자로 표시한다.
2) 각 종대에는 180°W 자오선에서 동쪽으로 6°간격으로 1부터 60까지 번호를 붙인다. 따라서 종대 및 횡대는 결국 경도 6° × 위도 8°의 구형구역으로 구분한다.
3) 우리나라의 위치는 51, 52 종대와 S, T 횡대에 표기된다. 거리좌표의 단위는 m를 사용하고 종좌표에는 N, 횡좌표에는 E를 붙인다.

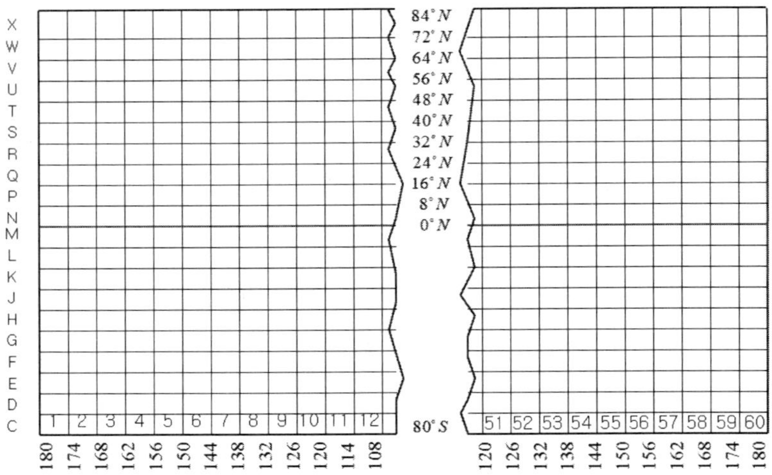

[그림] 1.7 UTM 좌표

(4) 극좌표

거리 S와 방향 T로 지점의 위치를 표시하며 방향은 어떤 특정 방향(자북, 자오선북, 직교좌표축의 북)을 기준으로 오른쪽으로 관측한 각도로 표시한다.

자침방향이 진북으로부터 편위한 수평각을 자침편차라 하며 서(西)로 기운 것을 서편(−), 동(東으)로 기운 것을 동편(+)이라 한다.

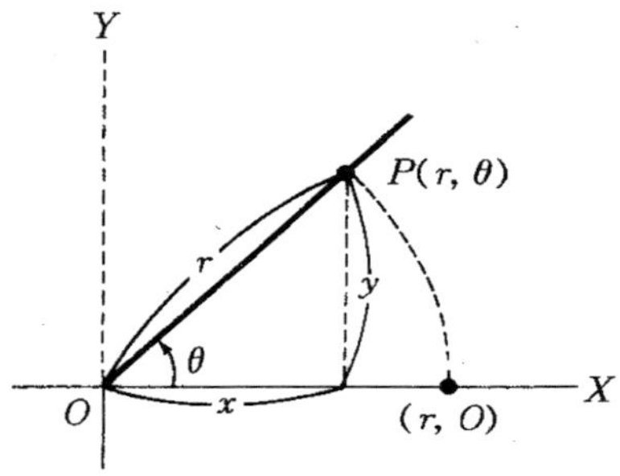

[그림] 1.8 극좌표

1.4.3 우리나라 측량원점

(1) 경위도 원점

우리나라 지리학적 경위도 결정을 위한 기준으로 경기도 수원시 영통구 월드컵로 92(국토지리정보원 청사 구내)에 위치하고 있다.

경　도 : 동경 127°03′14.8913″

위　도 : 북위 37°16′33.3659″

원방위각 : 3°17′32.195″

원방위각은 한국 경위도 원점에서 서울과학기술대학교 위성측지기준점에 이르는 방위각이다.

[그림] 1.9 경위도 원점

(2) 평면 직교좌표 원점

지도상 제점간의 위치 관계를 용이하게 결정하도록 가정한 기준점을 도원점이라 하며 모든 삼각점 X, Y좌표의 기준이 된다.

원점을 기준으로 모든 지역에 대한 좌표가 양수(+)가 되도록 종축(X축)에 +600,000 m, 횡축(Y축)에 +200,000 m를 더하여 원점의 좌표는 600,000 mN, 200,000 mE로 한다.

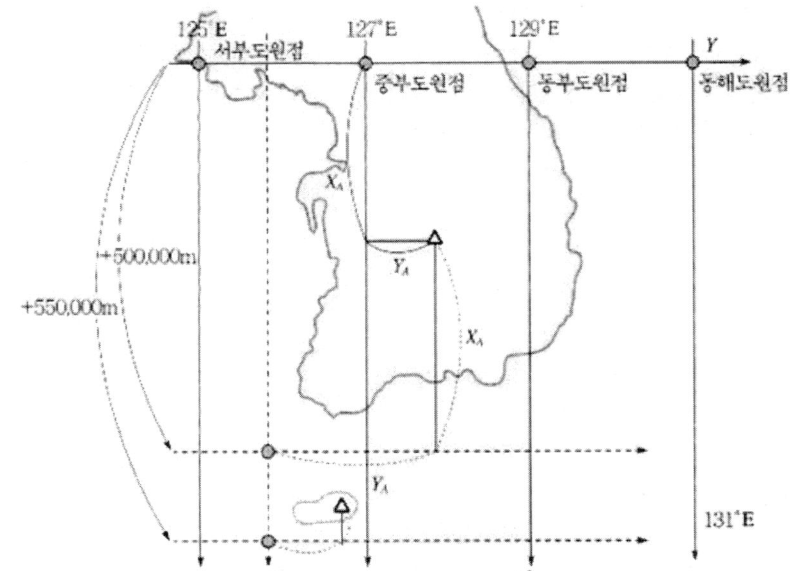

[그림] 1.10 평면직교좌표원점

[표] 1.3 도원점의 위치

좌 표 계 명	위 도	경 도
서부 좌표계(서부도원점)	북 위 38°	동 경 125°
중부 좌표계(중부도원점)	북 위 38°	동 경 127°
동부 좌표계(동부도원점)	북 위 38°	동 경 129°
동해 좌표계(동해도원점)	북 위 38°	동 경 131°

(3) 수준 원점

높이의 기준은 인천만의 평균해수면(M. S. L)으로 하였으며 현 위치는 인천시 남구 인하로 100(인하공업전문대학 내)이다.

[그림] 1.11 수준원점

[표] 1.4 수준원점의 개요

구분	내 용
지 점	인천시 남구 인하로 100 인하공업전문대학 내 원점표석
설치일	1963년 12월 2일
원점값	인천만 평균 해수면 상의 높이로부터 26.6871 m

1.5. 오차와 정도

1.5.1 오차의 정의

신뢰성이 있는 측정 결과를 얻기 위해 많은 관측(observation)과 측정(measurment)방법들을 사용하여도 정확한 측정값을 얻을 수 없다. 이와 같이 숙련된 기술자가 정밀한 기계로 주의깊게 측정한 관측값도 정확치와는 차가 있어 이를 오차(error)라 하며 이를 최소화하기 위해 측량할 때마다 오차의 원인과 오차의 영향을 고려하여 측량방법을 결정하며 또 관측의 결과를 정확치와 비교하여 관리한다.

1.5.2 정확도와 정밀도

정밀도(Precision)란 어느 값을 측정함에 있어 측정의 정교성과 균질성을 표시하는 척도이며, 측정값들의 편차가 상대적으로 적으면 그 측정은 정밀하다고 하며, 반대로 크면 정밀하지 못하다고 말한다. 따라서 정밀도는 측정의 과정과 밀접한 관계가 있으며, 측정 장비와 측정 방법에 크게 영향을 받는다. 측정값들의 분포상태가 평균값 주변에 밀집되어 있으면 정밀하고 분포상태가 널리 퍼져 있으면 정밀하지 못한 것이다. 그러므로 이것은 우연오차와 매우 밀접한 관계가 있다.

정확도(Accuracy)는 측정값이 참값에 얼마나 일치되는가를 표시하는 척도이며, 측정의 정교성이나 균질성과는 아무 관계가 없다. 다만 측정의 결과에 관련된 사항으로서 정오차와 착오를 제거하기 위하여 얼마나 노력을 하였는가에 관련이 있다.

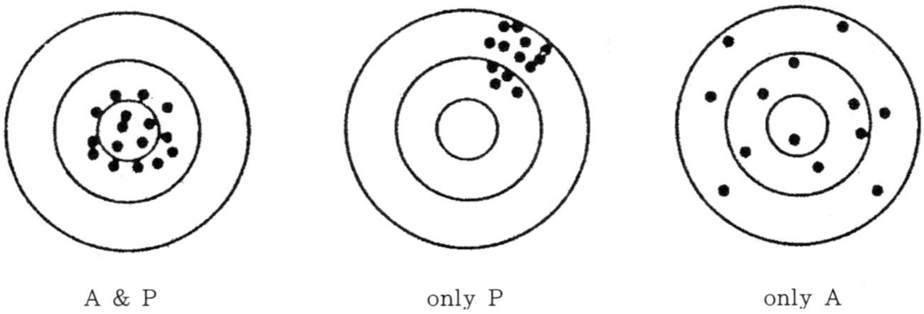

[그림] 1.12 정확도와 정밀도

1.6 오차의 원인

동일한 거리를 여러 차례 측정하여 산술평균하여도 정확치와 약간의 오차가 있다고 예상할 수 있다. 이와 같은 오차는 여러 원인에 의해 발생할 수 있겠지만 일반적으로 다음과 같이 분류한다.

1.6.1 자연적 원인

온도, 습도, 기압변화, 광선의 굴절, 바람 등에 의해서 생긴다.

1.6.2 기계적 원인

기계구조의 결함, 조정불량 등에 의해서 발생한다.

1.6.3 인위적 원인

조작미숙, 과오, 측정자의 시각 및 감각의 불완전에 의해서 발생한다.

1.7 오차의 종류

1.7.1 착오(Mistake)

측량자의 부주의, 미숙 등으로 생기는 오차로써 제거가 가능하고 쉽게 발견할 수 있다.

1.7.2 정오차(Systematic error)

원인이 명확하여 보정이 가능하며 관측횟수에 따라 오차가 누가되므로 누적오차 또는 누차라고도 한다.

정오차는 측정횟수에 비례하므로 다음과 같이 보정한다.

$$정오차 = \delta n$$

여기서, n : 측정횟수

δ : 1회 측정시의 정오차

1.7.3 우연오차(Accidental error)

일어나는 원인이 불명확하고 기계진동 광선의 굴절 등에 의해서 발생하므로 최소제곱법에 의해서 조정하여야 하며 부정오차라고도 한다.

$$우연오차 = \pm\delta\sqrt{n}$$

여기서, n : 측정횟수

δ : 1회 측정시의 우연오차

예제 1.3 3 km의 거리를 30 m의 줄자로 측정하였을 때 1회 측정의 부정오차가 ±4 mm이었다면 전체 거리의 부정오차는?

풀이

$$부정오차 = \pm\delta\sqrt{n} = \pm 4\sqrt{\frac{3,000}{30}} = \pm 40\ \mathrm{mm}$$

1.8 최확값(Most probable value)

최확값란 다른 어떤 값보다 참값에 가까운 확률이 가장 큰 값을 말하며 최소제곱법의 이론으로 얻어지는 값이다.

1.8.1 정도가 같은 관측값의 최확값

어떠한 양을 같은 조건으로 몇 번이고 측정하였을 때 그의 최확값은 그들 측정치의 산술평균이다.

예제 1.4 어떤 거리를 5회 측정한 값이 40.236 m, 40.235 m, 40.238 m, 40.233 m, 40.230 m라고 하면 이 거리 측정의 최확값은?

풀이

$$(40.236 + 40.235 + 40.238 + 40.233 + 40.230) \times \frac{1}{5} = 40.234\ \mathrm{m}$$

1.8.2 조건부 관측값의 최확값

같은 조건 하에서 몇 개의 양을 측정하였을 때 그 관측값은 서로가 수학적 조건을 만족시켜야 할 때 그 관측값의 최확값은 가우스(Gauss)의 미정계수법에 의하여 관측값과 이론적인 조건의 값과 차이를 각 관측값에 등배분하면 된다.

예제 1.5 삼각측량에서 한 삼각망의 내각을 측정하니 다음과 같다. 각각의 최확값은?

$\angle A = 32°12'20''$, $\angle B = 58°23'40''$, $\angle C = 89°24'36''$

풀이 $\angle A + \angle B + \angle C = 32°12'20'' + 58°23'40'' + 89°24'36'' = 180°00'36''$

오차 : $180°00'36'' - 180° = 36''$

보정량 $= -36'' \times \dfrac{1}{3} = -12''$

각각에 $-12''$ 하면

$\angle A = 32°12'08''$, $\angle B = 58°23'28''$, $\angle C = 89°24'24''$

1.8.3 경중률이 다른 관측값의 최확값

어떠한 양을 관측의 비중을 달리하여 여러 번 측정했을 때 그 결과에서 측정치를 구하자면 각 관측값에 그 비중을 곱하고 이것들의 합계를 비중의 합계로 나눈 평균치를 구하면 된다. 지금 각 관측값을 L_1, L_2, …… L_n 또 측정의 비중을 P_1, P_2, …… P_n라 하면 최확값 M는

$M = \dfrac{P_1L_1 + P_2L_2 + \dots\dots + P_nL_n}{P_1 + P_2 + \dots\dots + P_n}$ 이 된다.

이러한 최확값을 계산하는 데는 경중률(weight)이 중요한 요소로 작용하는데, 경중률은 관측값의 신뢰도를 나타내는 값을 의미하며 다음과 같은 성질을 갖는다.

① 경중률은 관측횟수에 비례한다. $(P_1 : P_2 = n_1 : n_2)$

② 경중률은 노선길이에 반비례한다. $(P_1 : P_2 = \dfrac{1}{L_1} : \dfrac{1}{L_2})$

③ 경중률은 오차의 제곱에 반비례한다. $(P_1 : P_2 = \dfrac{1}{e_1^2} : \dfrac{1}{e_2^2})$

예제 1.6 서로 다른 세 사람이 같은 주의 아래에서 한 각을 갑은 1회 측정하여 47°37′38″, 을은 4회 측정하여 47°37′21″, 병은 9회 측정하여 47°37′30″을 얻었을 때 이 각의 최확값은?

풀이

$$P_1 : P_2 : P_3 = n_1 : n_2 : n_3 = 1 : 4 : 9$$

$$\text{최확값} = 47°37' \frac{1 \times 38'' + 4 \times 21'' + 9 \times 30''}{1+4+9} = 47°37'28''$$

예제 1.7 A, B 두 수준점으로부터 수준측량을 하여 다음과 같은 결과를 얻었다. P점 표고의 최확값은?

A점으로부터 표고 216.786 m, AP=2 km

B점으로부터 표고 216.732 m, BP=3 km

풀이

$$P_1 : P_2 = \frac{1}{L_1} : \frac{1}{L_2} = \frac{1}{2} : \frac{1}{3} = 3 : 2$$

$$\text{최확값} = \frac{3 \times 216.786 + 2 \times 216.732}{3+2} = 216.764 \text{ m}$$

예제 1.8 갑, 을 두 사람이 A, B 두 점간의 고저차를 구하기 위하여 서로 다른 표척으로 왕복측량한 결과가 갑은 38.994 m±0.008 m, 을은 39.003 m±0.004 m일 때, 두 점간 고저차의 최확값은?

풀이

$$P_1 : P_2 = \frac{1}{e_1^2} : \frac{1}{e_2^2} = \frac{1}{8^2} : \frac{1}{4^2} = 1 : 4$$

$$\text{최확값} = \frac{1 \times 38.994 + 4 \times 39.003}{1+4} = 39.001 \text{ m}$$

1.9 확률오차

1.9.1 확률곡선과 정규분포

(1) 오차의 일반법칙

1) 아주 큰 오차는 거의 발생하지 않는다.
2) 작은 오차는 큰 오차보다 생기는 빈도가 크다.
3) +오차와 −오차는 같은 빈도로 발생한다.

이상의 성질로 오차 Δ를 X축, 오차가 생길 확률은 Y축으로 한 정규곡선식은 다음과 같다.

$$Y = \frac{h}{\sqrt{\pi}} e^{-h^2\Delta^2} \tag{1.3}$$

여기서, h는 측정의 정도이며, 측량에서는 h대신 잔차를 많이 이용하고 있다.

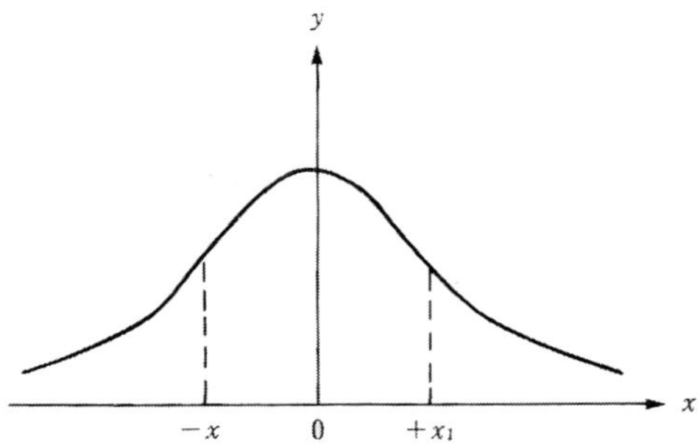

[그림] 1.13 확률곡선

(2) 정규분포의 특징

1) 정규분포는 종(bell) 모양이며 평균을 중심으로 좌우대칭이다.
2) 확률곡선 내의 면적은 항상 1(100 %)이다.
3) 확률곡선의 기울기가 급할수록 정밀도가 높다.

1.9.2 오차의 표현

(1) 평균오차

평균오차는 오차의 절대치의 산술평균치이고 평균오차 t는

$$t = \frac{|\Delta_1| + |\Delta_2| + \ldots\ldots + |\Delta_n|}{n} = \pm \frac{[|\Delta|]}{n} \tag{1.4}$$

이고, 평균오차 t와 표준오차 m 또는 정밀도 h와의 관계는 다음과 같다.

$$t = \sqrt{\frac{2}{\pi}}\,\delta = 0.7979\delta \tag{1.5}$$

$$t = \frac{1}{h\sqrt{\pi}} = 0.5642/h$$

참오차 Δ 대신에 잔차(v)를 사용하면 잔차에 대한 평균오차이다.

(2) 표준오차(mean square error)

표준오차는 어떠한 양을 여러 번 측정하여 생긴 오차에 제곱을 합하고 그 값의 평방근에서 얻어지는 값이다. 오차를 x_1, x_2, x_3 ……, x_n라 하면

$$m = \pm\sqrt{\frac{x_1^2 + x_2^2 + \ldots + x_n^2}{n}} = \sqrt{\frac{[x \cdot x]}{n}} \tag{1.6}$$

잔차(v)를 $v_1, v_2, v_3 \cdots\cdots, v_n$ 로 표시하면

$$m = \pm\sqrt{\frac{[v \cdot v]}{n-1}} \tag{1.7}$$

최확값에 대한 표준오차는

$$\overline{m} = \pm\sqrt{\frac{[v \cdot v]}{n(n-1)}} = \frac{m}{\sqrt{n}} \tag{1.8}$$

(3) 확률오차(probability error)

확률오차는 같은 양의 정, 부의 오차가 일어날 확률이 같은 오차이다.
확률오차 = 0.6745×표준오차

잔차에 대한 최확값의 확률오차는

$$E = 0.6745\,\overline{m} = \pm 0.6745\sqrt{\frac{[v \cdot v]}{n(n-1)}} \tag{1.9}$$

관측값에 대한 확률오차는

$$Em = \pm 0.6745m = \pm 0.6745\sqrt{\frac{[v \cdot v]}{n-1}} \tag{1.10}$$

예제 1.9 레벨로 같은 수준척을 10회 측정하여 다음과 같은 측정치를 얻었다. 이 때 정오차와 착오를 없애기 위하여 매회 수준척을 수직으로 다시 세우고 기포관을 정확하게 수평이 되게끔 조정하였다. 이 관측값의 최확값과 확률오차를 구하라.

수준척의 측정치(m)	V(m)	$v^2 \times 10^{-6}$
2.467	0.002	4
2.460	0.005	25
2.469	0.004	16
2.465	0.000	0
2.471	0.006	36
2.461	0.004	16
2.463	0.002	4
2.466	0.001	1
2.460	0.005	25
2.468	0.003	9

풀이 평균 $= 2.465$ $\sum v = 0.032$ $\sum v^2 = 136 \times 10^{-6}$

평균치의 확률오차 $= \pm 0.6745\sqrt{\frac{136 \times 10^{-6}}{9 \times 10}} = \pm 0.00083\text{ m}$

각 관측값의 확률오차 $= \pm 0.6745\sqrt{\frac{136 \times 10^{-6}}{9}} = \pm 0.0026\text{ m}$

1.9.3 오차의 전파

한 번에 측정할 수 없는 구간을 나누어 관측함에 따라 각각의 관측값에 포함된 오차는 전체 결과값에 영향을 미치게 된다. 따라서 정오차는 관측횟수에 비례하여 점점 누적되는데 비하여 확률오차는 확률법칙에 따라 전파된다.

몇 개의 독립된 측정값의 확률오차 E_1, E_2, …… E_n을 하면 알고 있을 때 이것들의 관측값을 합한 값의 확률오차는

$$E=\pm\sqrt{E_1^2+E_2^2+\cdots\cdots+E_n^2}$$

예제 1.10 AB간의 거리를 4구간으로 나누어 관측하였더니 다음과 같았다. AB간의 거리에 포함된 오차는?

$l_1=29.5512\text{ m}\pm0.0014\text{ m}$ $\quad$ $l_2=29.8837\text{ m}\pm0.0012\text{ m}$

$l_3=29.3363\text{ m}\pm0.0015\text{ m}$ $\quad$ $l_4=29.4488\text{ m}\pm0.0015\text{ m}$

풀이

$$E=\pm\sqrt{E_1^2+E_2^2+E_3^2+E_4^2}$$

$$E=\pm\sqrt{(0.0014)^2+(0.0012)^2+(0.0015)^2+(0.0015)^2}=\pm0.00281\text{ m}$$

1.9.4 거리, 면적, 축척과의 관계

① 축척과 실제거리와의 관계

$$M=\frac{1}{\text{m}}=\frac{\text{도상거리}}{\text{실제거리}} \qquad \text{실제거리}=\text{도상거리}\times\text{m}$$

② 축척과 실제면적과의 관계

$$M=\frac{1}{\text{m}}=\sqrt{\frac{\text{도상면적}}{\text{실제면적}}} \qquad \text{실제면적}=\text{도상면적}\times\text{m}^2$$

예제 1.11 축척 1 : 25,000 지형도 상에 면적을 측정한 결과 84cm² 이었을 때 실제면적은?

풀이 $\text{실제면적}=\text{도상면적}\times\text{m}^2=84\times25{,}000^2=5.25\times10^{10}\text{cm}^2=5.25\text{ km}^2$

연 습 문 제

1.1 70 km의 거리를 평면으로 간주할 때 거리허용 정밀도는?

풀이

$$M = \frac{1}{m} = \frac{\Delta l}{l}$$

$$= \frac{l^2}{12R^2} = \frac{70^2}{12 \times 6370^2} \fallingdotseq \frac{1}{100,000}$$

1.2 지구의 모양은 장반지름 6,377.397 m, 단반지름 6,356.079 m의 회전타원형이다. 지구의 편평률은 대략 얼마인가?

풀이

$$\text{지구의 편평률} = \frac{\text{장반지름} - \text{단반지름}}{\text{장반지름}} = \frac{a-b}{a}$$

$$= \frac{6,377.397 - 6,356.079}{6,377.397} = \frac{1}{299}$$

1.3 측지위도 38°에서 자오선 곡률반경(M : 종곡률반경), 모유선 곡률반경(N : 횡곡률반경), 중등곡률반경(R : 평균곡률반경)을 계산하시오. 단, 지구타원체의 제원은 Bessel(a=6,377,397.155 m, p=1/299.1528)치를 사용한다.

풀이

$$b = a(1-p) = 6,356,078.96325 \text{ m}$$

$$e^2 = \frac{a^2 - b^2}{a^2} = \frac{6,377,397.155^2 - 6,356,078.963^2}{6,377,397.155^2} = 0.00667437223$$

$$e = \sqrt{\frac{a^2 - b^2}{a^2}} = 0.084696829$$

$$W = \sqrt{1-e^2\sin^2\varphi} = \sqrt{1-0.6674372\times\sin^2 38°} = 0.9987343$$

$$M = \frac{a(1-e^2)}{W^3} = \frac{6,377,397(1-0.0816965^2)}{0.9987343^3} = 6,358,947.55\ \text{m}$$

$$N = \frac{a}{W} = \frac{6,377,397}{0.9987343} = 6,385,479.42\ \text{m}$$

$$R = \sqrt{M\cdot N} = \sqrt{6,358,947.55\times 6,385,479.42} = 6,372,199.67\text{m}$$

1.4 20 m 줄자의 길이가 표준길이보다 5 cm 짧을 때 이 줄자를 써서 잰 400 m 길이의 실제 길이는 얼마인가?

풀이

$$n = \frac{400}{20} = 20$$

$$\text{누적오차} = n\delta = 20\times(-5) = -100\ \text{cm} = -1\ \text{m}$$

$$\therefore\ L_0 = L + \text{누적오차} = 400 - 1 = 399\ \text{m}$$

1.5 1회 측정에서 ±3 mm의 우연오차가 생겼을 경우 10회 측정했을 때의 우연오차는 얼마인가?

풀이 $\text{우연오차} = \pm\delta\sqrt{n} = \pm 3\sqrt{10} = \pm 9.487 \fallingdotseq \pm 9.50\ \text{mm}$

1.6 직사각형의 면적을 구하기 위해 거리를 관측한 결과, 가로는 50 m±0.01 m, 세로는 100 m±0.02 m이었다면 면적오차는?

풀이

$$\text{면적오차} = \pm\sqrt{(x\Delta y)^2 + (y\Delta x)^2}$$

$$\text{면적오차} = \pm\sqrt{(50\times 0.02)^2 + (100\times 0.01)^2} = \pm 1.41\ \text{m}^2$$

1.7 갑, 을, 병 세 사람이 동일 조건 하에서 어떤 거리를 측정하여 최확값 ±평균제곱오차를 얻었다. 이 때 최확값은 얼마인가?

갑 100.521 m ± 0.030 m, 을 100.532 m ± 0.045 m, 병 100.526 m ± 0.015 m

풀이 경중률은 평균제곱오차의 제곱에 역비례$\left(\frac{1}{e^2}\right)$한다.

$$P_l : P_2 : P_3 = \frac{1}{m_1^2} : \frac{1}{m_2^2} : \frac{1}{m_3^2} = \frac{1}{3^2} : \frac{1}{4.5^2} : \frac{1}{1.5^2}$$

$$= \frac{1}{9} : \frac{1}{20.25} : \frac{1}{2.25} = 0.11 : 0.05 : 0.44$$

$$L_0 = \frac{p_1 l_1 + p_2 l_2 + p_3 l_3}{p_1 + p_2 + p_3}$$

$$= \frac{(0.11 \times 100.521) + (0.05 \times 100.532) + (0.44 \times 100.526)}{0.11 + 0.05 + 0.44} = 100.5256 \text{ m}$$

1.8 거리측정에서 줄자로 1회 측정할 때 확률오차가 ±0.01 m인 경우 약 500 m의 거리를 50 m의 줄자로 측정할 경우의 확률오차는?

풀이 확률오차는 횟수의 평방근(제곱근)에 비례한다.

$$E = \pm 0.01 \sqrt{\frac{500}{50}} = \pm 0.03$$

1.9 구면삼각형 ABC의 세 각을 관측한 결과 $A = 74°40'$, $B = 67°30'$, $C = 37°50'10''$ 이었다. 이 때의 구면삼각형의 표면적은 얼마인가?(단, 지구곡선반경(r)은 6,370 km로 한다.)

풀이 $\epsilon'' =$ 구면삼각형의 내각의 합 $- 180° = 10''$

$$F = r^2 \frac{\epsilon''}{\rho''} = 6{,}370^2 \cdot \frac{10''}{206{,}265''} = 1{,}967.222 \text{ km}^2$$

SURVEYING ➡

CHAPTER 02

거리측량

CHAPTER 02 ➡ SURVEYING

거리측량

2.1 개 요

측량에서 말하는 거리는 수평거리이며 때로는 경사거리를 측정하는 경우가 있으나 이것은 지도를 그리거나 면적을 계산할 때에는 반드시 수평거리로 고쳐서 사용하여야 한다.

2.2 거리측량의 분류

2.2.1 직접거리측량

줄자를 사용하여 직접 거리를 측정하는 방법

(1) 섬유줄자(cloth tape)

섬유유리(화학섬유)는 습기에 신축하지 않고 장력에 저항이 크고 팽창계수가 적으나 마찰에 약하고 부러지기 쉬워 단독으로 줄자를 만들 수가 없었다. 최근에는 섬유유리 약 30,000개를 꼬지 않고 그대로 합사하여 염화비닐수지로 피복한 에스론 줄자가 강줄자와는 달리 부러지지 않고 부드러우며 신축이 적어 널리 사용되고 있다.

(2) 강철줄자(steel tape)

강철테이프는 정밀거리 측정을 필요로 할 때 사용되는 기구이다. 눈금의 단위는 mm까지 읽을 수가 있으며 길이는 30 m에서부터 100 m까지 있다.

온도 변화에 따른 신축량(강척의 선팽창계수 $\alpha = 0.000012/1\ ℃$)은 계산으로 보정할 수가 있기 때문에 정밀한 결과를 얻을 수가 있다. 따라서 정밀측량에 사용되는 부속품으로는 테이프용 온도계(tape thermometer), 스프링저울(spring balance), 손잡이 핸들(grip handle) 등이 있으며 그림 2.1과 같다.

또 강철 band tape는 강철테이프와 비슷하나 넓이와 폭이 조금 크고 양단에 손잡이가 붙어 있으며 주로 기선측정 등 정밀측정에 사용된다.

(3) 인바테이프(invar tape)

정밀을 요하는 거리측정에는 인바테이프나 인바 와이어를 사용한다. 인바는 강철(63.6 %), 니켈(36.0 %), 탄소(0.4 %)의 합금으로 온도에 대한 선팽창계수 $\alpha=0.0000009$로 강줄자의 1/10정도로 적어 기준측정시 사용된다.

인바 줄자는 녹슬기가 쉽고 강철줄자보다 탄성이 적기 때문에 함부로 다루면 휘어져서 길이에 변화가 생기기 쉽다. 따라서 이러한 현상을 방지하기 위하여 사용 후에는 반드시 직경이 40 cm 이상 되도록 둥글게 감아두어야 한다. 또 거리를 측정할 때에도 직접 땅에 닿지 않게 일정한 힘(보통 20kg)으로 당기면서 처짐 상태를 측정하여 측정 후 처짐에 대한 보정을 실시한다. 로프형일 때는 로프 자체에는 눈금이 없기 때문에 그 양단에 단척(regrette)을 사용한다.

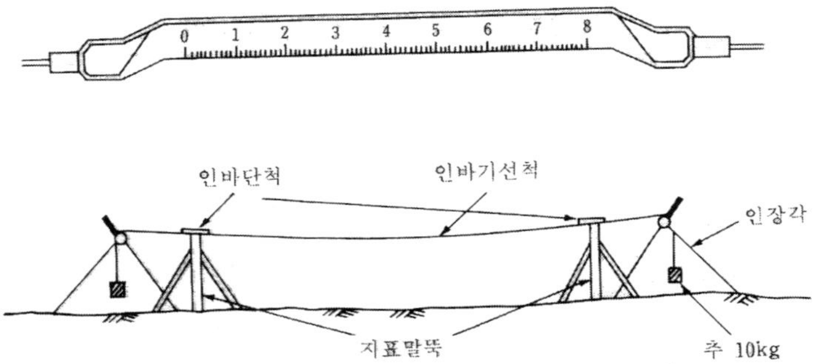

[그림] 2.1 인바 테이프

2.2.2 간접거리측량

줄자를 이용하여 거리를 직접 측량하지 않고 음측, 전자파거리측량기, 사진측량, GPS 등이나 기하학적인 방법 등으로 간접적으로 거리를 계산하는 방법이다.

작업의 능률 향상과 경제성이 있으며 지형의 기복에 따른 어려움을 극복할 수 있다. 또한, 직접거리측량으로 인한 오차누적을 해소할 수 있으며 대륙 간의 거리측량이 가능하다.

2.3 거리의 약측법

2.3.1 목측

시력으로 거리를 측정하는 방법으로 토지의 상황, 기상관계, 각자의 시력 등에 따라 다르나 일반인으로서는 정밀도 1/15까지는 가능하다.

2.3.2 보측

보행수로써 거리를 구하는 방법으로 미리 각자의 보폭이나 100 m의 평균 보수를 측정해 놓으면 편리하다. 보측은 신장, 연령, 보행속도, 성별, 노약, 피로도 및 토지의 경사도 등에 따라 다르다.

[표] 2.1 동양인의 신장과 평균보폭

신장(m)	1.50	1.55	1.60	1.65	1.70	1.75
보폭(㎝)	74	71	77	78	79	81

보통 1보를 75 cm 되도록 연습해 두면 1복보가 1.5 m, 2복보가 3 m로 되어 계산에 편리하다.

$$(\text{거리}) = (\text{보폭}) \times (\text{보수}) \tag{2.1}$$

보행수는 그림 2.4와 같은 보수계(pedometer)를 사용하여 주머니에 넣고 걸으면 보행진동으로 보행수가 기록된다. 또 보행시간에 의하여 거리를 구하는 방법도 있다. 보통 1분간의 보행거리는 80~90 m이다. 장거리의 경우 보통사람의 보행속도는 4~5 km/hr 정도이다.

경험이 많으면 평지에서 1/50~1/100까지 정밀도를 올릴 수 있으며 보통의 경우 평지에서 1/40~1/50, 경사지에서 1/30 정도이다.

[그림] 2.2 보수계

2.3.3 음측

음이 공기 중에 전파되는 속도를 이용하여 거리를 구하는 방법이다.

$$(\text{거리}) = (\text{음속 } V) \times (\text{시간 } T) \tag{2.2}$$

음속은 건조한 공기 중 온도 0 ℃일 때 331 m/sec이며 1 ℃ 승강에 대하여 $\frac{9}{16}$ m/sec 증감한다. 그러므로 온도 t ℃에 있어서의 공기 중의 음속 V(m/sec)는 다음과 같다.

$$V = 331 + 0.6t \tag{2.3}$$

일반적으로 대기의 상온은 15 ℃이므로 음속은 매초 340 m이다.

2.3.4 윤정계(perambulator)

윤정계는 장거리측량의 예비 측량으로 사용되나 다른 거리측량 방법으로 완료한 측정을 검사하는데 이용된다.

그림 2.4와 같이 바퀴 모양이며 윤회계(odometer)가 달려있어 회전수를 바로 알 수 있다.

$$s = \pi \cdot D \cdot n \tag{2.4}$$

여기서, D : 바퀴직경

n : 회전수

[그림] 2.3 윤정계

자동차의 거리계도 이와 같은 장치이다. 이것은 곡선 거리측정도 가능하나 지면의 요철이 많으면 실제보다 긴 거리가 측정된다. 대략 1/200 정도의 정밀도를 얻을 수 있다.

2.3.5 시각법

측정하고자 하는 두 점 간을 닮은꼴 삼각형의 원리를 응용하여 간접적으로 거리를 구하는 방법이다.

그림 2.5와 같이 손에 자를 쥐고 팔을 펴서 거리를 구하고자 하는 지점에 세운 표척의 높이 H(기지)를 시준하여 눈과 이루는 시거 h를 측정하면

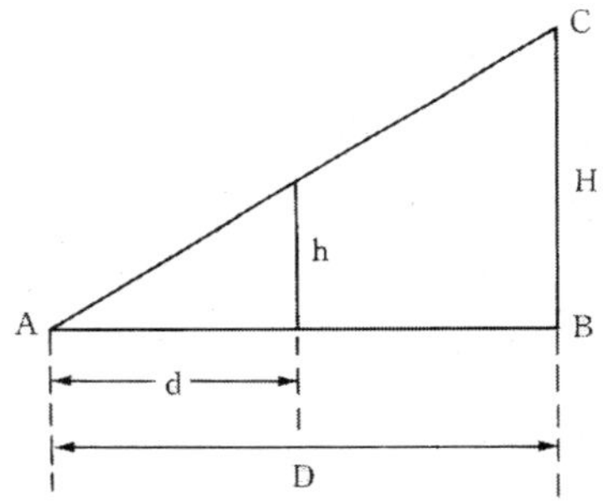

[그림] 2.4 시각법

$$d : h = D : H$$

$$D = \frac{d}{h}H \tag{2.5}$$

또 목표물까지의 수평거리 D가 기지이면 높이 H를 구할 수 있다.

$$H = \frac{h}{d}D \tag{2.6}$$

예제 2.1 닮은 삼각형의 원리를 응용하여 거리를 측정하였는데 그림과 같을 때 수목의 높이는 얼마인가?

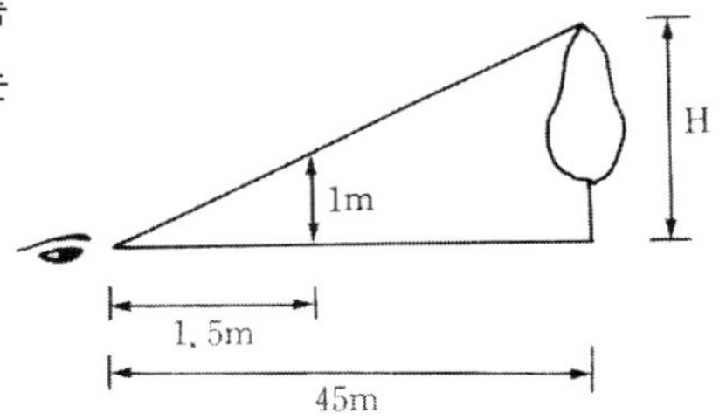

풀이 1.5 : 45 = 1 : H

$$\therefore \ H = \frac{45 \times 1}{1.5} = 30 \text{ m}$$

2.4 전자파거리측량기

전자파거리측량기(EDM, Electronic Distance Measurement)는 광파 또는 전파를 일정한 파장으로 변조하여 측량하고자 하는 두 지점 간에 전자파를 왕복시키며, 이에 따라 송신파와 수신파 사이에 위상 차가 발생하게 된다. 이러한 원리를 이용하여 거리를 측량할 수 있도록 개발한 기기가 전자파거리측량기이다. 사용기계로서는 전파에 의한 것은 전파거리측량기, 광파에 의한 것은 광파거리측량기라고 한다. 광파거리측량기는 전파거리측량기보다 취급이 쉽고 정도가 좋기 때문에 현재 일반 측량용으로 널리 보급되어 사용되고 있다.

이제까지의 삼각측량에서는 각을 관측하여 변장으로부터 수평위치를 계산하였으나 전자파거리측량기는 변장을 정밀히 관측할 수 있으므로 오늘날 각의 관측이 필요 없이 오직 변의 길이만 정확히 관측하여 수평위치를 관측할 수 있는 삼변측량이 가능하게 되었다.

2.4.1 전자기파 거리측량기의 분류

(1) 전파거리측량기

주국과 종국에서 발사 및 반사하는 장치로서, 2점 간을 전파가 왕복한 시간으로부터 거리를 구하는 장치이다. 비, 눈, 안개 등의 기상조건에 좌우되지 않기 때문에 장거리(40~50 km)의 측거에 유리하다.

(2) 광파거리측량기

측점에 세운 기계로부터 빛을 발사하여 목표점에 반사하여 돌아오는 반사파의 위상과 발사파의 위상차로 거리를 구하는 방법으로 사용법이 간단하고 정밀도도 좋기 때문에 널리 보급되고 있다.

2.4.2 광파거리측량기와 전파거리측량기의 특징

[표] 2.2 광파거리측량기 및 전파거리측량기의 특징 비교

	광파거리측량기 (electro-optical system)	전파거리측량기 (microwave system)
반송파(carrier wave)	적외선, 레이저광선, 가시광선 (Xenon-flash)	극초단파(microwave)
장치의 구성	기계(station) 반사경(reflector)	주국(master station)과 종국(slave station)
관측범위(range)	단거리용(적외선, 가시광선) 5 km이내 중거리용(레이저광선) 60 km이내	장거리용 30~150 km
정확도	±(2+2 ppm×D) mm 이내	±(15+5 ppm×D) mm 이내
대표적기종(최초모델)	Geodimeter	Tellurometer
장점	◦정확도가 높다. ◦경량, 작업 신속, 트랜싯트와 병용가능 ◦지형이나 측점 부근의 장애물의 영향을 받지 않는다.	◦장거리 관측에 적합하다. ◦기상(안개, 가벼운 비)이나 지형의 시통성에 영향을 크게 받지 않는다.
단점	◦기상(안개, 비 등)이나 지형의 시통성에 영향을 받는다.	◦단거리 관측시 정확도가 비교적 낮다. ◦움직이는 장애물, 송전선 부근, 지면의 반사파 등의 간섭을 받는다.
최소 조작인원	1명(목표지점에 반사경을 설치했을 때)	2명(주국, 종국에 각 1명)
조작시간	한 변 10~20분 1회 관측시간 8초 내외	한 변 20~30분 1회 관측시간 30초 내외

2.4.3 전자파거리측량기의 원리

일정한 길이의 주파수(f)를 주사하여 그 파장(λ)의 수(n)와 1파장 미만의 길이(d)를 알면 두 점 간의 거리(D)를 계산할 수 있다. 그림 2.5는 이러한 거리측량의 원리를 나타낸 것이다.

왕복거리는 $2D = \lambda n + d$로 표현할 수 있으므로 두 점 간의 거리 D는 식 2.7과 같다.

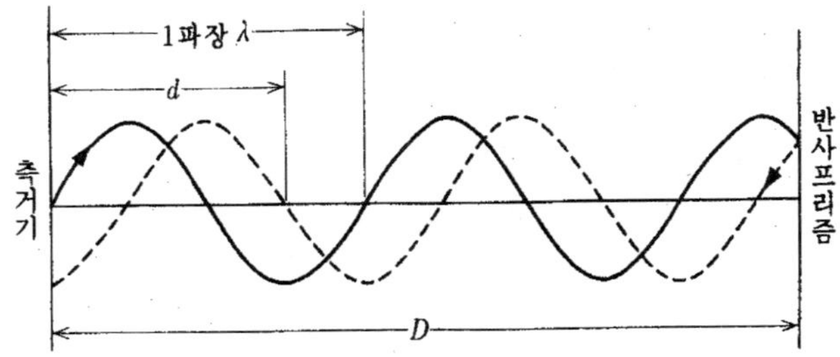

실선 : 발사광파　　점선 : 반사광파

[그림] 2.5 전자파거리측량기의 원리

$$D = \frac{\lambda}{2} n + \frac{d}{2} \tag{2.7}$$

2.5 VLBI(Very Long Baseline Interferometry)(초장기선간섭계)

지구상에서 1,000~10,000 km 정도 떨어진 1조의 전파간섭계를 설치하여 전파원으로부터 나온 전파를 수신하여 2개의 간섭계에 도달하는 전파의 시간차를 관측하여 거리를 관측한다.

동일전파원으로부터 방사된 전파를 멀리 떨어진 2점에서 동시에 수신하여, 2점에 전파가 도착하는 시간차를 정확히 관측함으로써 2점 사이의 거리를 구한다.

2.5.1 VLBI의 원리

(1) 측정하려는 2점 A, B에 수신안테나를 설치하여 준성이 발하는 전파를 24시간 관측한다.

(2) 관측된 전파신호는 디지털화되어 시각신호와 함께 자기테이프에 기록되며 컴퓨터에 의한 처리로 A, B지점에 도달한 동일신호의 시각차(지연시간 : ΔT)를 고정확도로 산출한다.

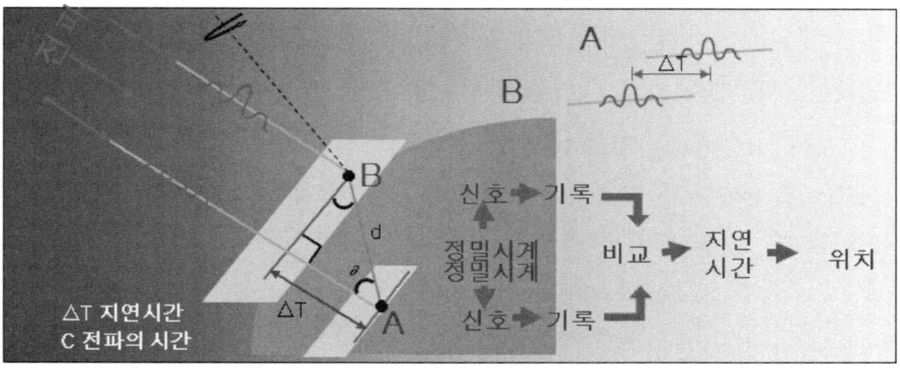

[그림] 2.6 VLBI 원리

[그림] 2.7 VLBI 안테나

2.5.2 VLBI의 응용분야

(1) 정밀측량, 지진예측

안테나 사이의 거리(기선길이)와 정확도가 무관하므로 수천 km 떨어진 대륙 간에서도 ±수 cm의 정확도를 유지할 수 있어 높은 정확도의 정밀측량에 주로 이용되며, 관측국 간의 기선장(基線長)을 실시간 VLBI에 의해 매일 정상적으로 관측하여 지각변동, 지진예측에 기여한다.

(2) GPS측량의 기준 부여

고정밀도로 장거리를 측량할 수 있는 VLBI를 이용하여, GPS 궤도 추적국의 위치를 정밀하게 결정할 수 있다.

(3) 지구회전운동, 자연재해예방

지구기준좌표계(ITRF)에 준거해서 해면 거동을 정확히 검출할 수 있다.

2.6 거리측정 방법

줄자에 의한 거리측량으로써 거리측량의 요구정밀도에 따라 적합한 기구를 사용하여 거리를 측정하는 방법이다.

2.6.1 일반거리측량

(1) 평지에서의 측정

줄자의 길이보다 긴 거리를 잴 경우에는 일정구간씩 끊어서 관측하고 마지막 구간의 끝수를 더하면 좋다. 이 때 각 구간이 정확하게 일직선상에 있도록 주의해야 한다.

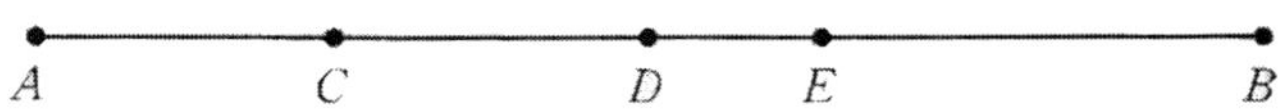

[그림] 2.8 직선의 연장

(2) 경사지에서의 측정

경사지에서 거리를 관측할 경우에는 계단식으로 수평거리를 측정하는 방법과 경사거리를 측정하여 수평거리로 환산하는 방법이 있다.

① 강측법 : 측량추나 드롭핀 등으로 테이프 끝점을 지상에 비교적 정확하게 옮길 수 있으며 측량자의 피로가 덜하여 좋은 정도를 얻을 수 있어 널리 이용된다.

② 등측법 : 측량방법은 강측법과 같으나 측량자가 피로하기 쉬운 문제점이 있다.

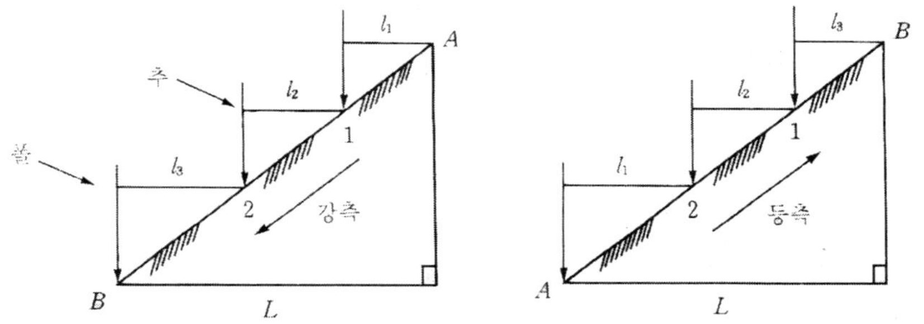

[그림] 2.9 경사지에서의 거리관측법

예제 2.2 경사각이 15°, 사거리가 200 m일 때 수평거리를 구하라.

풀이 $L = 200 \times \cos 15° = 193.185$ m

2.6.3 장애물이 있는 경우 측정방법

(1) 두 측점에 접근할 수 있을 때

하천을 피하고 A, B, C지점을 관측할 수 있는 지점 C점을 선정한다. 다음 A, C점 연결 후 D점을 정한다. B, C점 연결 후 BC=CE가 되게 E점을 정한 후 DE 사이의 거리측정을 하고 AB 거리를 측정한다.

$\triangle ABC \backsim \triangle CDE$

$\therefore \mathrm{AB} = \mathrm{DE} \times \dfrac{AC}{CE}$ 또는 $AB = DE \times \dfrac{BC}{CD}$

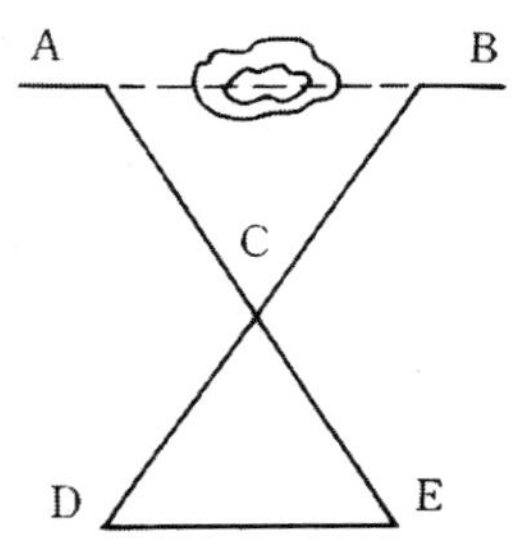

[그림] 2.10 2측점 접근인 경우

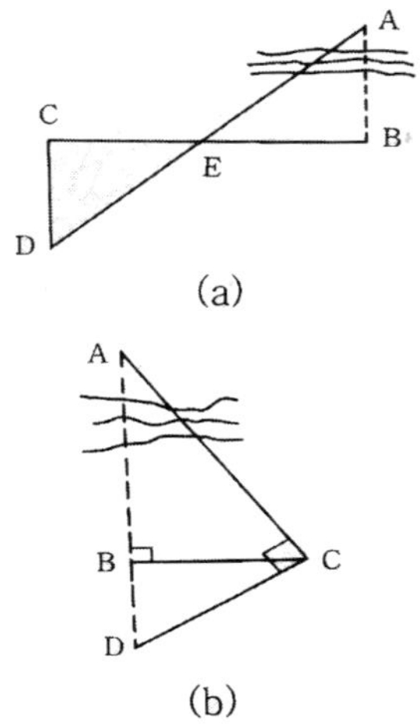

[그림] 2.11 1측점 접근인 경우

(2) 두 측점 중 한 측점에만 접근이 가능한 경우

$\triangle ABE \backsim \triangle CDE$ 에서 (그림 2.11(a))

$AB : CD = BE : CE$

$\therefore AB = \dfrac{BE \times CD}{CE}$

$\triangle ABC \backsim \triangle CBD$ 에서 (그림 2.11(b))

$AB : BC = BC : BD$

$\therefore BC^2 \fallingdotseq AB \times BD$

$\therefore AB = \dfrac{BC^2}{BD}$

(3) 두 측점에 접근이 곤란한 경우

임의점 P에서 AB, BP거리 구한 후 BP : DP=AB : CD 되게 PA, PB 위에 CD점을 정하면

$\therefore AB = \dfrac{BP}{PD} \times CD$

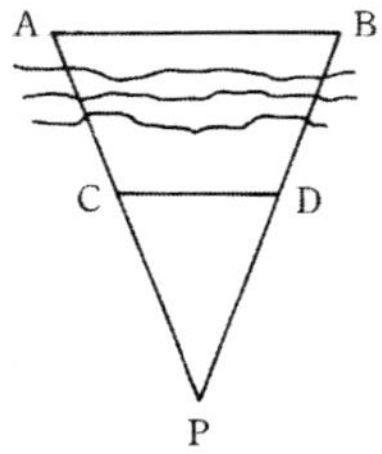

[그림] 2.12 2측점 접근 곤란

예제 2.3 AB측선에 장애물이 있어 직접 측정할 수 없어 AC 및 BC의 거리를 측정하였다. AB의 거리는 얼마인가?

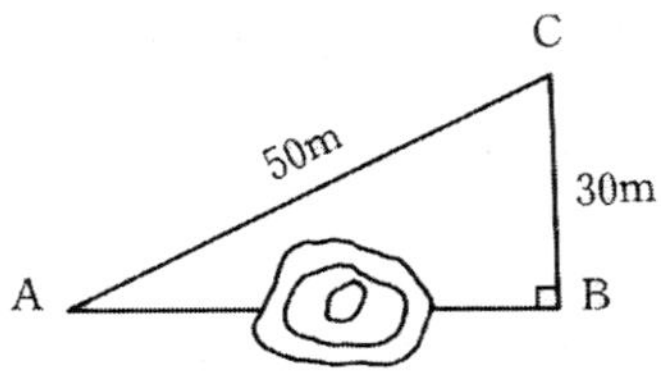

풀이 $AC^2 = AB^2 + BC^2$

$\therefore AB = \sqrt{AC^2 - BC^2} = \sqrt{50^2 - 30^2} = 40\text{ m}$

2.7 거리측량의 오차

먼저 말한 바와 같이 거리측정을 하는 사람의 착오를 제외하면 오차는 정오차와 우연오차가 있게 되는데 이 오차들의 원인을 살펴보면 다음과 같다.

(1) 정오차의 원인

1) 줄자의 길이가 표준길이보다 짧거나 길 때(줄자의 특성값 보정)

$$C_i = \left(\frac{\Delta l}{l}\right)L$$

여기서, Δl : 늘어나거나 준 길이
l : 표준길이
L : 측정길이

예제 2.4 표준길이보다 5 cm 짧은 50 m 섬유줄자를 이용하여 측정한 2 km의 정확한 거리는?

풀이 $$L_0 = L + C_i = 2{,}000 + \frac{-0.05}{50} \times 2{,}000 = 1{,}998\ \text{m}$$

2) 측정할 때의 온도가 테이프를 검정할 때 온도와 맞지 않을 때(온도보정)

$$C_t = \alpha(t - t_0) \cdot L$$

여기서, α : 줄자의 열팽창계수
t : 측정시의 온도
t_0 : 표준온도
L : 측정길이

예제 2.5 강줄자로 측정한 길이 200 m, 열팽창계수 +0.000012/°C, 측정시의 온도가 10°C 일 경우, 온도보정 후의 거리는?

풀이 $$L_0 = L + C_t = 200 + 0.000012 \times (10 - 15) \times 200 = 199.988\ \text{m}$$

3) 측정이 정확한 수평으로 되지 않는 경우(경사보정)

$$C_g = -\frac{h^2}{2L}$$

여기서, h : 표고차

L : 경사거리

예제 2.6 경사거리 1,407.61 m, 표고차 12.3 m일 때 경사보정 후의 거리는?

풀이

$$L_0 = L + C_g = 1{,}407.61 - \frac{12.3^2}{2 \times 1{,}407.61} = 1{,}407.556\ \text{m}$$

4) 줄자가 기준면 상(평균해수면)의 길이로 되지 않는 경우(표고보정)

$$C_h = -\frac{LH}{r}$$

여기서, L : 수평거리

H : 평균표고

r : 지구반경(6,370 km)

예제 2.7 평탄지에서 관측한 거리 1,500 m를 측정한 지반의 평균표고가 535 m이다. 이 기선을 평균해면 상의 길이로 환산한 거리는? (단 지구반경은 6,370 km)

풀이

$$L_0 = L + C_h = 1{,}500 - \frac{1{,}500 \times 535}{6{,}370{,}000} = 1{,}499.87\ \text{m}$$

5) 강철테이프를 사용하였을 때 측정간격이 넓어서 테이프가 처질 때(처짐보정)

$$C_s = -\frac{W^2}{24} \cdot \frac{L^3}{n^2 P^2} \quad L = nd$$

여기서, W : 쇠줄자의 자중(g/m)

n : 구간수

P : 장력(kg)

6) 테이프를 당기는 힘이 검정할 때 힘보다 항상 크거나 적을 때(장력보정)

장력보정 $C_p = \frac{L}{A} \cdot E(P - P_0)$

여기서, A : 줄자의 단면적(cm^2)

E : 줄자의 탄성계수(2,100,000 kg/cm^2)

P : 측정시 장력(kg)

P_0 : 표준장력(검정시 장력 ; kg)

L : 관측길이(m)

(2) 우연오차의 원인

1) 전수가 표시한 측량핀의 위치에서 후수가 정확하게 잣눈을 읽지 못하거나 전수가 그 위치를 정확하게 표시 못했을 때(경사지에서는 오차가 크다.)
2) 온도나 습도가 측정을 하는 순간 때때로 변했을 때
3) 측정할 때 당기는 힘을 일정하게 하지 못했을 때
4) 한 잣눈의 끝수를 정확하게 읽기가 곤란할 때

이들 오차에서 정오차는 반복한 측정 회수에 비례하여 커지므로 한 번 측정의 정오차를 a라 하면 n번 측정의 정오차는 $n \times a$가 되고 우연오차는 반복한 회수의 평방근(제곱근)에 비례하여 커지므로 한 번 측정의 우연오차를 b라 하면 n번 오차는 $b \times \sqrt{n}$가 되고 따라서 측정의 전체의 오차 r는 오차전파의 법칙에 따라 $r = \sqrt{(an)^2 + (b\sqrt{n})^2}$가 된다.

또 측정할 때는 반드시 착오도 있으므로 이를 방지하기 위해서는 측정을 왕복 두 번 이상으로 하고 약측법으로 대략의 거리를 측정・검사하여 관측값에는 포함시켜서는 안 된다.

2.8 거리측량의 정밀도

산지, 평탄지, 시가지 등과 같은 지형의 형상에 따른 거리측량의 허용정밀도는 다음과 같다.

① 산지 : $\dfrac{1}{500} \sim \dfrac{1}{1,000}$

② 평탄지 : $\dfrac{1}{1,000} \sim \dfrac{1}{5,000}$

③ 시가지 : $\dfrac{1}{5,000} \sim \dfrac{1}{50,000}$

연습문제

2.1 그림에서 AC, AD, CE의 길이를 측정하여 AC = 30 m, AD = 40 m, CE = 62.5 m의 값을 얻었다. AB간의 거리는?

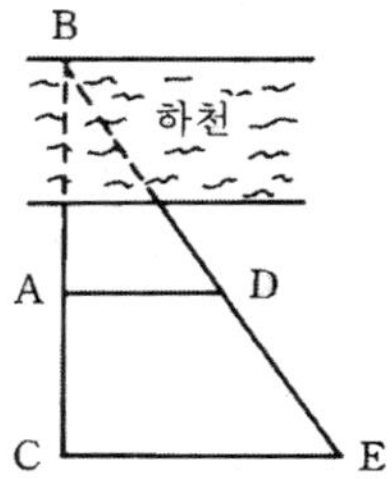

풀이 △ABD ∽ △DD'E에서

$$AB = \frac{30 \times 40}{62.5 - 40} = 53.3 \text{ m}$$

2.2 구배 25 %의 도로면 상에서의 사거리가 20 m일 때 수평거리는?

풀이 경사면의 거리 $= \sqrt{100^2 + 25^2}$

$$\therefore\ 100 : \sqrt{100^2 + 25^2} = x : 20$$

$$\therefore\ x = \frac{100 \times 20}{\sqrt{100^2 + 25^2}} = 19.41 \text{ m}$$

2.3 그림과 같은 토지의 한 변 BC에 평행으로 m : n=1 : 3의 비율로 분할하려면 AB=50일 때 AX는 얼마인가?

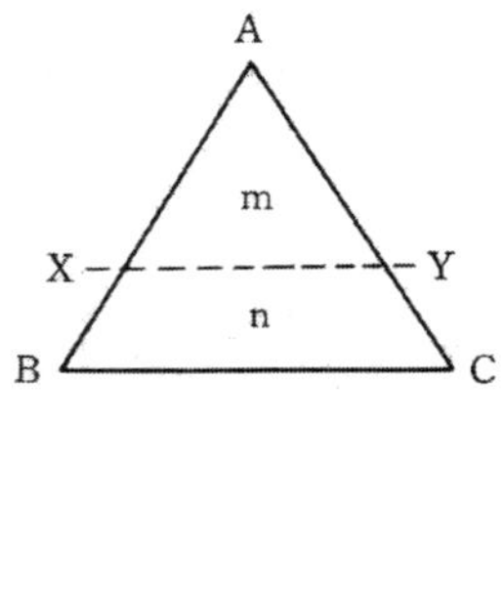

풀이

$$AX = AB\sqrt{\frac{m}{m+n}}$$

$$AX = 50\sqrt{\frac{1}{1+3}} = 50 \times \frac{1}{2} = 25.0\text{m}$$

2.4 어느 토지의 한 변 BC = 52 m 위의 점 D와 AC = 46 m 위의 점 E를 연결하여 △ABC의 면적을 2등분하려면 AE의 길이를 얼마로 하면 좋은가?

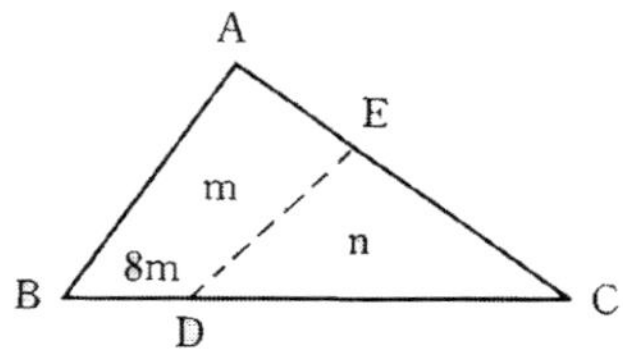

풀이

$$CE = \frac{AC \cdot BC}{CD} \times \frac{n}{m+n}$$

m=n, AC=46m, BC=52m, CD=52−8=44 m

$$\therefore\ CE = \frac{46 \times 52}{44} \times \frac{1}{2} \fallingdotseq 27.2$$

$\therefore$ AE=AC − CE=46 − 27.2=18.8 m

2.5 도면상의 거리가 20 cm일 때 실제 지형은 500 m이다. 이 도면의 축척은 얼마인가?

풀이

$$m = \frac{\text{실제거리}}{\text{도상거리}} = \frac{500}{0.2} = 2{,}500$$

$$\therefore\ \frac{1}{2{,}500}$$

2.6 지상에서 100 km의 거리는 $\frac{1}{50{,}000}$ 지형도상에서 몇 cm로 나타나는가?

풀이

$$\text{도상거리} = \frac{\text{실제거리}}{m} = \frac{100 \times 10^5}{50{,}000} = 200\ \text{cm}$$

SURVEYING ➡ CHAPTER

03 수준측량

CHAPTER 03 → SURVEYING

수준측량

3.1 개 요

3.1.1 정 의

수준측량은 지표상의 점의 표고를 관측하는 측량이며 지표하의 고저측량, 수심측량, 공간상의 높이측량에 이용된다.

지표상의 표고는 기준면으로부터 구하고, 표고 기지점으로부터 다른 점의 표고를 구하는 것이다. 수준측량은 도로, 하천, 철도, 운하의 설계, 토공량산출, 지형도 제작, 계획표고의 결정 등 토목공사의 기초가 되는 측량이다.

3.1.2 용 어

(1) 수평면(Level Surface)과 수평선(Level Line)

모든 점에서 중력방향에 직각으로 이루어진 곡면으로 정지하고 있는 해수면이나 지오이드면 같은 것을 말한다. 수평선은 수평면 안에 있는 하나의 선을 말하며 곡선을 이룬다.

(2) 지평면(Horizontal Plane)과 지평선(Horizontal Line)

어느 점에서 연직선에 직교하는 평면을 지평면이라 하며 이 평면 위에 있는 한 선을 지평선이라 한다. 따라서 지평선은 어느 한 점에서 수평선과 접하는 직선이며 연직선과 직교한다. 수준측량에서는 망원경의 시준선 범위 내에서는 수평면과 지평면, 수평선과 지평선이 각각 일치하는 것으로 본다.

(3) 기준면(Datum)

표고의 기준이 되는 수평면을 기준면이라 말하며 그 면의 표고는 0으로 정한다. 기준면은 계산을 위한 하나의 가상면이며 일반적으로 평균해면을 기준면으로 한다.

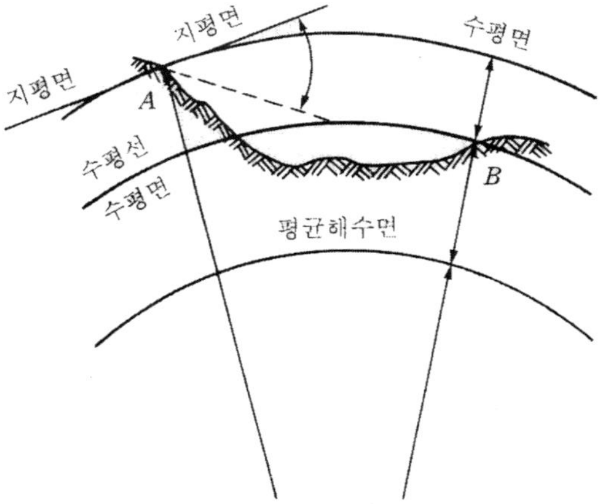

[그림] 3.1 수준측량의 기준면

(4) 평균해수면(Mean Sea Level)

여러 해 동안 관측한 해수면의 평균값을 평균해면이라 말한다. 이 값은 보통 수년 또는 수십 년 간에 걸쳐, 매 시간마다 기록되는 자기검조의의 기록에 따라 그들의 산술 평균값으로부터 정해진다. 해수면의 높이는 지역에 따라 큰 차이가 있기 때문에 조위 기록기의 분포는 이를 고려하여 배치하여야 한다. 우리나라의 조석간만의 차는 인천항의 경우 약 9~10 m, 남해의 경우 3~4 m, 동해의 경우 약 1 m 미만인 것으로 알려졌다.

(5) 국가 수준기준면(National Geodetic Vertical Datum)

각 나라마다 수준측량의 기준이 되는 기준면을 그 나라의 국가수준기준면이라 한다. 우리나라의 경우는 1911~1916년 사이에 평균적으로 약 3년간에 걸쳐 청진, 원산, 목포, 인천, 진남포의 5개의 항구에 설치된 자기검조의의 기록에 따라 평균 해면을 계산하여 기준면을 정하였으며, 제주도와 같이 육지에서 떨어진 섬은 독립된 기준면을 정하여 사용하기도 한다. 수준기점 중에서 기준이 되는 표지를 수준원점(vertical datum point)이라 하며 우리나라는 인천만의 평균 해면을 국가수준기준면으로 사용하고 있다.

(6) 표고(Elevation)

국가수준기준면으로부터 목표 점까지의 연직 거리를 말한다.

(7) 수준점(Bench Mark)과 수준망(Level Net)

기준면으로부터 표고를 정확하게 측정하여 표시해 둔 점을 수준점(Bench Mark : BM)이라하며 그 지역의 수준측량의 기준이 된다. 수준점은 돌이나 콘크리트 또는 금속 등으로 제작하여 지상에 튼튼하게 고정시켜 놓으며 고정된 상태에 따라 영구표식, 일시표식 등으로 구분한다. 그러나 바위, 교량과 같이 자연 및 인공지형, 지물을 사용하는 경우도 있다. 우리나라는 국도 및 중요한 간선도로에 따라 약 4 km마다 1등 수준점을 설치하고, 또 이것을 기준으로 하여 약 2 km마다 2등 수준점을 설치하였다. 수준점들을 잇는 선의 형태를 수준망이라 하며 우리나라의 1등 수준망은 총 38개의 노선으로 총 연장은 약 9000 km에 이른다.

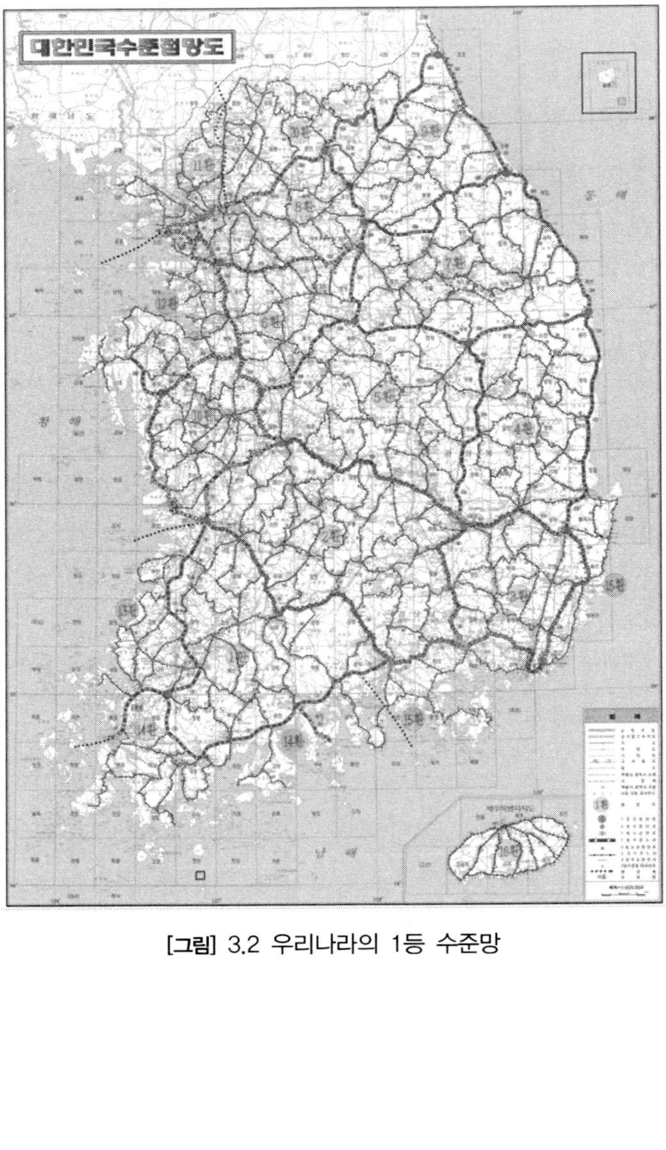

[그림] 3.2 우리나라의 1등 수준망

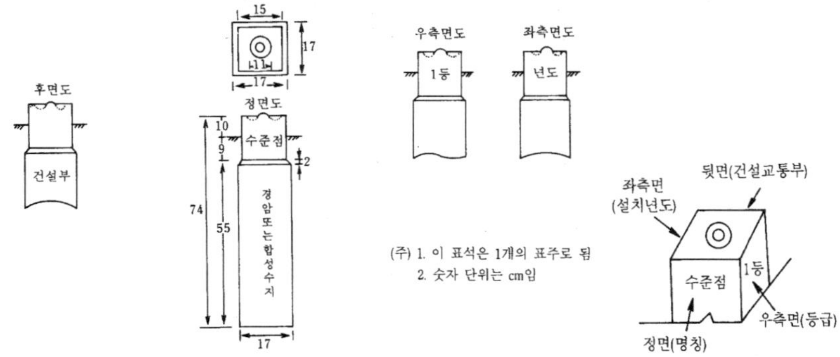

[그림] 3.3 1등 수준점

[그림] 3.4 수준점의 매설

3.2 수준측량의 분류

3.2.1 측량방법에 따른 분류

(1) 직접수준측량(direct leveling)

레벨을 사용하여 각 점 간의 고저차를 직접 측량하는 방법으로 대부분 수준측량은 이에 속한다.

(2) 간접수준측량(indirect leveling)

1) 삼각수준측량(trigonometric leveling)

두 점 간의 연직각과 수평거리 또는 경사거리를 측정하여 삼각법에 의해 고저차를 구하는 방법

2) 시거수준측량(stadia leveling)

시거측량으로 고저차를 구하는 방법

3) 기압수준측량(barometric leveling)

기압계나 그 외의 물리적 방법으로 기압차에 따라 고저차를 구하는 방법

4) 사진측량(photogrammetry)

공중사진의 입체시에 의하여 고저차를 구하는 방법

(3) 교호수준측량(reciprocal leveling)

하해 또는 계곡을 건너서 있는 두 점 간의 고저차를 직접 또는 간접으로 구하는 방법

(4) 약수준측량(approximate leveling)

간단한 기구로 두 점 간의 고저차를 구하는 방법

3.2.2 목적에 따른 분류

(1) 고차수준측량(differential leveling)

두 점 간의 고저차를 직접수준측량에 의해 구한다.

(2) 선수준측량(line leveling)

1) 종단수준측량(profile leveling)

도로, 철도 등의 중심선을 따라 각 측점의 고저차를 측정한다.

2) 횡단수준측량(cross sectioning)

중심선의 직각방향으로 각 측점의 고저차를 측정한다.

(3) 면수준측량(areal leveling)

지형측량과 같다.

3.3 레벨의 구조

3.3.1 망원경(Telescope)

레벨의 가장 중요한 부분으로 대물렌즈, 초준렌즈, 십자선, 대안렌즈로 구성되어 있다. 망원경의 시준선은 대물렌즈의 광심과 십자선의 교점을 연결하는 선으로 결정되며 광축과 일치하여야 한다.

1) 대물렌즈(objective lens)

시준할 목표물의 상을 십자선 상에 정확히 위치하도록 하는 역할을 하며 굴절률과 반경이 다른 합성렌즈를 사용한다. 합성렌즈는 구면수차와 색수차 등 여러 수차를 제거하기 위하여 저굴절의 크라운 유리로 된 볼록렌즈와 고굴절의 후린트 유리로 된 오목렌즈를 사용한다.

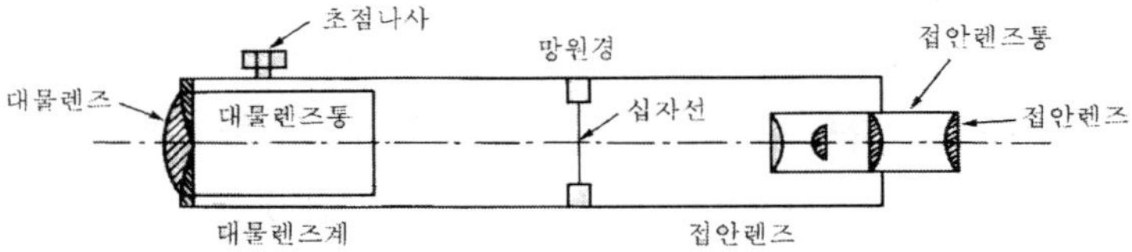

(a) 외초식

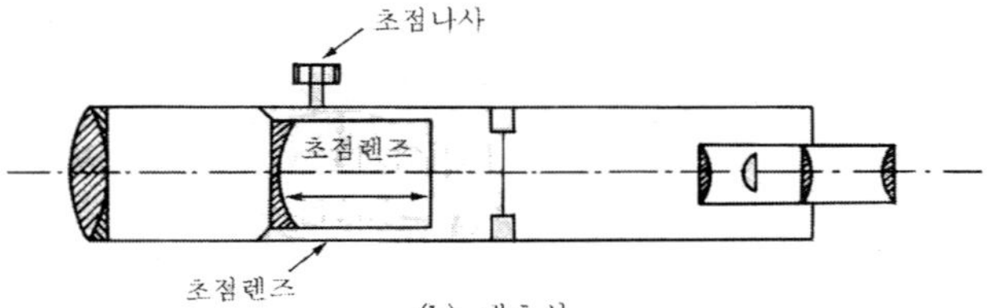

(b) 내초식

[그림] 3.5 망원경의 구조

① 외부 초점식

대물렌즈에 잡힌 시준목표를 십자선 면상에 정확히 결상시키기 위하여 대물렌즈 자체를 움직이는 방식이다. 이것은 구조가 간단하며 비용이 적게 들므로 저배율의 소형기계에 이용된다. 대물경의 출입으로 경통과의 사이에 마모가 있어 먼지나 습기 등이 경통 내부로 들어가는 결점이 있어 사용하지 않고 있다.

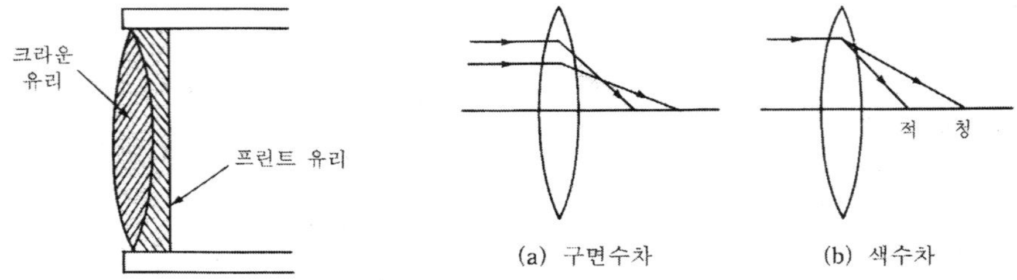

[그림] 3.6 대물렌즈와 수차

② 내부 초점식

대물렌즈와 십자선 사이에 1조의 렌즈를 넣어 이것을 이동시켜 십자선상에 목표상을 결상시키는 방법이다. 이 방식은 망원경의 중심의 이동이 작고, 외부로부터 먼지 및 습기의 영향이 없으며 망원경의 길이가 짧다. 근자에는 대부분 내부 초점식이 사용되고 있다.

2) 접안렌즈(eyepiece)

접안렌즈는 십자선 상에 형성된 목표물의 상을 확대하여 측정자의 눈에 선명하고 명확하게 보이도록 하는 역할을 한다. 접안렌즈는 보통 2개의 볼록렌즈를 사용하고 있으나 이 경우 상이 거꾸로 보여 사용하는 데 불편하다는 단점이 있다. 따라서 이러한 단점을 보완하기 위하여 하나 또는 두 개의 렌즈를 추가로 사용하여 정립상을 만들어 사용하고 있다. 그러나 정립상의 대안렌즈는 도립상에 비하여 망원경의 길이가 길어지고 상이 명확하지 못하다는 단점이 있다. 따라서 정밀한 측량 기구에는 정립상 대신에 도립상을 많이 사용하고 있다.

① 시차(parallax)

관측자가 접안경에서 눈의 위치를 상하 또는 좌우로 움직일 때 목표물의 상이 십자선에 대하여 움직여 보이는데 이것을 시차가 있다고 한다. 시차를 제거하려면 접안렌즈를 움직여 십자선을 선명하게 보이게 한 후 물체를 시준하여 선명하게 보이도록 초준나사를 조정한다.

② 망원경의 배율

망원경의 배율은 대물렌즈의 초점거리 : 정안렌즈의 초점거리로 표시되며 레벨에서는 보통 30배 정도이다.

$$M = \frac{F}{f} \tag{3.1}$$

여기서, M : 망원경의 배율

F : 대물렌즈의 초점거리

f : 접안렌즈의 초점거리

3) 십자선

십자선은 경통의 중앙에 금속환을 끼워 4개의 나사로 고정시켜 십자선 교점이 광축과 일치하도록 조정한다. 과거에는 거미줄, 견사, 백금선 등이 사용되었으나 최근에는 유리면에 새긴 십자선이 많이 이용되고 있다.

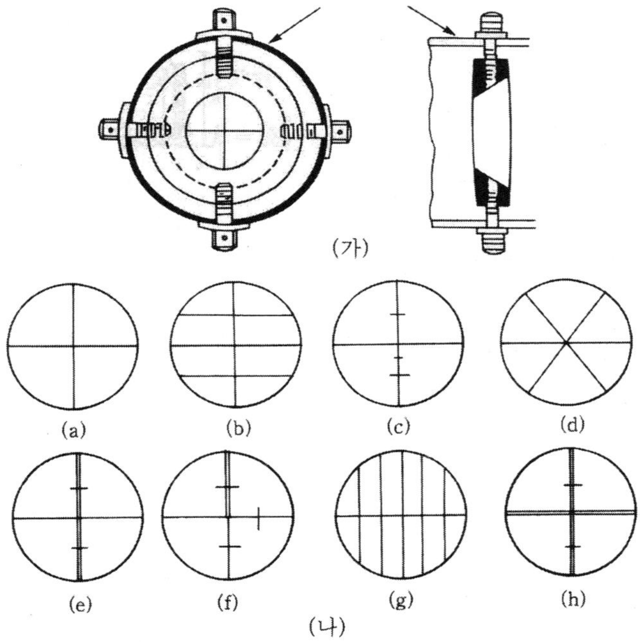

[그림] 3.7 십자선

3.3.2 기포관

1) 기포관의 종류

① 관형기포관

봉상기포관이라고도 하며 파이프 모양의 유리관 내면을 매끈하게 하고 일정곡률을 가진 것으로 가장 많이 이용되고 있다. 원형기포관에 비해 감도가 좋다.

② 원형기포관

원형유리관 내면을 일정곡률의 구면으로 연마한 것이며 감도는 낮으나 기계를 대략 정준 하는데 편리하다.

③ 양면기포관

망원경에 부착되어있으며 양면에서 확인할 수 있도록 되어있는 관형기포관으로 절충레벨이나 트랜싯에 부착되어 있다.

④ 기포상 합치식 기포관

미동레벨에서는 원형기포관 외에 기포상 합치식 방법에 의해 망원경을 정준하고 시준하도록 되어있으며 감도는 관형기포관의 2배이다.

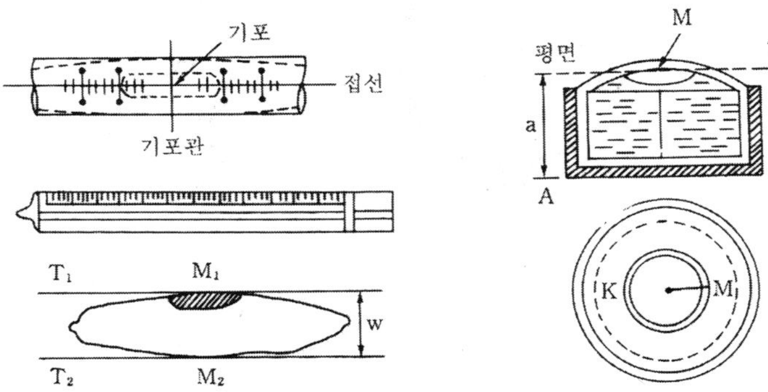

[그림] 3.8 기포관의 구조

2) 기포관의 구조

기계의 정준 검사용으로 사용되며 지구중력방향에 직각인 수평방향을 검사하는데 편리한 기구이다. 액체의 표면이 항상 중력작용 방향과 직교하여 정지하는 성질을 이용한 것으로 유리 용기의 내면을 일정한 곡률로 하여 그 가운데 알콜이나 에테르 같은 점성이 적은 액체를 혼합하여 주입하고 일부 기포를 남긴 채로 밀봉한 것으로 다음과 같이 갖추어야 할 조건이 있다.

① 기포관은 오랫동안 변질되지 않을 것

② 경사가 같아 기포의 움직임이 같을 것

③ 기포의 이동이 매우 민감할 것

3) 기포관의 감도

기포관의 1눈금(2 mm) 이동에 대한 중심각의 크기로 초로 표시되며 기포관 곡률반경이 클수록 감도는 좋다. 보통 레벨에 장치된 관형기포관 감도는 1눈금에 대하여 20″~30″이며 원형기포관이 부착된 레벨은 감도가 좋지 않아 별도의 정준 장치를 갖고 있다.

[표] 3.1 측량기의 일반적 감도

기 계 종 류	곡 률 반 경(R) m	감 도(V)(秒)
보통 alidade	1.0~1.5	200~300
보통 level	20~15	20~30
정 밀 level	70~206	2~6

4) 감도 측정

기포관의 감도를 측정하기 위해서는 거리 D에 있는 표척(staff)의 눈금을 읽어 그 차를 구하였을 때, 한 눈금에 대한 중심각을 관측한다.

$$\frac{D\theta''}{\rho''} = L$$

$$\therefore\ \theta'' = n\alpha'' = \frac{L}{D}\rho''$$

1눈금의 움직임에 대한 중심각의 변화를 나타내는 기포관의 감도(α'')는 다음과 같다

$$\alpha'' = \frac{\theta''}{n}$$

$$\alpha'' = \frac{L}{nD}\rho'', \qquad \alpha'' = \frac{S}{R}\rho''$$

여기서, n : 눈금수

D : 기계에서 표척까지 거리

L : 읽음값 차

ρ'' : 206,265″

S : 기포관 한눈금 길이(2 mm)

R : 기포관의 곡률반경

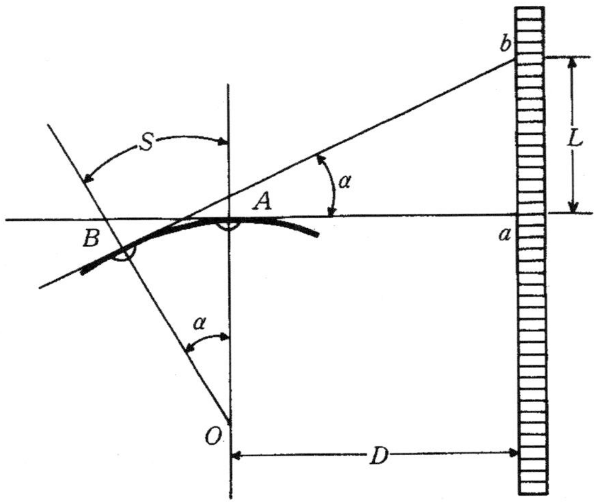

[그림] 3.9 기포관의 감도

예제 3.1 기계에서 100 m 떨어진 곳에 표척을 세워 기포관의 기포를 중앙으로 하여 표척의 읽음값 1.588 m를 얻은 다음, 기포를 2눈금으로 이동시켜 표척의 읽음값 1.601 m를 얻었다. 이 때 기포관의 감도는?(단, $\rho = 206,265''$ 이다.)

풀이

$$\alpha'' = \frac{L}{n \cdot D}\rho'' = \frac{(1.601 - 1.588)}{2 \times 100} 206,265'' = 13.41''$$

3.3 레벨의 종류

레벨은 여러 가지의 종류가 있으나 망원경의 받침 장치, 기포관, 수평축과 연직축의 형태 및 읽음 장치 등에 따라 구분하며, 자동레벨과 미동레벨 주로 사용되며, 최근에는 정밀도를 높이기 위해 레이져 레벨이나 디지털 레벨도 사용되고 있다.

3.3.1 미동 레벨(Tilting level)

이 레벨은 먼저 세 가지 레벨과는 전혀 구조가 달라 망원경과 이에 장치되어 있는 기포관이 기계의 연직축과는 관계없이 경사를 바꿀 수 있게 되어 있기 때문에 연직축을 움직이지 않고도 기포를 중앙에 오게 할 수 있다. 따라서 이 레벨은 원형기포관의 기포를 대략 중앙에 오게 하고 시준선은 미동나사로 정확하게 수평으로 할 수 있다.

이 레벨은 프리즘의 장치에 따라 망원경의 안이나 밖에서 별도로 기포가 두 개의 상으로 나타나는데 이 두 개의 상이 합쳐질 때 비로서 기포가 중앙에 있음을 확인할 수가 있다. 따라서 측량을 하는 사람이 기포가 중앙에 있는가를 확인하면서 목표의 잣눈을 읽으면 된다. 이와 같은 기포관의 장치를 기포상 합치식이라 하고 수평의 정도도 보통의 것보다 2배이고 눈금도 0.1 mm까지 읽게 되어 1등, 2등과 같은 정밀수준측량에 사용된다.

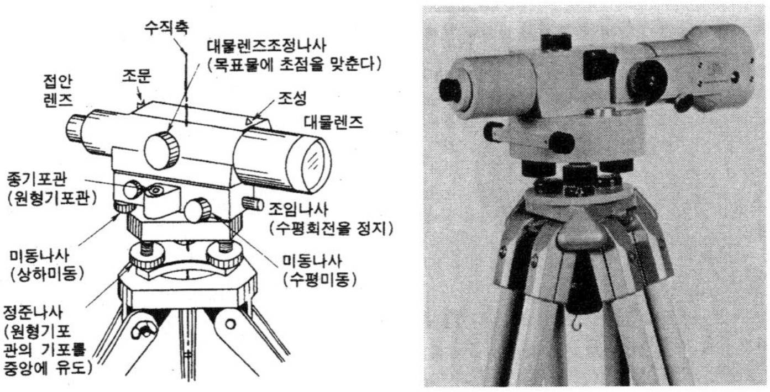

[그림] 3.10 미동 레벨의 구조

3.3.2 자동 레벨(Auto level)

이 레벨을 콤펜세이터(compensator)레벨이라고도 하며 다른 모든 레벨에서는 망원경의 시준선이 수평인가 아닌가를 관형기포관을 이용했으나 이 레벨에서는 원형기포관 등으로 대략 기계를 수평으로 세우면 망원경 속에 장치된 광학장치에 의하여 자동적으로 시준선을 수평으로 되게 만들어진 것으로 이 장치를 콤펜세이터(compensator)라 하며 이 장치를 이용한 레벨은 능률도 좋고 측량 전반에 걸쳐서 좋은 정도를 얻을 수 있는 장점이 있어 최근에는 대부분 이 기계를 사용하고 있다.

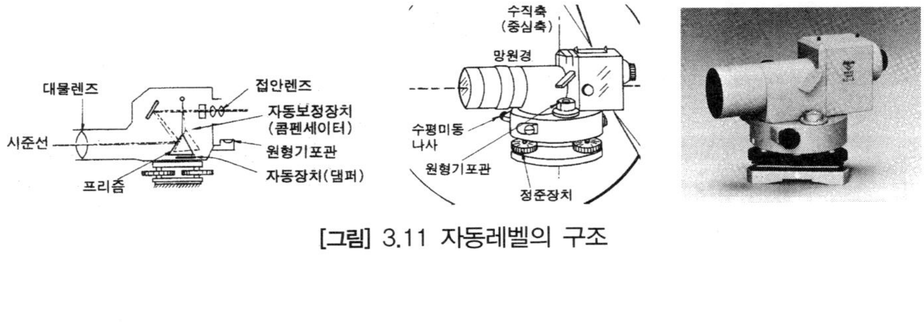

[그림] 3.11 자동레벨의 구조

3.3.3 핸드 레벨(Hand level)

이것은 직경 3 cm, 길이 12~15 cm의 원통이나 각형으로 되어 있고, 그 상부에 작은 기포관이 붙어 있다. 통 안에는 시준선과 45°의 경사를 가진 반사경이 우반부를 차지하고 있고 이 거울의 중앙을 지나서 횡직선이 한 개 들어 있다. 이것을 가지고 우반부를 통하여 표척을 보는 동시에 우반부의 반사경에 의하여 기포의 위치를 알 수 있다. 따라서, 기포가 횡선으로 2등분되는 위치에서 횡직선과 같은 높이의 점을 보면 시준선은 수평이 되고 그 점은 관측자의 눈의 높이와 같다. 이를 이용하여 두 점에 세운 표척을 읽고 그 고저차를 구할 수 있다. 핸드 레벨은 구조가 간단하고 취급이 간편하므로 답사 또는 횡단수준측량에 사용된다.

핸드 레벨에 경사각을 측정할 수 있는 클리노미터를 부착시킨 것을 abney의 핸드 레벨이라고 한다.

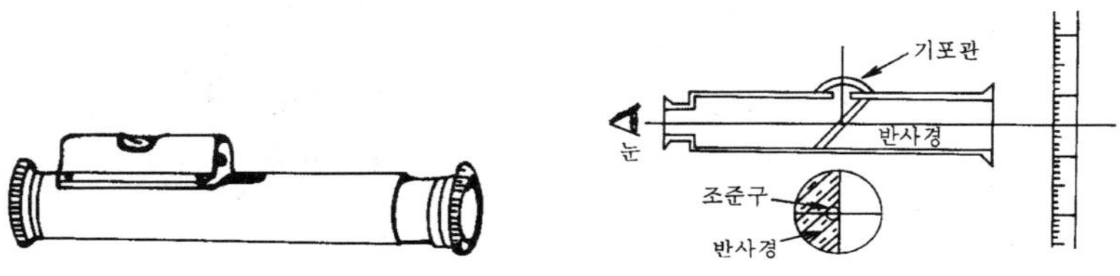

[그림] 3.12 핸드레벨

3.3.4 레이저 레벨(Laser level)

레이저 레벨은 원하는 지역에 레이저 beam을 전송하여 표척에 부착된 프리즘을 이용하여 고저차를 파악할 수 있는 레벨로 시준에 장애가 없는 경우 신속한 측량을 할 수 있다.

그러나 100 m의 거리에 대해 약 ±10 mm의 오차를 피할 수 없으므로 정확한 결과를 원하는 정밀수준측량보다는 토공측량, 도로측량, 시설물측량 등 일반적으로 건설공사 측량에 손쉽게 이용할 수 있는 레벨이다.

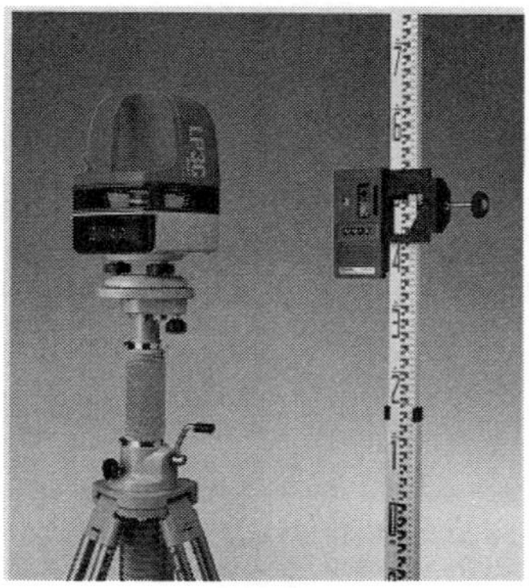

[그림] 3.13 레이저 레벨

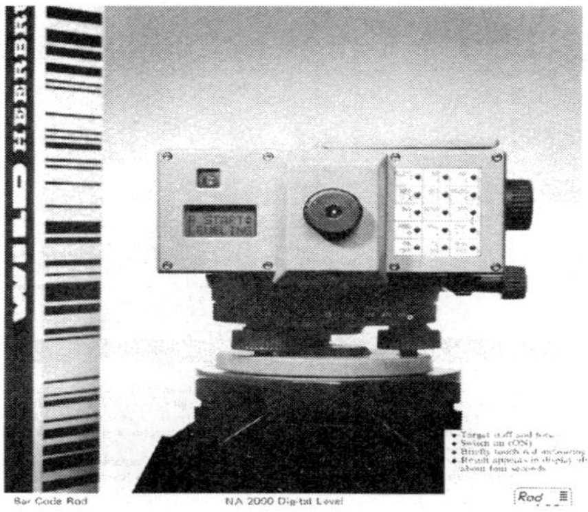

[그림] 3.14 디지털 레벨

3.3.5 디지털 레벨(Digital level)

바코드 수준척(Bar-coded rod) 이용, 레벨 내에서 바코드에 대한 광학적 인식을 통해 시준선이 위치한 스타프의 눈금을 출력, 시준값과 시준거리를 LCD로 표시한다(정도±5 mm).

3.4 수준척 또는 표척

수준측량이나 스타디아측량을 할 때 망원경의 시준선 높이를 측정하는데 사용되는 기구이며 과거에는 건조한 판재나 합판을 사용하여 만들었으나 근자에는 금속제품이 공급되고 있으며 상자 모양으로 된 함척을 많이 사용하고 있다.

수준척을 사용하는데는 다음과 같은 주의할 점이 있다.

① 수준척을 연직으로 세워야 하며 이를 위해 간준기(rod level)가 부착되어 있다.

② 측정자가 수준척의 눈금을 읽을 때에는 표척수는 수준척을 기계의 위치방향의 앞뒤로 조용히 움직이게 하여 제일 작은 눈금을 읽어야 한다.

③ 표척수는 수준척의 밑바닥에 흙이 묻지 않게 하고 겹이음으로 된 수준척은 측량 도중에 이음매에 주의한다.

④ 계속되는 다음 측량에 영향을 주는 중요한 점에 수준척을 세울 때에는 침하에 주의하고 침하하기 쉬운 곳에는 표척대(foot plate)라고 하는 철판을 깔고 그 위에 수준척을 세운다.

3.4.1 표적식 수준척(Target rod)

버어니어가 붙은 홍백으로 칠한 표적이 있는 자로서 측량자는 표척수(rod man)에게 이를 상하로 움직이게 하여 표적이 망원경 시준선과 일치했을 때 신호하여 표적수가 눈금을 읽게 되는 것인데 원거리시준을 할 때나 정밀을 필요로 한 측량에는 효과적이나 시간이 많이 걸리고 표척수가 인부인 경우 오독하기 쉽다. 이 수준척은 미국에서 많이 사용되고 있다.

3.4.2 자독식 수준척(Self-reading rod)

이것은 측량자가 수준척을 시준하면서 직접 눈금을 읽게 되며 표척수는 수준척을 목표점에 수직으로 세우고 있기만 하면 되므로 시간적으로 빠르고 망원경의 유효거리 안에서는 비교적 정도를 좋게 얻을 수 있어서 보통 측량에서는 이것을 많이 사용한다. 상자 모양으로 된 제품이 많고 길이는 2~5 m의 것이 있으며 눈금은 0.5 cm와 1.0 cm의 것이 많다.

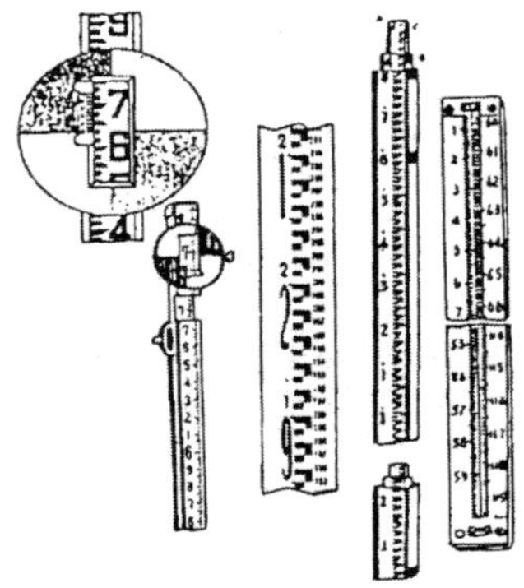

(a) (b) (c)

[그림] 3.15 표척

3.5 레벨의 조정

모든 측량기계는 사용하기 전에 그 상태가 정확한가를 검사하여 조정을 해야 하며 그렇지 않으면 신중하게 측량을 해도 충분한 정도를 얻을 수가 없다. 레벨의 조정에는 다음 두 가지 조건이 필요하다.

① 기포관축을 기계의 연직축에 직각으로 할 것

이 조건이 충분히 이루어졌을 때에 기포를 중앙에 오게 하면 기포관축선은 어느 방향에 대하여도 수평하게 된다.

② 시준선과 기포관축을 나란하게 할 것

이 조건은 측정을 할 때 기포를 중앙에 오게 하면 시준선은 어느 방향에 대하여도 수평하게 된다.

3.6 수준측량의 방법

3.6.1 용 어

(1) 수준점(Bench Mark : B.M)

평균해수면으로부터 높이를 정확히 구한 점으로 수준측량의 기준이 되는 점이다. 우리나라에는 국립지리원이 전국의 국도 및 철도를 따라 1등 수준점은 4 km, 2등 수준점은 2 km마다 설치해 놓고 있다.

(2) 수준망(Level Net : L.N)

수준점 수가 많으면 오차가 누적되므로 허용 오차 이내가 되도록 폐합된 노선을 연결하여 망을 이룬다. 이를 수준망이라 한다.

(3) 후시(Back Sight : B.S)

표고를 알고 있는 점 또는 기지점에 세운 표척 눈금의 읽음값을 말한다.

(4) 전시(Fore Sight : F.S)

위치에는 관계없이 표고를 구하고자 하는 점(미지점)에 세운 표척의 읽음값을 말한다.

(5) 기계고(Instrument Height : I.H)

기계가 수평일 때 망원경의 시준선까지의 높이로서 표고 및 후시와의 관계는 다음과 같다.
기계고(I.H)=기지점 지반고(G.H)+후시(B.S)

(6) 지반고(Ground Height : G.H)

각 점의 표고를 지반고라 한다.
지반고(G.H)=기계고(I.H)−전시(F.S)

(7) 이기점(Turning Point : T.P)

전・후시의 측량을 연결하기 위하여 전・후시를 함께 취하는 점을 이기점(T.P)이라 하며 측량 결과에 영향이 있어 정확한 측정이 요구된다.

(8) 중간점(Intermediate Point : I.P)

지반의 표고만을 알기 위하여 전시만을 행하는 점을 중간점이라 하며 측량 결과에 영향이 없다.

(9) 표고(Elevation)

기준면에서 어떤 점까지의 연직거리를 말한다.

3.6.2 직접수준측량의 원리

그림 3.16과 같이 A, B 두 점이 경사지인 경우에 중앙에다 레벨을 정준하여 A, B 2점에 표척을 세우고 A점 표척의 읽음값 b(B.S)와 B점 표척의 읽음값 f(F.S)를 읽고 A점 표고를 H_A라 하면, B점의 표고 H_B는 다음 식으로 구한다.

$$H_B = H_A + (b - f)$$

또 A, B의 고저차는 다음과 같으며, (+)이면 B점이 높고 (−)이면 A점이 높다.

$$\Delta H = H_B - H_A = b - f$$

또 2점간의 거리가 멀거나 높이의 차가 심하여 한 번으로 측정하기가 곤란할 때는 그림 3.16과 같이 두 점 간을 여러 구간으로 나누고 후시를 b_1, b_2, b_3, ……, b_n 전시를 f_1, f_2, f_3,……, f_n이라 하면 두 점 간의 고저차는 다음과 같다.

$$\begin{aligned}\Delta H &= (b_1 - f_1) + (b_2 - f_2) + (b_3 - f_3) + \cdots\cdots + (b_n - f_n) \\ &= (b_1 + b_2 + b_3 + \ldots\ldots + b_n) - (f_1 + f_2 + f_3 + \cdots\cdots + f_n) \\ &= \Sigma b - \Sigma f = [\mathrm{B.S}] - [\mathrm{F.S}]\end{aligned}$$

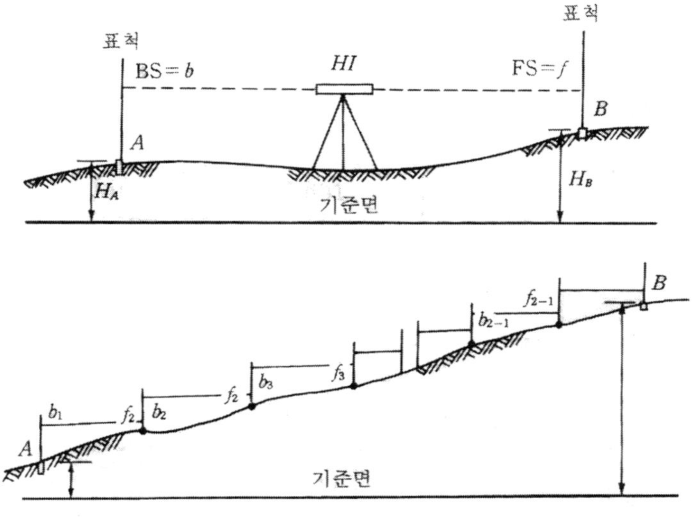

[그림] 3.16 수준측량의 원리

시준거리는 레벨에서 표척까지의 거리를 의미하며 일반적으로 50~60 m를 취한다. 그리고 전시와 후시를 등시준거리로 취하면 다음과 같은 오차 소거의 효과를 가져올 수 있다.

① 레벨의 조정이 불완전하여 시준선이 기포관축과 평행하지 않을 때 표척의 눈금값에 생기는 오차를 소거할 수 있다.

② 매우 미소하지만 지구의 곡률오차 및 빛의 굴절오차를 소거할 수 있다.

③ 대상물을 명확히 인식하기 위한 초점나사의 움직임이 불필요하므로 그로 인해 발생할 수 있는 오차를 소거할 수 있다.

3.6.3 직접수준측량시의 주의사항

(1) 야장의 오기, 특히 전시와 후시를 잘못 기장하지 않도록 주의한다.

(2) 사용 기계는 미리 검사하여 조정해두어야 하며 측량 도중에도 가끔씩 검사해야 한다.

(3) 레벨은 특정된 점이나 원점에 설치하지 않아도 되나, 되도록 견고하며 침하되지 않고 전시와 후시의 거리가 비슷한 위치에 기계를 설치한다.

(4) 표척의 이음이 바르게 되었는지 점검해야 하며 반드시 연직으로 세워야 한다.

(5) 표척의 읽음치는 이 기점에서는 1 mm까지 읽고, 그 외는 5 mm까지만 읽어도 된다.

(6) 레벨은 가능하면 직사광선을 피해서 그늘진 곳에 세우는 것이 좋다.

(7) 측량은 왕복 2회 측정하고 가능하면 왕복의 노선을 바꾸는 것이 좋다.

3.7 야장 기입법

3.7.1 고차식 야장

가장 간단한 방법으로써 최종점의 표고만을 구하는 것이 주목적이다.

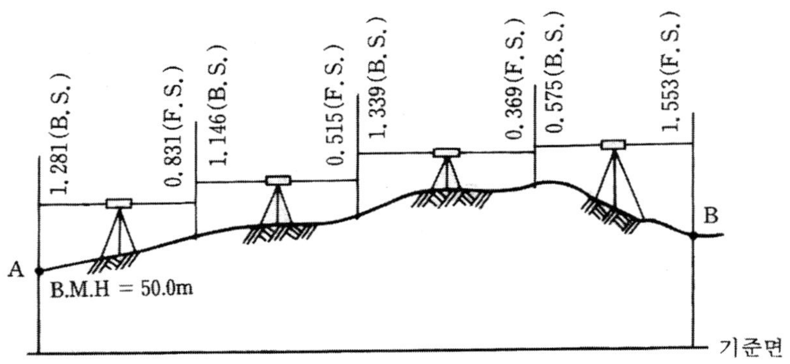

[그림] 3.17 수준측량(고차식)

[표] 3.2 고차식 야장기입

측점 S(m)	후시 B.S(m)	전시 F.S(m)	지반고 G.H(m)	비 고
A	1.281		50.000	H_A =50.000 m
NO.1	1.146	0.831	50.450	
NO.2	1.339	0.515	51.081	
NO.3	0.575	0.369	52.051	
B		1.553	51.073	
계	4.341	3.268		
점 검	$\Sigma B.S - \Sigma F.S$ =4.341−3.268=1.073 m $H_B - H_A$ =51.073−50.000=1.073 m ∴ o.k			

3.7.2 기고식 야장

이 방법은 종, 횡단 수준측량과 같이 중간점이 많은 경우에 편리하여 널리 사용된다.

어떤 한 점의 표고에 그 점의 후시를 더하면 기계고를 얻을 수 있고 기계고에서 표고를 알고자 하는 점의 전시를 빼면 그 점의 표고를 얻게 된다. 이 때 전시의 난에는 전환점과 중간점의 기입을 구별하여야 하며, 중간점의 경우 계산의 완전한 검산을 할 수 없는 문제점이 있다.

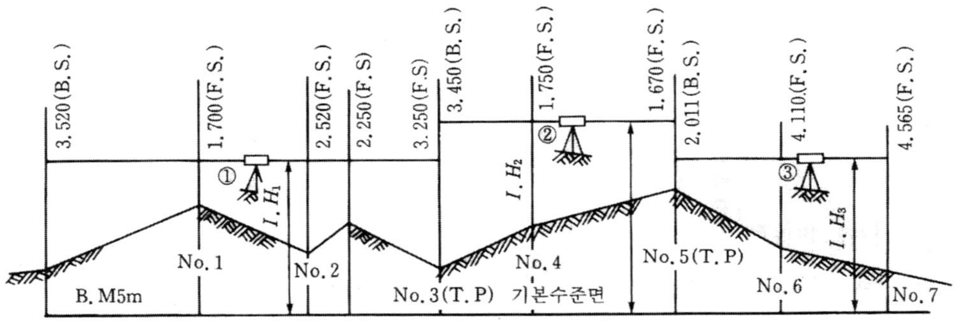

[그림] 3.18 수준측량(기고식)

[표] 3.3 기고식 야장기입

측점 St	거 리 D(m)	후 시 B.S(m)	기계고 I.H(m)	전 시 F.S		지반고 G.H(m)	비 고 R.M
				T.P(m)	I.P(m)		
B.M		3.520	8.520			5.000	$H_{B.M}$ =5.000 m
NO. 1	20				1.70	6.820	
NO. 2	20				2.52	6.000	
NO. 2+5	5				2.25	6.270	
NO. 3	15	3.450	8.720	3.250		5.270	
NO. 4	20				1.75	6.970	
NO. 5	20	2.011	9.061	1.670		7.050	
NO. 6	20				4.11	4.951	
NO. 7	20			4.565		4.496	
계	140	8.981		9.485			
점 검	$\Sigma B.S - \Sigma F.S = 8.981 - 9.485 = -0.504$ m $H_{NO.7} - H_{B.M} = 4.496 - 5.000 = -0.504$ m ∴ ok						

3.7.3 승강식 야장

후시에서 전시를 뺀 값이 고저차가 되므로 그 값이 +일 때에는 승, −일 때에는 강의 난에 기입하여 그 승, 강의 값을 대수화하여 그 차에다 먼저 점의 지반고(G.H)를 더하거나 빼서 그 점의 지반고를 구하는 방식이다. 이 방법은 계산에서 완전한 검산을 할 수 있으므로 정밀한 측량에는 적당하나 중간점이 많을 때에는 계산이 복잡하여진다.

[표] 3.4 승강식 야장기입

측점St	거 리 D(m)	후 시 B.S(m)	전 시 F.S(m)		승(m)	강(m)	지반고 G.H(m)	비 고 R.M
			이 점	중간점				
BM.		3.520					5.000	
NO.1	20			1.700	1.820		6.820	
NO.2	20			2.520	1.000		6.000	
NO.2+5	5			2.250	1.270		6.270	
NO.3	15	3.450	3.250		0.270		5.270	
NO.4	20			1.750	1.700		6.970	$H_{B.M}$ =5.000 m
NO.5	20	2.011	1.670		1.780		7.050	
NO.6	20			4.110		2.099	4.951	
NO.7	20		4.565			2.554	4.496	
계	140	8.981	9.485					
점검	$\Sigma B.S-\Sigma F.S=8.981-9.485=-0.504$ m $H_{NO.7}-H_{B.M}=4.496-5.000=-0.504$ m ∴ ok							

3.8 교호수준측량

수준측량 중 하천이나 계곡 등 양안 두 점 간의 고저차를 측정할 필요가 있을 경우 기계를 두 점의 중앙에 세울 수 없음으로 인해 한쪽 기슭에 기계를 세워서 후시와 전시를 취하면 전・후시의 거리차가 많아 정도가 떨어질 우려가 있다. 이런 문제점을 최소화하기 위하여 하는 측량방법을 교호수준측량이라 하며 그림 3.19와 같이 양안의 두 곳에서 고저차를 구하고 그 평균을 두 점의 고저차로 하면 기계적 오차를 없앨 수가 있다.

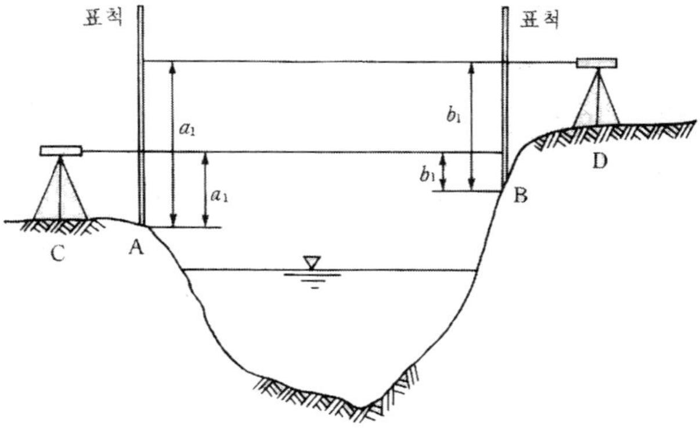

[그림] 3.19 교호수준측량

그림의 C점에 레벨을 세워 A와 B에 표척을 사용하여 그 위에 세운 표척의 값을 a_1, b_1이라 하면 A점과 B점의 고저차는 $a_1 - b_1$이다.

다음 AC와 BD가 같도록 D점에 기계를 옮겨 표척의 읽음값을 a_2, b_2 라고 하면 A점과 B점의 고저차는 $a_2 - b_2$이다.

AB간의 고저차(ΔH)는 양측에서 측정한 고저차의 평균값을 취하며 다음과 같다.

$$\Delta H = H_B - H_A = \frac{1}{2}\{(a_1 - b_1) + (a_2 - b_2)\}$$

$$H_B = H_A + \frac{1}{2}\{(a_1 - b_1) + (a_2 - b_2)\}$$

예제 3.2 교호수준측량을 하여 다음과 같은 성과를 얻었다. A점의 표고가 50 m일 때 B점의 표고를 구하라. (단, $a_1 = 0.74\text{ m}$, $b_1 = 0.07\text{ m}$, $a_2 = 1.87\text{ m}$, $b_2 = 1.24\text{ m}$)

풀이

$$H_B = H_A + \frac{1}{2}\{(a_1 - b_1) + (a_2 - b_2)\}$$

$$H_B = 50 + \frac{1}{2}\{(0.74 - 0.07) + (1.87 - 1.24)\} = 50.65\text{ m}$$

3.9 종단수준측량 및 횡단수준측량

3.9.1 종단수준측량

철도, 하천, 도로 등 노선의 중심선에 20 m마다 중심말뚝을 박고, 경사나 방향이 변하는 곳에도 플러스 말뚝(plus peg)을 설치하고 지반의 표고를 구하여 그 노선의 종단면을 작성하고자 하는 측량이다.

3.9.2 횡단수준측량

횡단측량은 종단측량에서 정해 놓은 중심선에 대하여 직각 방향으로 횡단면도를 얻기 위하여 실시하는 수준측량을 말하며 종단측량과 병합하여 실시하는 경우가 많고 횡단측량 결과를 이용하여 토공량을 산출한다.

그림 3.20과 같이 노선 중심말뚝의 위치에서 진행방향의 우측과 좌측에 대해 측점까지의 거리와 후시, 전시를 나타내어 횡단수준측량의 성과표를 작성한다.

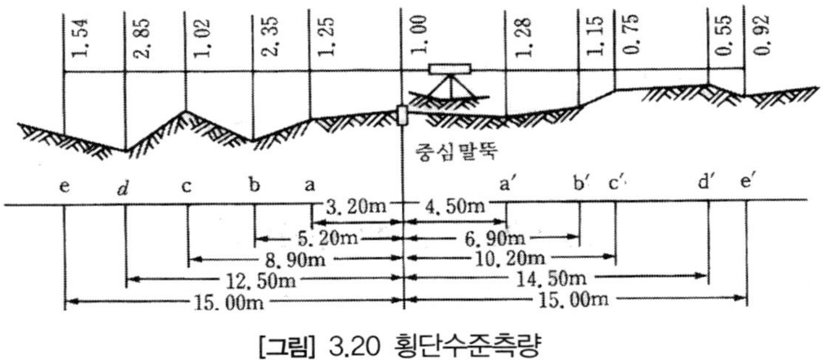

[그림] 3.20 횡단수준측량

[표] 3.5 횡단수준측량

중심말뚝-측점간거리		후시	기계고	전시		지반고	비고
좌측	우측			전환점	중간점		
		1.00	151.00			150.00	
3.20					1.25	149.75	
5.20					2.35	148.65	
8.90					1.02	149.98	
12.50					2.85	148.15	
15.00					1.54	149.46	$H_{NO.2}$ = 150.00 m
	4.50				1.28	149.72	
	6.90				1.15	149.85	
	10.20				0.75	150.25	
	14.50				0.55	150.45	
	15.00				0.92	150.08	

3.10 수준측량의 오차

수준측량의 오차는 한 노선에 대하여 적어도 2회 이상의 측량을 하여 구하거나 또는 기준점에 돌아오든지 다른 기준점에 결합시켜서 구한다. 폐합수준측량의 오차는 출발점의 측정 지반고와 출발점의 지반고의 차이이며, 결합수준측량의 오차는 결합점의 측정 지반고와 결합점의 지반고의 차이이다. 이 수준오차가 허용범위 안에 있을 때에는 각 측점에 대한 오차를 조정하는데 각 점의 조정량 ν는 다음과 같이 구한다.

$$\nu = \mp \text{수준오차} \times \frac{\text{출발점에서 측점까지의 누가거리}}{\text{전측선의 길이}}$$

3.10.1 오차의 원인과 성질

(1) 오차의 원인

수준측량에 따르는 오차의 원인은 여러 가지가 있으나 되도록 정오차나 착오같은 것을 미리 주의하여 없애고 불가피한 우연오차만으로 이를 다루면 정도를 높일 수가 있다. 다음에 그 원인을 들면

1) 기계의 구조 및 조정이 불완전하여 생기는 기계오차(우연오차)

① 망원경의 시준선과 기포관축이 나란하지 않기 때문에 생기는 오차로써 이것은 전시와 후시의 거리를 같게 하면 없어진다.

② 수준척의 길이가 정확하지 않기 때문에 생기는 오차

③ 수준척의 0눈금의 기준오차

④ 수준척의 간준기의 조정 불완전이나 표척수의 습관으로 인한 수준척이 항상 한 쪽으로 경사지게 세워지기 때문에 생기는 오차

⑤ 함척일 때는 이음매가 정확하지 못하기 때문에 생기는 오차

⑥ 수준척의 눈금이 정확하지 않기 때문에 생기는 오차

2) 기계의 성능이나 측정자의 기술에 따르는 오차(우연오차)

① 레벨의 정준이 불완전하기 때문에 생기는 오차로써 기포관의 감도에 따라 달라지며 그 크기는 시준거리에 비례한다.

② 수준척의 눈금 읽기에 따르는 오차

③ 시도의 조절이 불충분하여 생기는 수준척의 읽음의 오차

④ 이점의 선정과 설치방법(표척대를 사용하지 않는 자연지반인 경우)이 좋지 않아서 생기는 오차

3) 자연현상에 따르는 오차

① 후시를 한 다음 전시를 할 동안에 레벨이 침하하기 때문에 생기는 오차

② 이점에서 전시를 하고 후시를 할 동안에 수준척이 침하하기 때문에 생기는 오차

③ 후시와 전시에 대한 일광의 굴절이 달라서 생기는 오차

④ 지구의 곡률에 따르는 오차

⑤ 태양의 직사광선을 받을 때 생기는 오차

(2) 수준측량에서 일으키기 쉬운 착오

수준측량에서는 위에서 말한 오차 외에 부주의에 의해 다음 착오가 생기기 쉬운데 이들 착오는 큰 차가 생기게 된다.

1) 수준척의 오차

2) 전시와 후시의 야장기입 착오

3) 전시를 읽고 후시할 동안에 수준척의 위치가 변할 때

4) 함척일 때 이음매가 겹쳐 있을 때

(3) 허용오차

수준측량의 정확도는 관측차, 측량방법, 사용기계, 관측자의 경험 등에 따라 동일조건 일 때 생기는 오차는 부정오차로 작용한다.

지금 1회 관측시의 오차를 C, 관측횟수를 n이라 하면 전노선의 오차 E는 다음 식으로 표시된다.

$$E = C\sqrt{n}$$

또 전시와 후시의 시준거리(S)를 일정하게 하면

$$n = \frac{L}{2S}$$

$$E = C\sqrt{\frac{L}{2S}} = \frac{C}{\sqrt{2S}}\sqrt{L} = k\sqrt{L}$$

단, k는 관측거리(L) 1 km에 대한 부정오차

즉 시준거리를 일정하게 하고 동일기계를 동일상태에서 측정하면 수준측량의 오차는 $\sqrt{L}$

에 비례함을 알 수 있다.

1) 우리나라

1등 수준측량 : 2.5 mm $\sqrt{L}$

2등 수준측량 : 5.0 mm $\sqrt{L}$

3등 수준측량 : 10.0 mm $\sqrt{L}$

2) 미국

특급 수준측량 : 3.0 mm $\sqrt{L}$

1등 수준측량 : 4.0 mm $\sqrt{L}$

2등 수준측량 : 6~8 mm $\sqrt{L}$

3등 수준측량 : 12 mm $\sqrt{L}$

3) 국제 측지학연맹

확률오차 1 mm $\sqrt{L}$ 우

2 mm $\sqrt{L}$ 량

3 mm $\sqrt{L}$ 가

5 mm $\sqrt{L}$ 제한

예제 3.3 수준측량에서 왕복차의 제한이 8 km에 10 mm일 때, 5 km 왕복시 얼마인가?

풀이 $E = k\sqrt{L}$ 이므로

$E \propto \sqrt{L}$ 이므로 $\sqrt{16} : 10 = \sqrt{10} : x$

$\therefore\ E = 7.91\ \text{mm}$

연 습 문 제

3.1 다음은 수준측량 값이다. 지반고를 구하시오(단, A점의 지반고는 100.00 m이다).

측 점	후 시(B.S)	전 시(F.S)	지반고(G.H)
A	2.393		100.000
No.1	2.258	1.943	
No.2	2.451	1.627	
No.3	2.687	1.481	
B		2.665	
계	9.789	7.716	

풀이 No.1의 지반고=100.000 + 2.393 − 1.943=100.450

No.2의 지반고=100.450 + 2.258 − 1.627=101.081

No.3의 지반고=101.081 + 2.451 − 1.481=102.051

B점의 지반고=102.051 + 2.687 − 2.665=102.073

3.2 수준측량을 한 결과 다음과 같은 성과표를 얻었다. 이 성과표를 이용하여 지반고, 계획고, 절토고, 성토고를 계산하시오(단, No.0점의 계획고는 105.650 m이며, 구배는 4.5 % 상향구배임. 또한 말뚝간격은 20 m이고 단위는 4자리에서 반올림).

측점	추가거리	후시(B.S)	전시(F.S)		기계고(I.H)	지반고(G.H)	계획고	성토고	절토고
			이점(T.P)	중간점(I.P)					
No.0		3.255				104.505			
No.1				2.257					
No.2		2.635	0.555						
No.2+8				2.508					
No.3				3.685					
No.4		2.754	0.403						
No.4+14				1.885					
No.5				1.955					

풀이

측점	추가 거리	후시 (B.S)	전시(F.S)		기계고 (I.H)	지반고 (G.H)	계획고	성토고	절토고
			이점(T.P)	중간점(I.P)					
No.0	0	3.255			107.760	104.505	105.650	1.145	
No.1	20			2.257		105.503	106.550	1.047	
No.2	40	2.635	0.555		109.840	107.205	107.450	0.245	
No.2+8	48			2.508		107.332	107.810	0.478	
No.3	60			3.685		106.155	108.350	2.195	
No.4	80	2.754	0.403		112.191	109.437	109.250		0.187
No.4+14	94			1.885		110.306	109.880		0.426
No.5	100			1.955		110.236	110.150		0.086

3.3 다음 그림과 같은 표고 135.617 m BMI에서 10 km의 노선에 따라 직접수준측량을 하여 다음과 같은 결과를 얻었다. 각 점의 표고를 구하시오

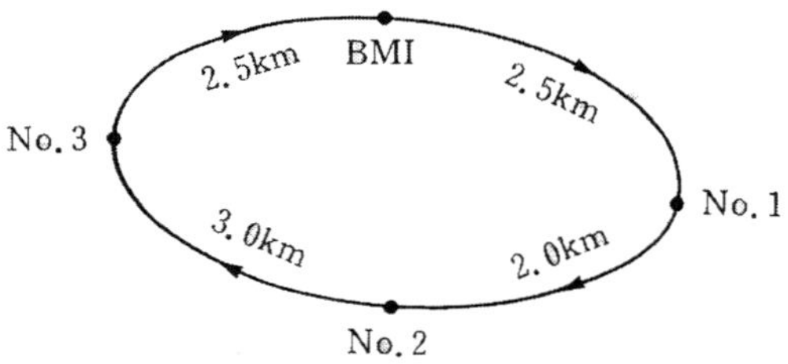

측점	측점간 거리(km)	관측표고(m)	보정량(m)	조정표고(m)
B.M.I		135.617		
No.1	2.5	111.570		
No.2	2.0	89.734		
No.3	3.0	120.239		
B.M.I	2.5	135.701		

풀이 수준오차=135.701−135.617=0.084 m

각 측점의 표고보정량은 측선거리에 비례하여 보정한다.

$$\text{표고보정량}(\nu) = \mp \text{수준오차} \times \frac{\text{출발점에서 그 측점까지의 누가거리}}{\text{전측선의 길이}}$$

측점	측점간 거리(km)	관측표고(m)	보정량(m)	조정표고(m)
B.M.I		135.617	0	135.617
No.1	2.5	111.570	−0.021	111.549
No.2	2.0	89.734	−0.038	89.696
No.3	3.0	120.239	−0.063	120.176
B.M.I	2.5	135.701	−0.084	135.617

3.4 레벨을 조정하기 위하여 그림과 같이 A, B점에 표척을 세워 C와 D점에서 읽은 값이 다음과 같다. 이 레벨을 조정하려면 D점에서 B점 표척의 읽음을 얼마로 하여야 하는가?

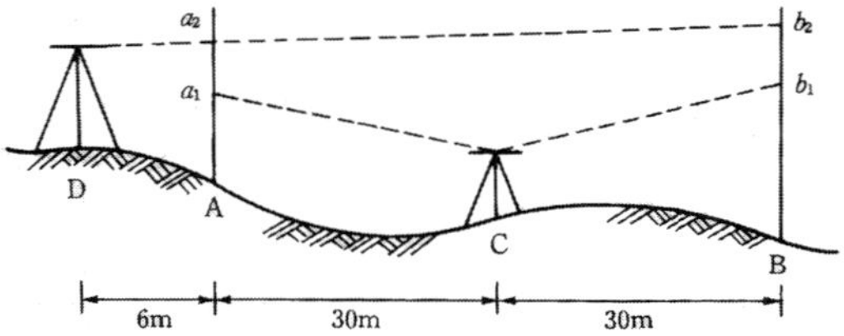

$a_1 = 1.120\text{ m}$
$b_1 = 1.532\text{ m}$
$a_2 = 1.432\text{ m}$
$b_2 = 1.924\text{ m}$

풀이 $d = \dfrac{D+e}{D}\{(a_1-b_1)-(a_2-b_2)\} = \dfrac{66}{60}\{(1.120-1.532)-(1.432-1.924)\}$

$= 0.088$

$\therefore$ b_2 조정 시준값=1.924 − 0.088=1.836

그러므로 B점 표척의 읽음값 (b_2)=1.836

3.5 다음 표는 도로 중심선을 따라 20 m 간격으로 종단측량을 실시한 결과이다. No.1의 계획고를 52 m로 하고 3 %의 상향 구배로 설계한다면 No.5의 성토 또는 절토고는?

측 점	No.1	No.2	No.3	No.4	No.5
지반고(m)	54.50	54.75	53.30	53.12	52.18

풀이 $No.5\ 계획고 = 52 + \frac{3}{100}80 = 54.4\ \mathrm{m}$

$No.5\ 지반고 - No.5\ 계획고 = 52.18 - 54.4 = -2.22\ \mathrm{m}$

$\therefore$ 2.22 m(성토고)

3.6 그림과 같이 도로 노선의 종단면도에서 측점 2의 절토단면적을 구한 값이 맞는 것은? {단, 도로폭 10 m, 절토구배 1 : 1, 성토구배 1 : 1.5(절토고 3 m)이다.}

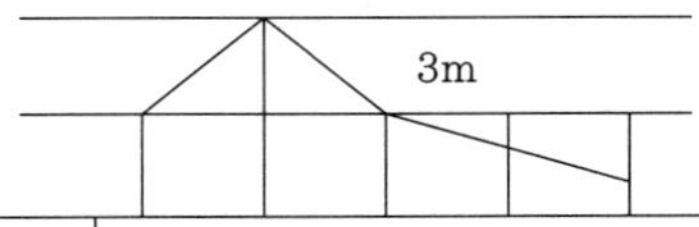

측 점	1	2	3	4	5
거 리	0	20	20	20	20
지반고	18	20	16	14	12
계획고	18	17	16	15	13

풀이 면적 $A = \frac{10+16}{2} \times 3 = 13 \times 3 = 39\mathrm{m}^2$

3.7 A, B, C 3수준점으로부터 수준측량을 하여 P점의 표고를 결정한 값은?

A 점으로부터 AP=2 km 216.786 m

B 점으로부터 BP=3 km 216.732 m

C 점으로부터 CP=4 km 216.758 m

이었다면 최확값은?

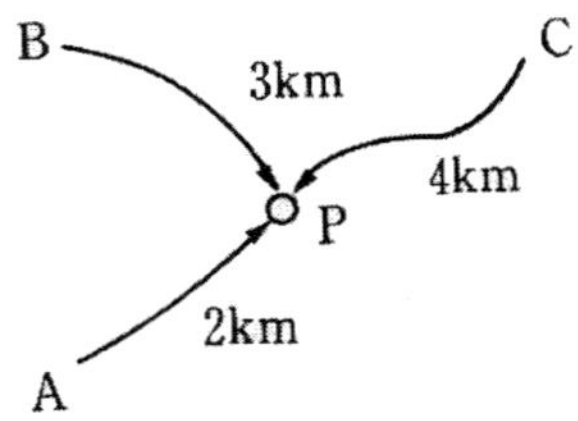

풀이 경중률은 거리에 반비례하므로

$PA : PB : PC = \frac{1}{2} : \frac{1}{3} : \frac{1}{4} = 6 : 4 : 3$

$최확값 = 216.7 + \frac{0.086 \times 6 + 0.032 \times 4 + 0.058 \times 3}{6+4+3} = 216.7 + 0.063$

$= 216.763\ \mathrm{m}$

3.8 레벨로부터 40 m 떨어진 곳에 세운 수준척의 읽음값이 1.125 m이었다. 기포를 수준척의 방향으로 2 눈금 이동하여 수준척을 읽으니 1.150 m이었다면 이 기포관의 곡률반경은? (단, 기포관의 한 눈금의 길이는 2 mm이다.)

풀이

$$\alpha'' = \frac{L}{nD}\rho'' = \frac{(1.150 - 1.125)}{2 \times 40} 206,265'' = 64.46''$$

$$R = S\frac{\rho''}{\alpha''} = 0.002 \times \frac{206,265''}{64.46''} = 6.4 \text{ m}$$

3.9 직접수준측량을 실시한 결과는 다음과 같다. A점의 지반고가 50.286 m일 때 D점의 지반고는?

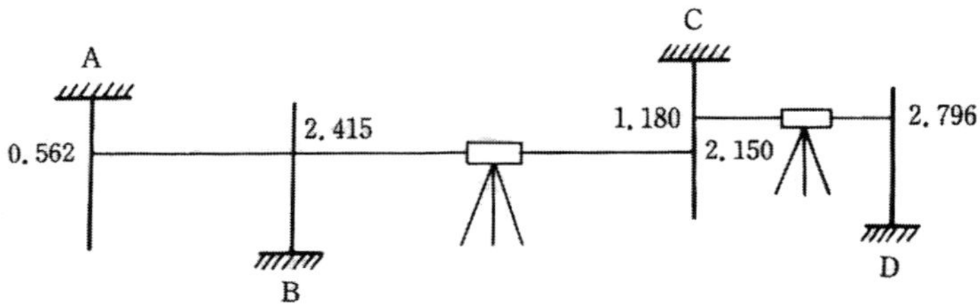

풀이 A점의 지반고 $H_A = 50.286$ m

C점의 지반고 $H_C = 50.286 - 0.562 + 2.150 = 51.874$ m

D점의 지반고 $H_D = 51.874 - 1.180 - 2.796 = 47.898$ m

3.10 직접수준측량을 하여 2 km 왕복에 오차가 10 mm라면 같은 정도로 측량을 하여 8 km 왕복했을 때 왕복오차는?

풀이

$$E = k\sqrt{L} = 10 \text{ mm}$$

$$\therefore k = \frac{10}{\sqrt{4}} = 5 \text{ mm}$$

$$E = 5 \text{ mm}\sqrt{16} = 20 \text{ mm}$$

SURVEYING

CHAPTER 04

평판측량

CHAPTER ➡ SURVEYING

04 평판측량

4.1 개 요

4.1.1 정 의

평판측량은 평판을 사용하여 야외에서 지형을 직접 평면작성하는 측량인데 트래버스측량이나 그 밖의 다른 측량에서 결정된 측점을 기준점으로 세부측량을 하게 된다.

4.1.2 평판측량의 특성

(1) 장 점

① 현장에서 도면을 작성하므로 복잡한 지형을 정확하게 할 수 있고 측정이 빠졌거나 잘못된 곳을 찾기가 쉬워 신속한 측정을 할 수 있다.
② 야장의 기입이 없으므로 이에 따르는 오차나 착오가 없다.
③ 내업시간이 적다.
④ 기계의 구조가 간단하여 잘 익히면 작업이 빠르고 상당한 정도도 얻을 수가 있다.
⑤ 접근이 어려운 측점은 교회법으로 측정할 수 있다.

(2) 단 점

① 기계의 부속품이 많아서 운반하기에 불편하고 잃어버리는 경우가 많다.
② 도지가 건조하거나 습하면 신축에 의한 오차가 발생한다.
③ 외업에 시간이 많아 일기가 불순하면 작업이 불편하다.
④ 야장이 없어 기록 재현이 불가능하다.
⑤ 기계구조상 전체적으로 정도가 낮다.

4.2 평판측량에 사용되는 기구

4.2.1 도 판(plane table)

도판(board)은 삼각(tripod) 위에 고정시켜 그 표면에 도지를 깔고 측정한 결과를 그리는 판으로 측판 또는 평판이라고도 부른다. 도판은 잘 마른 전나무와 베니어판을 3중으로 하여 나뭇결의 방향과 직각으로 포개어 두께 1.5～3.0 cm 정도로 만든 것으로 크기는 30 cm×40 cm, 40 cm×50 cm, 60 cm×75 cm의 것이 있다. 또 도판 뒷면에는 금속으로 된 열쇠 구멍과 같은 구멍이 있어 삼각에 고정시킬 수 있는 장치가 되어 있다.

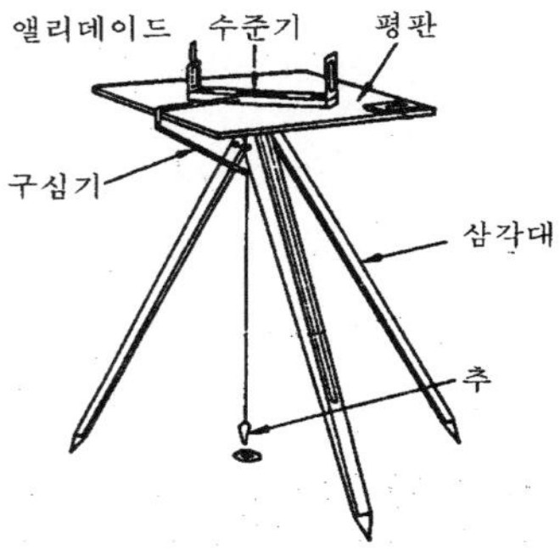

[그림] 4.1 평 판

4.2.2 삼 각(tripod)

삼각은 도판이 움직이지 못하도록 고정하는 장치로써 평판측량의 정확도에 큰 영향을 준다.

① 도판을 수평으로 하는 정준나사와 중심을 이동할 수 있는 장치가 있는 것(중심이동형)
② 정준나사와 중심을 옮길 수 있는 장치가 없는 재래식 트래버어스 형(고정형)
③ 회전 소켓의 형태로 두 개의 고정나사를 동심적으로 배치하여 상부고정나사는 평판의 수평을, 하부고정나사는 평판의 회전 운동을 통제하도록 고안된 것(죤슨 형) 등이 있으나 ②의 경우는 사용이 불편하기 때문에 잘 사용하지 않는다.

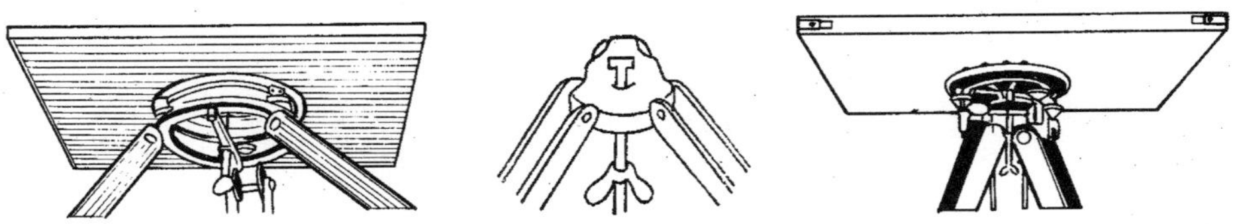

(a) 중심이동형 (b) 고정형 (c) 죤슨형

[그림] 4.2 삼 각

4.2.3 앨리데이드(alidade)

도판 위에서 목표물을 시준하여 방향선을 그리고 목표물의 방향을 결정하는 기구이다. 구조에 따라 다음과 같은 두 가지가 있다.

(1) 보통 앨리데이드

보통 앨리데이드(peepsight alidade)는 그림에서 보는 바와 같이 폭 약 4 cm, 두께 약 1.5 cm, 길이 약 22 cm, 27 cm의 자의 형태이며 윗면 중앙에는 곡률 반경 1.0~1.5 m 정도의 기포관과 옆면에는 축척의 잣눈이 있다.

축척의 눈금은 보통 mm 단위의 것을 고정했으나 필요에 따라 적당한 축척으로 바꿀 수가 있다. 또 앨리데이드의 양 끝에는 접었다 폈다 할 수 있는 금속제의 전 시준판과 후 시준판이 있고 전 시준판에는 가운데 부분이 직사각형 형태로 비어 있다. 이 비어 있는 공간의 중앙에는 지름 0.2 mm 이내의 가는 시준사가 있고 후 시준판에는 중앙에 지름 0.5 mm 정도 되는 시준공 3개가 있다. 이 시준공과 시준사는 목표에 대한 시준선의 방향을 결정하게 된다. 또 전·후 시준판의 안쪽 면에는 두 시준판이 고정된 안쪽 간격의 1/100에 해당하는 눈금이 새겨져 있으며 이를 이용하여 경사에 대한 측정을 할 수도 있다.

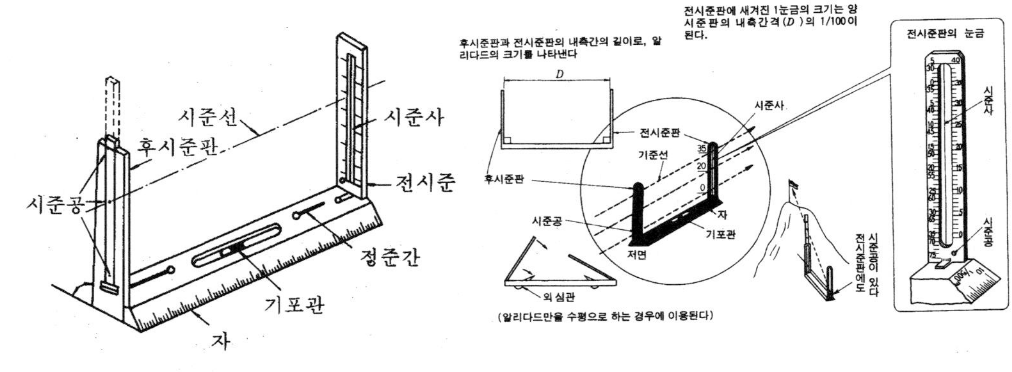

[그림] 4.3 앨리데이드

(2) 망원경 앨리데이드

보통 앨리데이드는 시준 거리(보통 100 m 이내)가 짧기 때문에 이를 보완하기 위하여 망원경을 사용한 여러 가지 앨리데이드가 있다. 망원경 앨리데이드(telescope alidade)에는 트랜싯과 같이 버니어(vernier)가 있는 연직분도원과 스타디아선(stadia hairs) 등이 있어 스타디아 공식에 의하여 수평 거리와 연직 거리를 직접 읽을 수 있도록 고안되어 있어 매우 편리하다. 특히 근자에는 전자파 거리측정기와 각측정 센서가 부착된 디지털 앨리데이드도 있어 정밀한 측량에 사용되기도 한다.

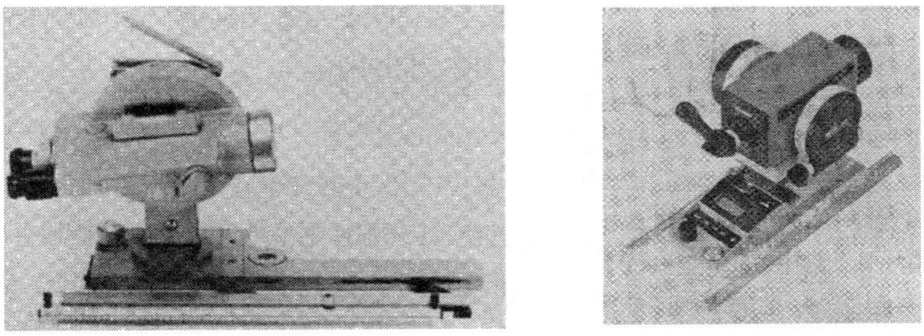

(a) 망원경 앨리데이드 (b) 광파 앨리데이드

[그림] 4.4 망원경, 광파 앨리데이드

(3) 구심기와 추

구심기(plumbing arm)는 끝에 추를 매달아 지상 측점과 도면 위의 측점을 연직선 상에 오게 한다.

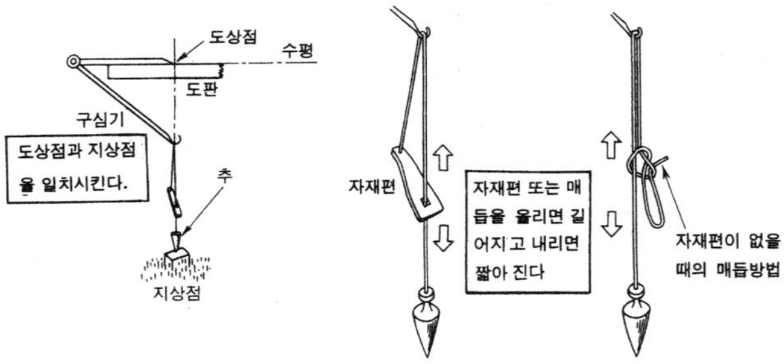

[그림] 4.5 구심기와 추

(4) 자침함

자침함(declinator)은 좁고 긴 직사각형의 상자 속에 자침을 장치한 것으로 평판의 방향을 정할 때나 도면의 방향을 표시할 때 사용한다. 이 때 자침이 가리키는 북은 자북이며 자침을 이용하여 도면 위에 북방향을 표시한다. 자침의 끝단은 지름이 0.1 mm 보다 작아야 하며 보통의 것은 길이 7 cm, 10 cm의 것이 있다.

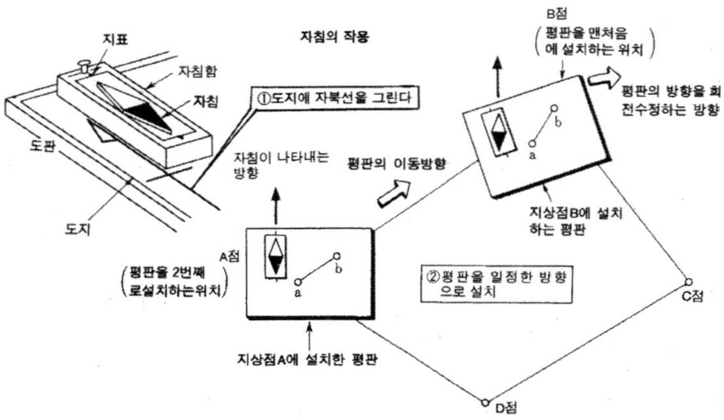

[그림] 4.6 자침함

(5) 측량침

도판에 붙인 도면 위의 측점에 세워서 앨리데이드의 방향을 정할 때 사용하는 것으로 바늘의 위 지름이 0.32～0.65 mm이고 끝단으로 내려감에 따라 점차 가늘게 된다. 끝단의 지름은 0.1 mm이어야 하며 길이는 3.7 cm 정도의 특수 강철제이다.

(6) 그 외의 준비물

1) 도 지

도지는 온도, 습도에 대한 신축이 적고(1 : 1000 이하) 표면이 매끈하며 연필이 잘 먹고 종이의 질이 조밀하고 질기며 지우개를 사용해도 변하지 않고 햇빛에도 변색하지 않아야 한다.

2) 연 필

0.1 mm 이내의 선을 도면 상에 표시할 수 있어야 하고 세부골격측량에는 4H, 5H를 세부 측량에는 3H, 4H 정도의 것을 사용한다.

3) 표 적

20×30 cm 정도의 사변형을 철판으로 만들고 두 표면에는 빨간색과 흰색 칠을 한다. 평판으로 높이를 측정할 때에 포올에 고정하여 목표로 사용한다.

4.3 평판용 기계 기구의 검사와 조정

4.3.1 도 판

(1) 도판의 표면은 어느 곳이나 바른 평면일 것

정확한 삼각자의 한 변 또는 직선자를 평판의 여러 군데에 대어 본다. 이 때 도판면과 자 사이에 빈틈이 없으면 좋으나 그렇지 않을 때에는 대패로 깎아서 평면으로 고친다.

(2) 평판을 수평으로 세웠을 때 도판은 기계의 연직선과 수직일 것

평판을 정확하게 세우고 평판고정나사를 풀어서 처음 위치와 180°의 위치로 돌렸을 때 평판 위의 앨리데이드의 기포가 그대로 중앙에 있으면 좋으나 그렇지 않을 때에는 평판 뒷면의 삼각과 고정하기 위한 금속의 나사를 풀어서 수평이 되게 조정한다.

4.3.2 앨리데이드

(1) 앨리데이드의 축척자는 모서리가 직선이 되어야 한다.

평판 위에 앨리데이드를 놓고 자를 따라 연필로 선을 긋는다. 다음에 앨리데이드를 수평으로 180°돌려 다시 그 선에 맞추고 선을 그어 보아서 두 선이 일치하면 좋으나 그렇지 않을 때에는 대패로 깎든지 금속자일 경우에는 바꾼다.

(2) 기포관축이 몸통의 밑면과 평행해야 한다.

평판을 세우고 기포가 중앙에 오게 한다. 이 때의 앨리데이드의 위치와 방향을 도지상에 표시한 다음 앨리데이드를 180° 돌려서 놓을 때 기포가 그대로 중앙에 있으면 된다. 그러나 이동이 있으면 기포관축의 양 끝에 있는 나사를 움직여서 이동한 양의 1/2을 조정하고 나머지 1/2은 평판의 정준나사나 삼각으로 조정한다.

(3) 두 시준판을 세웠을 때 자에 대하여 앞뒤로 기울지 않아야 한다.

평판 위에 앨리데이드를 놓고 정확한 삼각자의 직각 변의 한 변을 자의 몸통에 댈 때 자의 다른 직각 변이 시준판과 나란한가를 조사하여 나란하지 않을 때에는 시준판이 닿는 몸통의 끝을 샌드페이퍼로 문지르거나 종이를 붙여서 기울기를 고친다.

(4) 두 시준판이 자에 대하여 좌우로 기울지 않아야 된다.

평판을 수평하게 세운 다음 그 위에 앨리데이드를 놓고 전방(약 10 m)에 추를 매달아 이것을 시준할 때 시준사가 추의 실과 일치하면 좋다. 그렇지 않을 경우에는 제작소로 보내어 수리를 한다.

(5) 3개의 시준공이 같은 시준면에 있어야 한다.

(4)의 검사를 3개의 시준공에서 했을 때 모두가 일치하면 좋으나 그렇지 않을 경우에는 수리할 수가 없기 때문에 바꿔야 한다.

(6) 시준공은 적당한 크기라야 한다.

시준사의 굵기가 0.2 mm일 때 구멍의 지름은 0.5 mm가 표준이나 0.8 mm까지는 적당하다.

(7) 기포관의 감도는 적당해야 한다.

기포관의 감도가 크면 작업에 시간이 많이 걸리고 감도가 둔하면 평판의 경사가 생기기 쉽다. 보통 곡률반경은 1.0～1.5 m 정도가 좋다.

4.4 평판을 세우는 방법

평판을 측점에 세울 때는 다음의 세 조건이 만족되어야 한다.

① 정준(leveling) : 평판을 수평하게 하는 작업
② 구심(centering) : 평판 위에 표시된 측점과 지상의 측점이 같은 연직선 위에 있도록 하는 작업
③ 표정(orientation) : 평판을 정해진 방향이나 방위에 일치시키는 작업

4.4.1 정 준

(1) 보통 평판(삼각과 평판이 고정된 것)

① 평판이 수평이 되도록 목측에 의하여 삼각을 세운다. 이 때 평판 위의 측점과 지상의 측점이 대략적으로 일치될 수 있도록 노력하고 평판의 높이는 측량할 사람이 굽혀서 제도를 할 수 있는 적당한 높이가 좋다.

② 그림 4.3 (a)에서 보는 바와 같이 두 개의 삼각(S1, S2)을 잇는 선에 나란하게 앨리데이드를 놓고 그 중 한 개의 삼각(S1 또는 S2)을 좌우로 움직이면서 기포가 중앙에 오게 한다.
③ 앨리데이드를 ②에서 놓은 방향과 직각의 방향(CD)으로 다시 놓고 다른 나머지 한 개(S3)의 삼각을 앞뒤로 움직이면서 기포가 중앙에 오게 한다.
④ 앨리데이드를 ②의 위치로 다시 놓고 기포가 중앙에 있는가를 조사한다. 위의 방법을 되풀이하여 앨리데이드를 어느 방향에 놓아도 기포가 중앙에 있을 때에는 평판이 수평으로 된 것이다.

(2) 정준나사가 있는 평판

① 삼각을 충분히 펴서 땅에 고정한다.
② 그림 4.4(b)에서 보는 바와 같이 3개의 정준 나사 중 2개(S_1, S_2)를 잇는 직선에 나란하게 앨리데이드를 놓고 기포관의 기포가 중앙에 오도록 이 2개의 나사로 정준한다. 이때 2개의 나사를 동시에 안쪽으로 돌리면 기포는 오른손쪽으로, 바깥쪽으로 돌리면 왼손쪽으로 움직인다.
③ 앨리데이드를 ②의 경우와 직각 방향으로 다시 놓고 ②의 경우에서 사용하지 않은 다른 한 개의 나사(S_1)을 돌리면서 기포를 중앙에 오게 한다.
④ 앨리데이드를 ②의 경우의 위치로 놓고 다시 기포를 검사한다. 이 동작을 되풀이하여 앨리데이드를 어느 방향에 놓아도 기포가 중앙에 있게 하면 된다.

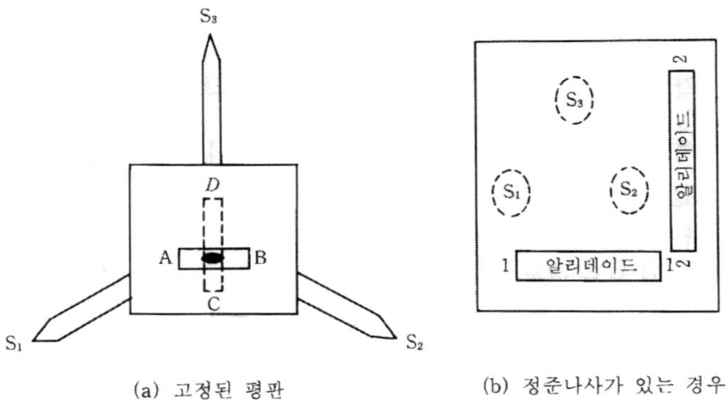

[그림] 4.7 평판 세우기

4.4.2 구 심

구심은 평판에 표시되어 있는 측점에 구심기의 끝을 대고 동시에 구심기에 매달린 추의 끝이 지상의 측점과 일치되도록 하는 작업이다. 보통 평판에서는 평판을 움직이면서 구심을 하여야 하기 때문에 정준이 달라지기 쉬우므로 다시 검사를 하여야 한다. 그러나 구심 장치가 따로 되어 있는 평판에서는 평판 고정 나사를 풀어서 간단하게 맞출 수가 있다.

4.4.3 표 정

(1) 자침으로 맞추는 방법

① 평판을 세운 다음 자침함을 평판 위에 놓고 방향을 돌리면서 자침이 남북을 가리킬 때 그 자침함에 따라 선을 그으면 이것이 자북선(magnetic north)이 된다.

② 평판을 다른 점에 옮겼을 때 자침함을 자침선 방향에 고정하고 평판을 돌리면서 자침이 남북을 가리키게 하면 도면의 표정이 된다. 그러나 이 방법은 정확도가 떨어져 거의 이용되지 않는다.

(2) 앨리데이드를 사용하여 맞추는 방법

① 그림에서 보는 것과 같이 땅 위의 한 점 A에 평판을 세우고 수평과 중심을 맞춘 다음 앨리데이드의 잣눈면을 도면 위의 측선 ab에 정확하게 맞춘다.

② 평판을 수평으로 회전하여 앨리데이드로 B점에 세운 폴을 시준하여 시준선이 정확하게 B에 일치할 때 수평 고정 나사를 조이면 된다. 이 방법에 의한 표정은 자침에 의한 경우보다 많이 이용된다.

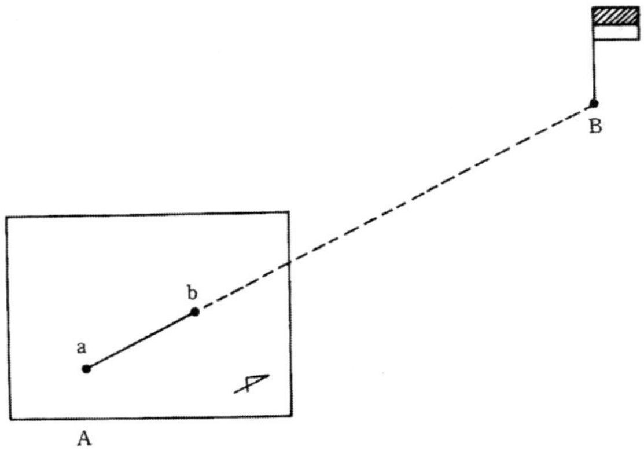

[그림] 4.8 기지방향선에 의한 표정

(3) 3점문제

위에서 말한 평판 세우기의 세 가지 조건중 한 가지를 만족시키기 위하여 평판을 움직이면 다른 두 조건이 틀려지므로 처음에 세울 때에, 세 조건을 동시에 생각하면서 대략 맞게 세우고 조작을 할 때에는 평판을 너무 많이 움직이지 않도록 하는 것이 좋다.

4.5 평판측량의 방법

평판측량은 골조측량에 의한 결과의 측점을 기준으로 세부측량에 많이 이용되며, 측량의 목적, 지형, 지물의 상태에 따라 여러 가지 측량 방법 중 단독 또는 병용하여 사용한다.

4.5.1 방사법(radiation method)

한 측점에 평판을 세우고 그 점의 주위에 있는 목표점들의 방향선과 거리를 측정하여 트래버스 형태나 지형을 측정하는 방법이다. 측량지역 내에 장애물이 없고 소지역에 주로 사용한다. 그림 4.9에서 땅 위의 점 A, B, C, ……를 직접 측정하여야 하므로 시준이 용이한 장소에서 다음과 같은 방법으로 측량한다.

① 측량을 할 구역의 안쪽 또는 바깥쪽에 위치한 한 점 O에 평판을 세운다(세 조건이 만족되어야 한다.).

② 구심기를 사용하여 땅 위의 측점 O를 도면 위의 측점과 일치시킨다. 만일 점이 도면 위에 표시되어 있지 않을 때 땅의 측점을 도면 위에 옮기고 그 점을 O로 하여 그 점에 측량침을 꽂는다.

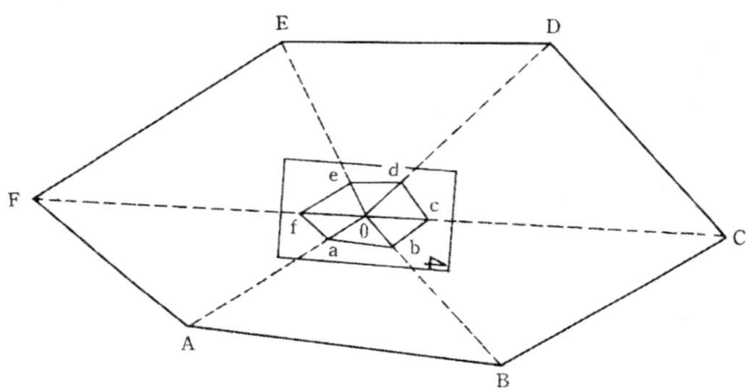

[그림] 4.9 방사법

③ 앨리데이드의 잣눈면을 측량침에 기대면서 먼저 A점에 세운 포올을 정확하게 시준하고 방향선 oa를 긋는다. 다음에 땅위에서 OA의 거리를 측정하고 정해진 축척으로 도면 위의 P점으로부터 그 거리를 결정하여 도면 위의 점 a를 결정하여 도면 위의 점 a를 정한다.

④ 위와 같은 방법으로 땅 위의 점 B, C, D, ……를 시준하여 도면 위의 점 b, c, d, ……를 정하고 a, b, c, d, ……를 차례로 연결하면 된다.

⑤ 끝으로 또 AB, BC, ……의 거리를 직접 측정하여 도면 위의 거리와 비교하면 측량의 정확성을 알 수가 있다.

4.5.2 전진법(traversing)

측점간의 거리와 방향을 순서대로 전진하면서 측량하는 방법으로 도선법(graphical traversing) 또는 절선법(method of traversing)이라고도 한다. 시가지나 도로, 삼림지대와 같이 한 측점에서 많은 점의 시준이 안 될 때나, 길고 좁은 지역의 측량에 이용되는 측량이다.

전진법에는 단전진법과 복전진법이 있으며 일반적으로 모든 측점에 기계를 세워 측정하는 복전진법이 이용되고 있다.

① 측량 구역이 도면 안에 채워질 수 있도록 도판의 방향과 위치를 생각하여 도면 위의 점 a를 정하고 지상의 A점에 평판을 세운다.

② B점을 시준하여 방향선 ab를 긋고 AB의 거리를 재서 정해진 축척으로 b점을 정한다(이 때 Z를 시준하여 이 측점도 정해두면 좋다).

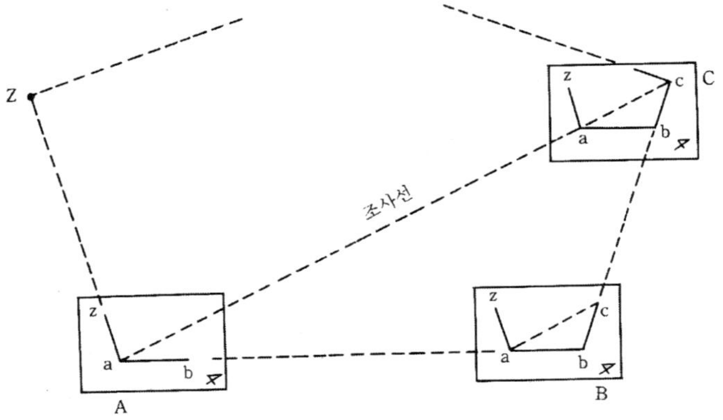

[그림] 4.10 전진법

③ 평판을 B점으로 옮기고 도면 위의 ba선에 앨리데이드를 맞추어 A점을 시준하고 평판의 방향을 맞춘다.
④ b점에 측량침을 꽂고 c점을 시준하여 방향선 bc를 긋고 그 거리를 측정하여 정해진 축척에 따라 c점을 정한다.
⑤ 위와 같은 순서로 C, D에 평판을 옮기면서 측량을 한다.
⑥ 점 z에서 그림과 같이 처음의 점 A를 시준하여 za의 방향선을 긋고 거리를 측정하여 a′를 정한다.

이 때 먼저 정한 a와 a′가 일치하면 좋으나 보통은 일치하지 않는다. 이 때 aa를 폐합오차라 하며 트래버스의 도해법과 같은 방법으로 폐합오차를 조정하면 된다.

전진법에서 트래버스의 변수는 10개 이내가 좋고 한 변의 길이도 10~50 m 정도로 하는 것이 보통이다.

4.5.3 교회법(intersection method)

(1) 전방교회법

이미 알고 있는 2개 또는 3개의 측점(기지점)에 평판을 세우고 거리를 측정하지 않고 방향선의 교회점으로 목표의 위치를 정하는 방법이며 도해삼각측량과 같다. 측량 지역이 넓고 장애물이 있어서 목표물의 시준은 되지만 거리를 측정하기 어려울 때 이용하면 좋다.

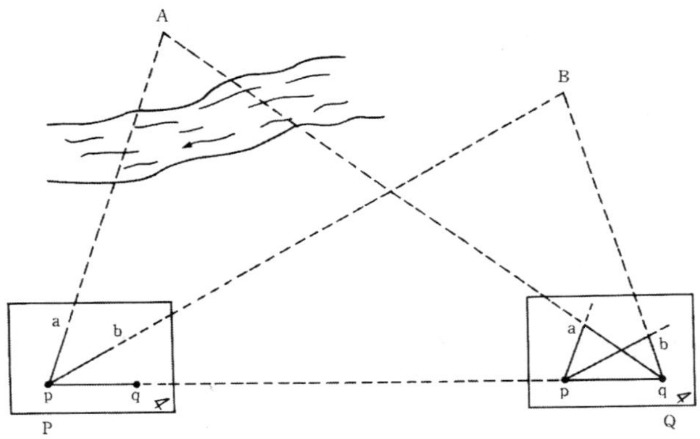

[그림] 4.11 전방교회법

그림 4.11에서 P, Q를 지상의 측점, 이들에 해당하는 도면 위의 점을 p, q라 하자.

① 지상의 한 점 P에 평판을 세우고 측선 pq에 따라 맞춘다.

② A, B, C, ……의 순서로 방향선 pa, pb, pc, ……등을 도면 위에 그린다.

③ 다음에 평판을 Q점으로 옮기고 P점을 기준으로 방향을 맞추어 평판을 세운다.

먼저와 같이 각 점을 시준하여 방향선 qa, qb, qc, ……등을 그린다.

이 방향선들이 처음의 방향선과 평판 위에서 교차하는 점을 a, b, c, ……라 하면 이들이 곧 측점 A, B, C, ……에 해당하는 도면 위의 위치가 된다.

이 방법은 정확성이 떨어지기 쉽기에 될 수 있으면 3개 이상의 이미 알고 있는 측점에서 측량하는 것이 좋다. 또 이 때의 방향선의 교차각은 3개 방향선일 경우에는 서로가 30° 이상이 좋고, 2개 방향선일 때에는 40°~140°로 하고 되도록 90° 가깝게 하여 정도를 높여야 한다.

(2) 측방교회법

측방교회법은 전방교회법과 후방교회법을 겸한 방법이다. 한 개의 기지점에 평판을 세우고 다른 한 개의 기지점을 시준하여 방향선을 긋고 평판을 다시 미지점에 세워서 처음에 시준한 기지점을 향하여 방향을 맞춘 다음 다른 한 개의 기지점을 시준하여 방향선을 긋는다. 이 때 두 방향선의 교점이 구하고자 하는 목표물의 위치가 된다.

측방교회법은 시준이 잘 되는 산의 능선 위의 여러 점을 정해 놓거나 또는 뚜렷하게 높고 잘 보이는 목표물을 정해 놓으면 도로 및 하천 변의 여러 점의 위치를 결정할 때에 편리하다.

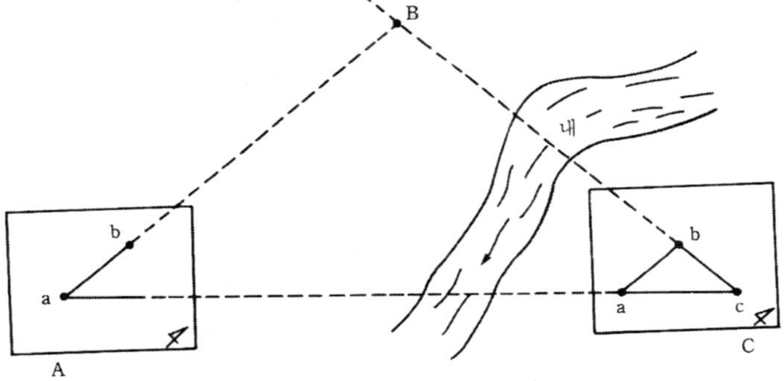

[그림] 4.12 측방교회법

그림 4.12에서 지상점 A, B에 해당하는 도상점을 a, b라 하면

① 점 A에 평판을 세우고 점 B를 시준하여 방향을 맞춘다.

② 미지점 C를 시준하여 방향선 ac를 긋는다.

③ 평판을 점 C에 옮기고 점 C를 도면 위에서 임의로 정하고(방향선 ac선상의 임의의 점) 앨리데이드를 ca에 맞추어 점 A를 시준하면서 평판의 방향을 맞추어 세운다.

④ 도면 위의 한 점 b에 측량침을 꽂고 이에 앨리데이드를 기대면서 점 B를 시준하여 방향선 bc를 긋는다. 이 때 ac와 bc의 교차점 c가 구하고자 하는 도면 위의 점이 된다. 구심오차는 축척이 작을 경우에는 큰 영향이 없으며 그림에서와 같이 B점에 평판을 세울 수 없을 때에 편리하다.

(3) 후방교회법

이 방법은 땅 위에 있는 임의의 한 점 P에 평판을 세우고 도면 위에 표시되어 있는 3개 이상의 기지점을 시준하여 이들의 방향선을 교차시켜서 그 교차점으로 땅 위의 P점에 해당하는 도면 위의 점 p를 구하는 방법이다.

후방교회법에는 ① 자침에 의한 방법, ② 3점문제에 의한 방법, ③ 이점문제에 의한 방법 등이 있다.

방향 표정에 오차가 있으면 3개의 방향선이 한 점에서 교차하지 않아 작은 삼각형이 생기는데 이를 시오삼각형이라 한다. 시오삼각형의 직경이 0.4 mm 이내이면 내접원의 중심을 교회점으로 정하고 0.5 mm를 초과하면 재측한다.

4.6 외업의 방법

평판측량의 작업 방법을 결정하는데는 도면의 이용 목적과 축척이 중요한 요소가 되며 이에 따라 사용하는 기계 기구와 측량 방법도 달라진다.

1) 축척 1 : 500일 때

측점의 작은 오차도 도면의 정확도에 큰 영향을 주기 때문에 평판을 세울 측점은 트래버스 또는 삼각측량 등으로 정확하게 결정하고 그 측점을 기준으로 근처의 지형, 지물을 측량해야 한다. 트래버스나 삼각측량에서 결정된 측점은 미리 도면 위에 전개해 두고 이것을 기준으로 측량하여야 한다. 이 때 거리 측정은 헝겊 줄자 등을 사용한다.

2) 축척 1 : 2,500일 때

측점을 결정하는 요령은 1)의 경우와 같고 거리 측정은 헝겊 줄자 또는 스타디아측량

법을 이용한다. 보통 토목공사용 또는 도시건설용 도면은 대부분이 이 범위의 축척이 된다.

3) 축척 1 : 2,500～1 : 10,000일 때

전체의 측량을 평판 만으로 하는 수도 있으나 보통은 트래버스나 삼각측량에서 결정된 측점이 도면 위에 여러 개 나타나 있으므로 이것을 이용하여 교회법이나 전진법으로 세부측량에 필요한 도근점의 밀도를 증가시키고 이들 도근점에서 방사법을 이용하여 세부 지형 지물을 측정해나가게 된다. 축척이 이 정도로 작아지면 평판을 세울 때 구심과 표정 작업은 그리 정확하게 할 필요는 없으며 또 중요하지 않은 세부 측정은 약도법을 이용하여 능률을 높이는 수도 많다.

4) 축척 1 : 10,000～1 : 50,000일 때

보통 사용되고 있는 지리학상의 지도에 해당하며 골격측량은 삼각측량으로 하고 평판의 도근점은 교회법에 의하여 결정하며 중요한 점이나 목표가 될 만한 곳의 점은 교회법으로 정하고 이것을 기준으로 약도법에 의하여 작도하게 된다.

5) 축척 1 : 50,000 이하일 때

삼각점을 이용하여 후방 교회법으로 측점을 정하고 이것을 기준으로 세부를 편찬하게 된다.

4.7 평판측량의 오차와 정밀도

4.7.1 기계적 오차

평판은 구조가 간단하여 휴대 또는 다루기가 편리한 대신 기계를 완전하게 조정하기 어려우며, 트랜싯이나 다른 기계처럼 잘 다루어도 오차를 완전히 없앨 수가 없으므로 사용하기 전에 기계를 검사하며 불량한 것은 사용하지 않는 것이 좋다. 또 평판의 구조를 잘 이해해서 될 수 있는 대로 오차를 적게 하는 데 노력하여야 한다.

(1) 앨리데이드의 외심오차

앨래데이드의 가장자리 방향과 시준선이 일치하지 않아 발생하는 편심오차로써 도상 외심오차를 e_1은 다음과 같이 계산한다.

$$e_1 = \frac{e}{m}(\text{mm}) \quad (4.1)$$

여기서, m : 축척 분모수,

e : 시준선의 간격(25~30 mm)

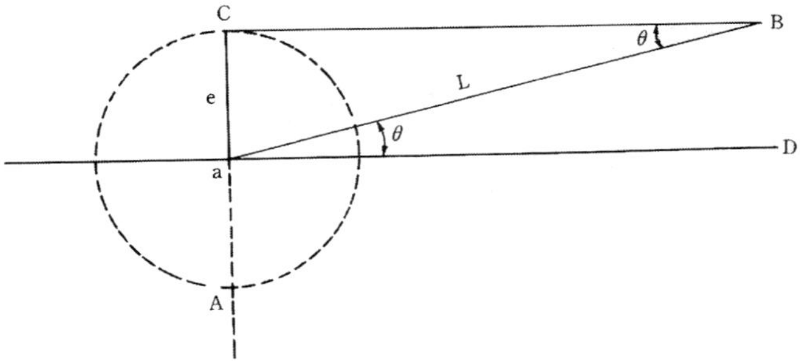

[그림] 4.13 외심오차

예제 4.1 허용 제도오차를 0.2 mm로 할 때 축척 1 : 500에서 앨리데이드의 외심오차는 몇 cm인가?

풀이

$$e_1 = \frac{e}{\text{m}} \qquad 0.02 = \frac{e}{500}$$

$$\therefore e = 0.02 \times 500 = 10\ \text{cm}$$

(2) 구심오차

평판을 설치할 때 도상의 점과 지상의 측점이 동일 연직선 상에 있지 않고 편심되어 있는 경우 발생하는 오차로써 도상 구심오차 e_2는 다음과 같이 계산한다.

$$e_2 = \frac{2e}{\text{m}}(\text{mm}) \quad (4.2)$$

여기서, m : 축척 분모수,

e : 지상 편심거리

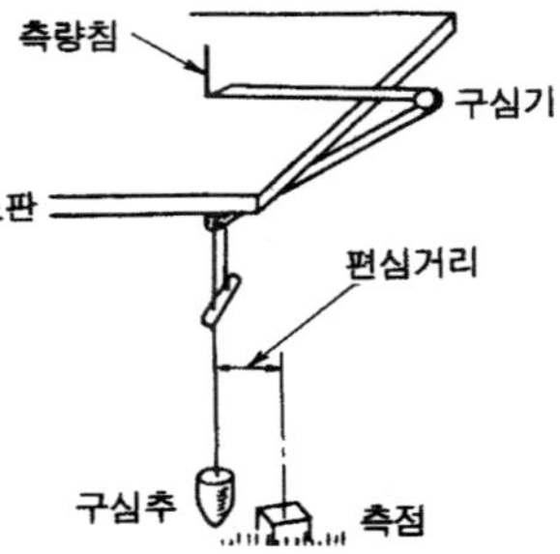

[그림] 4.14 구심오차

예제 4.2 도상 구심오차를 0.2 mm로 하는 평판측량에서 구심을 3 cm까지 허용한다면 축척은 얼마인가?

풀이

$$e_2 = \frac{2e}{\mathrm{m}} \text{ 에서}$$

$$\mathrm{m} = \frac{2e}{e_2} = \frac{2 \times 30}{0.2} = 300$$

$$\therefore M = \frac{1}{\mathrm{m}} = \frac{1}{300}$$

(3) 표정오차

평판의 시준방향이 불완전할 때 발생하는 오차로써 측량 방향이 불완전하면 도면 성과 전체가 달라지므로 도상의 위치오차는 시준거리가 길수록 커진다. 따라서 이 오차는 정확도에 가장 큰 영향을 주므로 평판을 세울 때 구심이나 수평보다 더욱 유의하여야 한다.

도상 표정오차 e_3는 다음과 같이 계산한다.

$$e_3 = l \cdot \Delta\alpha(\mathrm{mm}) \tag{4.3}$$

여기서, l : 방향선의 길이

$\Delta\alpha$: 편위각

예제 4.3 방향선의 길이가 20 cm이고 표정오차가 0.1 mm일 경우, 편위된 각은 얼마인가?

풀이 $e_3 = l \cdot \Delta\alpha$에서

$$\Delta\alpha = \frac{e_3}{l}\rho = \frac{0.1}{200}206,265'' = 1'43.13''$$

4.7.3 폐합오차의 조정

평판으로 폐합 또는 결합 트래버스측량을 했을 경우 도상에서 처음 출발점과 마지막 점(폐합일 경우 출발점과 최종점 일치, 결합일 경우 최종기지점)이 일치하면 좋으나 일치하지 않고 오차가 생기면 이것을 폐합오차라 한다. 이런 경우 허용오차(정밀도로 제한함)와 비교하여 크면 재측해야 하고, 작으면 분배한다. 분배 원칙은 시준오차가 각 측선의 길이에 비례하여 생긴 것이 누적된 것으로 생각하여 다음과 같은 방법으로 분배한다.

(1) 도해방법

1) 그림 4.16에서 AA′, FF′를 잇고 B, C, D, E 각 점에서 FF′, AA′선 과 나란하게 평행선을 긋는다.
2) 그림과 같이 직선을 긋고 각 측선의 길이 l_1, l_2, l_3, l_4, l_5를 차례로 옮겨 그 점을 각각 A, B, C, D, E, A를 정한다.
3) 각 점 A, B, C, D, E, A에서 수직선을 세우고 AA′선 에 폐합오차 E를 표시한다.
4) 다음에 A와 A′를 직선으로 연결한다. 이 때 각 점에서 세운 수선과 만난 점을 각각 B′, C′, D′, E′라 한다.

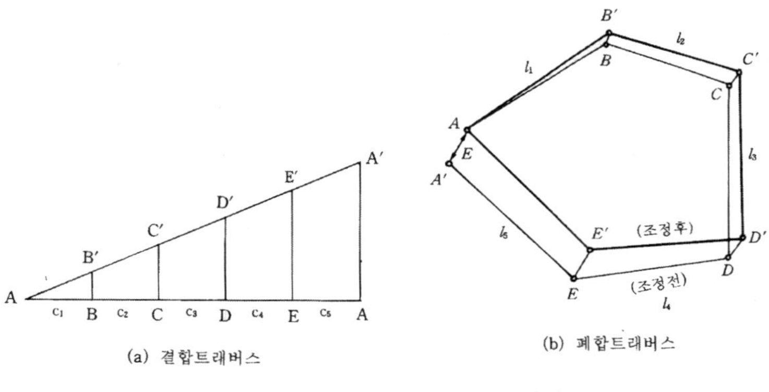

[그림] 4.15 폐합오차와 그 조정법

5) 여기서, BB′ $=e_1$, CC′ $=e_2$, DD′ $=e_3$, EE′ $=e_4$를 재서 각 점의 수정값으로 하여 수정 다각형 A′B′C′D′E′를 구한다.

(2) 계산방법

$$\text{폐합비} = \frac{\overline{AA'}}{\sum l} = \frac{1}{\mathrm{m}} \tag{4.4}$$

여기서, $\overline{AA'}$: 폐합오차

$\sum l$: 측선거리의 합

폐합비가 허용범위 이내이면 출발점으로부터 누가거리에 비례하여 오차를 조정해주고, 허용범위를 넘은 경우에는 재측한다. 허용 폐합비는 다음과 같다.

① 평탄지 : $\frac{1}{1,000}$ 이내

② 완만한 경사지 : $\frac{1}{800} \sim \frac{1}{600}$

③ 산지 또는 지형의 기복이 심한 경우 : $\frac{1}{500} \sim \frac{1}{300}$

그림 4.15에서 최종오차 AA′를 재서 각 점의 오차를 분배하면

(AB+BC+CD+DE) : AB=AA′ : e_1

(AB+BC+CD+DE) : (AB+BC)=AA′ : e_2

(AB+BC+CD+DE) : (AB+BC+CD)=AA′ : e_3

(AB+BC+CD+DE) : (AB+BC+CD+DE)=AA′ : e_4

$$\text{즉, 각 오차 조정량} = \frac{\text{시점에서 수정할 점까지의 누가거리}}{\text{측선거리의 합}} \times \text{폐합오차}$$

계산된 값을 각 측점에서 AA′에 나란한 선상에 분배하여 폐합시킨다.

예제 4.4 전진법으로 평판측량을 수행하여 0.3 m의 폐합오차를 얻었다. 폐합비와 각 측선의 조정량을 계산하라. (단, AB=50 m, BC=60 m, CD=70 m, DE=80 m, EA=90 m)

풀이

$$\text{폐합비} = \frac{\overline{AA'}}{\sum l} = \frac{0.3}{50+60+70+80+90} = \frac{0.3}{350} = \frac{1}{1,167} \leq \frac{1}{1,000}$$

$$\text{B점 조정량 } \overline{BB'} = \frac{50}{350} \times 0.3 = 0.043 \text{ m}$$

$$\text{C점 조정량 } \overline{CC'} = \frac{50+60}{350} \times 0.3 = 0.094 \text{ m}$$

$$\text{D점 조정량 } \overline{DD'} = \frac{50+60+70}{350} \times 0.3 = 0.154 \text{ m}$$

$$\text{E점 조정량 } \overline{EE'} = \frac{50+60+70+80}{350} \times 0.3 = 0.223 \text{ m}$$

$$\text{A점 조정량 } \overline{AA'} = \frac{50+60+70+80+90}{350} \times 0.3 = 0.3 \text{ m}$$

4.7.4 평판측량의 정밀도

평판에는 그 종류도 많고 측량 방법도 각각 달라서 그 정밀도를 한 마디로 말하기는 어려우나 대체로 거리 측량의 정밀도보다 더 좋을 수는 없다. 일반적으로 평판으로 트래버스측량을 했을 때 폐합비는 기계나 측량 방법에 따라 다소 차이는 있으며, 평탄한 곳에서는 1/1,000 이하, 완만한 경사지에서는 1 : 800~1 : 600, 복잡하고 경사가 급한 곳에서는 1 : 500~1 : 300 정도의 범위로 하는 것이 적당하다. 평판측량은 위에서 말한 바와 같이 높은 정밀도를 내기는 어려우나, 숙련정도에 따라서는 상당한 정밀도를 얻을 수 있기 때문에 대부분의 세부측량에 이용되고 있다.

4.8 평판을 사용하는 응용측량

평판을 사용하는 응용측량에는 여러 방법이 있으나, 그 중에서 중요한 것은 다음과 같다.

4.8.1 간접거리측량

앨리데이드의 전 시준판과 후 시준판 간격의 $\frac{1}{100}$ 간격으로 눈금이 새겨져 있다.

$100 : n_2 - n_1 = D : S$로 부터

$$\mathrm{D} = \frac{100}{n_2 - n_1} S = \frac{100}{n} S \tag{4.5}$$

여기서, n : n_1과 n_2 사이에 끼인 눈금수

S : n_1과 n_2 사이에 끼인 표척의 읽음값 차이

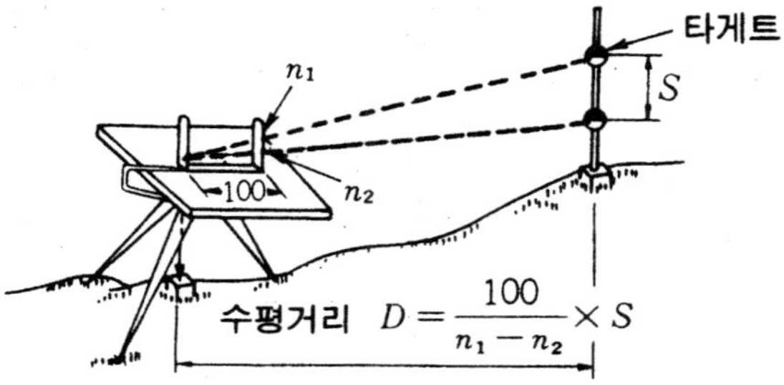

[그림] 4.16 간접거리측량

예제 4.5 평판측량에서 2 m길이의 폴을 연직으로 세워서 이것을 앨리데이드로 측정하니 눈금 분획이 5.0이었다. 평판과 폴과의 수평거리는?

풀이 100 : 5＝D : 2

$\therefore \mathrm{D} = \frac{100 \times 2}{5} = 40 \mathrm{~m}$

4.8.2 앨리데이드를 사용하는 수준측량

(1) 간접수준측량

$$H_B = H_A + I + \frac{n}{100} D - S \tag{4.6}$$

여기서, I : A점으로부터 시준공까지의 기계고

S : B점의 시준고

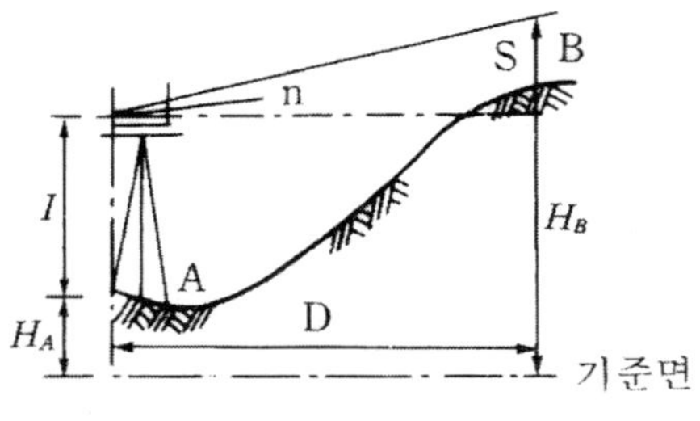

[그림] 4.17 간접수준측량

예제 4.6 평판측량을 실시한 결과 다음과 같은 결과를 얻었을 때 B점의 표고는?
(단, $n = +12.5$, $D = 50$ m, $S = 1.5$ m, $I = 1.1$ m, $H_A = 26.85$ m)

풀이

$$H_B = H_A + I + \frac{n}{100} \cdot D - S$$

$$= 26.85 + 1.1 + \frac{12.5}{100} \times 50 - 1.5$$

$$= 32.70 \text{ m}$$

연 습 문 제

4.1 앨리데이드를 사용하여 높이를 구하려는 지점 B에서 높이를 알고 있는 지점 A점을 관측해 보니 다음의 수치가 나왔다. B점의 높이는 얼마인가? (단, A의 표고는 83.54 m, D=476 m, 분획수 n=8, 시준고 S=3.00, I=1.25 m)

풀이

$$H_B = H_A + S - \frac{n}{100}D - I(\text{후시인 경우})\text{로부터}$$

$$H_B = 83.54 + 3.00 - \frac{8}{100} \times 476 - 1.25 = 47.21\ \text{m}$$

4.2 전 · 후 시준판의 간격이 22 cm인 앨리데이드의 중간 시준공을 통하여 3 m 길이의 폴을 연직으로 세워놓고 시준하였을 때 폴의 하단을 연결하는 앨리데이드의 전 시준판의 눈금이 각각 20, 25이었다면 시준점에서 폴까지의 수평거리는?

풀이

$$\text{D} = \frac{100}{(n_1 - n_2)}S = \frac{100 \times 3}{(25 - 20)} = 60\ \text{m}$$

4.3 평판측량 방법 중 측량지역 내에 장애물이 없어 시준이 용이한 소지역에 주로 사용하는 방법으로 평판을 한 번 세워서 방향과 거리를 관측하여 여러 점들의 위치를 결정할 수 있는 방법은?

풀이 방사법

4.4 20 mm의 외심오차가 있는 앨리데이드로 축척 1/300인 측량을 할 때 외심오차 때문에 도상에는 얼마의 위치오차가 생기는가?

풀이

외심오차 $e_1 = \frac{e}{\mathrm{m}} = \frac{20}{300} = 0.067\ \mathrm{mm}$

4.5 시준공의 지름 0.6 mm, 시준사의 지름 0.4 mm, 양 시준판의 간격이 22 cm의 앨리데이드를 사용할 경우, 방향선의 길이가 20 cm라면 도상에서 얼마만큼의 변위가 생기는가?

풀이

$$e_4 = \frac{\sqrt{d^2 + t^2}}{2l} \cdot L = \frac{\sqrt{0.6^2 + 0.4^2}}{2 \times 220} \times 200 = 0.3\ \mathrm{mm}$$

4.6 평판의 구심오차를 25 cm, 도상 변위의 허용오차를 0.2 mm라 하면 구심오차가 무시될 수 있는 도면 축척의 한계는 얼마인가?

풀이

도상 구심오차 $e_2 = \frac{2e}{\mathrm{m}}$ 로부터

$$\mathrm{m} = \frac{2e}{e_2} = \frac{2 \times 250}{0.2} = 2{,}500$$

$$\therefore \text{축척} = \frac{1}{\mathrm{m}} = \frac{1}{2{,}500}$$

4.7 전진법에 의하여 육각형의 토지를 평판측량하였다. 측점 A를 출발하여 B, C, D, E, F, A에 돌아왔을 때 폐합차가 20 cm이다. 측점 D의 오차분배량은?
(단, 각 측선길이는 AB=60 m, BC=40 m, CD=30 m, DE=50 m, EF=20 m, FA=50 m이다.)

풀이

$\sum l = 60 + 40 + 30 + 50 + 20 + 50 = 250\ \mathrm{m}$

$$\text{폐합비} = \frac{0.2}{250} = \frac{1}{1{,}250} \le \frac{1}{1{,}000}$$

$$\text{D점의 오차분배량} = \frac{60 + 40 + 30}{250} \times 0.2 = 0.104\ \mathrm{m}$$

4.8 $100\ m^2$의 정사각형 토지의 면적을 $0.1\ m^2$까지 정확하게 구하려면 측정해야 할 최소 단위는 얼마인가?

풀이 정사각형의 면적을 A, 한 변의 길이를 a라 하면

$A = a^2$ ①

식 ①을 미분하면

$dA = 2a \cdot da$ ②

식 ②에서 dA는 면적의 오차이고, da는 한 변의 측정오차이다.

$A = 100\ m^2$는 $A = a \times a = 10 \times 10$이므로 $a = 10\ m$이다.

$dA \leqq 0.1\ m^2$

$2a \cdot da = 0.1\ m^2$

$\therefore\ da = \frac{0.1}{2a} = \frac{0.1}{2 \times 10} = 0.005\ m = 5\ mm$

SURVEYING ➡ CHAPTER 05

각 측량

05 각 측량

5.1 개 요

거리측정을 정밀하게 하였다 하더라도 각측정의 정밀도가 거리측정의 정밀도와 부합되지 않으면 정밀한 측량성과를 얻을 수 없으므로 측각에 사용되는 기계의 구조, 특성, 사용방법, 측각법, 오차 등을 익혀 높은 정도의 측량성과를 얻도록 하여야 한다.

5.1.1 각의 정의

그림 5.1에서 점 O로부터 두 개의 측점 P_1, P_2를 시준할 때에 각 시준선을 수평면에 투명한 측선이 이루는 각 α를 수평각이라 하고, 연직면 내에서 수평선과 시준선이 이루는 각 β를 연직각이라고도 한다.

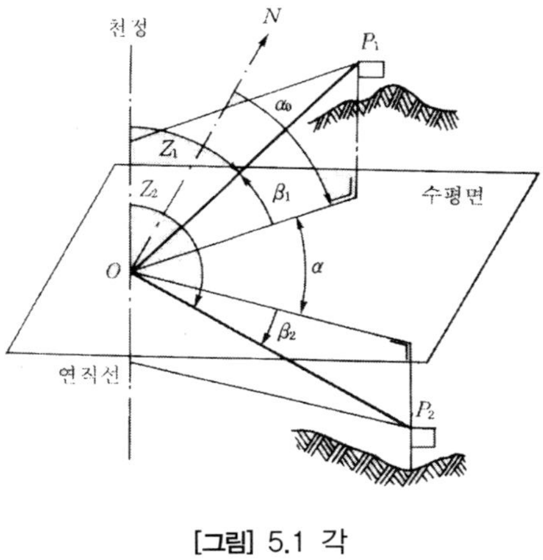

[그림] 5.1 각

수평각에 있어서 임의의 기준 방향으로부터 우측으로 측정한 각 α_0를 방향각이라 하고, 특히 진북을 기준방향으로 잡았을 경우에는 방위각이라 한다. 연직각은 시준선이 수평선보다 위에 있으면 앙각(+), 아래에 있으면 부각(-)으로 구분한다, 또한 연직각 대신에 연직선의 상방향인 천장으로부터 측정한 각인 천장각 Z를 사용하기도 한다.

5.1.2 각의 단위

(1) 도(degree)

원주를 360등분하여 그 한 호에 대한 중심각을 1도(1°)라고 하고, $1° = 60'$, $1' = 60''$로 하는 60진법에 의하여 표시한다.

(2) 그레이드(grade)

원주를 400등분한 호에 대한 중심각을 1그레이드(1^g)라 하고, $1^g = 100^c$, $1^c = 100^{cc}$로 하는 100진법에 의하여 표시한다. 이 각의 단위는 유럽의 여러 나라에서 널리 사용되고 있으며, 특히 정밀각측정기 및 실체도화기에는 그레이드 단위를 널리 사용한다.

(3) 호도(radian)

원의 반지름과 동일한 호가 이루는 중심각을 1라디안(radian)이라고 한다. 호를 사용하면 수학적 연산이 편리하나 측량에서 사용하는 측각기의 눈금은 도 혹은 그레이드로 표시되어 있으므로 측량계산에 있어서 도 혹은 그레이드를 호도로 환산해야 할 필요가 있다.

$$2\pi^{rad} = 360° = 400^g$$

1호도를 도, 혹은 그레이드로 표시하면 다음 표와 같다. 또한 1호도를 도, 분, 초로 표시할 때는 각각 $\rho°$, ρ', ρ''의 기호로 표시한다.

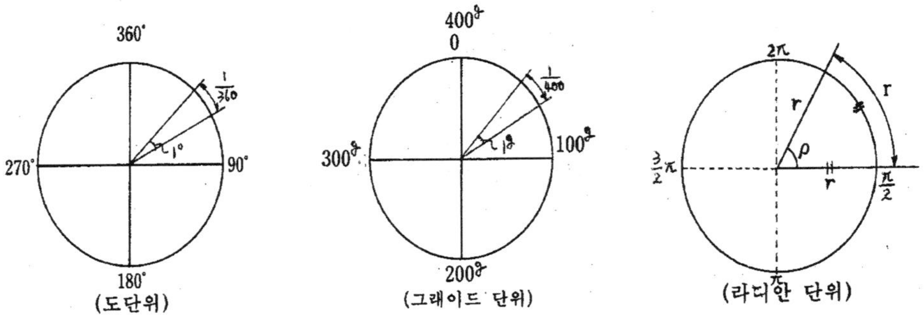

[그림] 5.2 각의 종류

[표] 5.1 각의 환산

rad.	도(°)	분(′)	초(″)	grad(g)	(c)	(c.c)
1	57.29578	3,437,747	206,264.8	63.66198	6,366.198	636,619.8

예제 5.1 각의 환산을 이용해서 1^g를 60진법으로 환산하면 얼마인가?

풀이 $100^g = 90°,\ 1^g = \dfrac{90°}{100} = 0.9° = 54'$

5.1.3 호와 각도의 관계

$2\pi r : 2\pi rad = l : \theta$ 에서

$$l = \frac{r\theta}{rad} = \frac{r\theta}{\rho''}, \qquad \theta = \frac{l}{r} rad = \frac{l}{r}\rho'' \tag{5.1}$$

여기서, l : 호의 길이
r : 반경
θ : 중심각
$\rho'' = 206,265''$

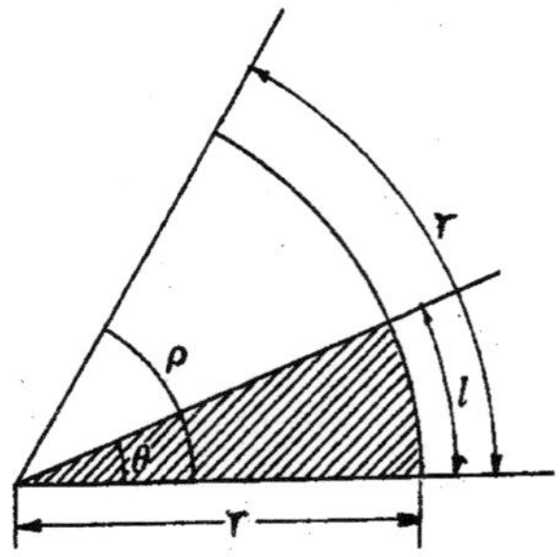

[그림] 5.3 호와 각도의 관계

예제 5.2 2 km 앞에 있는 폭 50 cm의 물체 사이에 끼인 각은?

풀이 $\theta = \frac{l}{r}\rho'' = \frac{0.5}{2{,}000} \times 206{,}265'' = 51.57''$

예제 5.3 관측방향이 15″ 틀어진 경우 2 km 앞에 발생되는 위치 오차는?

풀이 $l = \frac{r\theta}{\rho''} = \frac{2{,}000 \times 15''}{206{,}265''} = 0.145\ \mathrm{m}$

5.2 트랜싯

트랜싯과 데오도라이트는 수평각과 연직각을 정밀하게 측정할 수 있으며 선의 연장도 할 수 있다. 또 기계에 부착된 부속품에 의해 간접거리측량, 간접수준측량, 컴퍼스측량 등을 할 수 있는 만능측량기기이다.

5.2.1 트랜싯(Transit)의 구조

트랜싯은 사용 목적이나 제작 회사에 따라 모양은 다르나 주요 구조는 대부분 비슷하며 상부, 하부, 정준장치로 나눌 수 있다.

상부구조는 각을 측정하기 위한 중요한 부분으로 평행상반과 평행하반으로 되어 있는데 상반은 연직축 내축에 고정되어 있고 여기에는 망원경, 기포관 연직분도원과 버어니어, 평반 기포관, AB버어니어, 컴퍼스, 수평축, 2개의 지주 등이 있다. 하반은 연직축 외축에 고정되어 있으며 수평각측정에 사용되는 수평분도원, 상반과 하반을 회전시킬 수 있는 상부고정나사와 상부미동나사, 하부를 고정시키는 하부고정나사와 하부미동나사가 있다. 근자에 사용되는 기계는 대부분 상부고정나사와 하부고정나사가 하나로 되어 있어 사용에 편리하다.

(1) 연직축(vertical axis)

망원경은 연직축을 중심으로 수평회전운동을 하며 트랜싯의 연직축은 그 구조에 따라 단축형과 복축형이 있으나 보통 복축형이고 내축, 외축으로 되어 있다.

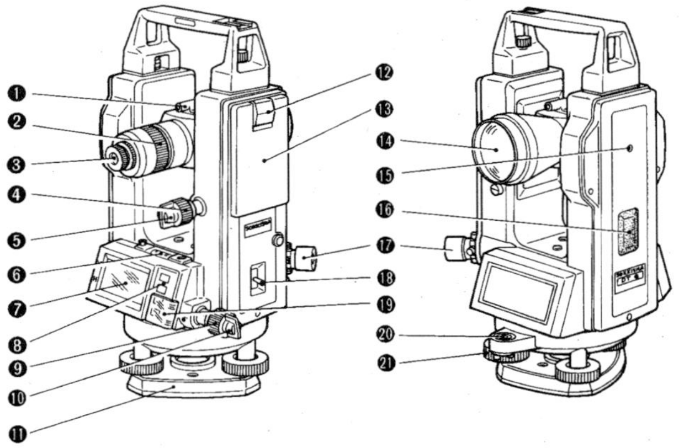

[그림] 5.4 Digital Theodolite의 각부 명칭

내축에 버어니어(vermier)와 망원경이, 외축에 수평분도원이 고정되어 있다. 외축을 고정하고 내축을 그 속에서 회전시키면 수평분도원은 고정되었으나 버어니어가 이동해서 잣눈의 각도를 가리킨다. 이와 같은 움직임을 트랜싯의 상부운동이라 하고 이 운동을 고정하는 나사를 상부고정나사(upper clamp screw)라 한다. 이 때 내축을 고정하고 전체를 외축의 주위에 회전시키면 버어니어와 수평분도원이 동시에 움직여서 수평분도원의 잣눈은 움직이지 않는다. 이 운동을 하부운동이라고 하고 이를 고정시키는 나사를 하부고정나사(lower clamp screw)라고 한다. 복축형은 관측 도중에 내축, 외축 및 축받침사이가 잘 맞지 않아 오차가 생기기 쉽기에 정밀한 측각기는 단축형이 많이 사용된다.

(2) 수평축(horizontal axis)

수평축은 지주상에 얹혀 있고 망원경이 그 중앙에서 이것과 직각으로 고정되어 있다. 수평축을 지주에서 고정하기 위해서 연직고정나사(vertical clamp screw)가 있고 그에 따르는 미동나사(vertical tangent screw)가 있다.

수평축의 한 끝에는 연직분도원이 장치되어 연직각을 측정하게 되어 있다. 수평축은 그 구조상 연직축이 연직일 때는 수평으로 되어 있어야 한다.

(3) 망원경(telescope)

망원경의 역할은 목표물을 확대하여 명확한 상을 얻는 데 있으며 대물렌즈와 십자선 그리고 접안렌즈로 구성되어 있으며 수평축 주위에 360° 회전할 수 있다.

망원경에는 관형 기포관이 부착되어 있어 필요시 레벨로 사용할 수 있으며 기포관의 기포를 볼 수 있는 상태가 정위, 볼 수 없는 상태가 반위이다.

(4) 분도원(Graduated circle)

트랜싯은 연직축에 직각으로 장치된 수평분도원(horizontal gradu-ated circle)과 수평축에 직각으로 장치된 연직분도원(vertical graduated circle)이 있다.

수평분도원은 전원을 시계침 방향과 반시계침 방향으로 0°에 서 360°까지 이중으로 잣눈을 새긴 전원법이 있으며 최소눈금은 10′, 15′, 20′, 30′등이 있다.

연직분도원은 망원경이 수평일 때 하단을 0°로, 상단을 180°가 되도록 양단에 새긴 반원법과 하단과 상단을 각각 0°로 하고 좌우 대칭으로 90°까지 잣눈을 새긴 4분법이 있다. 분도원의 재료는 백금이 좋으나 고가인 탓으로 백동이 많이 사용되고 있다.

5.3 트랜싯의 조정

5.3.1 조 정

모든 측량용 기계는 조정을 하지 않고는 정밀한 측정값을 얻을 수 없으므로 측량을 실시하기 전이나 측량 도중에 조정을 실시하여야 한다. 트랜싯이나 데오도라이트가 완전히 조정된 상태이면 다음과 같은 조건이 성립된다.

① 연직축과 수평축, 그리고 시준선은 서로 직교한다.
② 상반이 완전히 수평일 때 상반에 부착된 평반기포관의 기포는 중앙에 위치한다.
③ 시준선이 완전히 수평일 때 망원경에 부착된 기포관의 기포는 중앙에 위치한다.

(1) 평반수준기의 조정

기포가 중앙에 있을 때 평반은 수평하고 연직축은 연직이 되도록 한다.

(2) 십자종선의 조정

십자종선이 수평축과 직교차는 평면 내에 오게 하고 사준선이 수평축에 직교되도록 한다.

(3) 수평축의 조정

수평축과 연직축이 직교되도록 한다.

(4) 십자횡선의 조정

십자선의 교점이 망원경의 중심과 일치하도록 한다.

(5) 망원경 기포관의 조정

망원경에 부착되어 있는 기포관축은 망원경의 시준선축과 평행해야 한다.

(6) 연직분도원 버어니아의 조정

망원경에 장치되어 있는 기포관의 기포가 중앙에 있을 때, 다시 말해서 시준선이 수평일 때 연직분도원의 0점과 버어니아의 지표가 일치되어야 한다.

5.4 각도의 측정

5.4.1 트랜싯의 거치

트렌싯과 데오돌라이트는 정밀한 기계이므로 충격을 가하거나 조작에 무리한 힘을 가할 경우 성능의 저하를 가져올 수 있기 때문에 기계를 조작하거나 취급하는 데 있어서 세심한 주의를 해야 한다. 기계를 얼마만큼 빠르고, 정확하게 세울 수 있느냐는 측량의 작업능률에 큰 영향을 주기 때문에 다음 순서에 따라서 숙련을 할 필요가 있다.

① 삼각의 하나를 땅 위에 세우고 다른 2개를 측점에 일치시키면서 삼각의 상면이 거의 수평이 되도록 한다.
② 위치가 정해지면 삼각을 지면에 단단히 박는다.
③ 정준나사를 사용하여 트랜싯을 임의 방향으로 회전시켜도 평반수준기의 기포가 중앙에 있도록 한다.
④ 이심장치 제동나사를 풀고 기계를 이동시켜 광학구심장치를 통해 측점에 일치시킨다.
⑤ 다시 정확한 정준을 하고 구심을 확인하여야 하며, 각을 측정하기 전에는 항상 기포를 검사한다.

5.4.2 각도의 측정

(1) 수평각의 측정법(measurement of horizontal angle)

1) 단측법(method of single measurement)

두 측점 사이에 끼인 각을 1회 관측하여 구하는 방법으로, 관측각은 종독에서 초독을 뺀 값이다.

2) 반복법

두 측점 사이에 끼인 각을 2회 이상 누적 관측하여 그 평균값을 도출하는 방법이다. 직접 독취하기 어려운 각측량 성과의 미소값을 누적 관측하여 반복횟수로 나누어 도출한다. 방향수가 적은 경우에는 편리하나, 삼각측량과 같이 많은 방향의 관측에는 부적합하다.

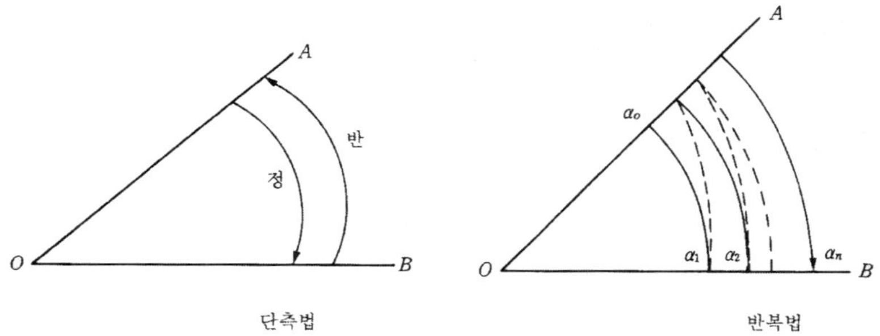

[그림] 5.5 단측법과 반복법

3) 방향각법

이 방법은 측각의 정확도가 균일하게 되어 보편적으로 사용되고 있는 방법이며, 특히 한 측점에서 많은 각을 측정할 필요가 있을 때에는 반복법에 비하여 관측시간을 절약할 수 있으므로, 3등 4등의 삼각측량에 많이 이용된다.

4) 조합각관측법

수평각 측정법 중 가장 정밀한 측정방법으로 1등, 2등 삼각측량에 이용된다. 관측할 여러 방향선 사이의 각을 방향관측법으로 관측하여 최소자승법에 의하여 각각의 최확값을 구한다.

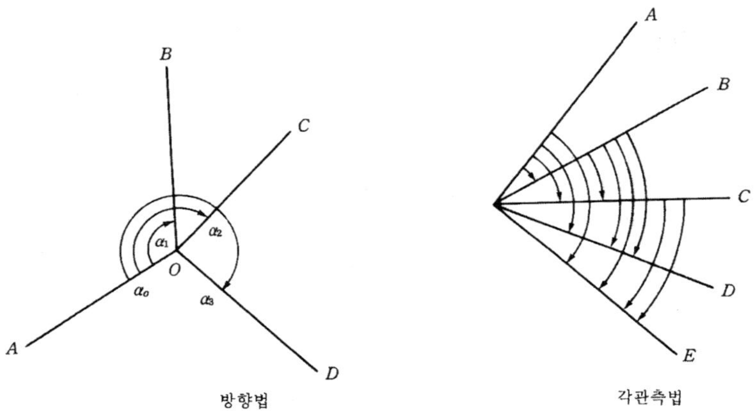

[그림] 5.6 방향각법과 조합각관측법

5.5 각관측에 의한 거리오차와 정도

각관측 오차(θ'')에 의해 발생하는 거리오차(l)는 그림 5.7과 같은 기하학적 관계를 토대로 발생하게 된다.

$$l = \frac{r\theta''}{\rho''}, \quad \theta'' = \frac{l}{r} \cdot \rho'' \tag{5.2}$$

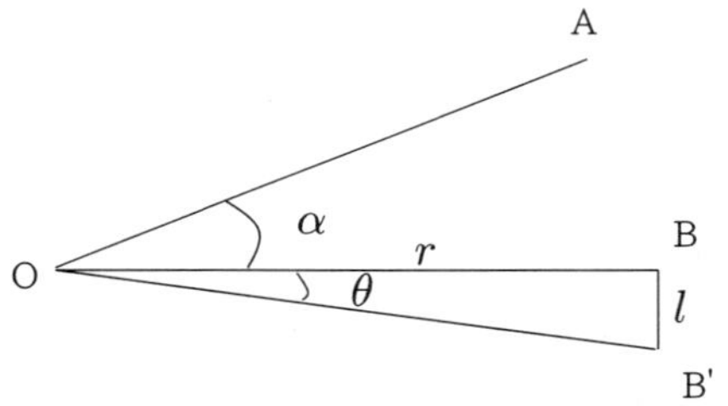

[그림] 5.7 각관측에 의한 거리오차

각관측의 정밀도는 관측거리(r)에 대한 거리오차(l)의 비로 표현하며, 항상 분자를 1로 하는 분수형태로 표현한다.

$$\text{정도} = \frac{l}{r} = \frac{\theta''}{\rho''} = \frac{1}{\mathrm{m}}$$

예제 5.4 거리관측의 정밀도와 각관측의 정밀도가 같다고 할 때 거리관측의 정밀도를 $\frac{1}{3,000}$로 하면 각관측의 허용오차는?

풀이

$$\text{정밀도} = \frac{l}{r} = \frac{\theta''}{\rho''} = \frac{1}{3,000}$$

$$\therefore\ \theta'' = \frac{206,265''}{3,000} = 1'8.76''$$

5.6 각관측에서 생기는 오차

(1) 조정의 불완전에 의한 오차

1) 시준축오차(error of collimation line)

시준선이 수평축에 직교되지 않기 때문에 생기는 오차이다. 이러한 경우에는 관측하려고 하는 2측점의 표고가 같을 때에는 오차가 생기지 않으나 2점의 표고가 다를 때에는 그 표고차에 비례하여 오차가 생긴다. 이러한 오차는 망원경을 정위, 반위에서 얻은 측정치를 평균하면 소거할 수 있다.

2) 수평축오차(error of horizontal axis)

수평축과 연직축이 직교되지 않기 때문에 생기는 오차이다. 이 오차는 관측하려는 2측점의 표고가 같을 때에는 생기지 않는다. 이 오차도 망원경을 정위, 반위에서 얻은 두 측정치를 평균하여 소거할 수 있다.

3) 연직축오차(error of vertical axis)

연직축이 연직으로 되지 않음으로 인해서 생기는 오차이다. 이 오차는 망원경을 정위, 반위로 하여 측각을 해도 소거되지 않는다. 그러므로 트랜싯을 완전하게 조정하여 연직축오차가 생기지 않도록 해야 한다.

(2) 구조상의 결함에 의한 오차

1) 시준선의 편심오차(망원경의 외심오차)

이 오차는 망원경을 정위, 반위로 하여 측정한 값을 평균하여 소거할 수 있다.

2) 회전축의 편심오차

트랜싯의 연직축과 중심이 일치하지 않음으로 인해서 생기는 오차인데, 대회되는 2개의 버어니어의 독치를 평균하면 이 오차는 소거된다. 버어니어가 1개일 때에는 망원경을 정위, 반위하여 측정한 값을 평균하면 오차는 소거할 수 있다.

연 습 문 제

5.1 트랜싯을 측점에 세울 때 각도를 20″ (수평각)까지 읽고 측선길이 100 m로 하면 기계 중심과 측점의 편차는?

풀이

$$l = \frac{r\theta''}{\rho''}$$

$$\therefore l = \frac{100,000 \times 20''}{206,265''} \fallingdotseq 10\ \text{mm}$$

5.2 거리와 각도의 조합을 통하여 위치를 구하는 다각측량에서 거리의 정밀도가 $\frac{1}{10,000}$ 일 때, 이와 같은 정밀도를 위한 각관측 오차는 얼마인가?

풀이

$$\text{정밀도} = \frac{l}{r} = \frac{\theta''}{\rho''} = \frac{1}{10,000}$$

$$\therefore \theta'' = \frac{206,265''}{10,000} = 20.63''$$

5.3 거리관측의 정밀도와 각관측의 정밀도가 같다고 할 때 거리관측의 정밀도를 $\frac{1}{5,000}$ 로 하면 관각측의 허용오차는?

풀이

$$\text{정밀도} = \frac{l}{r} = \frac{\theta''}{\rho''} = \frac{1}{5,000}$$

$$\therefore \theta'' = \frac{206,265''}{5,000} = 41.25''$$

5.4 각측량 시의 방향각에 6″의 오차가 발생한다면 3 km 떨어진 측점의 거리오차는 얼마인가?

풀이 $$l = \frac{r\theta''}{\rho''} = \frac{3{,}000 \times 6''}{206{,}265''} = 8.7\ \text{cm}$$

5.5 OA를 기준으로 각도 45°를 설정하려고 한다. $\angle AOB$를 설정하여 배각법으로 측정하여 보니 $45°01'30''$이었다. 측각의 정도는?(단, OA의 거리는 1000 m이다.)

풀이 $$l = \frac{r\theta''}{\rho''} = \frac{1{,}000 \times 1'30''}{206{,}265''} = 0.436\ \text{m}$$

$$\text{정도} = \frac{l}{r} = \frac{0.436}{1{,}000} = \frac{1}{2294}$$

SURVEYING ➡

CHAPTER 06

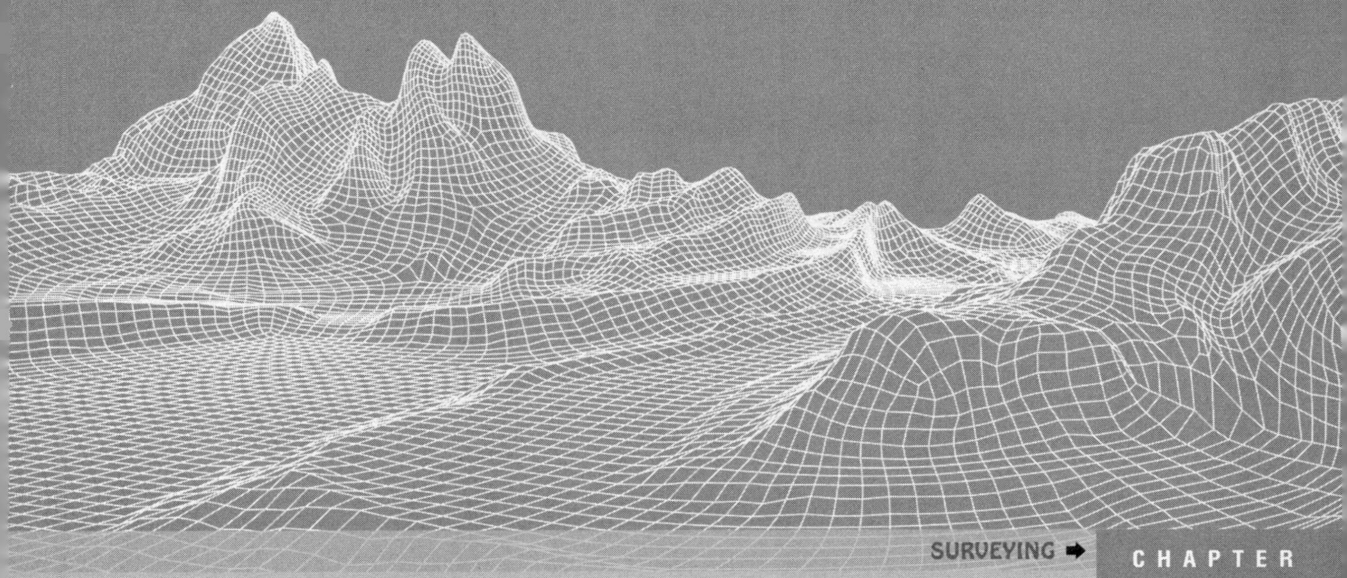

다각측량

CHAPTER → SURVEYING

06 다각측량

6.1 개 요

6.1.1 정 의

여러 측점을 연결하여 생긴 다각형의 각변의 길이와 방향을 관측하여 각변의 위거와 경거를 계산하고 이 점들의 좌표를 결정해서 기준점의 수평위치를 결정하는 측량이다.

6.1.2 트래버스측량의 이용

트래버스측량은 각과 거리의 측정 정밀도의 한계 때문에 삼각측량에 비해 그 중요도가 크게 떨어져 저정밀도의 측량이나 소규모의 골조측량 등에만 사용되어 왔다. 그러나 각측정 기계의 발달은 트래버스측량에 대한 개념을 바꾸었으며 최근에는 변장거리가 50 km 이상의 1등 기준점까지 측량도 가능하게 되었다.

① 삼각측량이나 삼변측량에서 결정된 기준점을 기준으로 보조기준점을 결정하는 측량
② 시가지와 같이 시거가 나쁜 지역의 기준점측량
③ 좁고 긴 장거리 노선측량의 기준점측량
④ 사진측량에 필요한 도화기준점측량

6.2 트래버스의 종류

① 개방 트래버스(open traverse)

그림 6.1(a)와 같이 임의점에서 시작하여 다른 임의점으로 관측이 종료되는 측량 형태로 시점과 종점 간에 아무런 관련이 없어서 측량 성과의 검정이 불가능하다. 정도가 낮은 노선측량의 답사 또는 예비측량에 사용한다.

② 폐합 트래버스(closed traverse)

그림 6.1(b)와 같이 출발점과 종점이 같은 폐다각형으로 측량 결과의 검사가 쉽고 정밀도도 비교적 높아 소규모지역의 기준측량에 많이 이용된다.

③ 결합 트래버스(fixed traverse)

그림 6.1(c)와 같이 삼각측량 등과 같은 높은 정밀도 측량에서 얻은 좌표값을 이용하는 측량이다. 즉 기지점과 기지점을 연결하는 트래버스측량으로 높은 정밀도을 요구하는 대규모 측량에 이용된다.

④ 트래버스망(traverse network)

2개 이상의 트래버스노선이 모여서 형성된 망으로 트래버스망과 보조트래버스망이 있다.

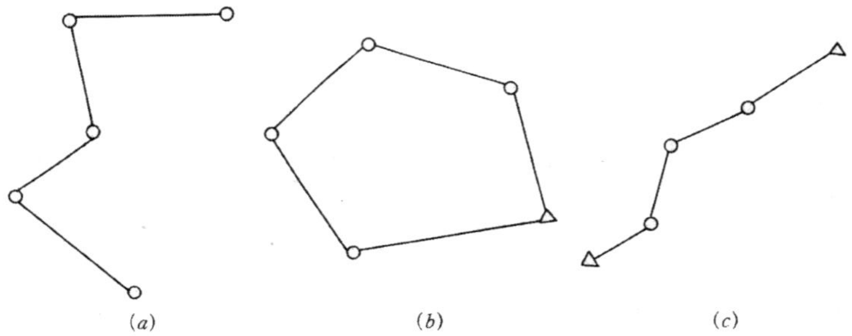

[그림] 6.1 트래버스 종류

6.3 트래버스측량의 순서

트래버스측량은 계획에서 완료까지 소정의 정밀도를 얻을 수 있도록 최적의 측량방법을 채택하여야 하며 측량 순서는 답사와 선점, 조표, 관측, 계산 등으로 단계적으로 수행된다.

계획, 답사, 선점 및 조표

⬇

관측 ⇦ 거리(EDM), 각(교각법, 편각법, 방위각법)

⬇

각관측값의 오차점검

각관측값의 허용오차범위 및 오차배분

⬇

방위각 및 방위계산

⬇

위거 및 경거 계산

⬇

폐합오차 및 폐합비 계산
폐합오차 조정

⬇

좌표계산(면적계산)

[그림] 6.2 트래버스측량 계산 순서도

6.3.1 답사와 선점

측량작업이 현장에서 본격적으로 이루어지기 전에 상세한 측량계획을 수립하기 위하여 측량현장을 미리 방문하는 것을 답사라 한다. 답사에서는 보통 측량 책임자가 직접 현장을 방문하여 현지의 지형상태, 작업의 난이도, 작업조건, 일기, 노력, 기간, 비용, 기자재, 예측되는 정밀도 등을 고려하여 측량방법 및 적절한 대비책 등 성공적인 작업수행을 위한 실시계획을 작성한다.

답사에서 가장 중요한 사항은 측점의 위치이다. 측량 지역에 설치되는 측점의 위치는 트래버스측량의 작업능률과 측량의 결과에 큰 영향을 주기 때문이다. 따라서 측점의 배치와 효과적인 측량법을 사용하여 최소의 노력과 시간 및 경비로서 계획된 기간 내에 측량의 목적을 완수하여야 한다. 다시 말해서 측점배치의 적부는 측량의 능률, 정도에 큰 영향을 주므로 답사와 선점에서는 노련한 지식과 경험이 요구된다.

다음은 선점을 할 경우에 고려하여야 할 사항이다.

① 트래버스의 노선은 될 수 있는 한 결합트래버스가 되게 하여야 한다.
 측량 범위가 좁을 때는 폐합트래버스를 사용하는 것이 좋으나 정오차가 포함되었을 경우에는 발견하지 못하는 결점이 있다.

② 결합트래버스의 출발점과 결합점 사이의 거리는 될 수 있는 한 짧게 하여야 한다. 노선의 전장이 짧고 측점의 수가 적으면 거리 및 각측정에 의한 오차도 적어지며 측량 전체의 정밀도를 높일 수가 있다. 특히 기준이 되는 트래버스의 노선은 부락이나 삼림 등을 통하거나 굴곡이 많은 곳을 피하여야 한다. 이러한 곳에 트래버스점이 필요할 때는 보조트래버스를 만드는 것이 좋다.

③ 트래버스의 노선은 평탄한 경로를 택해야 한다.

경사가 심한 곳에서는 거리측정의 정밀도를 높일 수가 없고, 또 트래버스측량의 정밀도는 거리측량에 좌우되므로 될 수 있는 한 평탄지가 좋다.

④ 측점간의 거리는 될 수 있는 한 등거리로 하며 두 측점 사이에는 큰 고저차가 없도록 하여야 하고 특히 매우 짧은 노선은 피해야 기계적 오차를 적게 하고 오차를 합리적으로 배분할 수 있다.

⑤ 측점은 지반이 견고하여 관측 중 기계의 침하나 동요가 없어야 하며, 표지가 안전하게 보존될 수 있고 앞으로 실시되는 모든 측량이 편리하여야 한다.

6.3.2 조 표

트래버스점은 측량의 목적에 따라 필요한 기간까지 확실하게 보존할 수 있도록 지상에 표지를 설치해야 한다. 영구적으로 보존할 영구표지는 석주 또는 콘크리트말뚝을 사용한다. 장기간의 보존이 필요하지 않은 일시표지는 직경이 5 cm, 길이 30 cm 정도의 통나무 또는 각목 말뚝을 지면보다 약간 높게 올라오도록 땅에 박고 말뚝의 윗면을 수평으로 하여 그 말뚝의 중앙에 작은 못을 박아 둔다. 이 때 트래버스망의 연결을 알기 위하여 적당한 기호 및 번호를 말뚝의 측면이나 다른 보조말뚝에 기록한다.

측점의 표지는 위에서 열거한 것 이외에도 도로 포장의 연석, 이동이 불가능한 구조물, 바위등을 이용하는 경우가 많다. 트래버스 노선의 각 측점을 시준할 때는 특별한 경우를 제외하고 일반적으로 포올을 시표로 사용한다. 그러나 다른 여러 측점에서 한 점을 시준하게 되는 중요한 기준점에서는 삼각을 이용하는 추선 설치를 하거나 간이 측표를 설치하기도 한다.

6.3.3 거리 및 각 관측

① 거리 관측

거리 관측은 직접거리측량과 간접거리측량 방법이 있으며 근자에는 광파거리측량기의 이용으로 높은 정도를 얻고 있다.

② 방위각 관측

트래버스에서 자오선(NS축)과 다음 측선이 이루는 각을 시계방향으로 측정하는 것을 말하며 일반적으로 제1측선에서 방위각을 측정하고 나머지 측점은 내각측정치를 이용하여 계산에 의해 산출한다.

6.3.4 계산 및 작도

관측 결과를 이용하여 위거와 경거를 계산하고 오차를 조정해서 각 측점들의 평면상의 위치를 결정한다.

6.4 수평각 관측법

트래버스측량을 위한 수평각의 측정방법에는 교각법, 편각법, 방위각법(전원법)이 있다.

6.4.1 교각법(Direct angle method)

트래버스에서 인접하는 두 측선이 이루는 각을 교각이라 하며 이 각을 측정하는 방법을 교각법이라 한다.

폐합트래버스에서의 교각은 각의 위치에 따라 내각과 외각으로 구분된다. 또한 측각 방향에 따라 시계방향으로 측정한 각(우회교각)과 반시계 방향으로 측정한 각(좌회교각)으로 구분하기도 한다. 개방트래버스 또는 결합트래버스에서는 트래버스의 진행 방향에 따라 우회교각과 좌회교각으로 구분한다.

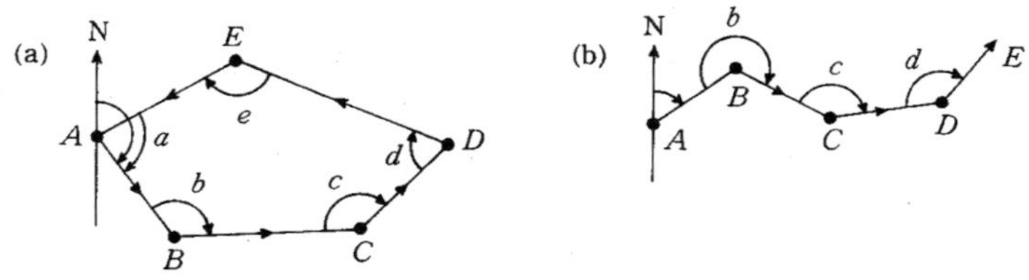

우회교각법

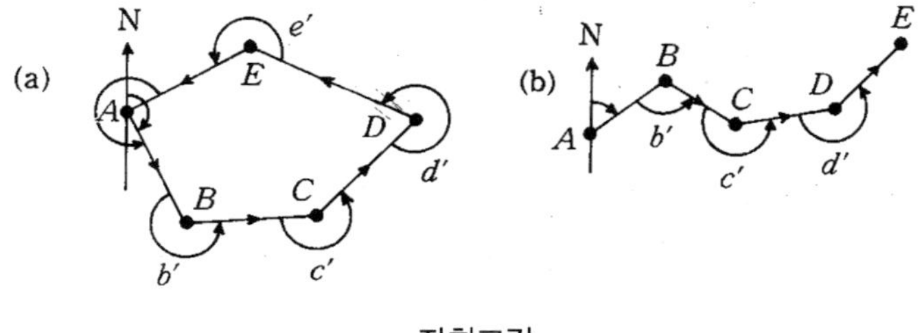

좌회교각

[그림] 6.3 교각법

6.4.2 편각법(Deflection angle method)

각 측선이 바로 앞 측선의 연장선과 이루는 각을 편각(deflection angle)이라 하며 이를 측정하는 방법을 편각법이라 한다. 편각은 항상 180°보다 작은 각이며 연장선 오른쪽에 만들어지는 경우에는 우편각이라 하고 R 또는 (+)로 표기하며, 반대로 왼쪽에 만들어지는 경우는 좌편각이라 하며 L 또는 (−)로 표기한다.

편각의 측정방법은 그림 6.4에서와 같이 측점 B에 트랜싯을 세우고 망원경을 반전하여 측점 A를 시준하고 초독을 읽는다. 그런 다음 하부 고정나사를 잠그고 다시 망원경을 정위로 돌린 후 상부운동으로 다음 측점 C를 시준하고 각을 읽은 후 종독에서 초독을 빼면 바로 편각이 된다.

이 때 망원경 정위로 후시하고 반위를 전시해서 얻은 편각도를 측정하여 그 각을 평균하면 기계적오차를 소거할 수 있다. 이 방법은 도로, 철도와 같은 노선의 종단측량에 많이 이용된다.

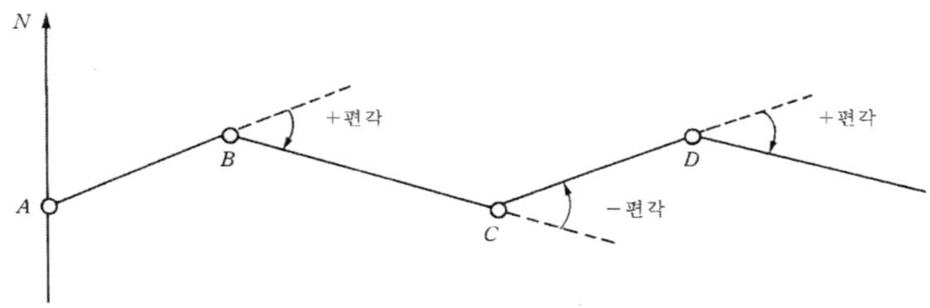

[그림] 6.4 편각법

6.4.3 방위각법(Azimuth method)

어느 일정한 기준선(reference line)으로부터 다음 측선과 이루는 각을 시계방향으로 측정한 각을 그 측선의 방향각(direction angle)이라 하며 자오선(meridian)을 기준선으로 할 때의 방향각을 방위각(meridian angle or azimuth)이라 한다.

이와 같이 방향각 또는 방위각을 측정하는 방법을 전원법 또는 방위각법이라 하며 다음과 같이 두 가지 방법에 의하여 각 측선의 방위각을 측정할 수 있다.

(1) 반전법

이 방법은 그림 6.5와 같은 순서에 의하여 각 측선의 방위각을 구한다.

① 트래버스의 출발점 A에 트랜싯을 세우고 기준방향 P를 시준한다.

② 상부운동으로 다음 측점 B를 시준하여 측선 AB의 방향각 α를 구하고 고정나사(상부고

정나사)를 잠근다.

③ 고정나사를 잠근 상태로 기계를 다음 측점 B로 옮겨 세우고 망원경을 반전하여 반위 상태에서 하부운동으로 A를 시준한다.

④ 망원경을 다시 정위로 한 후 AB 측선의 연장선을 얻는다.

⑤ 상부운동으로 다음 측점 C를 시준한다.

이 때 트랜싯에는 이미 각을 가진 채로 AB 방향에 있었으므로 C점을 시준한 각은 자연히 측선 BC의 방향각 β를 얻게 된다.

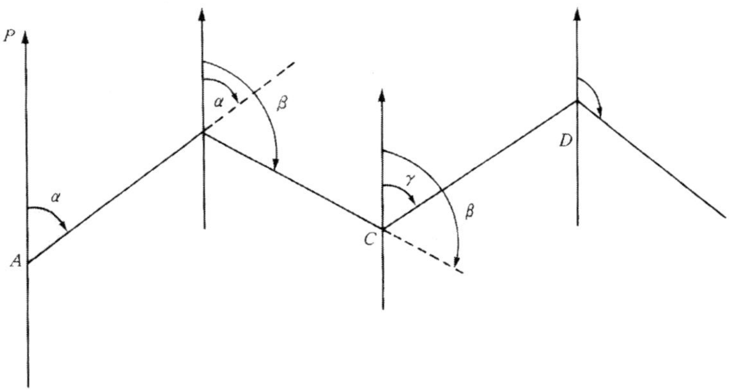

[그림] 6.5 반전법

(2) 역 방위각법

1) 그림 6.6에서 측점 A에 기계를 세우고 기준 방향 P를 시준하고 상부운동으로 측점 B를 시준하여 측선 AB의 방향각 α를 구하고 고정나사(상부고정나사)를 잠근다.
2) 고정나사를 고정한 채 기계를 B로 옮긴다.
3) 망원경을 정위상태에서 하부운동으로 A를 시준한다. 이 때 망원경의 방향은 BA이고 수평 분도원의 초독의 방향은 기준방향 P와 일치하나 방향이 180° 반대가 된다.
4) 망원경을 정위상태에서 상부운동으로 C점을 시준하고 180°를 감하면 BC 방향각 β를 얻게 된다.

$$\alpha + 180° + \theta_1 = 180° + \beta$$

5) 다음에 상부고정나사를 잠그고 수평 분도원의 각을 고정한 채로 기계를 C점으로 옮긴다.

6) 하부 운동으로 B를 후시하고 상부운동으로 D점을 전시하면 CD 측선의 방향각 δ를 얻게 된다.

$$\delta = 180° + \alpha + \theta_1 + (180° + \theta_2) = 360° + \alpha + \theta_1 + \theta_2 = \alpha + \theta_1 + \theta_2 \tag{6.1}$$

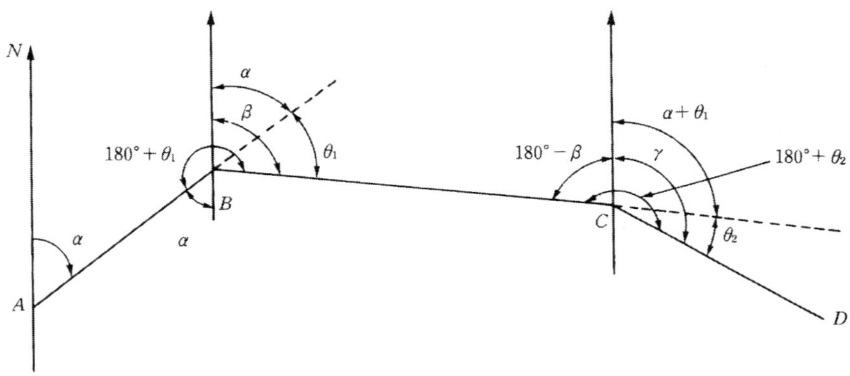

[그림] 6.6 역 방위각법

6.5 각관측값의 오차점검

트래버스의 관측값은 기하학적으로 만족하여야 하므로 허용오차 범위 내에 있을 경우에는 기하학적 조건에 부합하도록 조정하여야 하고 허용오차보다 클 경우는 재측하여야 한다.

① 오차가 허용범위 내에 있는가의 여부를 조사해서 오차가 허용범위보다 클 경우에는 재측을 해야 한다.

② 오차가 허용범위 내에 있을 경우는 이를 합리적으로 조정해서 기하학적의 조건을 만족시켜야 한다.

③ 트래버스의 측각오차의 허용범위는 다음과 같다.

- 삼림지나 복잡한 경사지 : $1.5\sqrt{n}$ (분)
- 완만한 경사지 (평탄지) : $1.0\sqrt{n} \sim 0.5\sqrt{n}$ (분)
- 시가지 및 중요한 지역 : $30\sqrt{n} \sim 20\sqrt{n}$ (초)

(단, n은 트래버스의 변수)

④ 특별한 경우를 제외하고는 측정오차가 각 각에서 평균하게 생긴다고 간주하고 각수로 등분하여 이를 각각에 가감하면 된다.

6.5.1 폐합트래버스

측정각 a_1, a_2, ⋯, a_n, 각의 합을 $[a]$, 변수 n, 측정오차 E_a라 하면

① 내각측정인 경우

$$E_a = [a] - 180°(n-2) \tag{6.2}$$

② 외각측정인 경우

$$E_a = [a] - 180°(n+2) \tag{6.3}$$

③ 편각측정인 경우

$$E_a = [a] - 360° \tag{6.4}$$

6.5.2 결합트래버스

그림 6.7에서 보는 바와 같이 기지점 A에서 출발하여 다른 기지점 B에 결합되는 트래버스의 경우에서는 기지점 A 또는 B에서 다른 기지점 L 및 M을 시준할 수 있으며 측선 AL 및 BM의 방위각 W_a 및 W_b는 이미 알고 있는 것이 보통이다. 따라서 출발점 A에서는 측선 AL, B점에서는 측선 BM을 기준으로 하여 각 측선들이 이루는 교각 a_1, a_2, a_3, a_4, ⋯⋯, a_n를 측정한다. 이 때 기준점으로는 보통 삼각점이나 다른 기준점을 이용하며, 측정각이 만족하여야 할 기하학적 조건은 다음과 같다.

(a)의 경우

$$a_1, -(360° - W_a) + a_2 + a_3 + \dots\dots + a_{n-1} + (a_n - W_b) = 180°(n-1)$$

$$W_a - W_b + [a] = 180°(n+1)$$

$$\therefore E_a = (W_a - W_b) + [a] - 180°(n+1) \tag{6.5}$$

$(b)(c)$의 경우

$$W_a + a_1 + a_2 + a_3 + \cdots\cdots + a_{n-1} + (a_n - W_b) = 180°(n-1)$$

$$Wa - Wb + [a] = 180°(n-1)$$

$$\therefore E_a = (W_a - W_b) + [a] - 180°(n-1) \tag{6.6}$$

(d)의 경우

$$W_a + a_1 + a_2 + a_3 + \cdots\cdots + \alpha_{n-1} + a_n + (360° - W_b) = 180°(n-1)$$

$$(W_a - W_b) + [a] = 180°(n-3)$$

$$\therefore E_a = (W_a - W_b) + [a] - 180°(n-3) \tag{6.7}$$

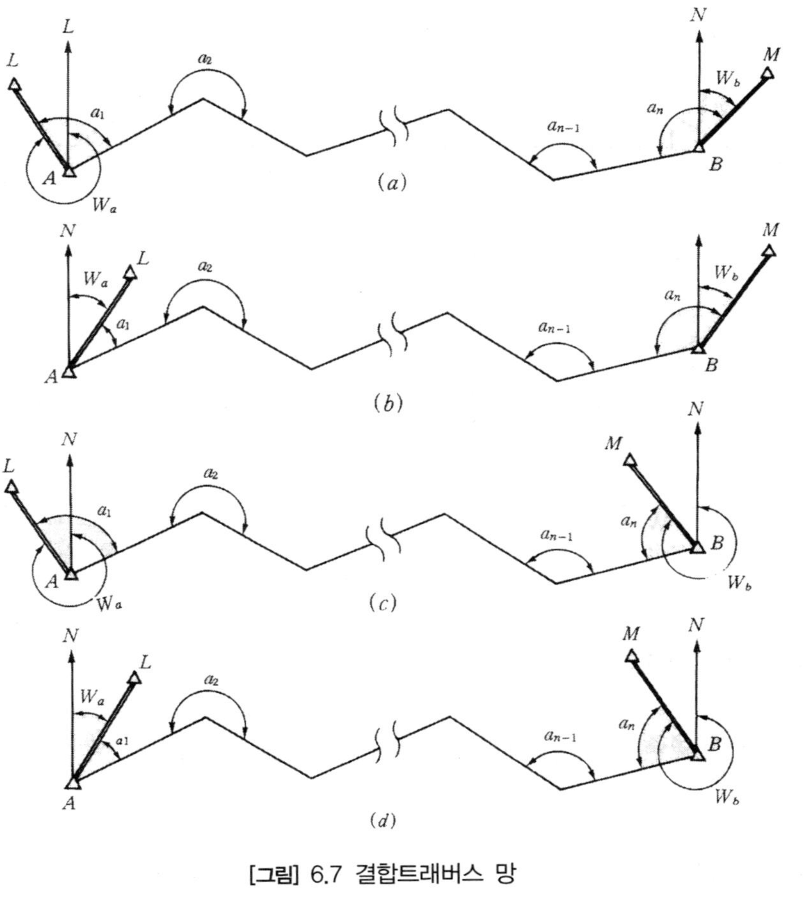

[그림] 6.7 결합트래버스 망

예제 6.1 폐합트래버스 측정값이다. 측정각을 조정하시오.

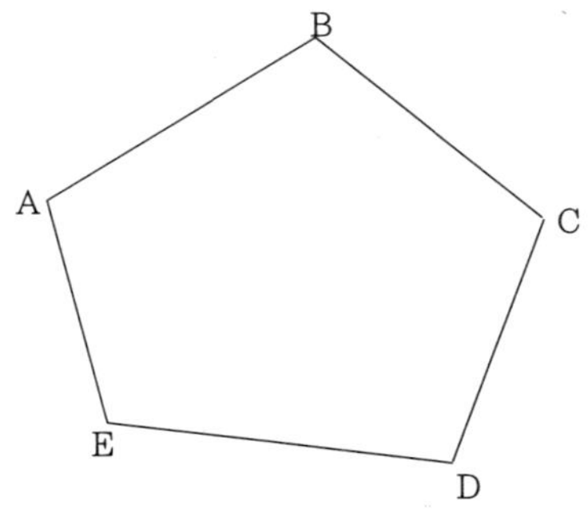

풀이

측선	내 각	조정량	조정내각
AB	81°27′38″	+2″	81°27′40″
BC	110°20′30″	+2″	110°20′32″
CD	84°29′30″	+2″	84°29′32″
DE	120°40′50″	+2″	120°40′52″
EA	143°01′22″	+2″	143°01′24″
계	539°59′50″	+10″	540°00′00″

$$E_a = [\alpha] - 180°(n-2) = 539°59'50'' - 540°00'00'' = -10''$$

$$\text{조정량} = +10'' \times \frac{1}{5} = +2''$$

6.6 방위각 계산

트래버스측량에서 측정한 교각 및 편각을 기하학적 조건에 맞도록 조정하고 이 조정각을 이용하여 방위각을 계산한다.

(1) 교각에서 방위각 계산

1) 우회교각을 측정한 경우

그림 6.8에서 측점을 A, B, C, D…… 그들의 교각을 a_1, a_2, a_3, a_4……라 하고 측선 AB의 방위각이 α라 하면 다음 측선 BC의 방위각 β는 다음과 같다.

$$\beta = \alpha + 180° + a_2 \tag{6.8}$$

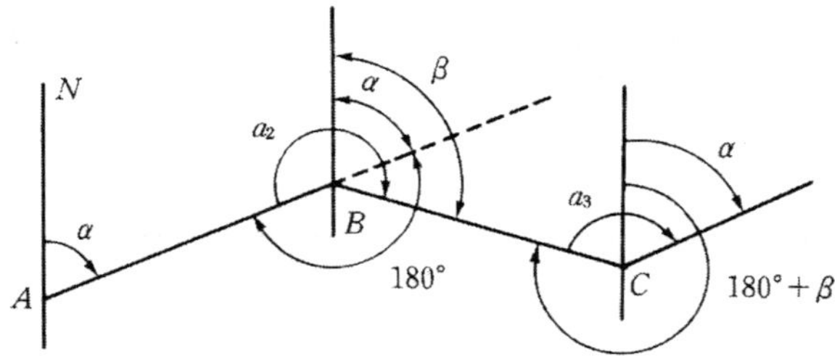

[그림] 6.8 우회교각 측정

2) 좌회교각을 측정한 경우

그림 6.9에서 방위각을 계산하면 다음과 같다.

계산된 방위각이 360°보다 크면 360°를 감하고, 부각(−각)인 경우는 360°를 가해 주어야 한다.

$$\beta = \alpha + 180° - a_2 \tag{6.9}$$

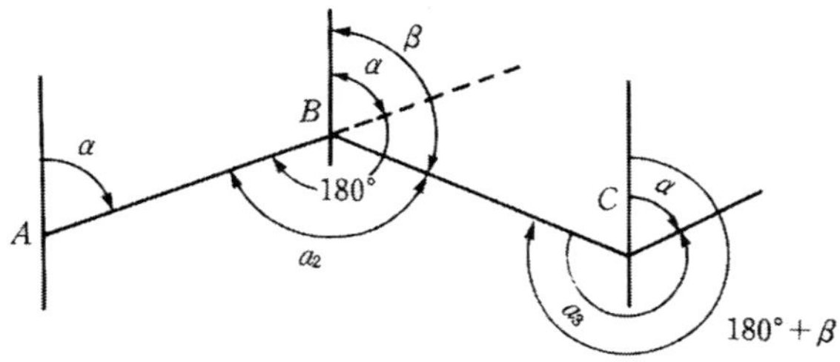

[그림] 6.9 좌회교각 측정

예제 6.2 제1측선의 방위각이 73°28′20″ 이다. 나머지 측선의 방위각을 계산하시오(예제 6.1 참조).

풀이

측선	내 각	조정량	조정내각	방위각
AB	81°27′38″	+2″	81°27′40″	73°28′20″
BC	110°20′30″	+2″	110°20′32″	143°07′48″
CD	84°29′30″	+2″	84°29′32″	238°38′16″
DE	120°40′50″	+2″	120°40′52″	297°57′24″
EA	143°01′22″	+2″	143°01′24″	334°56′00″
계	539°59′50″	+10″	540°00′00″	

* 방위각 계산

BC측선의 방위각 $= 73°28'20'' + 180° - 110°20'32'' = 143°07'48''$

CD측선의 방위각 $= 143°07'48'' + 180° - 84°29'32'' = 238°38'16''$

DE측선의 방위각 $= 238°38'16'' + 180° - 120°40'52'' = 297°57'24''$

EA측선의 방위각 $= 297°57'24'' + 180° - 143°01'24'' = 334°56'00''$

(2) 편각에서 방위각 계산

1) (+)편각으로 측정한 경우

전 측선의 연장선에서 시계방향으로 측정된 편각은 전 측점의 방위각에 (+)하여 계산한다.

$$\beta = \alpha + \text{편각} \tag{6.10}$$

2) (−)편각으로 측정한 경우

전 측선의 연장선에서 반시계방향으로 측정된 편각을 전 측점의 방위각에 (−)하여 계산한다.

$$\beta = \alpha - \text{편각} \tag{6.11}$$

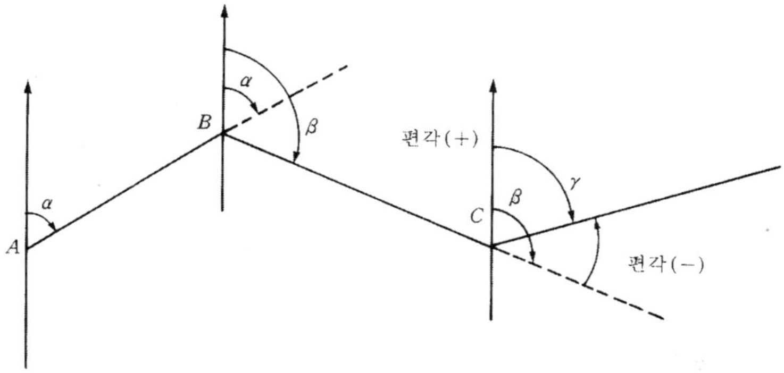

[그림] 6.10 편각측정

6.7 방위 계산

트래버스의 계산을 할 때 방위각만 알고 있으면 남북방향을 기준으로 한 방위는 계산이 필요하지 않으나 sin 및 cos의 진수 및 대수를 구할 때 착오를 일으키기 쉬우므로 편의상 이를 구한다.

[표] 6.1 방위계산

상 한	방 위 각 (α)	방 위(θ)
1	0 ~ 90°	N(α)E
2	90° ~ 180°	S(180° − α)E
3	180° ~ 270°	S(α − 180°) W
4	270° ~ 360°	N(360° − α)W

예제 6.3 다음 표에서 방위각으로 방위를 계산하시오.

풀이

측선	내 각	조정량	조정내각	방위각	방 위
AB	81°27′38″	+2″	81°27′40″	73°28′20″	N 73°28′20″ E
BC	110°20′30″	+2″	110°20′32″	143°07′48″	S 36°52′12″ E
CD	84°29′30″	+2″	84°29′32″	238°38′16″	S 58°38′16″ W
DE	120°40′50″	+2″	120°40′52″	297°57′24″	N 62°02′36″ W
EA	143°01′22″	+2″	143°01′24″	334°56′00″	N 25°04′00″ W
계	539°59′50″	+10″	540°00′00″		

* 방위 계산

AB 측선의 방위 $= N\alpha E =$ N 73°28′20″ E

BC 측선의 방위 $= S(180-\alpha)E =$ S 36°52′12″ E

CD 측선의 방위 $= S(\alpha-180)W =$ S 58°38′16″ W

DE 측선의 방위 $= N(360-\alpha)W =$ N 62°02′36″ W

EA 측선의 방위 $= N(360-\alpha)W =$ N 25°04′00″ W

6.8 위거 및 경거 계산

(1) 위거 · 경거

측선 AB에 대하여 그림 6.11과 같이 직교축 XY를 가정하고 종축을 X축(NS선), 횡축을 Y축(EW선)으로 하면 α는 방위각이 된다. 이 때 측선 AB가 NS선 상에 투영한 거리를 AB의 위거라 하고 EW선 상에 투영한 거리를 경거라 한다.

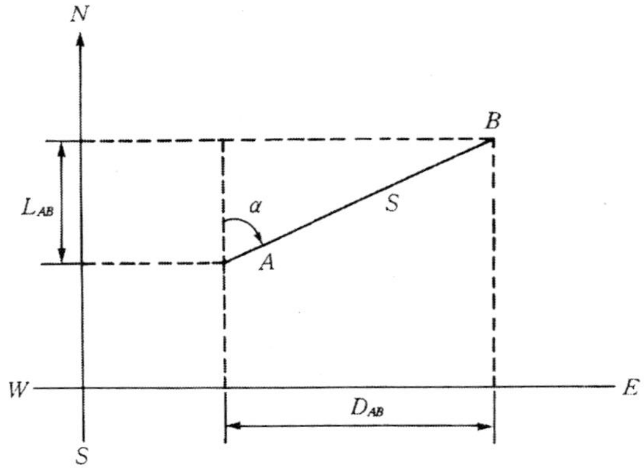

[그림] 6.11 위거와 경거

(2) 위거와 경거계산

$$측선\ AB의\ 위거(L_{AB}) = AB\cos\alpha$$

$$측선\ AB의\ 경거(D_{AB}) = AB\sin\alpha \tag{6.12}$$

예제 6.4 다음 표에서 위거와 경거를 계산하시오.

풀이

방 위	거 리	위 거		경 거	
		N(+)	S(−)	E(+)	W(−)
N 73°28′20″ E	156.385	44.488		149.923	
S 36°52′12″ E	97.457		77.965	58.474	
S 58°38′16″ W	116.690		60.731		99.641
N 62°02′36″ W	97.423	45.672			86.054
N 25°04′00″ W	53.572	48.526			22.697
	521.527	−0.01		+0.005	

예제 6.5 측선 AB=67.30 m, 방위각=23°5 5′40일 때 위거와 경거는?

풀이 위거 $= 67.30 \times \cos 23°55'40'' = 61.52$ m

경거 $= 67.30 \times \sin 23°55'40'' = 27.30$ m

6.9 폐합오차 및 폐합비 계산

어느 한 점을 출발점으로 하는 폐합트래버스에서 각 변의 거리와 각을 측정하여 다시 출발점으로 되돌아 왔다고 하자. 이 때 측정값에 오차가 전혀 포함되지 않았다고 하면 북쪽 방향으로의 위거(+)의 합과 남쪽 방향으로의 위거(−)의 합은 같아야 하며, 동시에 동쪽 방향으로의 경거(+)의 합과 서쪽 방향으로의 경거(−)의 합은 같아야 한다.

위거의 합=0

경거의 합=0

그림 6.12에서 A점을 출발한 폐합트래버스가 각 점을 측정하고 다시 출발점 A에 되돌아왔을 때, 측정값에 오차가 없었다고 하면 계산에 의하여 정해진 A점은 원래의 점과 일치하겠지만 일반적으로 모든 측정값에는 오차가 포함되어 있기 때문에 계산에 의하여 정하여진 A점은 원래의 출발점 A와 일치하지 않고 그림과 같이 A′에 위치하게 된다. 이 때 AA′를 폐합오차(linear closure error)라 한다. 또 A점을 출발한 폐합트래버스가 각점을 정하고 다시 A점

에 돌아왔을 때 측정오차로 인하여 A′점이 생겼을 경우 폐합비(relative error of closare)가 생긴다. 폐합비는 분자를 1로 측량의 정도표시에 사용하며 이 폐합비가 허용정도를 넘으면 재측하여야 한다.

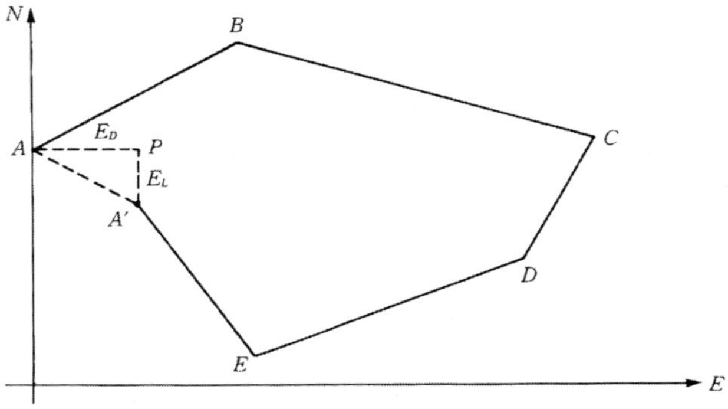

[그림] 6.12 폐합오차

$$E = \sqrt{(E_L)^2 + (E_D)^2} \tag{6.13}$$

$$R = \frac{\sqrt{(E_L)^2 + (E_D)^2}}{\sum S} = \frac{E}{\sum S} = \frac{1}{m} \tag{6.14}$$

폐합오차$(AA') = E$

위거의 폐합오차$(A'P) = E_L$

경거의 폐합오차$(A'P) = E_D$

측선의 총거리$= \sum S$

트래버스측량의 허용 폐합비

① 시가지 : $\frac{1}{5,000} \sim \frac{1}{10,000}$

② 평　지 : $\frac{1}{1,000} \sim \frac{1}{2,000}$

③ 산지 및 임야지 : $\frac{1}{500} \sim \frac{1}{1,000}$

예제 6.6 다음 표에서 폐합오차와 폐비를 구하시오.

풀이

방 위	거 리	위 거		경 거	
		N(+)	S(−)	E(+)	W(−)
N 73°28′20″ E	156.385	44.488		149.923	
S 36°52′12″ E	97.457		77.965	58.474	
S 58°38′16″ W	116.690		60.731		99.641
N 62°02′36″ W	97.423	45.672			86.054
N 25°04′00″ W	53.572	48.526			22.697
	521.527	−0.01		+0.005	

$$E=\sqrt{(-0.01)^2+(+0.005)^2}=0.011$$

$$R=\frac{0.011}{521.527}\fallingdotseq\frac{1}{47,400}$$

6.9.1 결합트래버스의 결합오차

그림 6.13은 측점 A에서 출발하여 측점 B에 결합하는 트래버스이다. A점의 좌표를 (X_0, Y_0), B점의 좌표를 (X_n, Y_n) 임의의 측선에 대한 변장을 S_r 방위각을 α_r 측점의 좌표를 (X_r, Y_r)이라 하고, 각 측선의 위거 및 경거 측점의 좌표는 다음과 같다.

$$S_r\cos\alpha_r = X_{r+1} - X_r$$

$$S_r\ \sin\alpha_r = Y_{r+1} - Y_r$$

트래버스의 전측선에 대한 위거를 구하면

$$S_0\cos\alpha_0 = X_1 - X_0$$

$$S_1\cos\alpha_1 = X_2 - X_1$$

$$\vdots \qquad \vdots$$

$$S_{n-1}\cos\alpha_{n-1} = X_n - X_{n-1}$$

$$\overline{\sum S\cos\alpha = X_n - X_0}$$

같은 방법으로 경거를 구하면

$$\Sigma S \sin\alpha = Y_n - Y_0$$

(X_0, Y_0), (X_n, Y_n)는 이미 알고 있는 고정된 값이기 때문에 측정값에 오차가 없으면 이 관계는 성립된다. 그러나 일반적으로 측정값에는 오차가 포함되어 있으므로 다음과 같은 폐합 오차가 발생한다.

$$\Delta X = \Sigma S \cos\alpha - X_n + X_0 \tag{6.15}$$

$$\Delta Y = \Sigma S \sin\alpha - Y_n + Y_0 \tag{6.16}$$

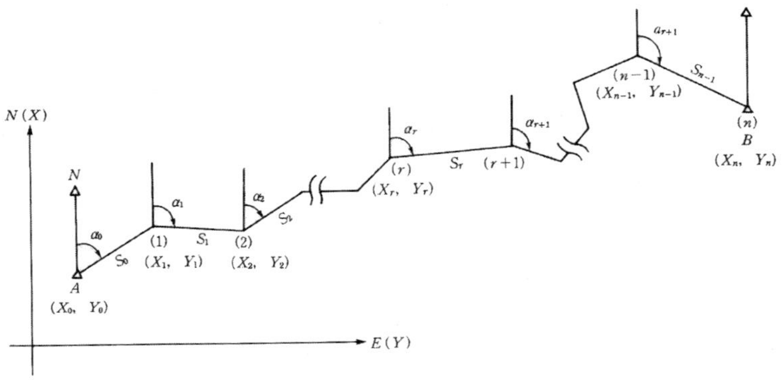

[그림] 6.13 결합오차

6.10 폐합오차 조정

트래버스측량 결과가 허용범위 내에 있을 경우는 계산에 의하여 폐합하도록 조정하여야 한다. 조정계산법은 여러 이론이 있으나 보통 다음 방법을 많이 사용한다.

(1) 컴퍼스 법칙(compass rule)

이 법칙은 컴퍼스와 채인 혹은 트랜싯과 강철테이프를 사용해서 측량했을 때와 같이 측점 위치의 오차가 측각과 거리측량에 같은 정도로 포함되었다고 가정하여 최소자승법에 의해서 유도된 것으로 Bowtch's rule이라고도 한다. 이 방법에 의하면 위거 및 경거의 폐합오차를 각 변의 변장에 비례 배분하여 그 조정량을 구하게 된다.

$$\text{임의측선의 위거(경거)조정량} = \mp \text{위거(경거) 폐합오차} \times \frac{\text{그 측선의 길이}}{\text{측선의 총길이}} \tag{6.17}$$

예제 6.7 표에서 오차를 조정하시오.

풀이

위 거		경 거		위 거 조정량	경 거 조정량	조 정 위 거		조 정 경 거	
N(+)	S(−)	E(+)	W(−)			N(+)	S(−)	E(+)	W(−)
44.488		149.923		0.003	−0.001	44.491		149.922	
	77.965	58.474		0.002	−0.001		77.963	58.473	
	60.731		99.641	0.002	−0.001		60.729		99.642
45.672			86.054	0.002	−0.001	45.674			86.055
48.526		99.641	22.697	0.001	−0.001	48.527			22.698
−0.01		+0.005		+0.01	−0.005	0		0	

* 위거 조정량

$$\text{AB}: 0.01\times\frac{156.385}{521.527}=0.003 \qquad \text{BC}: 0.01\times\frac{97.457}{521.527}=0.002$$

$$\text{CD}: 0.01\times\frac{116.690}{521.527}=0.002 \qquad \text{DE}: 0.01\times\frac{97.423}{521.527}=0.002$$

$$\text{EA}: 0.01\times\frac{53.572}{521.527}=0.001$$

* 경거 조정량

$$\text{AB}: -0.005\times\frac{156.385}{521.527}=-0.001 \qquad \text{BC}: -0.005\times\frac{97.457}{521.527}=-0.001$$

$$\text{CD}: -0.005\times\frac{116.690}{521.527}=-0.001 \qquad \text{DE}: -0.005\times\frac{97.423}{521.527}=-0.001$$

$$\text{EA}: -0.005\times\frac{53.572}{521.527}=-0.001$$

(2) 트랜싯 법칙 (Transit rule)

이 법칙은 거리측량의 정도가 각측정의 정도에 비하여 낮게 측정되었을 경우 즉 거리는 헝겊테이프에 의하고 각은 트랜싯에 의하여 측정했을 때와 같은 경우에 사용되는 것으로 위거 및 경거의 폐합오차를 각기 그 측선의 위거 및 경거의 길이에 비례하여 배분하는 방법이다.

$$\text{임의 측선의 위거(경거)조정량} = \mp\text{위거(경거) 폐합오차}\times\frac{|\text{그 측선의 위거(경거)}|}{|\text{위거(경거)}|\text{의 합}} \tag{6.18}$$

6.11 좌표 계산

각 측선의 위거와 경거를 이용하여 각 측점의 위치 성과를 하나의 통일된 좌표계로 표현하는 방법이며 측점의 종좌표를 합위거(x), 횡좌표를 합경거(y)라고 한다.

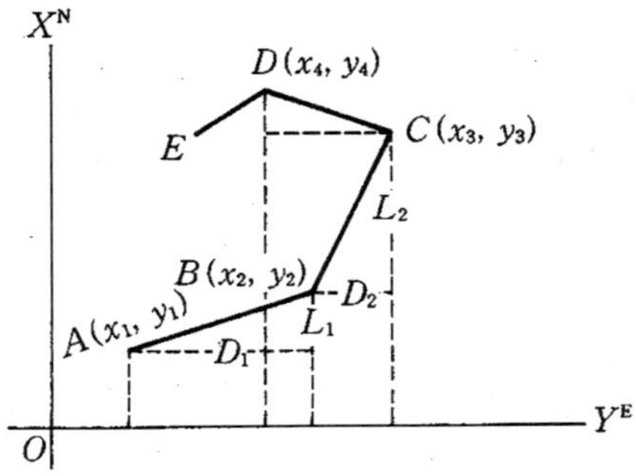

[그림] 6.14 좌표계산

$$
\begin{aligned}
&x_1 && y_1 \\
&x_2 = x_1 + L_1 && y_2 = y_1 + D_1 \\
&x_3 = x_2 + L_2 = x_1 + L_1 + L_2 && y_3 = y_2 + D_2 = y_1 + D_1 + D_2 \\
&\cdots\cdots && \cdots\cdots \\
&x_{n+1} = x_1 + L_1 + L_2 + \cdots + L_n && y_{n+1} = y_1 + D_1 + D_2 + \cdots + D_n \qquad (6.19)
\end{aligned}
$$

예제 6.8 예제 6.7에서 각 측점의 좌표를 계산하라.

풀이

조 정 위 거		조 정 경 거		합위거(x)	합경거(y)
N(+)	S(−)	E(+)	W(−)		
44.491		149.922		0	0
	77.963	58.473		+44.491	+149.922
	60.729		99.642	−33.472	+208.395
45.674			86.055	−94.201	+108.753
48.527			22.698	−48.527	+22.698
0		0			

(1) 기지점의 좌표를 이용하여 미지점의 좌표 계산

$$x_B = x_A + \overline{AB}\cos\alpha \tag{6.20}$$

$$y_B = y_A + \overline{AB}\sin\alpha \tag{6.21}$$

여기서, x_B, y_B : 미지점(B)의 x, y 좌표

x_A, y_A : 기지점(A)의 x, y 좌표

$\overline{AB}$: 측선길이

α : AB측선의 방위각

(2) 두 기지점의 좌표를 이용하여 측선길이와 방위(각) 계산

두 점의 좌표 A(x_1, y_1), B(x_2, y_2)

$$\overline{AB} = \sqrt{(x_2 - x_1)^2 + (y_2 - y_1)^2} \tag{6.22}$$

$$\overline{AB}\text{의 방위}(\theta) = \tan^{-1}\left|\frac{(y_2 - y_1)}{(x_2 - x_1)}\right| \tag{6.23}$$

N, S, E, W 결정 : 식 6.23의 분자와 분모부호에 따라 결정

- 분모 : (+) → N, (−) → S
- 분자 : (+) → E, (−) → W

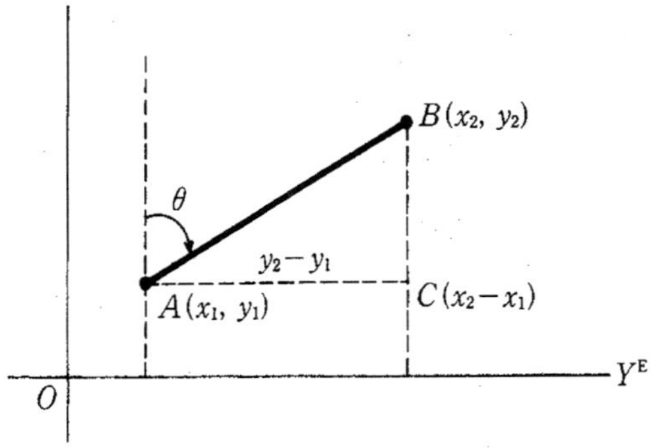

[그림] 6.15 측선길이와 방위계산

예제 6.9 A점의 좌표가 x=500 m, y=1,000 m이다. A점에서 B점까지의 거리가 1,500 m이고 AB 측선의 방위각이 240°라면 B점의 좌표는 얼마인가?

풀이

$$x_B = x_A + \overline{AB}\cos\alpha = 500 + 1{,}500 \times \cos 240° = -250 \text{ m}$$

$$y_B = y_A + \overline{AB}\sin\alpha = 1{,}000 + 1{,}500 \times \sin 240° = -299 \text{ m}$$

예제 6.10 A(0, 0), B(−65, +63) 일 때 AB의 길이와 방위는?

풀이

$$\text{AB} = \sqrt{(-65)^2 + (63)^2} = 90.521 \text{ m}$$

$$\theta = \tan^{-1}\left|\frac{63}{-65}\right| = \text{S } 44°\,06'\,17''\text{ E}$$

6.12 면적 계산

어떤 토지의 면적을 구하는 것은 토지측량의 가장 기본적인 목적 중의 하나이다. 토지의 경계선을 따라 트래버스측량을 실시하였다 하면 이 때 트래버스에 둘러싸인 면적은 간단히 계산할 수 있다. 만일 토지의 경계선이 직선들에 의하여 형성되었고 이들 경계선에 따라 트래버스측량이 실시되었다고 하면 트래버스에 의해 형성된 면적을 여러 개의 기하학적 도형으로 구분하여 각 도형들의 면적을 독립적으로 구하고 그들을 합하면 된다.

트래버스의 면적 계산에서 가장 보편적으로 사용하는 방법은 배횡거법(double meridian distance method)과 좌표에 의한 방법 등이 있다.

6.12.1 배횡거법

어느 측선의 중앙으로부터 기준선에 내린 수선의 길이를 그 측선의 횡거(meridian distance)라 하고 횡거의 두배의 길이를 배횡거(double meridian distance)라 한다. 횡거는 측선의 중점이 기준 자오선의 동쪽에 위치한 경우를 (+), 서쪽에 위치한 경우를 (−)로 한다. 트래버스의 면적 계산에서 배횡거법은 계산이 매우 간단하여 가장 많이 사용되고 있는 방법 중의 하나이다.

그림 6.16에서 BC의 횡거 NN'을 구하면

$$NN' = NP' + PQ + QN$$
$$= MM' + \frac{1}{2}BB' + \frac{1}{2}CC''$$

MM'는 측선 AB의 측선의 횡거
BB'는 측선 AB의 측선의 경거
CC''는 측선 BC의 측선의 경거이므로

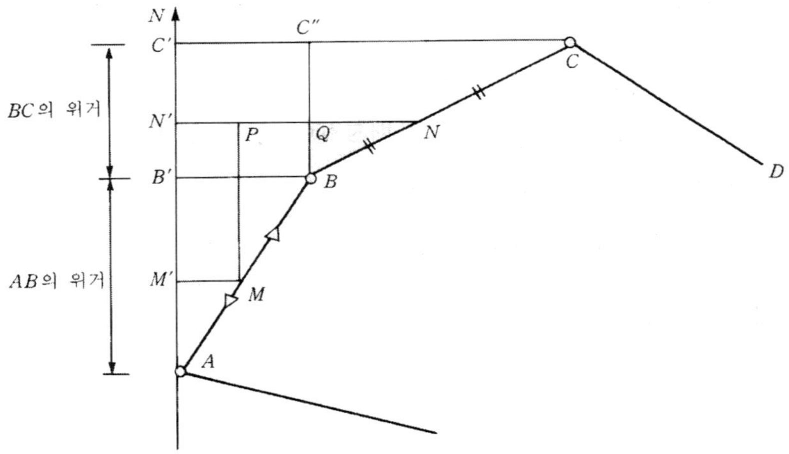

[그림] 6.16 임의측선의 횡거

임의 측선의 횡거=하나 앞 측선의 횡거+$\frac{1}{2}$(하나 앞 측선의 경거)+$\frac{1}{2}$(그 측선의 경거)

임의 측선의 배횡거(D.M.D)

=(하나 앞 측선의 배횡거)+(하나 앞 측선의 경거)+(그 측선의 경거) (6.24)

그림 6.17과 같은 도형에서 면적을 구하면

$$\triangle ABC = (\text{사다리꼴 } BB'C'C) - \triangle ABB' - \triangle CC'A$$

$$= \frac{1}{2}B'C'(BB' + CC') - \frac{1}{2}AB' \cdot BB' - \frac{1}{2}AC' \cdot CC'$$

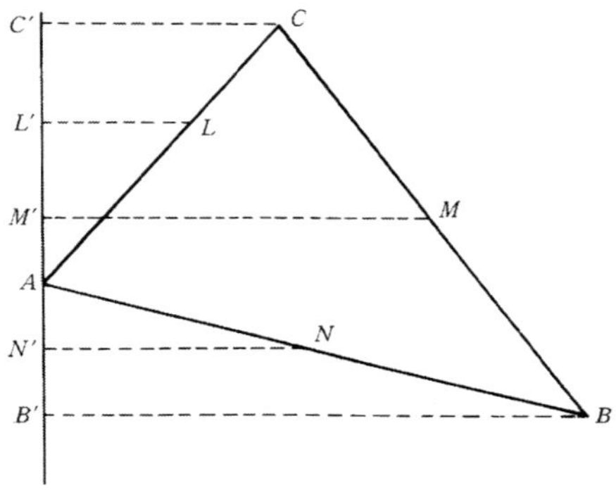

[그림] 6.17 면적 산출(배횡거법)

$BB' + CC'$, BB', CC'는 각각 측선 BC, AB, CA의 배횡거이고, $B'C'$, AB', AC'는 각각

측선 BC, AB, CA위거이므로 $\triangle ABC$의 면적 A를 구하면

2A=(제2측선의 위거)×(제2측선의 배횡거)+(−제1측선의 위거)×(제1측선의 배횡거)+(−제3측선의 위거)×(제3측선의 배횡거)

$$2A(\text{배면적}) = \Sigma(\text{각측선의위거}) \times (\text{각측선의배횡거}) \quad (6.25)$$

$$A = \frac{1}{2}|\text{배면적}|$$

예제 6.11 다음 표에서 배횡거와 면적을 계산하라.

풀이

측선	위 거	경 거	배 횡 거	배면적	면 적
AB	+44.491	+149.922	149.922	6,670.180	
BC	−77.963	+58.473	358.317	−27,935.468	
CD	−60.729	−99.642	317.148	−19,260.081	
DE	+45.674	−86.055	131.451	6,003.893	
EA	+48.527	−22.698	22.698	1,101.466	
계				−33,420.01	16,710.005 ㎡

* 배횡거

AB : 149.922

BC : 149.922+148.922+58.473=358.317

CD : 358.317+58.473−99.642=317.148

DE : 317.148−99.642−86.055=131.451

EA : 131.451−86.055−22.698=22.698

* 배면적

AB : 44.491 × 149.922=6,670.180

BC : −77.963 × 358.317=−27,935.468

CD : −60.729 × 317.148=−19,260.081

DE : 45.674 × 131.451=6,003.893

EA : 48.527 × 22.698=1,101.466

−33,420.01

* 면 적(A)

$$A = |-33{,}420.01| \times \frac{1}{2} = 16{,}710.005\ \mathrm{m}^2$$

연 습 문 제

6.1 트래버스측량값이다. 성과표를 작성하시오.

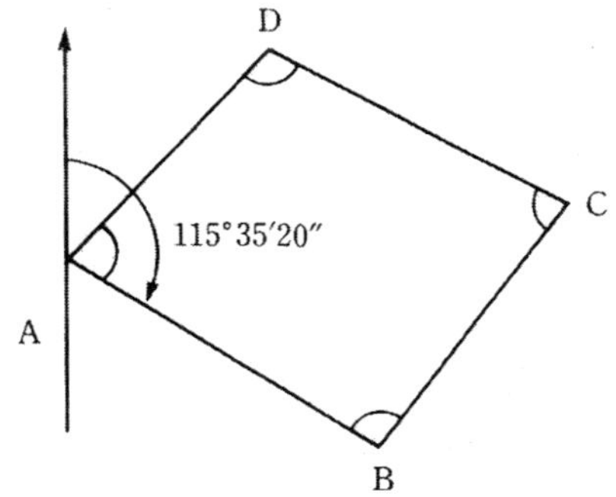

풀이

측 선	내 각	조정량	조정내각	방 위 각	방 위
AB	99−19−00	+10″	99−19−10	115°35′20″	S64°24′40″ E
BC	79−01−20	+10″	79−01−30	14°36′50″	N14°36′50″ E
CD	98−30−10	+10″	98−30−20	293°07′10″	N 66°52′50″ W
DA	83−08−50	+10″	83−09−00	196°16′10″	S16°16′10″ W
계	359−59−20		360−00−00		

1) 측정각 조정

$\Delta\alpha = [a] - 180°(n-2) = 359°59'20'' - 360°00'00'' = -40''$

$조정량 = 40'' \times \frac{1}{4} = +10''$

2) 방위각 계산

BC측선의 방위각 $= 115°35'20'' - 180° + 79°01'30'' = 14°36'50''$

CD측선의 방위각 $= 14°36'50'' - 180° + 98°30'20'' = 293°07'10''$

DA측선의 방위각 $= 293°07'10'' - 180° + 83°09'00'' = 196°16'10''$

3) 방위 계산

AB측선의 방위 $= 180 - 115°35'20'' = S64°24'40''E$

BC측선의 방위 $= N14°36'50''E$

CD측선의 방위 $= 360 - 293°07'10'' = N66°52'50''W$

DA측선의 방위 $= 196°16'10'' - 180 = S16°16'10''W$

방 위	거 리	위 거		경 거	
		N(+)	S(−)	E(+)	W(−)
S64°24′40″ E	29.165		12.597	26.304	
N14°36′50″ E	29.360	28.410		7.408	
N66°52′50″ W	28.213	11.078			25.947
S16°16′10″ W	27.980		26.860		7.839
계	114.718	39.488	39.457	33.712	33.786

0.031　　　−0.074

4) 위거 및 경거 계산

측 선	위 거	경 거
A−B	29.165 × cos 64°24′40″ = −12.597	29.165 × sin 64°24′40″ = 26.304
B−C	29.360 × cos 14°36′50″ = 28.410	29.360 × sin 14°36′50″ = 7.408
C−D	28.213 × cos 66°52′50″ = 11.078	28.213 × sin 66°52′50″ = −25.947
D−A	27.980 × cos 16°16′10″ = −26.860	27.980 × sin 16°16′10″ = −7.839

5) 폐합오차 및 폐합비 계산

$$E = \sqrt{(0.031)^2 + (-0.074)^2} = 0.080$$

$$R = \frac{0.080}{114.718} ≒ \frac{1}{1400}$$

위 거		경 거		위 거 조정량	경 거 조정량	조정위거		조정경거	
N(+)	S(−)	E(+)	W(−)			N(+)	S(−)	E(+)	W(−)
	12.597	26.304		−0.008	0.019		12.605	26.323	
28.410		7.408		−0.008	0.019	28.402		7.427	
11.078			25.947	−0.008	0.018	11.070			25.929
	26.860		7.839	−0.007	0.018		26.867		7.821
39.488	39.457	33.712	33.786	−0.031	0.074	39.472	39.472	33.750	33.750

0.031　　　−0.074　　　0　　　0

6) 위거 및 경거 조정량 계산

AB : $0.031 \times \dfrac{29.165}{114.718} = -0.008$　　BC : $0.031 \times \dfrac{29.360}{114.718} = -0.008$

CD : $0.031 \times \dfrac{28.213}{114.718} = -0.008$　　DA : $0.031 \times \dfrac{27.980}{114.718} = -0.007$

AB : $0.074 \times \dfrac{29.165}{114.718} = 0.019$　　BC : $0.074 \times \dfrac{29.360}{114.718} = 0.019$

CD : $0.074 \times \dfrac{28.213}{114.718} = 0.018$　　DA : $0.074 \times \dfrac{27.980}{114.718} = 0.018$

측선	위 거	경 거	합위거	합경거	배횡거	배면적	면 적
AB	−12.605	26.323	−12.605	26.323	26.323	−331.801	
BC	28.402	7.427	15.797	33.750	60.073	1706.193	
CD	11.070	−25.929	26.867	7.821	41.571	460.191	
DA	−26.867	−7.821	0	0	7.821	−210.127	
계						1624.456	812.228 ㎡

7) 배횡거 계산

어느 측선의 배횡거=전측선의 배횡거 + 전측선의 경거 + 그 측선의 경거

AB : 26.323

BC : 26.323 + 26.323 + 7.427=60.073

CD : 60.073 + 7.427 − 25.929=41.571

DA : 41.571 − 25.929 − 7.821=7.821

8) 배면적 계산

어느 측선의 배면적=각변의 배횡거 × 그변 조정위거

AB : 26.323 × −12.605=−331.801

BC : 60.073 × 28.402=1706.193

CD : 41.571 × 11.070=460.191

DA : 7.821 × −26.867=−210.127

합계 : 1624.456

9) 면 적(A)

$$A = \frac{1624.456}{2} = 812.228\ \mathrm{m}^2$$

6.2 다음 폐합트래버스 결과를 컴퍼스법칙에 의해 면적을 구하라(단, A점의 방위각은 140° 20′으로 한다).

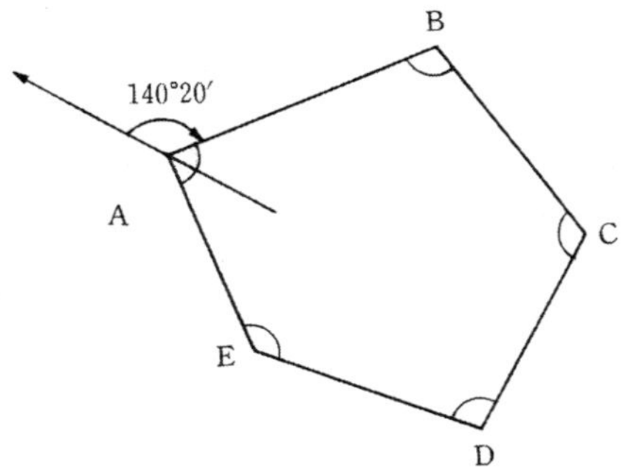

풀이

측점	측 선	거리	측 정 각	방위각	방 위	위 거	경 거
A	A−B	24.537	106−19−11	140−20−00	S 39°40′E	−18.888	+15.662
B	B−C	27.221	71−10−46	249−09−14	S 69°09′14″ W	−9.687	−25.439
C	C−D	22.974	164−02−56	265−06−18	S 85°06′18″ W	−1.960	−22.890
D	D−E	20.180	66−50−03	18−16−15	N 18°16′15″ E	+19.163	+6.327
E	E−A	28.698	131−37−04	66−39−11	N 66°39′11″ E	+11.373	+26.348
계		123.61	540°00′00″			+0.001	+0.008

1) 방위각 계산

어느 측선의 방위각=하나 앞 측선의 방위각 + 180 ± 교각

단, 시계 방향 측정일 때 교각은 (−)이고 반시계 방향 측정일 때 교각은 (+)이다.

① AB선 방위각 $= 140°20'$

② BC선 방위각 $= 140°20' + 180° - 71°10'46'' = 249°09'14''$

③ CD선 방위각 $= 249°09'14'' + 180° - 164°02'56'' = 265°06'18''$

④ DE선 방위각 $= 265°06'18'' + 180° - 66°50'03'' = 378°16'15''$

$378°16'15'' - 360° = 18°16'15''$

⑤ EA선 방위각 $= 18°16'15'' + 180° - 131°37'04'' = 66°39'11''$

(검산)

AB선 방위각 $= 66°39'11'' + 180° - 106°19'11'' = 140°20'$ O.K

2) 방위 계산

방위각 0°～90°일 때(제1상한각) : N방위각E

방위각 90°～180°일 때(제2상한각) : S(180°－방위각)E

방위각 180°～270°일 때(제3상한각) : S(방위각－180°)W

방위각 270°～360°일 때(제4상한각) : N(360°－방위각)W

① AB선 방위＝방위각 140°20′ ＝ S(180° － 140°20′)E ＝S 39°40′E

② BC선 방위＝방위각 249°09′14″ ＝ S(249°09′14″ － 180°)W
＝S69°09′14″W

③ CD선 방위＝방위각 265°06′18″ ＝ S(265°06′18″ － 180°)W
＝S85°06′18″W

④ DE선 방위＝방위각 18°16′15″ ＝ N(18°16′15″E)

⑤ EA선 방위＝방위각 66°39′11″ ＝ N(66°39′11″E)

3) 위거 및 경거 계산

위거(L)＝거리×cosθ

경거(D)＝거리×sinθ

측 선	위 거	경 거
A － B	24.537 × cos39°40′	24.537 × sin39°40′
B － C	27.221 × cos69°09′14″	27.221 × sin69°09′14″
C － D	22.974 × cos85°06′18″	22.974 × sin85°06′18″
D － E	20.180 × cos18°16′15″	20.180 × sin18°16′15″
E － A	28.698 × cos66°39′11″	28.698 × sin66°39′11″

위거보정량	경거보정량	조정위거	조정경거	합 위 거	합 경 거	배 횡 거
−0.0002	−0.001	−18.8882	+15.661	−18.8882	+15.661	+15.661
−0.0002	−0.002	−9.6872	−25.441	−28.5754	−9.780	+5.881
−0.0001	−0.002	−1.9601	−22.892	−30.5355	−32.672	−42.452
−0.0002	−0.001	+19.1628	+6.326	−11.3727	−26.346	−59.018
−0.0003	−0.002	+11.3727	+26.346	0	0	−26.346
−0.001	−0.008	0	0			

4) 위거 및 경거의 조정량 계산

어느 측선의 위거에 대한 보정량＝위거의 폐합오차 × $\dfrac{\text{그측선의 길이}}{\text{측선의 총길이}}$

$$\text{어느 측선의 경거에 대한 조정량} = \text{경거의 폐합오차} \times \frac{\text{그측선의 길이}}{\text{측선의 총길이}}$$

측 선	위거 조정량	경거 조정량
A － B	(0.001×24.537)÷123.61	(0.008×24.537)÷123.61
B － C	(0.001×27.221)÷123.61	(0.008×27.221)÷123.61
C － D	(0.001×22.974)÷123.61	(0.008×22.974)÷123.61
D － E	(0.001×20.180)÷123.61	(0.008×20.180)÷123.61
E － A	(0.001×28.698)÷123.61	(0.008×28.698)÷123.61

측 선	조정위거	조정경거	배 횡 거	배 면 적	면 적
AB	−18.8882	+15.661	+15.661	−295.808	
BC	−9.6872	−25.441	+5.881	−56.970	
CD	−1.9601	−22.892	−42.452	+83.210	
DE	+19.1628	+6.326	−59.018	−1,130.950	
EA	+11.3727	+26.346	−26.346	−299.625	
계	0	0		1,700.143	850.0715 ㎡

5) 배횡거의 계산

어느 측선의 배횡거＝전측선의 조정경거 + 전측선의 배횡거 + 그측선의 조정경거

6) 배면적의 계산

어느 측선의 배면적＝각 변의 배횡거 × 그 변의 조정위거

7) 면적의 계산

$$\text{면적} = \frac{\text{배면적의}(+)(-)\text{차}}{2} = \frac{1783.353 - 83.210}{2} = \frac{1700.143}{2} = 850.0715\ \mathrm{m}^2$$

6.3 그림과 같은 결합트래버스를 관측한 결과 다음과 같은 성과를 얻었다. 이 성과를 이용하여 아래 요소를 계산하시오.

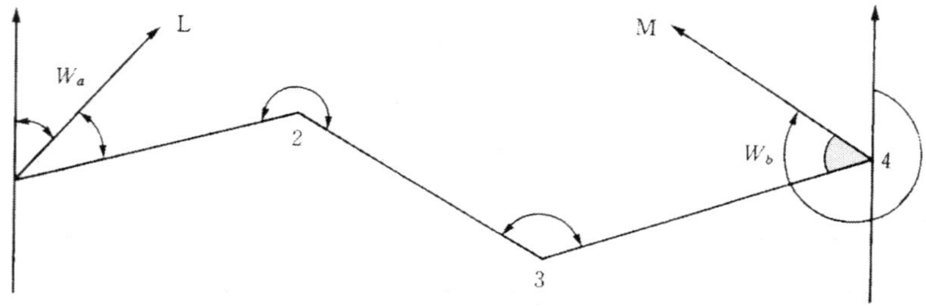

측 점	좌 표	
	X	Y
1	50.000	100.000
4	60.009	198.249

측 선	거 리
1 -2	43.214
2 - 3	46.972
3 - 4	44.673
계	134.859

각 명	방 위 각
W_a	16°41′57″
W_b	309°48′19″

(경위거는 소수점 아래 4자리에서 반올림하고 조정은 컴퍼스 법칙으로 할 것)

풀이

측 점	관측각	보정량 V_1	보정각	측 선	거 리	방위각
1	54-51-52	+5 "	54-51-57	1 - 2	43.214	71-33-54
2	251-33-49	+5 "	251-33-54	2 - 3	46.972	143-7-48
3	77-28-11	+5 "	77-28-16	3 - 4	44.673	40-36-04
4	89-12-10	+5 "	89-12-15	4 - M		309-48-19

측 점	방 위	위 거	경 거	조정위거	조정경거
1	N71-33-54E	13.666	40.996	13.667	40.995
2	S36-52-12E	-37.578	28.183	-37.577	28.182
3	N40-36-04E	33.918	29.073	33.919	29.072
4	N50-11-41W				

1) 각 관측 오차의 계산

$$\triangle a = (W_a - W_b + [a] - 180(n-3)$$

$$= (16°41'57'' - 309°48'19'') + (54°51'52'' + 251°33'49'' + 77°28'11'' + 89°12'10'') - 180(4-3) = -20''$$

보정량 $V_1 = -\dfrac{20''}{4} = -5''$ (부호는 반대)

2) 방위각 계산

1-2 측선의 방위각 $=16°41'57'' + 54°51'57'' = 71°33'54''$

2-3 측선의 방위각 $=71°33'54'' + 180° + 251°33'54'' - 360° = 143°7'48''$

3-4 측선의 방위각 $=143°7'48'' + 180° + 77°28'16'' = -360° = 400°36'04''$

4-M 측선의 방위각 $=40°36'04'' + 180° + 89°12'15'' = 309°48'19$

3) 위거 및 경거의 계산

측 선	위 거	경 거
1 - 2	43.214 × cos71°33′54″ =13.666	43.214 × sin71°33′54″ =40.996
2 - 3	46.972 × cos36°52′12″ =-37.578	46.972 × sin36°52′12″ =28.183
3 - 4	44.673 × cos40°36′04″ =33.918	44.673 × sin40°36′04″ =29.073
계	10.006	98.252

4) 조정위거 및 조정경거의 계산

① 위거오차 $\Delta_l = X_n - (\Sigma L + X_1) = 60.009 - (10.006 + 50) = 0.003$

② 경거오차 $\Delta_d = Y_n - (\Sigma L + Y_1) = 198.249 - (98.252 + 100) = 0.003$

5) 조정위거의 계산

1-2 측선의 위거조정량$=0.003 \times \dfrac{43.214}{134.859} = 0.001$

2-3 측선의 위거조정량$=0.003 \times \dfrac{46.972}{134.859} = 0.001$

3-4 측선의 위거조정량$=0.003 \times \dfrac{44.673}{134.859} = 0.001$

6) 조정경거의 계산

1-2 측선의 경거조정량$=-0.003 \times \dfrac{43.214}{134.859} = -0.001$

2-3 측선의 경거조정량$=-0.003 \times \dfrac{46.972}{134.859} = -0.001$

3-4 측선의 경거조정량$=-0.003 \times \dfrac{44.673}{134.859} = -0.001$

6.4 다음 그림은 결합트래버스 관측결과이다. 성과표를 작성하시오.

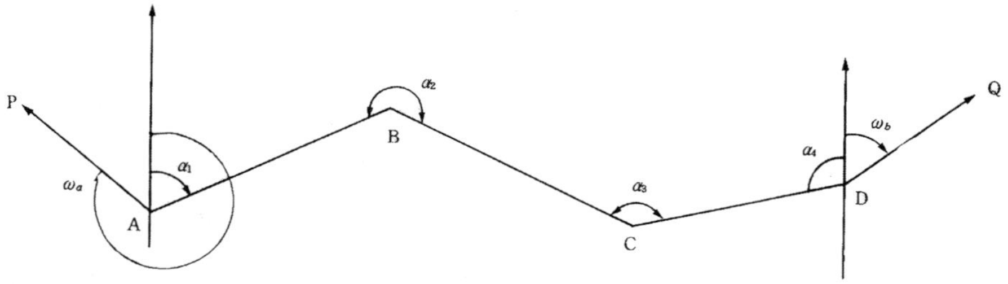

측 점	관측각	측 선	거 리
A	139-37-50	A-B	34.54
B	284-39-55	B-C	24.20
C	85-14-20	C-D	45.25
D	143-51-42		

· 방위각 ω_a : 286°30′40″

ω_b : 39°54′35″

· 좌표 X_A : 100,000 X_D : 101,000

Y_A : 50,550 Y_D : 130,000

풀이

1) 오차의 계산

$\triangle\alpha = +[\alpha] + \omega_a - \omega_b - 180(n+1)$

$= 653°23'47'' + 286°30'40'' - 39°54'35'' - 900° = -8''$

조정각 $\triangle\alpha = \dfrac{8''}{4} = 2''$

2) 방위각 계산

AB 측선의 방위각$=\alpha_1-(360-\omega_a) = 139°37'52'' - (360° - 286°30'40'') = 66°8'32''$

BC 측선의 방위각 $= 66°8'32'' + 180° + 284°39'57'' - 360° = 170°48'29''$

CD 측선의 방위각 $= 170°48'29'' + 180° + 85°14'22'' - 360° = 76°02'51''$

3) 경위거의 계산

AB 측선의 위거 $= 34.54 \times \cos 66°8'32'' = 13.970$

BC 측선의 위거 $= 24.20 \times \cos 9°11'31'' = 23.889$

CD 측선의 위거 $= 45.25 \times \cos 76°2'51'' = 10.911$

AB 측선의 경거 $= 34.54 \times \sin 66°8'32'' = 31.589$

BC 측선의 경거 $= 24.20 \times \sin 9°11'31'' = 3.866$

CD 측선의 경거 $= 45.25 \times \sin 76°2'51'' = 43.915$

4) 경 · 위거 조정량의 계산 (트랜싯 법칙)

① 위거 오차의 계산

위거오차(Δl)$= 101 - 100 - (24.881 - 23.889) = 0.008$

$$\text{위거조정량} = \frac{\text{임의측선의 위거}}{\text{위거절대치의 합}} \times \text{위거오차}$$

$$AB \text{ 측선의 위거조정량} = \frac{13.97}{48.77} \times 0.008 = 0.002$$

$$BC \text{ 측선의 위거조정량} = \frac{23.889}{48.77} \times 0.008 = 0.004$$

$$CD \text{ 측선의 위거조정량} = \frac{10.991}{48.770} \times 0.008 = 0.002$$

② 경거 오차의 계산

경거오차 ($\triangle d$)$= 130 - 50.55 - 79.370 = 0.08$

$$\text{경거조정량} = \frac{\text{임의측선의 경거}}{\text{경거절대치의 합}} \times \text{경거오차}$$

$$AB \text{ 측선의 경거조정량} = \frac{31.589}{79.370} \times 0.08 = 0.032$$

$$BC \text{ 측선의 경거조정량} = \frac{3.866}{79.370} \times 0.08 = 0.004$$

$$CD \text{ 측선의 경거조정량} = \frac{43.965}{79.370} \times 0.08 = 0.044$$

측점	관 측 각	조정량	조정각	측선	방 위 각	방 위	거리 (m)	위 거		위 거 조정량
								N(+)	S(−)	
A	139°37′50″	+2″	139°37′52″	AB	66°8′32″	N66°8′32″ E	34.54	13.970		0.002
B	284°39′55″	+2″	284°39′57″	BC	170°48′29″	S9°11′31″ E	24.20		23.889	0.004
C	85°14′20″	+2″	85°14′22″	CD	76°02′51″	N76°02′51″ E	45.25	10.991		0.002
D	143°51′42″	+2″	143°51′44″	DQ	39°54′35″	N39°54′35″ E	−			
계								24.861	23.889	0.008

조정위거		경 거		경 거 조정량	조정경거		합위거	합경거
N(+)	S(−)	E(+)	W(−)		E(+)	W(−)		
13.972		31.589		0.032	31.621		100	50.55
	23.885	3.866		0.004	3.870		113.972	82.171
10.913		43.915		0.044	43.959		90.087	86.041
							101.000	130.000
24.885	23.885	79.370						

6.5 측선 AB의 거리를 구하시오.

	A	B
X	10	20
Y	15	7

풀이

① AB 거리

$$= \sqrt{(x_2 - x_1)^2 + (y_2 - y_1)^2} = \sqrt{(20-10)^2 + (7-15)^2} = 12.81$$

6.6 트래버스의 면적을 구하시오. (단위 : m)

측 선	조정위거		조정경거		배횡거	배 면 적	
	(+)	(−)	(+)	(−)		(+)	(−)
AB	38.34		25.08		+25.08	961.57	
BC		29.47	42.95		+93.11		2,743.95
CD		40.38		37.60	+98.46		3,975.81
DA	31.51			30.43	+30.43	958.85	
계	69.85	68.03	68.03			1920.42	6,719.76
						2A=4,799.34	

풀이

$$\text{면적} = \frac{\text{배면적}}{2} = \frac{4{,}799.34}{2} = 2{,}399.67\ \text{m}^2$$

SURVEYING ➡ CHAPTER

07 삼각측량

CHAPTER ➡ SURVEYING

07 삼각측량

7.1 개 요

7.1.1 정의와 필요성

삼각측량은 거리측정이 곤란한 지형에서 기선(base line)과 검기선(check line)을 정밀하게 측정하고 내각을 측정하여 삼각법에 의해 삼각점의 위치를 평면상에 결정하는 측량으로 넓은 지역이나 높은 정도를 필요로 하는 기준점측량에서 편리하게 이용되어 왔다.

삼각측량은 장거리 거리측정의 어려움을 피하기 위하여 이용된 방법이다. 근래에 와서는 전자파거리측정기의 발달로 20～30 km의 먼 거리의 측정도 매우 짧은 시간에 높은 정밀도로 측정할 수 있으며 GPS와 같은 위성측량의 발달로 삼각측량의 이용도가 상대적으로 낮아지고 있다.

7.1.2 삼각측량의 원리

그림 7.1과 같이 측량지역에 적당한 간격의 삼각점을 선정하여 삼각망을 구성한 후 삼각점에서 내각을 측정하고 몇 개의 기선을 정밀하게 측정하여 삼각법에 의해 미지변을 계산한다.

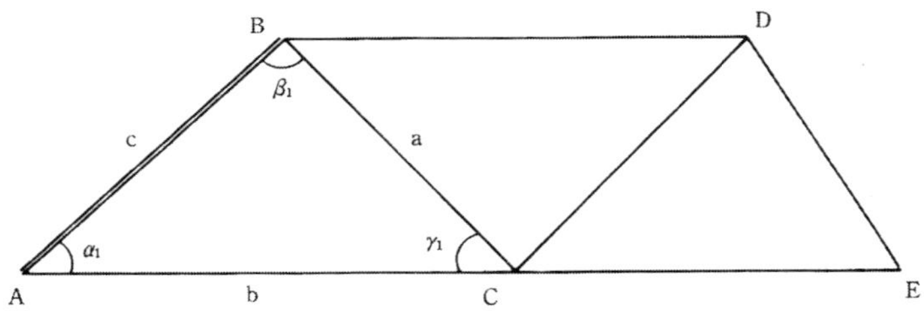

[그림] 7.1 삼각법

$$\frac{a}{\sin\alpha_1} = \frac{b}{\sin\beta_1} = \frac{c}{\sin\gamma_1}$$

$$a = c \cdot \frac{\sin\alpha_1}{\sin\gamma_1}$$

$$b = c \cdot \frac{\sin\beta_1}{\sin\gamma_1} \tag{7.1}$$

예제 7.1 그림에서 AB = 600 m 일 때 CD의 거리는?

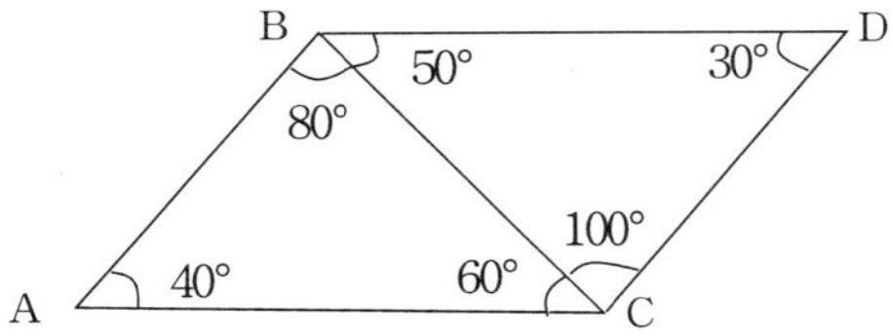

풀이 △ABC에서 sine법칙을 적용하면

$$\frac{BC}{\sin 40°} = \frac{600}{\sin 60°} \qquad \therefore\ BC = \frac{\sin 40°}{\sin 60°} \times 600 = 445.336\ \mathrm{m}$$

△BCD에서 sine법칙을 적용하면

$$\frac{CD}{\sin 50°} = \frac{445.336}{\sin 30°} \qquad \therefore\ CD = \frac{\sin 50°}{\sin 30°} \times 445.336 = 682.294\ \mathrm{m}$$

예제 7.2 기선 D=30 m, 수평각 α=80°, β=70°, 연직각 V=40° 를 관측하였다면 높이 H는? (단, A, B, C 점은 동일 평면임)

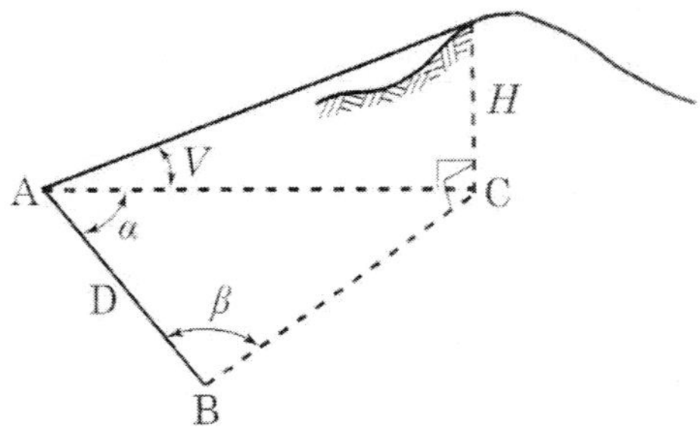

풀이 $\triangle ABC$에서 sin법칙을 적용하면

$$\frac{AC}{\sin 70°} = \frac{30}{\sin 30°} \qquad \therefore\ AC = \frac{\sin 70°}{\sin 30°} \times 30 = 56.38\ \mathrm{m}$$

$$H = AC \tan V = 56.38 \times \tan 40° = 47.31\ \mathrm{m}$$

7.1.3 삼각측량의 분류

① 대지삼각측량(geodetic triangulation)

삼각점의 경·위도 및 높이를 결정하기 위하여 지구의 곡률을 고려하여 실시하는 삼각측량을 말하여 국립지리원이 실시하고 있는 1·2등 삼각측량이 이에 해당된다. 즉 지상삼각측량 및 천체관측에 의하여 경도, 위도 및 해면상 고도 등을 측정하여 지표상의 위치를 결정하며 나아가 지구의 크기 및 형상을 결정할 수 있다.

대지삼각측량은 지구의 곡률을 고려하는 측량이므로 구면삼각법이 이용되며 구면삼각형의 내각의 합은 180°+ε로 된다. b, c를 변장, A를 협각, r을 지구의 반경이라고 하면 구과량은 다음과 같다.

$$\varepsilon'' = \frac{bc\sin A}{2r^2} \cdot \rho''$$

② 평면삼각측량(plane triangulation)

일반적으로 측량 정밀도를 $\frac{1}{10^6}$으로 할 때 면적 약 380 km^2 이내를 평면으로 간주하고 시행하는 측량으로 우리가 행하는 삼각측량은 대부분 이에 해당되며 국립지리원이 실시하고 있는 3·4등 삼각측량도 이에 해당된다.

Legendre의 정리에 의하면 구면삼각형의 각 내각에서 구과량의 1/3씩을 감하여 좁은 범위의 평면삼각형을 보고 계산하여도 된다.

7.2 삼각측량의 등급

넓은 지역의 삼각측량에서 모든 삼각점을 동일한 높은 정밀도로 측량한다는 것은 비경제적이므로 각관측 정밀도에 따라 1등 삼각점, 2등 삼각점, 3등 삼각점, 4등 삼각점으로 구분한다. 1등 및 2등 삼각측량과 같은 대 삼각측량에서는 지구의 곡률을 고려하고 구면삼각법에 의해 계산한다. 3등 및 4등과 같은 소 삼각측량은 지구 표면을 평면으로 간주하고 평면삼각법에 의해 계산하여도 된다.

[표] 7.1 삼각측량의 등급의 제반요건

구 분		대 삼 각		소 삼 각	
		1등 삼각점	2등 삼각점	3등 삼각점	4등 삼각점
평균변의 길이		30 km	10 km	5 km	2.5 km
교각(交角)		약 60°	30~120°	25~130°	15° 이상
최소 읽음 값		0.1″	0.1″	1″	1″
관측법		각관측	각관측	각관측	각관측
수평각의 제한	대회수	12	6	3	2
	배각차			15″	20″
	관측차	1.5″	2.0″	8″	10″
	삼각형의 폐합차	1.0″	5.0″	15.0″	20.0″
조정법		조건식에의한 망조정	좌표조정(3차까지)	좌표조정(6차까지)	간략좌표조정(5차)
변길이의 계산단위		대수 8 자리	대수 7 자리	대수 6 자리	대수 6 자리
각의 계산단위		0.001″	0.01″	0.1″	1.0″
수평각의 평균제곱근오차		1 방향 ± 0.5″	1 방향 ± 1.0″	1 방향 ± 2.0″	수평위치 ± 5 cm

7.3 삼각망의 종류

삼각망은 측량지역 전체를 고른 밀도로 분포한 삼각형으로 넓은 지역의 측량에 이용된다. 삼각망을 구성하는 삼각형은 가능한 한 정삼각형에 가까운 것이 좋으나 이 조건을 만족하기 어려우므로 1각의 크기는 25°~130°의 범위로 취하는 것이 일반적이다.

7.3.1 단열삼각망

폭이 좁고 길이가 긴 지역에 적합하고, 하천측량, 노선측량, 터널측량 등에 이용되며 거리에 비해 관측수가 적어 측량이 신속하고 측량비가 적게 들지만 조건식이 적기 때문에 정밀도가 낮다.[그림 7.2(a)]

7.3.2 사변형망

조건식의 수가 많아 정밀도가 가장 높으나 조정이 복잡하고 포괄면적이 적으며 시간과 비용이 많이 드는 결점이 있다. 기선의 확대 및 축소와 시가지의 높은 정밀측량에 이용된다.[그림 7.2(b)]

7.3.3 유심삼각망

동일측점수에 비하여 포괄면적이 크고 정밀도도 비교적 높으므로 광대한 농지 및 단지측량에 적합하다.[그림 7.2(c)]

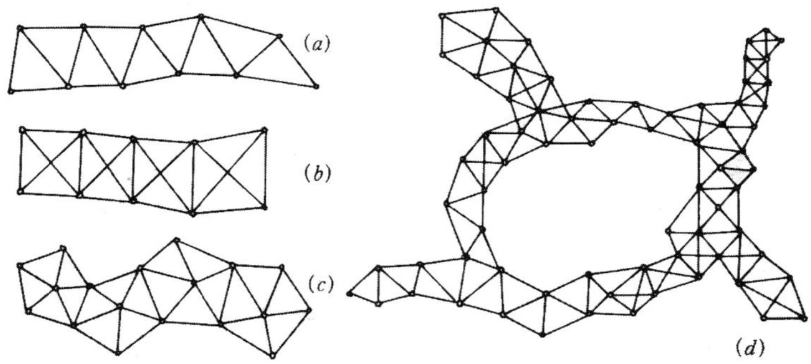

[그림] 7.2 삼각망

7.4 삼각측량의 순서

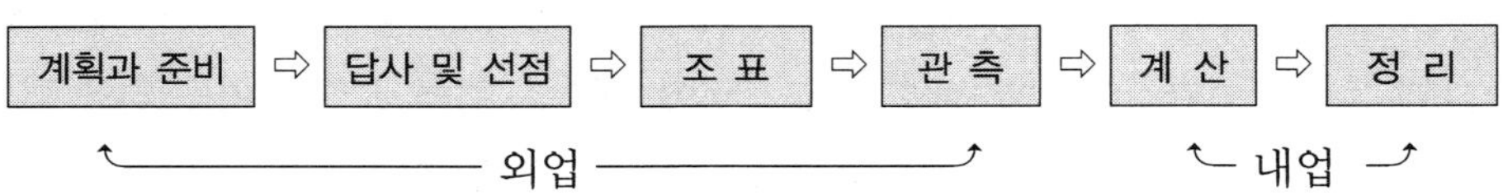

[그림] 7.3 삼각측량의 작업순서

7.4.1 선 점

기성지도에서 기선이나 삼각점의 위치를 정하고 현장에서 이 점들의 위치가 양호한가를 검토하여 가장 적당한 점을 선정하여야 한다. 기선과 삼각점 선정은 비용과 정도에 큰 영향을 주므로 경험이 많은 기술자가 참여하여야 한다.

(1) 기선 위치 선정에 고려할 사항

1) 되도록 평탄할 것
2) 기선의 양 끝이 서로 잘 보이는 것은 물론이고 주변 삼각점도 시준이 용이하여야 한다.
3) 부근의 삼각점 연결에 편리할 것
4) 기선의 길이는 삼각망의 변장과 거의 같아야 하므로 만일 이러한 길이를 쉽게 얻을 수 없는 경우는 기선을 증대시키는 데 용이하여야 한다.

(2) 삼각점 선정에 고려할 사항

1) 삼각형의 내각은 60°에 가깝게 하는 것이 좋으며 불가피할 경우는 30°~120° 범위로 선점되어야 한다.
2) 각 점이 서로 잘 보일 것
3) 계속해서 연결되는 작업에 편리할 것
4) 표지와 기계가 움직이지 않는 견고한 지점일 것
5) 사용하는 기계의 망원경으로 충분히 정확하게 시준할 수 있는 거리일 것
6) 시준선이 연통의 근처를 통과하므로 연기 때문에 시준할 수 없거나 시준선이 건물이나 지면 가까이를 통과하여 불규칙한 광선의 굴절이 생기지 않게 할 것
7) 간단하면서도 완전한 조건으로 평균 계산을 할 수 있도록 배치할 것
8) 벌목을 많이 하거나 높은 시준탑을 세우지 않아도 관측할 수 있는 점일 것

7.4.2 조 표

(1) 표지(station mark)

선점이 끝나고 삼각점을 설치할 위치가 확정되면 여기에 삼각점의 위치를 표시하는 측량표를 설치하여야 한다. 측량표는 영구표지, 일시표지, 가설표지가 있다.

1) 영구표지

영구표지는 국가 기본 삼각점과 같이 중요한 삼각점으로서 그 위치를 영구히 보존할 필요

가 있을 때 땅에 매설하는 표지를 말한다. 영구표지는 보통 표석을 말하며 삼각점표석, 도근점표석, 방위표석, 수준점표석, 자기점표석, 기선검정표석, 기선표석 등이 있다.

표석은 일반적으로 철근 콘크리트 또는 석주로 만들어졌으며 그 머리 부분에 십자를 표시하여 그 중심을 삼각점의 위치로 한다. 우리나라의 국가 기본삼각점의 표석은 그림 7.3과 같이 반석과 표주로 분리하여 설치하며 반석은 땅 속 약 1 m 지점에 수평하게 매설한다. 이 때 반석에 표시된 십자의 중심과 표주에 표시된 십자의 중심이 동일연직선상에 오도록 하고 그 주변은 콘크리트로 뒷채움을 하여 움직이지 않도록 하여야 한다. 우리나라의 경우 국가 기본삼각점의 표석은 화강암으로 만들며 표주의 머리 부분은 정사각형 형태로 그 크기는 1등 삼각점의 경우 15 cm×15 cm(길이 73 cm), 2등 삼각점의 경우 12 cm×12 cm(길이 67 cm), 3·4등 삼각점의 경우 9 cm×9 cm(길이 60 cm)이며 지상에 돌출 되는 짧은 부분을 제외하고는 표면을 잘 다듬지 않는다.

특히 표주와 반석의 고저차를 측정하여 두 개의 표석으로 사용할 수 있으며 만일 상부 표석이 망실되었을 경우에는 하부 반석을 삼각점으로 사용하거나 복구할 수 있다. 표석에는 표석의 명칭과 설치자 및 관리자의 성명을 기록하여야 한다.

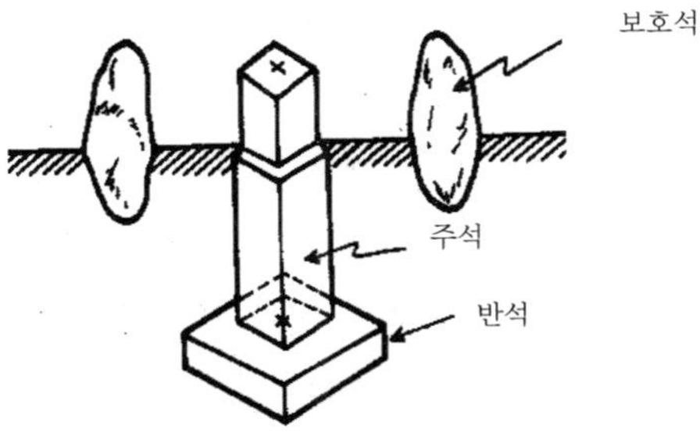

[그림] 7.4 영구표지

2) 일시표지

측표 및 말뚝을 일시표지라 한다. 이들은 측량작업이 끝난 뒤에도 후속 작업의 목적으로 일정기간 현장에 보존되며 목재를 사용한다.

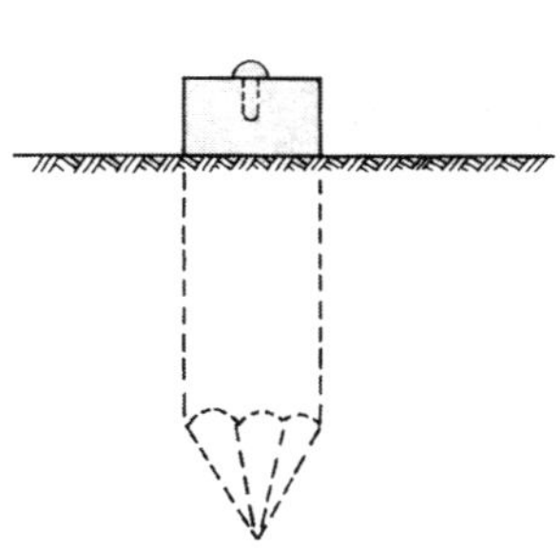

[그림] 7.5 일시표지

3) 가설표지

측량에 사용되는 표기 및 말뚝을 말하고 이들은 측량 작업 기간에만 사용된다.

(2) 측표(signal)

측표는 시통을 위해 보조적으로 설치하는 것으로, 주위의 물체보다 높고 주변의 색조와 대조적인 것을 사용하여 잘 보이도록 하여야 하고 그 형태는 망원경의 십자선에 의하여 완전히 2등분될 수 있어야 하며 세울 때는 삼각점에 연직으로 세워야 한다.

삼각점의 점간 거리가 비교적 짧은 경우(약 2 km 이내)는 간이측표를 사용한다. 간이 측표를 사용할 때는 그림에서와 같이 측표를 연직으로 세운 후 바람에 의하여 움직이지 못하도록 철사를 사용하여 3 또는 4방향으로 지상에 고정하여야 한다. 표지 막대 끝에는 표기를 달아 관측자가 먼 곳에서도 쉽게 발견할 수 있도록 한다.

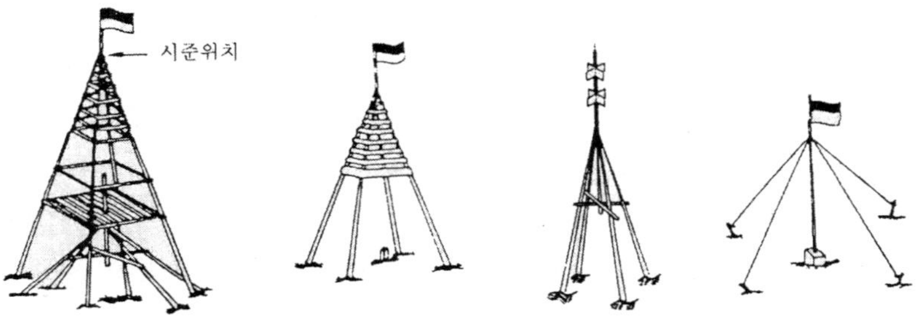

[그림] 7.6 측표

7.4.3 기선증대

삼각측량에서는 측정된 삼각형의 내각과 삼각형의 한 변의 길이를 이용하여 다른 삼각점들의 위치를 결정하기 때문에 측정된 내각 이외에 반드시 한 변의 길이를 알아야 한다. 이와 같이 삼각형의 계산에서 기준이 되는 최초의 변장을 기선(base line)이라 한다.

삼각측량을 시행하는 지역에서는 최소한 한 개 이상의 기지변이 있어야 하며 기지변이 많으면 많을수록 삼각망의 정밀도는 높아진다. 그러나 많은 양의 변장을 현장에서 실측하기에는 시간, 경비, 지형 상의 문제점 때문에 거의 불가능하다고 볼 수 있다. 실제적인 작업에서는 작업 지역 안에 있는 기존 삼각점을 연결하여 기선 또는 기지변으로 사용한다. 그러나 이러한 기존삼각점이 전혀 없거나 또는 이용할 수 없는 지역에서는 현장에서 기선을 실측하는 방법 이외에는 별다른 방법이 없다.

기선을 현장에 설치할 경우 기선의 길이는 원칙적으로 삼각형의 한 변의 길이와 같아야 한다. 그러나 실제적으로 이러한 기선을 설치할 수 있는 평탄한 지형을 찾기란 거의 불가능하다. 따라서 삼각형의 한 변의 길이보다 훨씬 짧은 기선을 정밀히 실측하고 그림 7.7과 같이 실측한 기선을 증대하여 삼각형에 연결시키는 것이다.

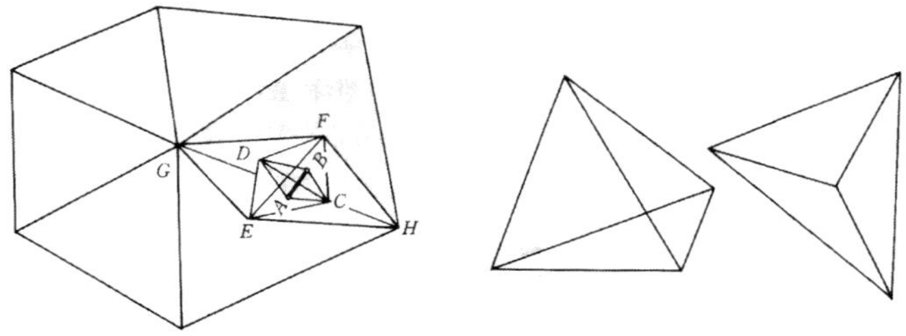

(a) (b)

[그림] 7.7 기선증대

그림 7.7(a)에서와 같이 기준기선 AB를 직접 정밀하게 측정한다. 그런 다음 기선의 직각 방향에 적당한 점 C, D를 정하고 △ABC, △ABD의 내각들을 직접 측정하여 각 변을 계산하여 CD를 구한다. 같은 방법으로 다시 E, F점을 정하고 △DEF, △EFC 각 변들을 측정하여 EF를 구한다. 이를 다시 증대하여 삼각형의 한 변 HG에 연결한다. 그러나 기선을 한 변 증대시키면 증대시킬 때마다 정밀도가 감소하므로 직접 측정하는 기준기선의 길이는 1회 확대할 때는 삼각형의 변장의 1/3, 2회 확대할 때는 1/8보다 크게 하여야 좋은 결과를 얻을 수 있다.

7.4.4 각 관측

(1) 각측량 기계와 측각법

삼각측량에서는 삼각형이 클수록 각 측정에서 발생하는 오차가 변장에 큰 영향을 미치게 되므로 정밀한 측각이 매우 중요하다. 따라서 삼각형의 수평각을 특정할 때는 측미경이 부착된 정밀 데오도라이트를 사용한다. 최근에는 정밀도가 매우 높고 각의 읽음이 매우 쉬운 전자데오도라이트의 사용이 보편화되고 있다. 국가 1·2등 삼각측량과 같이 높은 정밀도의 삼각측량에서는 0.2″ 독 이상의 고정밀 데오도라이트를 사용하며 3·4등 삼각측량에서는 1″ 독 정도의 정밀 데오도라이트를 주로 사용한다. 관측방법은 방향 관측법이나 각 관측법이 주로 이용된다.

정밀한 측각을 위해서는 측각 시간을 고려하지 않으면 안 된다. 측각에 가장 이상적인 시간은 공기의 굴절이 없으며 대기가 가장 안정한 야간이며 시표로는 램프와 같은 불빛을 사용한다. 낮 시간에도 흐리고 바람이 없는 날이면 무방하며 맑은 날에는 수증기가 발생하기 전인 일출 3시간 전과 일몰 후 약 3시간이 적당하다.

(2) 편심관측

삼각점의 표석(C), 측표(P), 기계(B)의 중심은 원칙적으로 동일 연직선 상에 일치되어야 하나 부득이한 경우 편심시켜 관측하는 경우를 말한다.

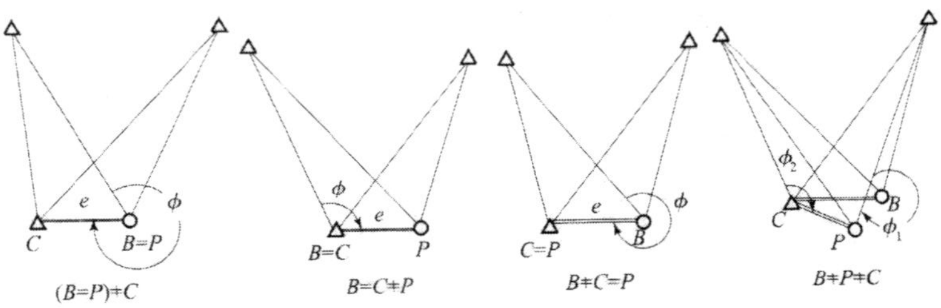

[그림] 7.8 편심관측

① 편심요소

편심관측의 경우에 반드시 관측해야 하는 요소는 편심거리(e)와 편심각(ϕ)이다.

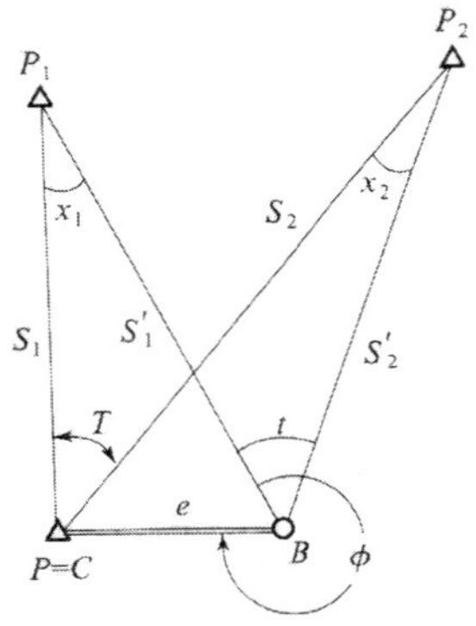

[그림] 7.9 편심조정

② 편심조정의 계산

관측기기를 편심거리(e) 만큼 떨어진 B점에 고정시키고 t, ϕ, e를 관측한 경우, 삼각점 C에서의 각 T는 다음과 같이 계산한다.

$$T = t + x_2 - x_1 \tag{7.2}$$

여기서, x_1, x_2는 각각 $\triangle P_1CB$와 $\triangle P_2CB$에서 sine법칙을 적용하고 $S_1 = S_1{}'$, $S_2 = S_2{}'$로 가정하여 다음과 같이 계산한다.

$\triangle P_1CB$에서 sine법칙을 적용하면

$$\frac{e}{\sin x_1} = \frac{S_1}{\sin(360° - \phi)} \text{ 로부터}$$

$$x_1 = \frac{e}{S_1} \sin(360° - \phi) \times \rho'' \tag{7.3}$$

$\triangle P_2CB$에서 sine법칙을 적용하면

$$\frac{e}{\sin x_2} = \frac{S_2}{\sin(360° - \phi + t)} \text{ 로부터}$$

$$x_2 = \frac{e}{S_2} \sin(360° - \phi + \mathrm{t}) \times \rho'' \tag{7.4}$$

예제 7.3 그림 7.9의 C점에서 관측이 곤란하여 편심거리 e만큼 떨어진 B점에서 편심관측하였다. C점의 각 T는? (단, e=0.45 m, t=40° 13′ 25″, ϕ=320° 15′, $S_1{}'$=1.5 km, $S_2{}'$=1 km)

풀이

$$x_1 = \frac{0.45}{1,500} \sin(360° - 320°15') \times 206265'' = 39.57''$$

$$x_2 = \frac{0.45}{1,000} \sin(360° - 320°15' + 40°13'25'') \times 206265'' = 1'31.4''$$

$$\therefore\ T = 40°13'25'' + 1'31.4'' - 39.57'' = 40°14'16.83''$$

7.5 조정 계산

삼각측량에서 3가지의 기본 과정은 관측, 조정, 계산이다. 만일 측정된 각에 오차가 전혀 없다면 측정된 각을 사용하여 변의 길이와 삼각점의 좌표를 계산할 수 있으나 측정된 각에는 언제나 오차가 포함되어 있으므로 계산에 앞서 반드시 조정되어야 한다. 삼각형의 내각은 기하학적 조건인 180°가 되어야 하나 측정했을 때 측정된 각을 사용하여 내각의 합을 구하면 180°가 되는 경우가 거의 없어 조정이 불가피하다.

이러한 내각 조건은 비록 단 한 개의 삼각형에서나 또는 삼각망에 포함되어 있는 여러 개

의 삼각형에서도 똑같이 그들의 기하학적 조건을 만족하여야 한다.

(1) 점 조건(station conditions)

어느 한 측점 주위에 형성된 모든 각의 합은 반드시 360°이어야 한다.

(2) 각 조건(angle conditions)

다각형(삼각형 포함)의 내각의 합은 180°(n - 2)이어야 한다.

(3) 변 조건(side conditions)

한 개 이상의 독립된 삼각형의 어느 한 변의 길이는 그 계산 경로에 관계없이 항상 일정하여야 한다.

7.5.1 조건식의 수

삼각망을 조정하고자 할 때 이 망으로부터 구성할 수 있는 조건식 수를 아는 것은 매우 중요하다. 이들은 다음과 같은 방법에 의하여 계산할 수 있다.

(1) 조건식의 총수

기선을 이용하여 나머지 1점의 위치를 정하는 데는 2각(α, β)을 측정하고 나머지 각(γ)을 관측한다. 삼각점의 총수를 p, 관측각 수를 a, 기선수를 B라 하면

$$\text{조건식 총수 } K_1 = a - 2p + 3 + B \tag{7.5}$$

(2) 각조건식의 수

삼각망의 변수 l, 변측 관측변 l'이면 양측 관측 변수는 $l - l'$이고, 삼각점 p개에서 임의의 한 삼각점에 모든 삼각점을 결합시키면 그 변수는 (p - 1)이 된다. 또 1개의 변이 조합되는 경우에 1개의 삼각형이 생기고 조건식이 1개씩 증가된다.

$$\text{각조건식의 수 } K_2 = l - l' - p + 1 \tag{7.6}$$

(3) 변조건식의 수

기선의 양단 2점을 제외한 모든 삼각점 위치를 결정하는데는 2개의 변이 필요하다. 삼각점 총수가 p이면 변수는 기선(B)을 포함하며, 변의 총수를 l라 하면

변조건식의 수 $K_3 = l - 2p + 2 + B$ (7.6)

(4) 점조건식의 수

한 측점 주위에 있는 각 사이에 성립하는 기하학적 조건이다. 변의 수를 l라 하면

점조건식의 수 $K_4 = K_1 - (K_2 + K_3) = a + p - 2l + l'$ (7.7)

예제 7.4 그림에서 각 방정식 수, 변 방정식 수, 총 방정식 수는?

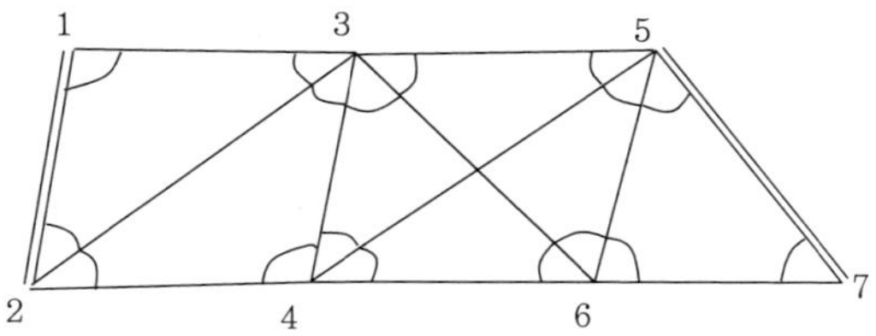

풀이 삼각점의 총수 p=7, 각관측수 a=17, 기선수 B=2, 변의 수 l=12

총조건식의 수 $K_1 = a - 2p + 3 + B = 17 - 2 \times 7 + 3 + 2 = 8$

각조건식의 수 $K_2 = l - l' - p + 1 = 12 - 7 + 1 = 6$

변조건식의 수 $K_3 = l - 2p + 2 + B = 12 - 2 \times 7 + 2 + 2 = 2$

7.5.2 사변형의 조정

엄밀법에 의한 조정은 각조건과 변조건을 동시에 고려하며, 근사법에 의한 조정은 각조건에 의해 조정하고 변조건 조정을 실시한다.

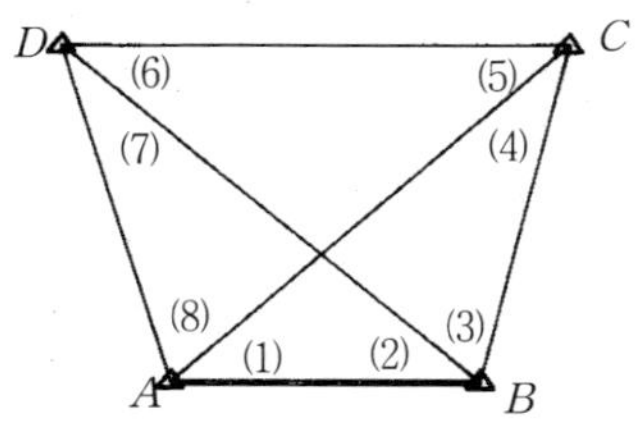

[그림] 7.10 사변형의 조정

가) 각조건에 의한 조정(제1조정)

$$(1) + (2) + (3) + \cdots + (8) = 360^{o} \tag{7.8}$$

$$(1) + (2) = (5) + (6) \tag{7.9}$$

$$(3) + (4) = (7) + (8) \tag{7.10}$$

$$((1) + (2) + (3) + (4) + \cdots + (8)) - 360^{o} = \varepsilon_3$$

$$((1) + (2)) - ((5) + (6)) = \varepsilon_1$$

$$((3) + (4)) - ((7) + (8)) = \varepsilon_2$$

관측각 (1), (2), (3), …,(8)의 조정각 ①, ②, ③,···, ⑧은

①$= (1) + \frac{\varepsilon_1}{4} - \frac{\varepsilon_3}{8}$ ⑤$= (5) - \frac{\varepsilon_1}{4} - \frac{\varepsilon_3}{8}$

②$= (2) + \frac{\varepsilon_1}{4} - \frac{\varepsilon_3}{8}$ ⑥$= (6) - \frac{\varepsilon_1}{4} - \frac{\varepsilon_3}{8}$

③$= (3) + \frac{\varepsilon_2}{4} - \frac{\varepsilon_3}{8}$ ⑦$= (7) - \frac{\varepsilon_2}{4} - \frac{\varepsilon_3}{8}$

④$= (4) + \frac{\varepsilon_2}{4} - \frac{\varepsilon_3}{8}$ ⑧$= (8) - \frac{\varepsilon_2}{4} - \frac{\varepsilon_3}{8}$

나) 변조건에 의한 조정 (제2조정)

△ABC, △BCD, △CDA, △DAB에 sin법칙을 적용하여 정리하면 다음과 같다.

$$\frac{\sin(1) \cdot \sin(3) \cdot \sin(5) \cdot \sin(7)}{\sin(2) \cdot \sin(4) \cdot \sin(6) \cdot \sin(8)} = 1 \tag{7.11}$$

양변에 대수를 취하여

$$\log\sin(1) + \log\sin(3) + \log\sin(5) + \log\sin(7) - (\log\sin(2) + \log\sin(4) + \log\sin(6) + \log\sin(8)) = \varepsilon_4$$

logsin(1), logsin(2) …에 대한 1″의 표차 $d_1, d_2, \cdots$에 대하여 $d_1 = d_2 = d_3 = \cdots = d_s$라고 가정하면, 다음과 같은 근사 조정량 보정식이 성립된다.

$$\upsilon_1 = \upsilon_3 = \upsilon_5 = \upsilon_7 = -\frac{\varepsilon_4}{[d]}$$

$$\upsilon_2 = \upsilon_4 = \upsilon_6 = \upsilon_8 = \frac{\varepsilon_4}{[d]}$$

단, $[d] = d_1 + d_2 + d_3 + \cdots + d_8 \quad d_i = (2.106 \times 10^{-6}) \cdot \cot(i)$

예제 7.5 그림과 같은 사변형 ABCD에서 내각을 측정한 결과 아래 표와 같다. 측정된 각을 간이 조정법에 의하여 조정하라.

풀이

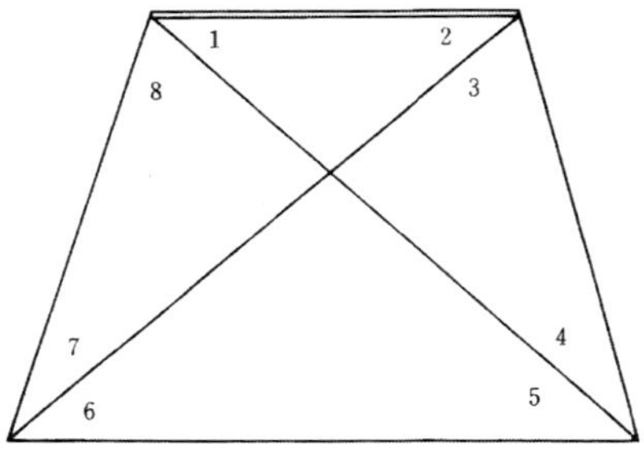

측 점	측 정 각
1	39°37′48″
2	26°25′51″
3	75°12′14″
4	38°44′06″
5	23°44′38″
6	42°19′09″
7	44°52′01″
8	69°04′21″

각	측정각	각 방정식(A)		각 방정식(B)		변 방정식(C)	
		조정량	조정각	조정량	조정각	조정량	조정각
1	39°37′48″	−1″	39°37′47″	+2.0″	39°37′49.0″	−2.5″	39°37′46.5″
2	26°25′51″	−1″	26°25′50″	+2.0″	26°25′52.0″	+2.5″	26°25′54.5″
3	75°12′14″	−1″	75°12′13″	+0.5″	75°12′13.5″	−2.5″	75°12′11.0″
4	38°44′06″	−1″	38°44′05″	+0.5″	38°44′05.5″	+2.5″	38°44′08.0″
5	23°44′38″	−1″	23°44′37″	−2.0″	23°44′35.5″	−2.5″	23°44′32.5″
6	42°19′09″	−1″	42°19′08″	−2.0″	42°19′06.0″	+2.5″	42°19′08.5″
7	44°52′01″	−1″	44°52′00″	−0.5″	44°51′59.5″	−2.5″	44°51′57.0″
8	69°04′21″	−1″	69°04′20″	−0.5″	69°04′20″	+2.5″	69°04′22.0″
Σ	360°00′08″	−8″	360°00′00″		360°00′0.00″		360°00′0.00″

조정 (A) : $C_1 = 360°00'08'' - 360°00'00' = 8''$

조정 (B) :

$$\begin{array}{rr} (1)\ 39°37'47'' & (5)\ 23°44'37'' \\ +\ (2)\ 26°25'50'' & +\ (6)\ 42°19'08'' \\ \hline 66°03'37'' & 66°3'45'' \end{array}$$

$C_2 = (5+6) - (1+2) = 8''$ $\quad \therefore C_2/4 = 2'$

$$\begin{array}{rr} (3)\ 75°12'13'' & (7)\ 44°52'00'' \\ +\ (4)\ 38°44'05'' & +\ (8)\ 69°04'20'' \\ \hline 113°44'05'' & 113°56'20'' \end{array}$$

$C_3 = (7+8) - (3+4) = 2''$ $\quad \therefore C_3/4 = 0.5'$

따라서 (1, 2)각에는 + 2′, (5, 6)각에는 −2″, (3, 4)각에는 +0.5″, (7, 8)각에는 −0.5″ 씩 보정한다.

조정 (C) : $S_0 = \dfrac{\sin 1 \cdot \sin 3 \cdot \sin 5 \cdot \sin 7}{\sin 2 \cdot \sin 4 \cdot \sin 6 \cdot \sin 8} = \dfrac{0.175163495}{0.175143354} = 1.000114997$

$$C_4 = (1 - S_0)/S_0 = \frac{0.000114997}{1.000114997} = 0.000114984$$

$\Sigma(\cot\alpha_i) = 1.207 + 2.012 + 0.264 + 1.247 + 2.273 + 1.098 + 1.005 + 0.382 = 9.488$

보정량$= \dfrac{C_4}{\Sigma \cot\alpha_i}\rho'' = \dfrac{0.000114984}{9.488} \times 206264.806 \fallingdotseq 2.5''$

따라서, 홀수 각 1, 3, 5, 7에는 −2.5″ 씩, 짝수 각 2, 4, 6, 8에는 +2.5″ 씩 보정한다. 이때 최종 조정된 각을 사용하여 S_0와 C_4를 계산하여 $C_4=0$가 되는가를 검사하여 본다.

각	log sin 값	표 차	각	log sin 값	표 차
1	−0.1952943	2.543×10^{-6}	2	−0.3515215	4.237×10^{-6}
3	−0.0146453	0.556×10^{-6}	4	−0.2036218	2.625×10^{-6}
5	−0.3950877	4.788×10^{-6}	6	−0.1718242	2.313×10^{-6}
7	−0.1515291	2.116×10^{-6}	8	−0.0296389	0.805×10^{-6}
합	−0.7565564	10.003×10^{-6}		−0.7566064	9.980×10^{-6}

$$W = \sum \{\text{logsin(홀수 각} - \sum\}\{\text{lonsin(짝수 각)}\}$$
$$= -0.7565564 - (-0.7566064)^{-5}$$
$$\therefore v'' = \frac{C_4}{\sum \text{표차}} = \frac{5 \times 10^{-5}}{19.983 \times 10^{-6}} \fallingdotseq 2.5''$$

7.5.3 유심다각형의 조정

(1) 각방정식

유심다각형에 있어서는 다음과 같이 각조정을 한다. 즉 다각형이 n개의 3각형으로 되어 있다고 하고 그림 7.11과 같은 형상이라고 하면 한 개의 측점방정식과 n개의 다각방정식을 얻는다.

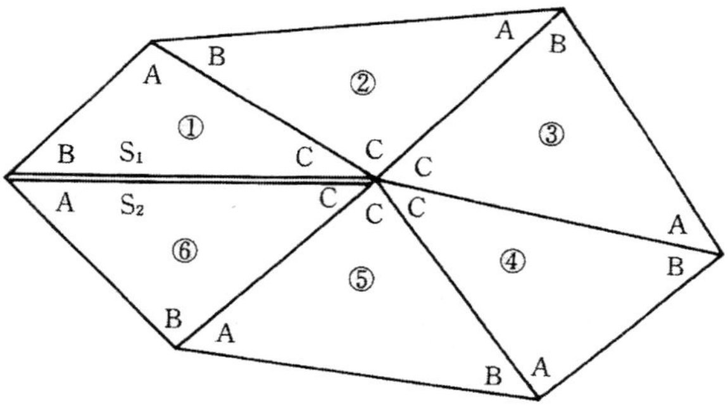

[그림] 7.11 유심다각형

지금 $(A_n), (B_n), (C_n)$ 등은 실측각이고, α_n, β_n, γ_n는 보정각이며 $w_1, w_2, w_3 \cdots\cdots w_n$ 등은 각폐차라 하면

1) 제 1조정 : $(C_1) + (C_2) + \dots\dots + (C_n) - 360° = \omega$ (7.12)

2) 제 2조정 :

$$\begin{aligned} (A_1) + (B_1) + (C_1) - 180° \dots\dots &= \omega_1 \\ (A_2) + (B_2) + (C_2) - 180° \dots\dots &= \omega_2 \\ &\vdots \\ (A_n) + (B_n) + (C_n) - 180° \dots\dots &= \omega_n \end{aligned} \tag{7.13}$$

(2) 변방정식

유심다각형에 있어서도 사변형과 같이 삼각망중의 임의의 한 변의 길이는 계산의 순서에 관계없이 동일한 값을 얻을 수 있어야 하므로 (A)의 각방정식에 의하여 각 측정각을 조정한 후 다시 변방정식에 관하여서도 조정하여야 한다.

예제 7.6 측정각이 다음표와 같을 때 각방정식과 변방정식에 의하여 조정하여라.

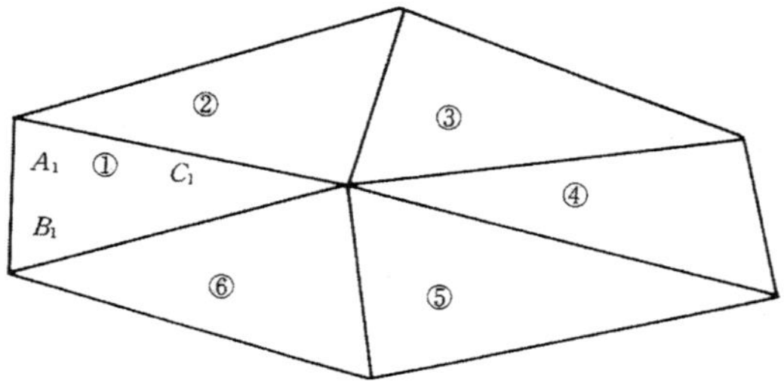

n	(A_m)	(B_m)	(C_m)
1	76°02′55″	49°16′08″	54°40′39″
2	34°53′25″	56°13′18″	88°53′25″
3	59°20′15″	67°15′48″	53°24′17″
4	94°24′41″	39°35′53″	45°59′21″
5	61°03′33″	49°13′46″	69°43′08″
6	42°19′22″	90°22′11″	47°18′56″

풀이

$$[\omega] = \omega_1 + \omega_2 + \dots\dots + \omega_6$$
$$= (-18) + 8 + 20 + (-5) + 27 + 29 = +61''$$
$$\omega = (C_1) + (C_2) + (C_3) + \dots\dots + (C_6) - 360° = -14''$$
$$\omega_0 = 1/2n\left\{[\omega - \frac{1}{3}(\omega_o + \omega_m)] - 3\omega\right\} = 8.58''$$

m	ω_m	$-\frac{1}{3}(\omega_o+\omega_m)$	$r_m = (r_m) + \omega_o$	α_m	β_m	γ_m
1	−18″	+3″.14	+11″.72	+3″.1	+3″.1	+11″.7
2	8″	−5″.53	+3″.05	−5″.5	−5″.5	+3″.1
3	20″	−9″.53	−0″.95	−9″.5	−9″.5	−0″.9
4	−5″	−1″.19	+7″.38	−1″.2	−1″.2	+7″.4
5	27″	−11″.86	−3″.28	−11″.9	−11″.9	−3″.3
6	29″	−12″.53	−3″.95	−12″.5	−12″.5	−3″.9

m	(A_m')	(B_m')	(C_m')
1	76°02′58″.1	49°16′11″.1	54°40′50″.7
2	34°53′19″.5	56°13′12″.5	88°53′28″.1
3	59°20′05″.5	67°15′38″.5	53°24′16″.1
4	94°24′39″.1	39°35′151″.8	45°59′28″.4
5	61°03′21″.1	49°13′34″.1	69°43′04″.7
6	42°19′09″.5	90°21′58″.5	47°18′52″.1

다음에 변방정식에 의한 조정을 하기 위하여 log $\sin A_m'$, log $\sin B_m'$를 대수표에서 구하여 W를 계산한다. 또 대수표에 의하여 $\{(a+b)^2\}$를 계산한 후 α_1', α_2' …… α_n', β_1', β_2' …… β_n'를 계산하고 나중에 이들 값을 각각 B_1', B_2' …… B_n'에 가하여 각 조정각을 얻으면 된다.

n	A_m'	B_m'	log sin A_m'	log sin B_m'	a_m	b_m	a_m+b_m	$(a_m+b_m)^2$
1	76°02′58″.1	49°16′11″.1	$\bar{1}$.986997	$\bar{1}$.879549	0.5	1.8	2.3	5.29
2	34°53′19″.5	56°13′12″.5	$\bar{1}$.757384	$\bar{1}$.919696	3.0	1.4	4.4	19.36
3	59°20′05″.5	67°15′38″.5	$\bar{1}$.934581	$\bar{1}$.964860	1.2	0.9	2.1	4.41
4	94°24′39″.1	39°35′51″.8	$\bar{1}$.998712	$\bar{1}$.804408	-0.2	2.5	2.3	5.29
5	61°03′21″.1	49°13′34″.1	$\bar{1}$.942053	$\bar{1}$.879264	1.2	1.8	3.0	9.00
6	42°19′09″.5	90°21′58″.5	$\bar{1}$.828184	$\bar{1}$.999999	2.3	0.0	2.3	5.29
계	–	–	$\bar{1}$.447911	$\bar{1}$.447768	–	–	–	48.64

$$W = \bar{1}.447911 - \bar{1}.447768 = +0.000143$$

$$K = \frac{-W}{(a+b)^2} = \frac{-143}{48.64} = -2''.94$$

$$\alpha_m' = K \times (a_m + b_m) = -\beta_m'$$

m	a_m+b_m	α_m'	β_m'	A_m	B_m	C_m
1	2.3	-6″.8	6″.8	76°02′51″.3	49°16′17″.9	54°40′50″.7
2	4.4	-12″.9	12″.9	34°53′06″.6	56°13′25″.4	88°53′28″.1
3	2.1	-6″.2	6″.2	59°19′59″.3	67°15′44″.7	53°24′16″.1
4	2.3	-6″.8	6″.8	94°24′33″.0	39°35′58″.6	55°59′28″.4
5	3.0	-8″.8	8″.8	61°03′12″.3	49°13′42″.9	69°43′04″.7
6	2.3	-6″.8	6″.8	42°19′02″.7	90°22′05″.3	47°18′52″.1

7.5.4 단열 삼각망의 조정

(1) 개 요

삼각망의 양단에 있는 출발변과 폐합변의 변장과 방위각이 주어져 있을 때는 이들의 조건이 만족되도록 보통 다음 3단계로 나누어서 평균계산을 한다.

1) 각 삼각형의 내각의 합은 180°가 되어야 한다.
2) 출발삼각형의 C각으로부터 각 삼각형의 C각을 순차 경유하여 폐합삼각형의 C각에 폐합 시켜서 그 방위각에 의하여 조정한다.
3) 검기선에 연결시켰을 때 그 변장이 같아지도록 변장을 조정한다.

(2) 조 정

그림 7.12에서 관측각을

(A_1, B_1, C_1) (A_2, B_2, C_2) ………… (A_n, B_n, C_n)

기지방위각을 출발변에서는 α_o 폐합변에서 α_n라고 하면

1) 제 1조정

$\triangle A_1B_1C_1$

$$(A_1 + B_1 + C_1) - 180° = \pm w_1$$
$$(A_2 + B_2 + C_2) - 180° = \pm w_2$$
$$\vdots$$
$$\vdots$$
$$(A_n + B_n + C_n) - 180° = \pm w_n$$

출발삼각형의 각 각에 $\frac{w_1}{3}$의 조정을 하고 각 삼각형에 같은 방법으로 보정한다.

일반적으로 기지변에 대한 각을 B, 다음 삼각형이 기지변으로 쓰기 위하여 구하는 변에 대한 각을 A로 한다.

기지변과 구하는 변과 짓는 각을 C로 하는데

기지변에서 시계 방향으로 측정한 C각을 (+)

기지변에서 반시계 방향으로 측정한 C각을 (−)로 한다.

2) 제 2조정

C_1점에서 출발변의 방위각을 α_0

$C_1 \rightarrow C_2$의 방위각을 α_1'

$C_2 \rightarrow C_3$의 방위각을 α_2'

··

C_n점에서 폐합변의 방위각을 α_n'

라고 하면 각 방위각 간에는 다음 관계식이 성립된다.

$$\alpha_1' = \alpha_0' + C_1$$

$$\alpha_2' = \alpha_1' + 180° - C_2$$

$$\alpha_3' = \alpha_2' + 180° + C_3$$

··

$$\alpha_n' = \alpha'_{n-1} + 180° + C_n$$

$$\alpha_n' = \alpha_0' + (n-1)180° + (C\text{각의 합}) + (-C\text{각의 합}) \quad (7.14)$$

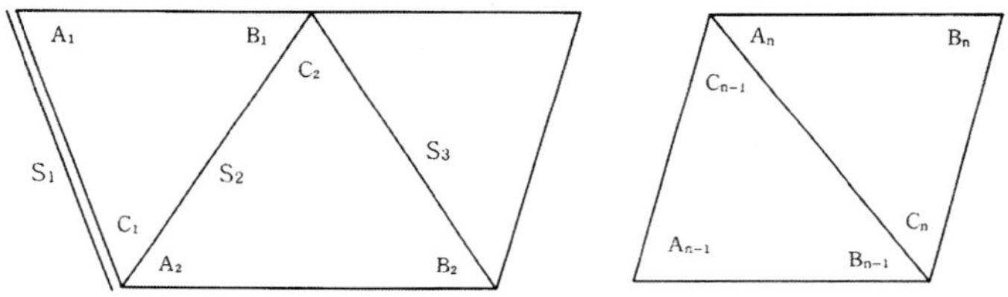

[그림] 7.12 단열 삼각망

α_n'는 α_0부터 출발하여 순차적인 계산에 의하여 구한 각이다. 이 각이 폐합변의 기지방위각 α_n와 일치하여야 한다. 만약 일치하지 않고 $\pm\varepsilon_O$ 의 오차가 생겼을 때에는 이것을 C의 방위각에 배분 보정한다. 보정을 하면 삼각형 내각의 관계 (A+B+C)$-$180°$=$0 가 재차 틀려지므로 C각에 보정한 값의 1/2씩 부호를 반대로 하여 다른 두 각에 더하여 준다.

3) 제 3조정

출발변으로부터 정현비례의 법칙에 의하여 순차적으로 각 변장을 계산하는데 이것을 식으로 표시하면

$$S_2 = \frac{\sin A_1}{\sin B_1} S_1,\ S_3 = \frac{\sin A_2}{\sin B_2} S_2 \cdots\cdots S = \frac{\sin A_{n-1}}{\sin B_{n-1}} S_{n-1}$$

순차적으로 대입하면

$$S_n = \frac{\sin A_1}{\sin B_1} \cdot \frac{\sin A_2}{\sin B_2} \cdots\cdots \frac{\sin A_{n-1}}{\sin B_{n-1}} \cdot S_1$$

$$\therefore (\log S_n + \Sigma \log \sin B) - (\log S_1 + \Sigma \log \sin A) = 0$$

A, B각 등이 최확값이라면 위와 같은 식이 성립되지만 그렇지 않은 경우에는 W의 잔차가 생긴다.

$$\therefore (\log S_n + \Sigma \log \sin B) - (\log S_1 + \Sigma \log \sin A) = W \tag{7.15}$$

이것도 사변형의 조정에서 설명한 것과 같은 방법으로 유도하면 각 삼각형의 A, B각에 대한 보정각 α는 다음과 같다.

$$\alpha'' = \frac{W}{\Sigma dA + \Sigma dB} \tag{7.16}$$

W가 +이면 α를 A에는 +하고 B에서는 −한다. 또 W가 −이면 반대로 A에서 −하고 B에는 +한다. 여기서 dA는 각 A의, dB는 각 B의 log sin의 1″ 에 대한 표차이다. 따라서 대수표의 표차가 10″ 에 대한 것이면, W를 10배하고 표차가 1′ 에 대한 것이면 60배 하여서 위에 기재된 식에 대입하여야 한다.

7.6 삼각측량의 계산

관측각의 조정이 끝나면 각 삼각형에 대한 계산을 하게 된다. 삼각측량의 계산은 트래버스 측량에서 하는 것과 거의 같은 방법으로 이루어지며 삼각형의 각 변에 대한 변장과 방위각을 우선 계산한 후 최종적으로 삼각점의 좌표를 구하게 된다.

7.6.1 변장계산

삼각망을 형성하고 있는 모든 삼각형의 각 변의 길이를 구하여야 하며 어느 한 기지변을 출발변으로 하여 sine 법칙에 의하여 계산된다.

삼각형의 각각을 A, B, C라 하고 이에 대응되는 각 변의 길이를 a, b, c라 하면,

$$a = b \cdot \frac{\sin A}{\sin B} \quad \text{또는} \quad c = b \cdot \frac{\sin C}{\sin B}$$

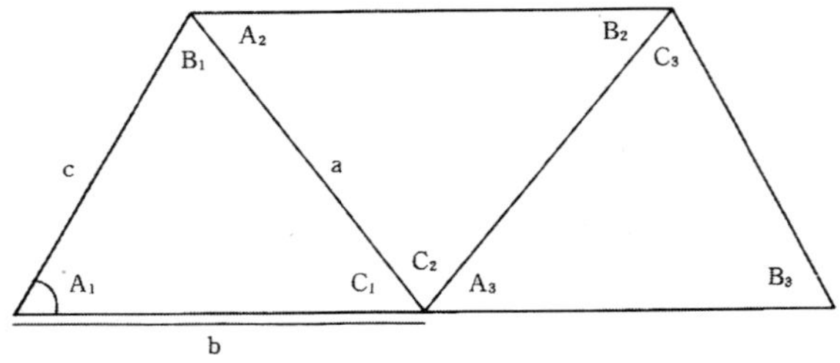

[그림] 7.13 변 계산

예제 7.7 그림과 같은 단열 삼각망이 있다. 각 삼각형의 변장을 구하라.

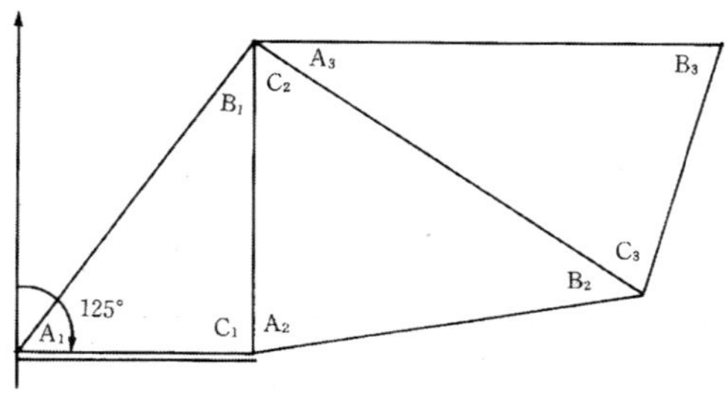

풀이

구분 \ 삼각형	①	②	③
A B C	65°58′05″ 46°32′23″ 67°29′32″	85°05′41″ 37°58′42″ 56°55′37″	38°3506 101°42′30″ 39°42′24″
sin A sin B sin C	0.9133185 0.7258514 0.9238276	0.9963374 0.6236750 0.6153634	0.6236750 0.9791933 0.6388573
a=b(sinA /sinB) c=b(sinC /sinB b	434.972 439.977 345.690	704.265 592.326 434.972	448.566 459.485 704.265

7.6.2 방위각의 계산

삼각형에서 어느 한 변의 방위각을 알고 있으면 삼각형의 각 각에 의하여 각 변의 방위각을 구할 수 있다. 그림 7.14에서 A점에서 B점으로 향하는 직선의 방위각을 (AB), 반대로 B에서 A로 향하는 직선의 방위각, 즉(AB)의 역방위각 (BA)은 (AB)에 180°를 더하면 된다. 이때 계산된 (BA)의 각이 360°보다 클 경우에는 (BA)에서 360°를 빼주면 된다.

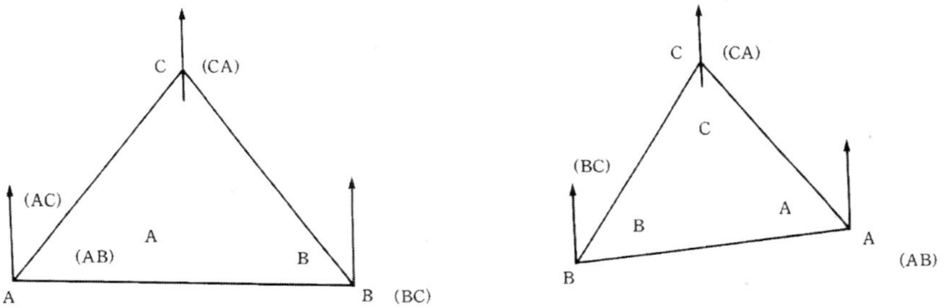

(a) (b)

[그림] 7.14 방위각 계산

그림에서 BC의 방위각을 (BC), AB의 방위각을 (AB), CA의 방위각을 (CA)라 하고 삼각형의 내각을 각각 A, B, C라 하면 각 변의 방위각은 다음과 같다. 이 때 기지변은 AC로 한다.

$$(BC) = (CA) \pm C + 180°$$
$$(AB) = (BC) \pm B + 180°$$
$$(CA) = (AB) \pm A + 180°$$

7.6.3 좌표계산

그림 7.15(a)에서 삼각점 A, B, C의 좌표를 각각 (x_A), (y_A), (x_B), (y_B), (x_C), (y_C)라 하면 다음과 같은 관계식이 성립한다.

$$x_C = x_A + AC\cos(AC)$$
$$y_C = y_A + AC\sin(AC)$$

또는

$$y_C = y_B + BC\cos(BC)$$
$$y_C = y_B + BC\sin(BC)$$

위의 두 식은 A점의 좌표를 알고 C점의 좌표를 구하는 식이며 아래의 두 식은 반대로 B점의 좌표을 알고 C점의 좌표를 구하는 식이다. 실제적인 계산에서는 두 가지의 계산을 한 후 평균을 취하는 동시에 계산 결과도 검사해 본다.

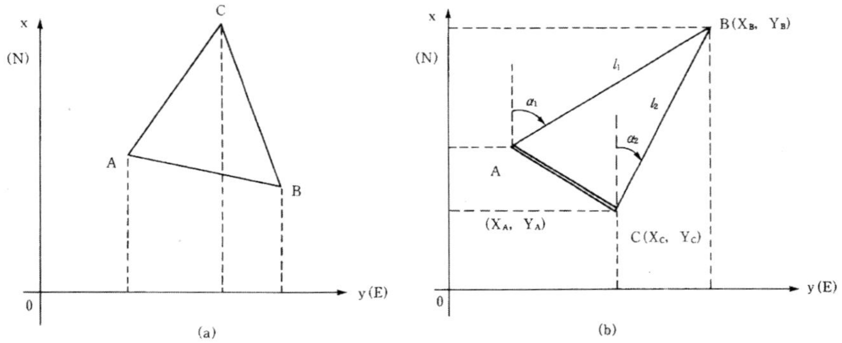

[그림] 7.15 좌표계산

그림 7.15(b)는 $A(x_A y_A)$와 $C(x_C y_C)$의 좌표가 주어지고 $B(x_B y_B)$의 좌표를 구하고자 할 경우이다. 지금, AB$=l_1$, CB$=l_2$, AB의 방위각을 α_1, CB의 방위각을 α_2라 하면 B점의 좌표 $x_B\, y_B$는

$$x_B = x_A + l_1 \cos\alpha_1$$

A로부터

$$y_B = y_A + l_1 \sin\alpha_1$$

$$x_B = x_C + l_2 \cos\alpha_2$$

C로부터

$$y_B = y_C + l_2 \sin\alpha_2$$

이와 같이 A와 C로부터 구한 좌표의 평균값을 최종 좌표값으로 한다.

7.7 삼각점 성과표

삼각측량의 최종 결과를 정리하여 놓은 것을 삼각점 성과표라 한다. 원래 삼각측량은 매우 넓은 지역의 골격을 정밀하게 결정하고자 할 때 사용하는 측량 방법으로써 특히 측지학적으로 국가의 기본골격을 만들 경우에는 이 방법을 사용하여 왔다.

우리나라의 경우 국가 1등, 2등, 3등, 4등 삼각점이 측지학적 삼각측량에 의하여 이루어졌으며 삼각점식 과표라 함은 주로 이들에 대한 성과표를 말한다. 삼각측량 성과표는 삼각측량 결과에서 매우 중요한 최종 성과만을 정리하여 표의 형태로 기록, 보관한 것으로 삼각망도 및 관측기록철과 더불어 매우 중요한 자료이다. 삼각측량 성과표를 사용하면 산지 등에서 긴 기선을 얻기가 어렵거나 또는 복잡한 기선 실측 과정과 천문측량 등을 피할 수 있으므로 시간과 경비를 절감할 수 있다.

삼각망도는 직각 좌표 또는 경・위도 좌표에 근거하여 관측에 사용된 모든 삼각점 또는 삼각보점 등이 위치를 적절한 축척의 지형도(보통 1 : 50,000) 위에 전개하고 관측한 방향선들을 서로 연결하며, 삼각점의 종류, 번호, 명칭, 평균 방향각 등을 기록한다. 관측기록철은 관측 야장, 야장 계산, 망평균 계산, 좌표 계산 등으로 구분하여 정리한다.

국토교통부 국립지리원에서는 우리나라의 모든 삼각 및 수준측량 성과표를 보관, 관리하고 있으며 필요시 국립지리원에 열람 신청하면 항상 열람할 수 있다.

□ 성과표 내용

우리나라의 삼각점 성과표에는 다음과 같은 사항들이 기록되어 있으며 그림 7.16은 성과표의 한 예이다.

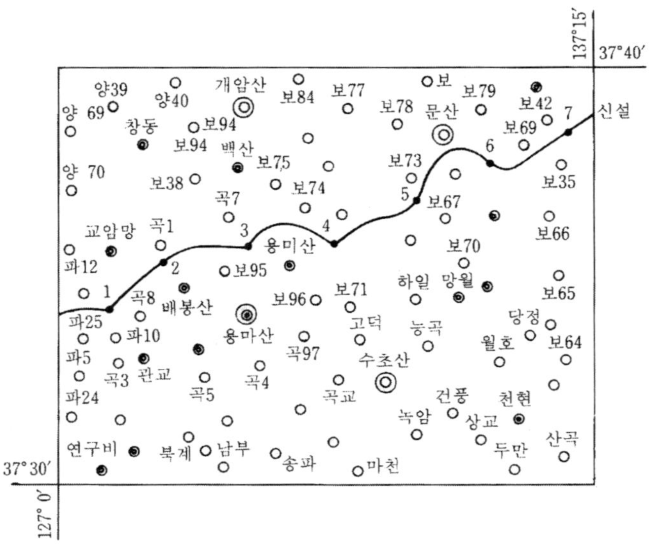

[그림] 7.16 삼각점 성과표

(1) 삼각점의 등급, 번호, 명칭

삼각점에는 번호와 명칭, 그리고 삼각점의 등급이 표시되어 있다. 특히, 등급은 기호로 표시되어 있으며 다음과 같다.

◉ 1등 삼각점, ◎ 2등 삼각점, ◉ 3등 삼각점, ○ 4등 삼각점

(2) 경도, 위도

이것은 측지학적 경위도이며 위도는 B, 경도는 L로 표시되었다. 지구를 벳셀 타원체로 생각한 표면 위에서 여러 삼각점의 경·위도를 계산한 값이다.

(3) 평면직각좌표

평면직각좌표는 자오선 방향의 좌표를 X로, 이에 직각인 방향으로의 좌표를 Y로 표시하였으며, 모두 평면상의 값이다.

우리나라는 3개의 좌표 지역대, 즉 동부, 중부, 서부원점으로 나누어졌으며, 동부원점의 좌는 북위 38도, 동경 129도, 중부원점은 북위 38도, 동경 127도, 서부원점은 북위 38도, 동경 125도이다.

(4) 삼각점의 표고

삼각점의 표고는 두 가지 방법에 의하여 측정되었다. 즉 중요한 몇 개의 점에 대하여 1등 또는 2등 수준점으로부터 직접수준측량 방법에 의하여 그 표고를 구하고 나머지 거의 대부분의 삼각점은 연직각과 삼각형의 변장을 사용하여 삼각법에 의하여 표고를 구하였다.

(5) 방향각

회전타원체에서 방향의 결정은 어떤 관계된 점을 통과하는 자오선을 기준으로 한다. 방위각(bearing)은 평면 직각 좌표계의 원점을 통과하는 자오선 또는 이에 평행한 방향을 기준으로 하여 삼각점의 방향을 시계 방향으로 잰 각을 말하며, 직각 좌표의 원점이 아니라 그 삼각점 자체를 통과하는 자오선을 기준으로 하여 시계 방향으로 측정한 각인 방위각(azimuth)과는 다르다.

(6) 진북방향각

어느 한 삼각점에서 그 삼각점을 통과하는 자오선과 그 삼각점을 통과하고 직각 좌표의 원점을 통과하는 자오선과 평행한 자오선과 만들어지는 각을 진북방향각 또는 자오선 수차라고 부른다. 자오선 수차는 삼각점이 원점으로부터 서쪽에 위치할 때는 (−), 동쪽에 위치할

때는 (+)로 한다.

(7) 거리의 대수

삼각점 성과표에 있는 거리는 대수로 표시한 거리이다. 이 거리는 평면 위의 거리가 아니며 현지의 구면 위의 거리를 평균 해면 위에 투영한 구면거리이다. 따라서 평면 직각 좌표계의 계산에 사용할 경우에는 이 거리를 평면 위의 거리로 환산하여 사용하여야 한다.

7.8 삼변측량

7.8.1 개 요

삼각측량은 삼각형의 3각을 측정하고 측정된 각을 사용하여 3변의 길이를 계산에 의하여 구하지만 삼변측량(trilateration)에서는 이와는 반대로 3변을 먼저 측정하고, 3각은 계산에 의하여 구한다. 측정된 3변으로부터 3각을 계산할 때는 cosine 제 2법칙이 사용된다.

삼각측량과 삼변측량은 트래버스측량과 더불어 평면위치를 결정하는 기준점측량 방법으로 널리 사용되어 왔으며 그 중에서도 삼각측량은 기준점측량의 기본 방법처럼 사용되어 왔다. 이와 같이 삼각측량이 기준점측량의 대명사처럼 취급되어 왔던 것은 변의 측정에 비하여 각 측정의 정밀성에 그 근거를 두었기 때문이다.

근년에 와서 EDM의 혁신적인 발전은 상대적으로 매우 먼 거리를 높은 정밀도로 신속한 측정을 가능케 함으로써 삼변측량의 중요성과 활용성을 크게 높혀주고 있으며 삼각측량을 대신할 수 있는 획기적인 측량 방법으로까지 생각되어져 왔다. 그러나 변의 수가 증가함에 따라 방위각 오차가 급격히 누적됨을 알게 되었고, 이를 보완하기 위하여 많은 양의 방위각 측정이 필요하게 되었다.

7.8.2 삼변측량망의 조정

삼변망의 조정은 삼각망의 조정과 같이 간이조정법과 엄밀조정법으로 구분할 수 있다. 간이조정법에서는 먼저 측정된 변을 사용하여 각을 계산하고, 그 계산된 각은 삼각측량에서 측정각을 조정하는 방법과 같은 방법으로 조정되어 각 삼각점의 좌표계산에 사용된다.

이 방법은 정밀을 요하지 않는 저등급의 측량에만 사용하며 정밀한 측량의 경우에는 좌표변위에 의한 조정법(adjustment by variation of coordinates)과 같은 최소 제곱의 원리를 사용하여야 한다. 최소 제곱의 원리를 적용할 때의 가장 어려운 점은 각변에 대한 중량의 계산이다. EDM에 의해 측정된 거리는 EDM이 가지는 고유의 오차 때문에 짧은 거리에서 보다 긴 거리에서 상대오차가 더 크다. 따라서 각변에 대한 반복측정으로부터 얻어진 표준오차를 사용하지 않는 한 각변의 중량은 모두 같은 것으로 함이 좋다.

(1) 간이조정방법

삼변측량의 가장 기본적이 방법은 삼각형에서 두 점의 좌표와 나머지 한 점으로부터 이들 두 점까지의 거리를 알고 다른 한 점의 좌표를 구하는 것이다.

따라서 분명한 것은 먼저 삼각형의 내각을 계산하고 나머지는 삼각측량에서 한 것과 똑같은 계산순서에 의하는 것이다. 물론 어느 경우에도 각 변의 방위각은 필요하다.

지금 삼각형의 내각을 A, B, C라 하고 이에 대응되는 변을 a, b, c라 하면 cosine 제 2법칙에서

$$\cos A = \frac{b^2+c^2-a^2}{2bc},\quad \cos B = \frac{a^2+c^2-b^2}{2ac},\quad \cos C = \frac{a^2+b^2-c^2}{2ab}$$

또는, 반각 공식으로부터

$$\sin\frac{A}{2} = \sqrt{\frac{(s-b)(s-c)}{bc}},\quad \cos\frac{A}{2} = \sqrt{\frac{s(s-c)}{bc}},\quad \tan\frac{A}{2} = \sqrt{\frac{(s-b)(s-c)}{s(s-a)}}$$

$$s = \frac{1}{2}(a+b+c)$$

$$A = \sqrt{s(s-a)(s-b)(s-c)},\ 2s = a+b+c \tag{7.17}$$

예제 7.8 그림과 같은 삼변 삼각형이 있다. 각 측선의 길이와 A, B의 좌표가 아래 표와 같다고 한다. C점의 좌표를 계산하라.

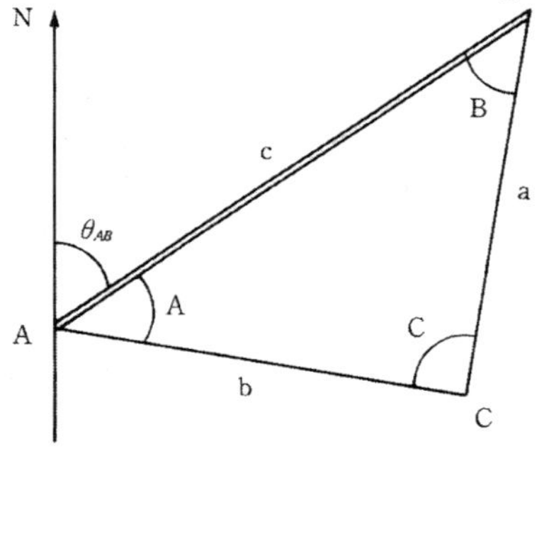

풀이

측선	측정거리 (m)	측점	좌표(m)	
			x	y
a	1814.05	A	2500.00	1500.00
b	1463.87	B	3379.14	3312.16

$$AB = c = \sqrt{(3312.16-1500)^2+(3379.14-2500)^2} = 2014.15\ \text{m}$$

$$\theta_{AB} = \tan{-1}\left(\frac{3312.16-1500}{3379.14-2500}\right) = N64°07'13.5''E$$

$$\alpha_{AB} = 64°07'13.5''$$

cosine 제 2법칙에 의하여

$$\cos A = \frac{b^2+c^2-a^2}{2bc} = \frac{(1463.87)^2+(2014.15)^2-(1814.05)^2}{2(1463.87)(2014.15)}$$

$$\therefore A = 60°26'32.5''$$

같은 방법으로

$B = 44°34'59.5''$

$C = 74°58'28.0''$

(검사)

$$A+B+C = 60°26'32.5''+44°34'59.5''+74°58'28.0'' = 180°00'00''$$

(방법1)

AC의 방위각을 계산하면

$$\alpha_{AC} = \alpha_{AB} + A = 64°07'13.5''+60°26'32.5'' = 124°33'46''$$

$$x_c = x_A + b\cos\alpha_{AC} = 2500+1463.87\times\cos 124°33'46'' = 1{,}669.53\ \text{m}$$

$$y_c = y_A + b\sin\alpha_{AC} = 1500+1463.87\times\sin 124°33'46'' = 2{,}705.50\ \text{m}$$

(방법 2)

BC의 방위각을 계산하면

$$\alpha_{BC} = \alpha_{AB} + 180° - B$$
$$= 64°07'13.5'' + 180° - 44°34'59.5'' = 199°32'14''$$

$$x_c = x_B + a\cos\alpha_{BC} = 3379.14 + 1814.05 \times \cos 199°32'14'' = 1{,}669.53\ \mathrm{m}$$
$$y_c = y_B + a\sin\alpha_{BC} = 3312.16 + 1814.05 \times \sin 199°32'14'' = 2{,}705.50\ \mathrm{m}$$

$x_c = 1{,}669.53\ \mathrm{m}$, $y_c = 2{,}705.50\ \mathrm{m}$로서 방법 1의 결과와 같음을 알 수 있다.

7.8.3 삼각측량과 삼변측량의 특징비교

(1) 삼각측량 특징

① 변의 관측보다 각의 관측에 더 정밀성을 요한다.
② 정밀한 각관측기를 필요로 한다.
③ 내각의 크기는 최소한 20° 이상이어야 한다.
④ 삼각망은 최소한 한 점 이상의 기지점에 고정되어야 하고 출발변의 방위각을 알아야 한다.
⑤ 측지삼각측량에서는 구면삼각형에 대한 지식을 필요로 한다.
⑥ 기선을 현장에 설치할 경우 짧은 기선을 정밀히 실측하고 기선을 확대하는 등의 기선설치에 어려움이 많다.
⑦ 조정을 위한 조건식 수가 많다.
⑧ 조정계산에 시간이 많이 소요된다.
⑨ 관측거리에 한계가 많다.
⑩ 장거리를 관측하기 위해서는 높은 관측탑이 필요하다.

(2) 삼변측량 특징

① 장거리를 신속하게 관측할 수 있다.
② 변의 수가 증가함에 따라 방위각의 오차가 급격히 누적되므로 많은 방위각의 관측이 필수적이다.
③ 일반적으로 삼각측량에 비하여 신속하고 경제적이다.

④ 과거 삼각측량과 같이 기선확대가 불필요하다.
⑤ 각과 변장을 적당히 관측하여 삼각망을 만든다.
⑥ 변장만으로 삼각망을 만든다.
⑦ 조정을 위한 조건식의 수가 적다.
⑧ 변의 관측이 삼각망의 정밀도를 좌우한다.
⑨ 복잡한 기하학적 도형과 잉여조건이 정밀도 검증을 위해 필요하다.
⑩ 장거리 관측시 높은 관측탑이 필요 없다.
⑪ 측정된 거리는 모든 기계오차와 기상보정을 필요로 한다.
⑫ 관측거리가 경사거리이므로 평균해수면상의 수평거리로 환산하여 사용하여야 한다.

7.9 삼각수준측량

7.9.1 삼각수준측량

두점사이 고저차가 클 경우는 수준측량에 의해서 실시하기 어렵고 두 점 사이 거리가 원거리일 시 고저차를 간접으로 구하는 측량법으로 각측량기와 표척을 이용하여 연직각을 측정하여 올려본 각은 앙각(+), 내려본 각을 부각(-)으로 하며 미지점의 표고를 구한다.

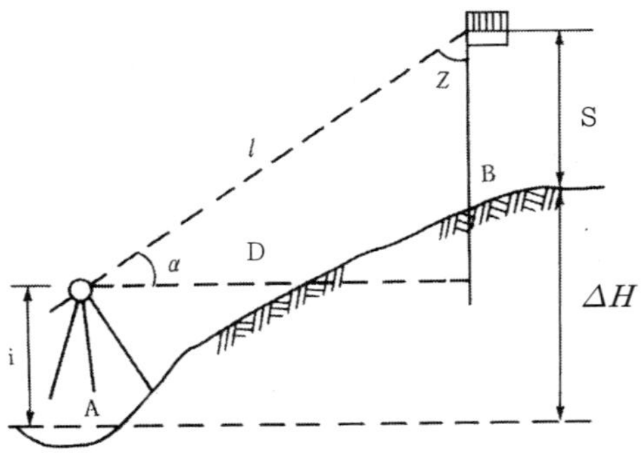

[그림] 7.17 삼각수준측량

· 연직각(+)일 경우

$$H_B = H_A + i + D\tan\alpha - S \quad (7\text{-}18)$$

$$\Delta H = i + D\tan\alpha - S$$

• 연직각(−)일 경우

$$H_B = H_A + i - D\tan\alpha - S \tag{7-19}$$

$$\Delta H = i - D\tan\alpha - S$$

예제 7.9 B점의 지반고는? (단, α=12° 13′, A점의 지반고는 46.4 m, 기계고 i=1.54 m, 시준고 S=1.30 m, AB수평거리 D=46.8 m)

풀이 $H_B = H_A + i + D\tan\alpha - S$에서

$H_B = 46.4 + 1.54 + 46.8 \times \tan 12°13' - 1.30 = 56.77\ \mathrm{m}$

7.9.2 삼각수준측량의 오차

(1) 곡률오차, 구차

지구표면은 구면이므로 대단히 넓은 구역에서는 수평면에 대한 높이와 지평면에 대한 높이가 다르다. 이 차를 곡률오차라 한다.

그림 7.18에서 D는 AB의 호, NAN은 지평면, AH는 수평면

$\angle \mathrm{AOB} = \phi$, $\angle \mathrm{HAB} = \dfrac{\phi}{2}$ 이면

$\angle$ABB′에서 $\angle \mathrm{B}' = 180° - (90 + v' + \phi) = (v' + \phi)$

$$\therefore\ \frac{h}{D} = \frac{\sin\left(v' + \dfrac{\psi}{2}\right)}{\sin B'} = \frac{\sin\left(v' + \dfrac{\psi}{2}\right)}{\sin\left(v' - \dfrac{\psi}{2}\right)}$$

ϕ는 미소하므로 위 식에서와 같이

$$\sin\left(v' + \frac{\phi}{2}\right) = \sin v' \cos\frac{\phi}{2} + \cos v'$$

$$\sin\frac{\phi}{2} \fallingdotseq \sin v' + \frac{\phi}{2}\cos v'$$

$$\cos\left(v' + \frac{\phi}{2}\right) = \cos v' \cos\frac{\phi}{2} - \sin v' \sin\phi = \cos v'$$

$$\frac{h}{D} = \frac{\sin v' + \frac{\phi}{2}\cos v'}{\cos v'} = \tan v' + \frac{\phi}{2}$$

$\phi = \dfrac{D}{R}$라 할 수 있다.

$$h = D\tan v' + \frac{D^2}{2R}$$

$$\therefore \ \triangle C = \frac{D^2}{2R} \qquad (7.20)$$

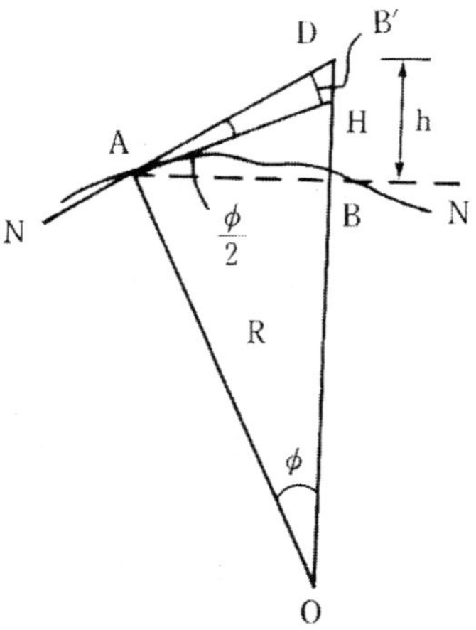

[그림] 7.18 곡률오차도

(2) 굴절오차, 기차

지구를 둘러싸고 있는 대기는 지표면에 가까울수록 밀도가 커지므로 밀도가 다른 공기층을 광선이 통과할 때 지구를 향하여 구부러져 그림 7.19와 같이 A점에 도달되므로 연직각에는 $\angle B'AB'' = \delta$의 오차가 생긴다. 이것을 굴절오차라 한다.

그림에서 AB″와 지평면과 짓는 각을 v라 하면

$$v' = v - \delta$$

$$\tan v' = \tan(v - \delta) = \frac{\tan v - \tan\delta}{1 + \tan v \cdot \tan\delta}$$

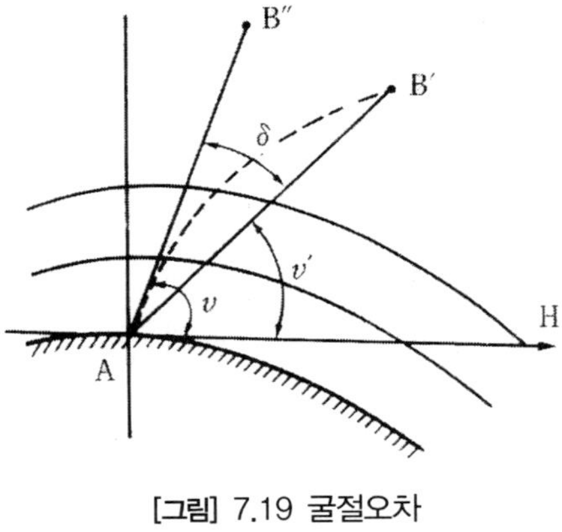

[그림] 7.19 굴절오차

그런데 δ는 미소하므로 분모의 제2항을 생략하면

$$\tan v' = \tan v - \delta$$

B′A원호로 가정하고 그 중심을 O′라 하면 중심각은 2δ이다. 또 그 반경을 R이라 할 때 $\frac{r}{R} = K$로 하며 K는 굴절계수이다.

$$\therefore\ \delta = \frac{1}{2} \cdot \frac{D}{R} = \frac{KD}{2r}$$

· 상기값을 전식에 대입하면

$$\tan v' = \tan v - \frac{K \cdot D}{2r}$$

$$\therefore\ D\tan v' = D \cdot \tan v - \frac{K \cdot D^2}{2r}$$

$$\triangle r = D\tan v' - D\tan v = -\frac{K \cdot D^2}{2r} \qquad (7.21)$$

(3) 양차

기차는 구하려고 하는 점의 높이를 높아지게 하는 오차이고 구차는 높이를 낮아지게 하는 오차이다. 보통 이 두 오차를 합하여 생각한다.

이것을 양차라 하고 A에 대한 B′의 높이 h는 다음과 같다.

$$h = D\tan v' + \Delta_c = D\tan v + \Delta_\gamma + \Delta_c$$

혹은 $h = D\tan v + \frac{1-K}{2r}D^2$

지금 $r = 6{,}370\ \text{km}$, $K = 0.14$라고 하면

$$\Delta h = \Delta r + \Delta c = \frac{1-K}{2r}D^2 \qquad (7.20)$$

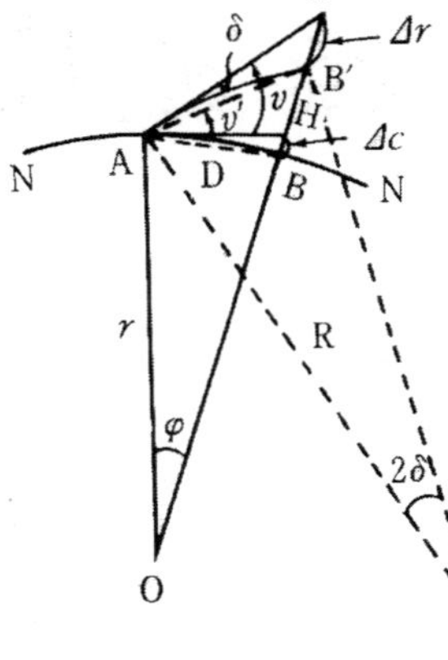

[그림] 7.20 양차

예제 7.10 $D = 1\text{km}$일 때 양차값은? (단 $r = 6{,}370\text{ km}$, $K = 0.14$)

풀이

$$\Delta h = \Delta r + \Delta c = \frac{1-K}{2r}D^2 = \frac{1-0.14}{2\times 6{,}370}\times 1^2 = 6.75\text{ cm}$$

연 습 문 제

7.1 그림과 같은 삼각망을 측정하여 다음과 같은 결과를 얻었다. 이 삼각망을 조정하여라(각은 0.1°까지, 대수는 7자리까지 계산할 것)

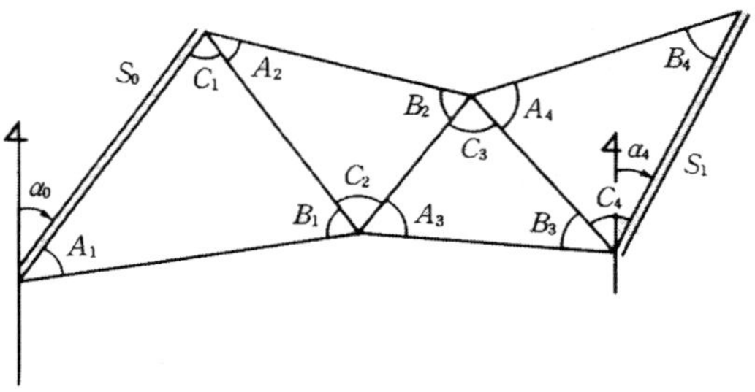

$\alpha_1 = 23°47'35''$
$\alpha_4 = 24°22'01''$
$S_0 = 231.426m$
$S_1 = 136.157m$

풀이

제 1조정 계산 (180° 조정)

삼 각 형	각	관 측 각	W1	$\frac{-W_1}{3}$	제1조정각
①	A_1	54°56′20″		−4.0″	54°56′16″
	B_1	71°28′34″		−4.0″	71°28′30″
	C_1	53°35′18″		−4.0″	53°35′14″
	계	180°00′12″	+12″	−12″	180°00′00″
②	A_2	42°38′21″		+7.0″	42°38′28″
	B_2	69°17′37″		+7.0″	69°17′44″
	C_2	68°03′41″		+7.0″	68°03′48″
	계	179°59′39″	−21″	+21″	180°00′00″
③	A_3	62°43′40″		+5.0″	62°43′45″
	B_3	39°08′57″		+5.0″	39°09′02″
	C_3	78°07′08″		+5.0″	78°07′13″
	계	179°59′45″	−15″	+15″	180°00′00″
④	A_4	40°19′13″		−5.0″	40°19′08″
	B_4	75°27′44″		−5.0″	75°27′39″
	C_4	64°13′18″		−5.0″	64°13′13″
	계	180°00′15″	+15″	−15″	180°00′00″

제 2조정 계산

삼각형	각	제1조정각	$\pm \frac{W_0}{n}$	$\frac{W_0}{2n}$	제2조정각
①	A_1	54°56′16″		−1.0″	54°56′15″
	B_1	71°28′30″		−1.0″	71°28′29″
	C_1	53°35′14″	+2.0″		53°35′16″
	계	180°00′00″			180°00′00″
②	A_2	42°38′28″		+1.0″	42°38′29″
	B_2	69°17′44″		+1.0″	69°17′45″
	C_2	68°03′48″	−2.0″		68°03′46″
	계	180°00′00″			180°00′00″
③	A_3	62°43′45″		−1.0″	62°43′44″
	B_3	39°09′02″		−1.0″	39°09′01″
	C_3	78°07′13″	+2.0″		78°07′15″
	계	180°00′00″			180°00′00″
④	A_4	40°19′08″		+1.0″	40°19′09″
	B_4	75°27′39″		+1.0″	75°27′40″
	C_4	64°13′13″	−2.0		64°13′11″
	계	180°00′00″			180°00′00″

① 방위각

$\alpha_0 = 23°47'35''$

$\alpha_1 = 23°47'35'' + 180° - 53°35'14'' = 150°12'21''$

$\alpha_2 = 150°12'21'' - 180° + 68°03'48'' = 38°16'09''$

$\alpha_3 = 38°16'09'' + 180° - 78°07'13'' = 140°08'56''$

$\alpha_4 = 140°08'56'' - 180° + 64°13'13'' = 24°22'09''$

② 오차

$\alpha_n{}' - \alpha_n = W_0$

$\alpha_4{}' - \alpha_4 = 24°22'09'' - 24°22'01'' = +8''$

따라서 좌측 C각 (+각)에는 $\frac{8}{4}$= −2″ 씩, 우측 C각(−각)에는 $\frac{8''}{4}$= +2″ 씩 보정

제 3변조건 조정 계산

각	제2조정각	log sin	표 차	변조건조정량	변조건조정각
A_1	54°56′15″	9.9130324	14.77	+1.8″	54°56′16.8″
A_2	42°38′29″	9.8308500	22.86	+1.8″	42°38′30.8″
A_3	62°43′44″	9.9488277	10.85	+1.8″	62°43′45.8″
A_4	40°19′09″	9.8109344	24.81	+1.8″	40°19′10.8″
계		39.5036445	73.29		
B_1	71°28′29″	9.9768924	7.05	−1.8″	71°28′27.2″
B_2	69°17′45″	9.9710059	7.96	−1.8″	69°17′43.2″
B_3	39°09′01″	9.8002747	25.86	−1.8″	39°08′59.2″
B_4	75°27′40″	9.9858653	5.46	−1.8″	75°27′38.2″
계		39.7340383	46.34		

$$\text{변조정량} = \frac{(\Sigma \log\sin\alpha + \log S_0) - (\Sigma \log\sin\beta + \log S_1)}{\Sigma \text{표차}}$$

$$= \frac{(39.5036445 + 2.3644121) - (39.7340383 + 2.1340400)}{119.63}$$

$$= \frac{41.8680566 - 41.8680783}{119.63}$$

$$= \frac{566 - 783}{119.63}$$

$$= -1.8''$$

∴ A각은 $+1.8''$ 씩 보정, B각은 $-1.8''$ 씩 보정

7.2 다음 그림과 같은 유심 다각망을 조정하시오(단, 표차는 소수점 아래 2자리까지 계산하고 각도계산은 0.1초 단위까지 계산하시오).

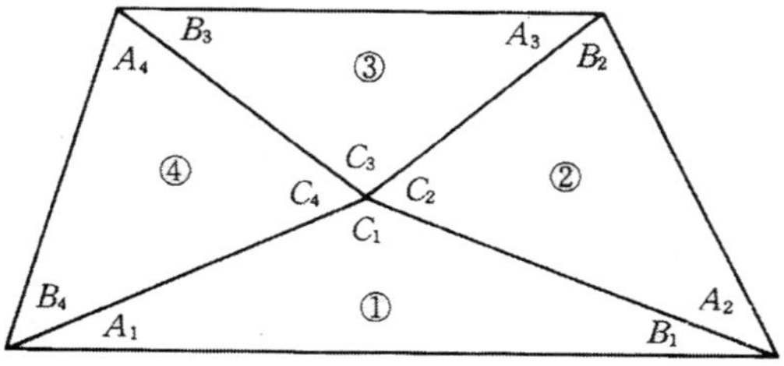

풀이

도형	각명	관 측 각	제1조 정량	제1조정각	제2조 정량	제2조정각	변조 정량	변조정각
①	A_1	61°52′44″	+1″	61°52′45″	+1″	61°52′46″	−43.8″	61°52′02.2″
	B_1	62°09′44″	+1″	62°09′45″	+1″	62°09′46″	+43.8″	62°10′29.8″
	C_1	55°57′29″	+1″	55°57′30″	−2″	55°57′28″		55°57′28.0″
	계	179°59′57″	+3″					
②	A_2	39°44′45″	−1″	39°44′44″	+1″	39°44′45″	−43.8″	39°44′01.2″
	B_2	39°23′27″	−1″	39°23′26″	+1″	39°23′27″	+43.8″	39°24′10.8″
	C_2	100°51′51″	−1″	100°51′50″	−2″	100°51′48″		100°51′48.0″
	계	180°00′03″	−3″					
③	A_3	53°42′23″	−1″	53°42′22″	+1″	53°42′23″	−43.8″	53°41′39.2″
	B_3	53°20′04″	−1″	53°20′03″	+1″	53°20′04″	+43.8″	53°20′47.8″
	C_3	72°57′36″	−1″	72°57′35″	−2″	72°57′33″		72°57′33.0″
	계	180°00′03″	−3″					
④	A_4	24°47′14″	+1″	24°47′15″	+1″	24°47′16″	−43.8″	24°46′32.2″
	B_4	24°59′31″	+1″	24°59′32″	+1″	24°59′33″	+43.8″	25°00′16.8″
	C_4	130°13′12″	+1″	130°13′13″	−2″	130°13′11″		130°13′11.0″
	계	170°59′57″	+3″					

각 명	log sin A	표 차	각 명	log sin B	표 차
A_1	9.9454478	11.25	B_1	9.9465887	11.12
A_2	9.8057611	25.32	B_2	9.8025048	25.64
A_3	9.9063320	15.46	B_3	9.9042473	15.67
A_4	9.6224818	45.59	B_4	9.6258263	45.17
계	39.2800227	97.61	계	39.2791671	97.60

① 제 1조정

가) ①각

㉠ $A_1+B_1+C_1=179°59'57''$

㉡ 조정량 : $(\frac{-3''}{3})$: +1″ 씩 조정

㉢ $A_1+1''=61°52'45''$

㉣ $B_1+1''=62°09'45''$

㉤ $C_1+1''=55°57'30''$

나) ②각

㉠ $A_2+B_2+C_2=180°00'03''$

㉡ 조정량 : $(\frac{+3''}{3})$: −1″ 씩 조정

㉢ $A_2-1''=39°44'44''$

㉣ $B_2-1''=39°23'26''$

㉤ $C_2-1''=100°51'50''$

다) ③각

㉠ $A_3+B_3+C_3=180°00'03''$

㉡ 조정량 : $(\frac{+3''}{3})$: −1″ 씩 조정

㉢ $A_3-1''=53°42'22''$

㉣ $B_3-1''=53°20'03''$

㉤ $C_3-1''=72°57'35''$

라) ④각

㉠ $A_4+B_4+C_4=179°59'57''$

㉡ 조정량 : $(\frac{-3''}{3})$: +1″ 씩 조정

㉢ $A_4+1''=24°47'15''$

㉣ $B_4+1''=24°59'32''$

㉤ $C_4+1''=130°13'13''$

② 제 2조정

제 2조정 : $C_1+C_2+C_3+C_4=360°00'08''$, $\therefore +8''/4=-2''$ 씩 조정

③ 변 조정

가) 표차

㉠ A_1 표차 $=\frac{21.055}{\tan 61°52'46''}=11.25$

㉡ A_2 표차 $=\frac{21.055}{\tan 39°44'45''}=25.32$

㉢ A_3 표차 $=\frac{21.055}{\tan 53°42'23''}=15.46$

㉣ A_4 표차 $=\frac{21.055}{\tan 24°47'16''}=45.59$

㉤ B_1 표차 $=\frac{21.055}{\tan 62°09'46''}=11.12$

㉥ B_2 표차 $=\frac{21.055}{\tan 39°23'27''}=25.64$

ⓢ B_3 표차 $= \dfrac{21.055}{\tan 53°20'04''} = 15.67$

ⓞ B_4 표차 $= \dfrac{21.055}{\tan 24°59'33''} = 45.17$

나) 변조정량

$$변조정량 = \frac{\Sigma \log\sin A - \Sigma \log\sin B}{\Sigma 표차} = \frac{39.2800227 - 39.2791671}{195.22}$$

$$= \frac{800227 - 791671}{195.22} = +43.8''$$

따라서, A각은 −43.8° , B각은 +43.8 ″ 조정

다) 조정각

㉠ $A_1 - 43.8'' = 61°52'02.2''$ ㉡ $B_1 + 43.8'' = 62°10'29.8''$

㉢ $A_2 - 43.8'' = 39°44'01.2''$ ㉣ $B_2 + 43.8'' = 39°24'10.8''$

㉤ $A_3 - 43.8'' = 53°41'39.2''$ ㉥ $B_3 + 43.8'' = 53°20'47.8''$

ⓢ $A_4 - 43.8'' = 24°46'32.2''$ ⓞ $B_4 + 43.8'' = 25°00'16.8''$

7.3 다음 사변형의 각을 조정하여라(단, 각도는 0.01″ 까지 계산한다).

$\angle 1 = 62°46'12''$ $\angle 5 = 10°28'50''$

$\angle 2 = 44°49'15''$ $\angle 6 = 97°06'40''$

$\angle 3 = 51°27'45''$ $\angle 7 = 49°42'20''$

$\angle 4 = 20°56'40''$ $\angle 8 = 22°42'00''$

풀이 각 조건에 의한 조정표

각의 명칭	실 측 각	V_1	조 정 각	V_2	V_3	조 정 각	V4	조 정 각
∠1	62°46′12″	+2.25	62°46′14.25″	+0.75		62°46′15.0″	−1.15	62°46′13.85″
∠2	44°49′15″	+2.25	44°49′17.25″	+0.75		44°49′18.0″	+1.15	44°49′19.15″
∠3	51°27′45″	+2.25	51°27′47.25″		−1.25	51°27′46.0″	−1.15	51°27′44.85″
∠4	20°56′40″	+2.25	20°56′42.25″		−1.25	20°56′41.0″	+1.15	20°56′42.15″
∠5	10°28′50″	+2.25	10°28′52.25″	−0.75		10°28′51.5″	−1.15	10°28′50.35″
∠6	97°06′40″	+2.25	97°06′42.25″	−0.75		97°06′41.5″	+1.15	97°06′42.65″
∠7	49°42′20″	+2.25	49°42′22.25″		+1.25	49°42′23.5″	−1.15	49°42′22.35″
∠8	22°42′00″	+2.25	22°42′02.25″		+1.25	22°42 ′03.5″	+1.15	22°42′04.65″

① V_1 조정 (360°조정)

$\angle 1 + \angle 2 + \angle 3 + \angle 4 + \angle 5 + \angle 6 + \angle 7 + \angle 8 = 359°59'42''$

$\therefore\ 359°59'42'' - 360° = -18''$, $\dfrac{18}{8} = 2.25''$, 각각에 $+2.25''$ 씩 조정

② V_2 조정

가) $(\angle 1+\angle 2)-(\angle 5+\angle 6)=W$

$(62°46'14.25'' + 44°49'17.25'') - (10°28'52.25'' + 97°06'42.25'') = -3''$

$\therefore \dfrac{-3}{4} = -0.75''$, (∠1, ∠2에는 +0.75″ 씩 조정 ∠5, ∠6에는 −0.75″ 씩 조정)

나) $(\angle 3+\angle 4)-(\angle 7+\angle 8)=W'$

$(51°27'47.25'' + 20°56'42.25'') - (49°42'22.25'' + 22°42'02.25'') = +5''$

$\therefore \dfrac{5''}{4} = +1.25''$, (∠3, ∠4에는 −1.25″ 씩 보정 ∠7, ∠8에는 +1.25″ 씩 조정)

변 조건에 의한 조정표

각의명칭	각조건조정량	log sin	표차	각의명칭	각조건조정량	log sin	표차
∠1	62°46′15.0″	9.9489914	10.83	∠2	44°49′18.0″	9.8481290	21.18
∠3	51°27′46.0″	9.8933198	16.77	∠4	20°56′41.0″	9.5532361	55.00
∠5	10°28′51.5″	9.2598541	113.79	∠6	97°06′41.5″	9.9966461	−2.63
∠7	49°42′23.5″	9.8823777	17.85	∠8	22°42′03.5″	9.5864992	50.32

③ 변조정량

$$\frac{\Sigma \log\sin\alpha - \Sigma \log\sin\beta}{\Sigma \text{표차}} = \frac{38.9845430 - 38.9845104}{283.11} = \frac{430 - 104}{283.11} = +1.15''$$

따라서 홀수각인 α각에는 $-1.15''$ 씩 조정, 짝수각인 β각에는 $+1.15''$ 씩 조정함

7.4 삼각점 A에 기계를 세우고 삼각점 B가 시준되지 않으므로 점 P를 관측하여 T'=60°32′15″를 얻었다면 각 T는? (단, AP=1.3 km, e=5 m, ϕ=315°)

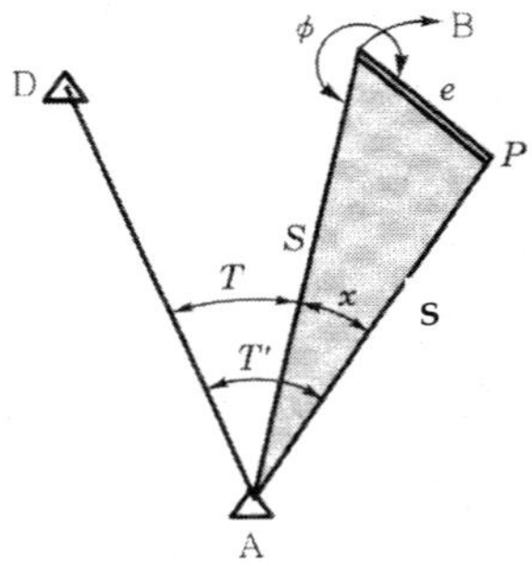

풀이

△ABP에서 sine법칙을 적용하면

$$\frac{e}{\sin x} = \frac{S}{\sin(360° - \phi)}$$

$$x = \frac{5}{1,300} \times \sin(360° - 315°) \times 206,265'' = 9'20.97''$$

$$T = T' - x = 60°32'15'' - 9'20.97'' = 60°22'54.03''$$

SURVEYING ➡ CHAPTER 08

시거측량

CHAPTER ➡ SURVEYING

08 시거측량

8.1 개 요

시거측량은 간접 거리측량으로 직접 거리측량보다 정밀도가 낮지만 지형의 형태가 복잡하고 장애물이 많아 직접측량이 어려운 지역이나 높은 정밀도가 요구되지 않는 측량에서는 효과적으로 이용되고 있다.

8.2 시거측량의 원리

시거측량은 한 측점에 기계를 세우고 목표점에 세운 표척을 시준하여 상·하 시거선(스타디아선) 사이에 낀 협장과 연직각을 읽어 수평거리와 고저차를 간단하고 신속하게 측정하는 측량이다.

기계를 평탄한 곳에 세우고 망원경을 수평하게 한 다음 거리 D만큼 떨어진 곳에 표척을 세워 협장 l 을 읽었다. 이 기계의 대물경 초점거리를 f, 시거선 간격을 i, 기계중심에서 대물렌즈의 광심까지 거리를 d라 하면

$i : f = l : (f_2 - f)$

$\therefore f_2 = \dfrac{lf}{i} + f$

$D = f_2 + d = \dfrac{lf}{i} + f + d$

f와 i는 기계에 따라 일정하고 d의 값도 일정하다고 볼 수 있으므로

$\dfrac{f}{i} = \mathrm{K}$, $f + d = \mathrm{C}$ 로 하면

$$D = KI + C \tag{8.1}$$

상기 식은 망원경이 수평일 때 협장을 알면 측점까지 거리를 쉽게 구할 수 있으며, K와 C

는 기계에 따라 정해지는 스타디아 정수이며 K를 승정수(乘定數), C를 가정수(加定數)라고 한다.

보통 K=100, C의 값은 0.3, 0.2, 0.1 등이 일반적이나 근자에는 망원경 내부에 또 하나의 초점거리가 작은 볼록렌즈를 넣어 C 값이 0이 되도록 만든 아네라틱(Anallatic)망원경(Porro형 망원경)이 사용되고 있다.

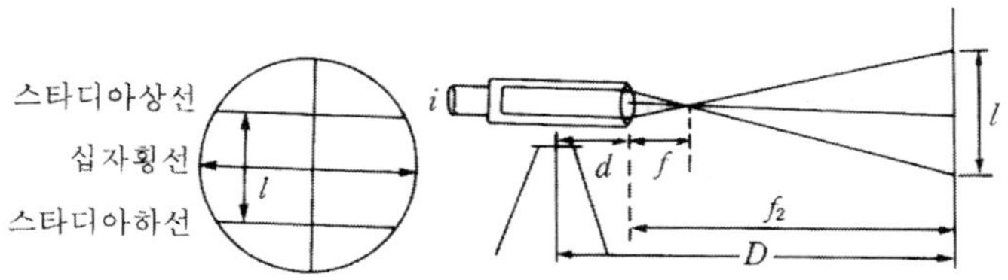

[그림] 8.1 시거측량의 원리

예제 8.1 시거측량에서 협장이 102.0 cm인 경우, 수평거리는 얼마인가?
(단, $K=100$, $C=0$)

풀이 $D=Kl+C=(100\times 1.02)+0=102\text{ m}$

8.3 시거측량의 공식

기계의 높이를 I 라고 하면 표척 상에 이것과 같은 높이의 눈금에 십자횡선을 맞춘다. 연직각을 α로 할 경우 표척이 시준선에 대하여 직각으로 세울 수 있다면 $D=Kl+C$ 에 의해 경사거리를 구할 수 있으나 일반적으로 표척을 연직으로 세우므로 다음과 같은 값을 얻을 수 있다.

$l'=l\cdot\cos\alpha$이므로

$OT=Kl'+C=Kl\cos\alpha+C$

$$\therefore D=OT\cos\alpha=kl\cos^2\alpha+C\cdot\cos\alpha \tag{8.2}$$

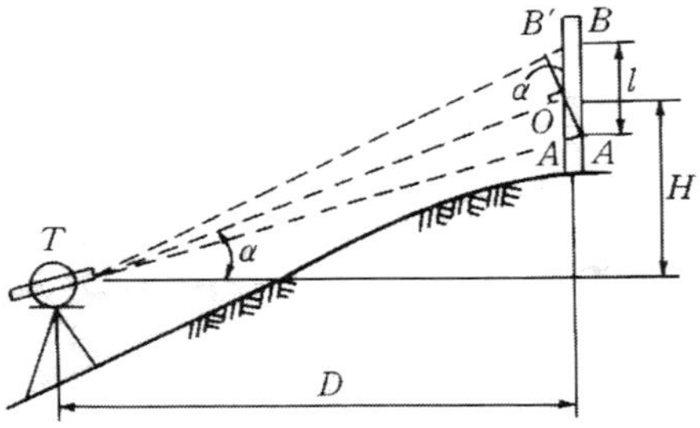

α : 시준선의 경사각
l : 표척을 연직방향으로 세웠을 때의 협장(AB)
l' : 시준선에 직각방향으로 세운 표척의 협장(A′B′)

[그림] 8.2 경사지의 시거측량

$$\therefore H = OT\sin\alpha = \frac{1}{2}Kl\sin2\alpha + C\sin\alpha \tag{8.3}$$

예제 8.2 $\alpha = 12°30'$, $l = 0.50\ \text{m}$, $K = 100$, $C = 0.20\ \text{m}$의 조건일 때 수평거리(D)와 고저차(H)의 값은?

풀이 $D = Kcos^2\alpha + C\cos\alpha = 100 \times 0.5 \times \cos^2 12°30' + (0.2 \times \cos 12°30') = 47.86\ \text{m}$

$H = \frac{1}{2}\sin2\alpha + C\sin\alpha = \frac{1}{2} \times 100 \times 0.5 \times \sin25° + (0.2 \times \sin12°30') = 10.61\ \text{m}$

8.4 스타디아 정수의 결정

평탄한 지형에 기계를 세우고 테이프로 정확하게 거리 D_1, D_2, D_3,…를 측정하고 협장 l_1, l_2, l_3,…를 읽는다.

(1) 연립방정식에 의한 방법

D와 l의 측정값이 틀림없다고 가정하면 2번 측정하여 정수를 구한다.

$D_1 = Kl + C$ — ①

$D_1 = Kl_1 + C$ — ②

① - ②를 하면

$$K = \frac{(D_1 - D_2)}{(l_1 - l_2)}$$

$$C = \frac{(l_1 D_2 - l_2 D_1)}{(l_1 - l_2)} \tag{8.4}$$

예제 8.3 평지에 기계를 세우고 30 m, 60 m 지점에 표척을 세워 협장을 0.304 m, 0.611 m를 얻었다. 시거정수를 구하시오.

풀이 $30 = 0.304K + C$ — ①

$60 = 0.611K + C$ — ②

식 ②에서 식 ①을 빼면

$30 = 0.307K \quad \therefore K = 97.72\text{ m}$

K값을 ①식에 대입하면

$\therefore C = 0.29\text{ m}$

(2) 최소자승법에 의한 방법

측정값이 다른 D와 l을 여러 번 측정하고 이 값을 사용하여 최소자승법에 의해 K와 C의 최확값을 구한다.

$$D_1 - Kl_1 - C = V_1$$

$$D_2 - Kl_2 - C = V_2$$

$$\vdots$$

$$D_n - Kl_n - C = V_n$$

최소자승법의 원리에 의한 k, C의 최확값은

$$F = V_1^2 + V_2^2 + \cdots + V_n^2$$

상기 식을 K와 C에 대하여 편미분 한 값은 0이 되어야 하므로

$$\frac{\partial F}{\partial K} = -2[lD] + 2K[ll] + 2C[l] = 0$$

$$\frac{\partial F}{\partial C} = -2[D] + 2K[l] + 2nC[l] = 0$$

상기 식에서 K, C 값을 구하면

$$K = \frac{n[D] - [l][D]}{n[ll] - [l][l]} \tag{8.5}$$

$$C = \frac{n[ll][D] - [l][Dl]}{n[ll] - [l][l]} \tag{8.6}$$

$[Dl] = l_1D_1 + l_2D_2 + \cdots + l_nD_n$

$[ll] = l_1l_1 + l_2l_2 + \cdots + l_nl_n$

$[D] = D_1 + D_2 + \cdots + D_n$

$[l] = l_1 + l_2 + \cdots + l_n$

예제 8.4 평지에서 시거(Stadia) 측량결과이다. 이 때의 Stadia정수 K, C를 구하라.

측 점	거 리(m)	협 거(m)	측 점	거 리(m)	협 거(m)
1	10	0.1	4	40	0.4
2	20	0.2	5	50	0.5
3	30	0.3	계	150	1.5

풀이

측 점	D	l	lD	ll
1	10	0.1	1	0.01
2	20	0.2	4	0.04
3	30	0.3	9	0.09
4	40	0.4	16	0.16
5	50	0.5	25	0.25
계	150	1.5	55	0.55

$$K = \frac{n[lD] - [l][D]}{n[ll] - [l][l]} = \frac{(5\times 55) - (1.5\times 150)}{(5\times 0.55) - (1.5\times 1.5)} = 100$$

$$C = \frac{[ll][D] - [l][lD]}{n[ll] - [l][l]} = \frac{(0.55\times 150) - (1.5\times 55)}{(5\times 0.55) - (1.5\times 1.5)} = 0$$

8.5 시거측량의 방법 및 계산

(1) 시거측량의 방법

시거측량은 종단·횡단 수준측량, 트랜싯에 의한 답사, 예측 등에도 사용되며, 특히 지형측량에 가장 효과적으로 사용된다. 즉 지형이 복잡하고 고저차가 크며 또 장애물이 많은 광대한 지역의 등고선 측량에서 평면도를 작성하는 데에는 다른 측량보다 가장 능률적이다.

1) 외업(field work)

일반적으로 기계수 1명, 기장수 1명, 표척수 1명, 약도수 1명으로 편성된다. 트래버스를 스타디아로 측정할 때에는 그 측점 간격을 필요한 정밀도로 관측할 수 있는 범위 내에서 크게 하는 것이 좋으며 보통 시준 거리는 150～250 m로 한다.

트래버스측량이 끝나면 세부측량을 행하는데 표척수에게 표척을 세울 구역 및 이동순서를 지시한다. 또 기계수는 표척을 보고 연직각과 협장을 읽어 기장한다.

2) 내업

주 측점 위치를 계산하고 중요하지 않은 보조 측점은 스타디아 컴퓨터, 시거계산척을 사용하여도 무방하며, 이 기구는 연직각 5°이하의 수평거리에 대한 계산은 보통 할 수 없도록 제작되어 있다.

(2) 시거측량의 계산

연직각과 협장 값으로 거리와 고저차를 삼각법 계산에 의하여 구하는데는 시간이 많이 소요되며 복잡하여 신속한 측량값을 얻기 어려우므로 간단한 방법을 사용하는 것이 일반적이다.

1) 스타디아 계수표

스타디아 공식중의 $\cos^2\alpha$, $\frac{1}{2}\sin 2\alpha$는 연직각에 대한 관계값이므로 사용하는 기계에는 관계없이 α에 대한 표를 만들 수가 있다.

$C\cos\alpha$와 $C\sin\alpha$는 기계에 따라 다르므로 여러 가지 C값에 대한 α의 값을 바꾸어서 만들 수가 있으며 이들을 합해서 만든 표를 스타디아 계수표라 한다.

2) 스타디아 컴퓨터

그림 8.3에서 보는 바와 같이 사변형의 셀루로이드 판상에 도형의 미끄럼 판을 붙이고 이것이 중앙의 축둘레를 회전할 수 있다. 중앙원판의 수평거리부분에는 $\cos^2\alpha$의 대수

를, 고저차 부분에는 $\frac{1}{2}\sin 2\alpha$의 대수 눈금이 새겨져 있다.

그림과 같이 협장 $l = 50$ cm였다고 하면 $Kl = 100 \times 0.5 = 50$ cm이므로 내측원판의 0을 외측눈금의 50에다 맞춘다. 측정한 연직각 $\alpha = 12°30'$이면 수평거리부분에서 $12°30'$의 위치를 구하여 이 점에 대응하는 외측눈금 47.7 m를 읽으면 이것이 구하는 수평거리가 된다. 또 고저차의 부분에서 $\alpha = 12°30'$을 찾으면 이에 대응하는 측외눈금 10.58 m가 구하는 고저차가 된다.

이와 같이 하여 구한 값은 $K = 100$, $C = 0$일 때의 값이다. 따라서 $K = 100$, $C = 0$이 아닌 기계를 사용했을 때는 그 만큼의 보정을 할 필요가 있다. 내측의 원판 내의 표는 C에 대한 보정량을 나타낸 것이며 가수 C+F의 여러 가지의 값에 대하여 연직각이 변화하였을 때의 수정량이 표시되어 있다.

이 값의 영향은 그다지 크지 않으나 α가 커질수록 이 영향도 커지므로 고저차가 많은 곳에서는 그 결과를 보정해야 한다.

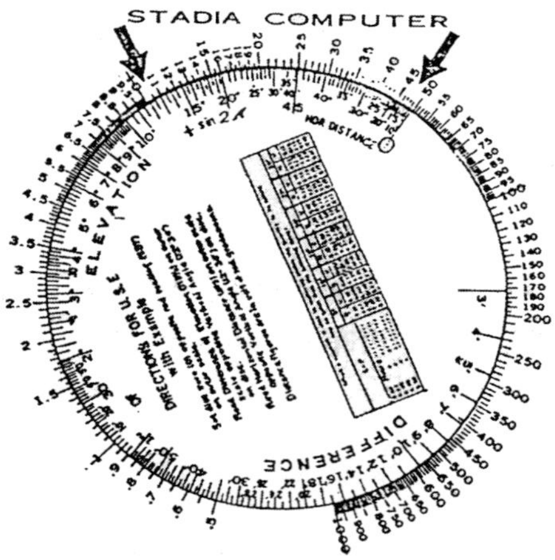

[그림] 8.3 스타디아 컴퓨터

3) 스타디아 계산척

스타디아 컴퓨터를 직선으로 늘인 것으로서 log100l, logcos$^2\alpha$, log(1/2sin2α)의 눈금을 한 계산척이다. 계산척 사용방법은 보통 계산과 같고 토목용 계산척에는 이 눈금이 새겨져 있다.

8.6 스타디아에 의한 간접수준측량

정도가 낮고 지형이 대단이 복잡할 경우 이 방법을 이용하면 시준거리를 길게 할 수 있어 신속한 측량값을 얻을 수 있다.

그림에서 전시와 후시의 시준고를 같게 하면 $h_1 = h_2$, $h_3 = h_4$ 가 된다. 목표점의 지반고를 구하면

A점의 지반고=BM$_{32}$의 지반고$+ h_1 + H_1 - i_1$

TP1의 지반고=(A점의 지반고) $+ i_1 + H_2 - h_2$

$\therefore$ (TP$_1$의 지반고)=(BM$_{32}$의 지반고)$+ h_1 + H_1 - i_1 + i_1 + H_2 - h_2$

=(BM$_{32}$의 지반고)$+ H_1 + H_2$ (8.7)

(B점의 지반고)=(TP$_1$의 지반고)$+ h_3 + H_3 - i_2$

(TP$_2$의 지반고)=(B점의 지반고)$+ i_2 + H_4 - h_4$

$\therefore$ (TP$_2$의 지반고)=(TP$_1$의 지반고)$+ h_2 + H_3 - i_2 + i_2 + H_4 - h_4$

=(TP$_1$의 지반고)$+ H_3 + H_4$ (8.8)

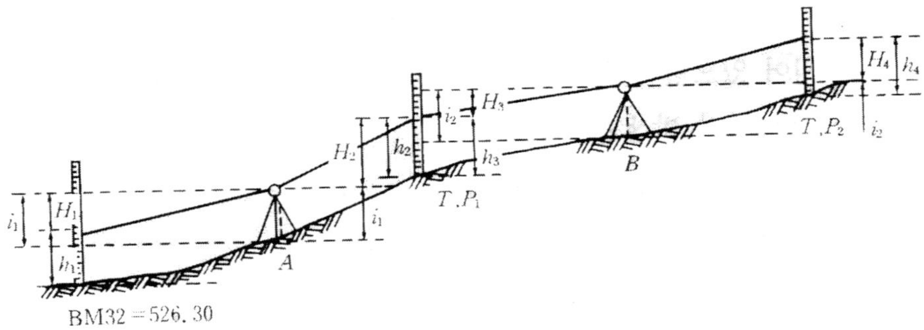

[그림] 8.4 간접수준측량

[표] 8.1 스타디아를 사용한 간접수준측량 기장

측점 B.M32~B.M34 　　　　　　　　년　　월　　일
K=100, C=0 　　　　　　　　관측자

측 점	후 시		전 시		표 고(m)	비 고
	관 측 치	고저차(m)	관 측 치	고저차(m)		
BM32	−7°31′173	+22.4	+9°12′214	+33.7	526.3	
TP1	−6°04′116	+12.2	+15°07′72	+18.0	582.4	
TP2	−17°28′66	+18.5	+4°36′(2.7)266	+20.5(21.2−0.7)	612.6	
TP3	−5°31′167	+16.0	+18°41′248	+75.1	651.6	표척의 기준독치 2.00 m
TP4	−12°36′153	+32.7	+3°12′92	+5.1	742.7	
BM33	+2°05′273	−9.9	−10°42′241	−43.9	780.5	
TP5	+5°30′215	−20.5	−4°46′281	−23.3	726.7	
TP6	+23°24′308	−112.4	−0°28′72	−1.8	682.9	
TP7	+4°16′158	−11.7	−2°15′204	−8.0	568.7	
BM34					549.0	

8.7 스타디아측량의 오차

스타디아측량에서 생기는 오차는 다음과 같다.

(1) 스타디아 정수가 부정확한 경우

스타디아선이 고정되어 있으면 문제가 없으나 기상 조건의 변화에 의해 약간의 변화가 있을 수 있다. 이 경우 정오차가 발생한다.

(2) 표척의 눈금이 정확하지 못한 때

표척의 눈금이 똑같이 더 길거나 짧을 때는 측정된 거리에 정오차가 생기며 그 크기는 협거에 비례한다. 이것을 없애기 위하여서는 표척을 정확한 자와 비교검정을 실시하여 길이에 오차가 있으면 측정 결과에 보정하여야 한다.

(3) 협장의 읽음값이 부정확한 경우

측정자가 표척의 눈금을 정확히 측정하지 못하기 때문에 생기는 오차로써 우연오차이다.

트래버스측량과 같이 일련의 측정이 이루어졌을 때에는 그 오차는 측정횟수의 제곱근에 비례하며 스타디아측량의 오차 가운데서 가장 큰 영향을 주는 것이 된다.

따라서 이 오차를 될수록 작게 하기 위해서는 시차를 없애도록 정확하게 시준하고, 관측할 때에는 기상 조건을 고려하여 주의 깊게 읽어 두는 것이 중요하다.

(4) 표척을 정확하게 연직으로 세우지 못한 경우 생기는 오차

십자횡선을 기계고에 맞추어서 연직각을 읽을 때에는 그 측정값에 오차가 따른다. 또 협거에도 약간의 오차가 따르며 이 오차는 연직각이 클수록 커진다. 따라서 표척은 정확히 연직이 되도록 주의하여 세워야 한다.

(5) 빛의 불규칙한 굴절에 의한 오차

이 오차는 보통 스타디아측량에서는 그다지 큰 영향이 없으나 특히 높은 정밀도를 필요로 할 때에는 고려하지 않으면 안 된다. 관측의 시기로서는 흐린 날이 좋고 개인 날씨에는 이른 아침이나 저녁 때가 좋으며 정오차가 생긴다.

(6) 연직각 오독에 의한 오차

연직각의 읽음 값에 오차가 있으면 계산에 의하여 얻어진 수평 거리와 표고차에 오차가 생긴다. 시거측량의 일반 공식을 분석해 보면 작은 양의 연직각의 범위에서는 연직각 오차가 수평거리에 대하여 그다지 큰 영향을 주지 않으나 표고차에 대해서는 큰 영향을 준다.

8.8 시거측량의 정밀도

측량대상 지역의 지형, 측량기의 성능, 관측자의 숙련정도, 시준거리, 기상조건 등에 따라 정밀도가 다르나 일반적으로 수평거리 및 고저차의 정밀도는 다음과 같다.

(1) 지형의 기복이 많은 지역에서 먼 거리를 실측하여 연직각을 1′까 지 읽고 정오차를 제거하기 위한 특별한 주의가 없을 경우

폐합오차(평면위치에서) : 7 m $\sqrt{\text{시준거리(km)}}$ 이하

고저차의 오차 : 80 cm $\sqrt{\text{시준거리(km)}}$ 이하

(2) 어느 정도 평탄한 지역에서 (1)과 같은 조건으로 관측하였을 경우

폐합오차(1 km에 대해) : 4 m 이하

고저차의 오차(1 km에 대해) : 15 cm 이하

(3) 연직각이 15°쯤의 경사지에서도 각을 분(分)까지 읽으며 표척을 똑바로 수직으로 세워 시준 거리를 400 m 이하로 하여서 전후시를 관찰했을 경우

폐합오차 : 4 m $\sqrt{\text{시준거리(km)}}$ 이하

고저차의 오차 : 20 cm $\sqrt{\text{시준거리(km)}}$ 이하

(4) 연직각이 작은 평탄한 지역에서 (3)과 같은 조건으로 관측했을 경우

폐합오차(평면위치에서) : 1.5 m $\sqrt{\text{시준거리(km)}}$ 이하

고저차의 오차 : 10 cm $\sqrt{\text{시준거리(km)}}$ 이하

연 습 문 제

8.1 촛점거리 50 mm인 대물렌즈로 된 망원경의 시거정수 K를 100으로 하고자 할 때 적당한 시거선 간격은?

풀이

$$K = \frac{f}{i}$$

$$i = \frac{f}{K} = \frac{50}{100} = 0.5\ \text{mm}$$

8.2 트랜싯으로 스타디아측량을 한 결과 시거상선이 1.825 m, 시거하선이 0.600 m이고, 연직각은 $+12°30'$을 얻었다. 이 때 고저차는? (단, $K=100$, $C=0$)

풀이

$$H = \frac{1}{2}Kl\sin 2\alpha + C\sin\alpha$$

$$= \frac{1}{2} \times 100 \times (1.825 - 0.600)\sin(2 \times 12°30') + 0$$

$$= 25.884\ \text{m}$$

8.3 승정수 $K=100$, 가정수 $C=0$인 트랜싯을 사용하여 시거측량을 한 결과 $l=100\ \text{cm}$, $\alpha=30°$일 때, $D=75\ \text{m}$를 얻었다. 이 때 K값에 $\triangle K = \pm 0.3$의 오차가 포함되어 있었다면 거리에 미치는 오차는?

풀이

$$D = Kl\cos^2\alpha + C\cos\alpha,\quad \frac{\triangle D}{\triangle K} = l\cos^2\alpha + 0$$

$$\therefore\ \triangle D = l\cos^2\alpha \cdot \triangle K = 100 \times \cos^2 30° \times (\pm 0.3) = \pm 22.5\ \text{cm}$$

8.4 거리 100 m에 대한 스타디아선의 읽기 오차가 0.7 m일 때 100 m 떨어진 지점을 시거측량한 결과 고도각이 15°였다면 시거측량에 의한 고저차의 측정오차는 얼마인가? (단, $K=100$, $C=0$)

풀이 $H=\frac{1}{2}Kl\sin 2\alpha+C\sin\alpha$에서 C는 0이므로 $\frac{dH}{dl}=\frac{1}{2}K\sin 2\alpha$

$\therefore\ dH=\frac{1}{2}K\sin 2\alpha\cdot dl=\frac{1}{2}\times 100\times\sin 30°\times 0.7=17.5\ \text{cm}$

8.5 스타디아측량에서 $K=100$, $C=0$인 트랜싯으로 측량한 결과 수평거리 30 m, 고저차 17.32 m, 협장 0.4 m였다. 이 때 연직각 α를 구하라. (단, α =앙각)

풀이 $H=\frac{1}{2}Kl\sin 2\alpha+C\sin\alpha$, $17.32=\frac{1}{2}\times 100\times 0.4\sin 2\alpha$,

$\sin 2\alpha=\frac{17.32}{50\times 0.4}=0.866$

$\therefore\ \alpha=\frac{59.997}{2}\fallingdotseq 30°$

8.6 지형측량에서 경사각 30°의 장소에 시거측량을 하였다. 이 때 거리의 측정오차는? (단, 시거선의 읽기 오차를 1 cm, $K=100$, $C=0$으로 한다.)

풀이 $D=Kl\cos^2\alpha+C\cos\alpha$에서 $C=0$이면

$dD=K\cdot\cos^2\alpha\cdot dl=100\times(\cos 30°)^2\times 1=75\ \text{cm}$

SURVEYING ➡

CHAPTER 09

지형측량

CHAPTER 09 ➡ SURVEYING

지형측량

9.1 개 요

(1) 정 의

지표의 기본상태 및 지표상에 있는 지물, 지모 등을 측정하여 일정한 축척과 도식으로 그려진 도면을 지형도라 하며 지형도를 작성하기 위한 측량을 지형측량이라 한다.

지형측량은 그 방법에 따라 지상측량과 사진측량으로 구분하는데 본 장에서는 지상측량만을 다루기로 한다.

(2) 지형도와 축척

지형도의 축척은 도상거리 : 지표상의 거리의 비로 나타내며 일반적으로 다음과 같다.

1) 대축척 : $\dfrac{1}{10,000}$ 이상

2) 중축척 : $\dfrac{1}{10,000} \sim \dfrac{1}{100,000}$

3) 소축척 : $\dfrac{1}{100,000}$ 이하

9.2 지형의 표시법

지형의 표시방법에는 자연적 도법과 부호적 도법이 있다. 자연적 도법은 태양광선이 지표면을 비출 때에 생긴 명암의 상태를 이용하여 지표면의 입체감을 나타내는 방법이다.

부호적 도법은 일정한 부호를 사용하여 지형을 세부적으로 정확히 나타내는 방법이다. 널리 이용되는 국립지리원 발행의 1 : 50,000, 1 : 25,000의 지형도는 부호적 방법에 의한 것이다.

(1) 자연적 도법

자연적 도법에는 영선법과 음영법이 있다.

1) 영선법(hachuring)

선의 간격, 굵기, 길이, 방향 등에 의하여 지모(地貌)를 표시하는 방법으로 우모법(羽毛法)이라고도 한다. 급경사는 굵고 짧게, 완경사는 가늘고 길게 표시하므로 기복은 잘 판별되나 제도방법이 복잡 곤란하고 어렵다.

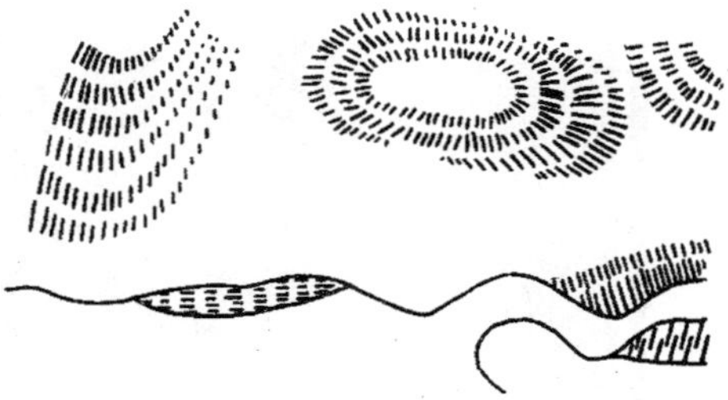

[그림] 9.1 영선법

2) 음영법(shading)

음영법은 태양광선이 서북쪽에서 경사 45°의 각도로 비춘다고 가정하고 지표의 기복에 대하여 그 명암을 도상에 2～3색 이상으로 채색하여 지형을 표시하며 지형에 입체감을 주는 데 효과적인 방법이다.

[그림] 9.2 음영기복도

(2) 부호적 도법

부호적 도법에는 채색법, 점고법, 등고선법이 있다.

1) 채색법(layer system)

이 방법은 등고선 간 대상(帶狀)의 부분을 색으로 구분하고 채색하여 높이의 변화를 나타나게 하는 것이다. 채색의 농도를 변화시켜서 지표면의 고저를 나타내는 것으로 지리관계의 지도에 사용된다. 지형이 높아짐에 따라 진한색이 되고 물은 깊어지면 진하게 표시한다.

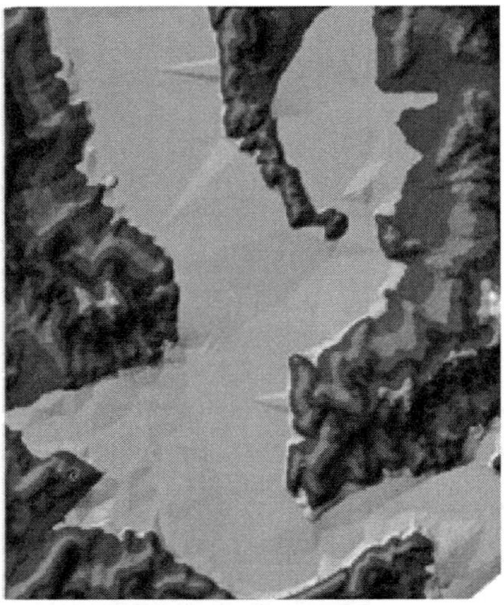

[그림] 9.3 채색법

2) 점고법(spot system)

지표면 상 임의점의 표고를 도상에 있는 숫자에 의하여 지표를 나타내는 방법으로, 해도(海圖), 하천(河川), 호소(湖沼), 항만(港灣)의 심천(深淺)을 나타내는 경우에 사용된다.

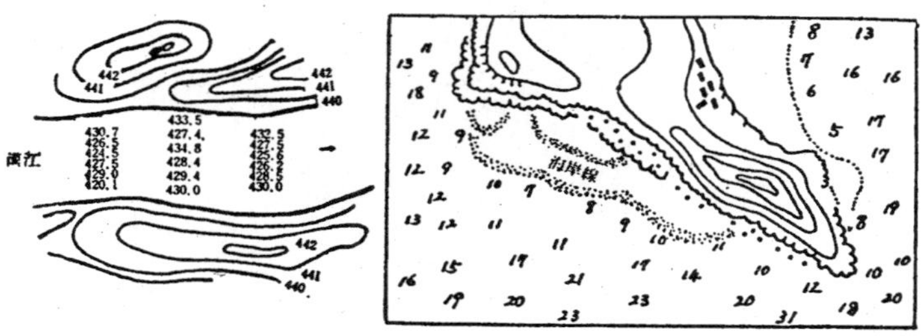

[그림] 9.4 점고법

3) 등고선법(contour system)

이 방법은 동일표고의 점을 연결한 곡선, 즉 등고선에 의하여 지표를 표시하는 비교적 정확한 지표의 표현방법으로 각종 토목공사에 이용된다. 등고선에 의하여 지표를 나타낸 경우는 등고선의 성질을 파악하지 않으면 안 된다.

[그림] 9.5 등고선법

9.3 등고선의 종류 및 간격

(1) 등고선의 종류

1) 주곡선(主曲線)

지형도 전체에 걸쳐서 일정한 간격으로 그려진 지형표시의 기본이 되는 곡선으로, 가는 실선으로 표시한다.

2) 계곡선(計曲線)

주곡선 5개마다 구별이 쉽도록 굵은 실선으로 그려진 곡선이다.

3) 간곡선(間曲線)

두 주곡선 사이에 삽입하는 곡선으로, 가는 파선으로 표기한다.

4) 조곡선(助曲線)

주곡선과 간곡선 사이에 삽입하는 곡선으로, 가는 점선으로 표기한다.

(2) 등고선의 간격

일반적으로 소축척에서는 $\frac{m}{2,500}$, 중축척 이상은 $\frac{m}{2,000}$로 주곡선 간격을 결정하나 측량의 목적이나 지형상황에 따라 다르게 할 수도 있다.

[표] 9.1 등고선의 종류, 기호 및 간격

등고선의 종류	기 호	등 고 선 간 격(m)					
		1/500	1/1,000	1/5,000	1/10,000	1/25,000	1/50,000
계 곡 선	굵은 실선	5	5	25	25	50	100
주 곡 선	가는 실선	1	1	5	5	10	20
간 곡 선	가는 파선	0.5	0.5	2.5	2.5	5	10
조 곡 선	가는 점선	0.25	0.25	1.25	1.25	2.5	5

9.4 등고선의 성질

(1) 동일 등고선 상에 있는 모든 점은 높이가 같다.

(2) 등고선은 도면 내 또는 외에서 폐합하는 폐곡선이다.

(3) 등고선이 도면 내에서 폐합하는 경우는 산정이나 요지(凹地)를 나타낸다. 요지에는 대개 호소(湖沼)가 있으나 물이 없는 경우는 저지(低地)의 방향에 화살표를 그려 구분한다.

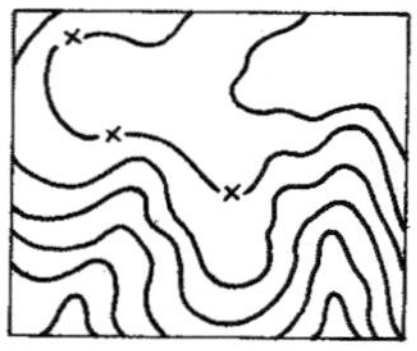

(1)

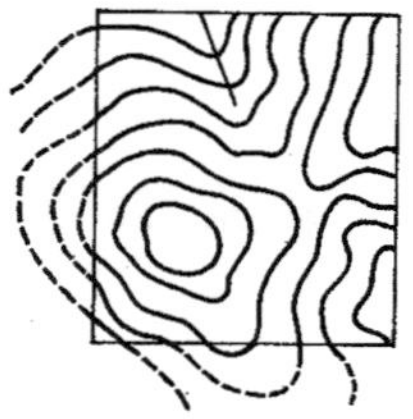

(2)

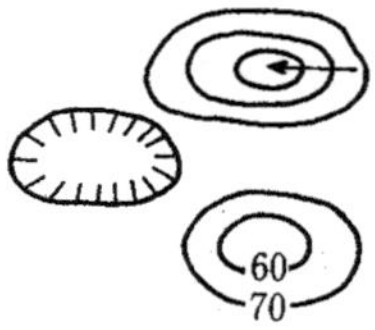

(3)

[그림] 9.6 등고선 성질

(4) 높이가 다른 등고선은 절벽이나 동굴을 제외하고는 교차하거나 합해지지 않는다.

(5) 등고선은 급경사지에서는 간격이 좁고 완경사지에서는 넓다.

(6) 등고선은 등경사지에서 등간격 또, 등경사평면인 지표에서 등간격의 평행선으로 된다.

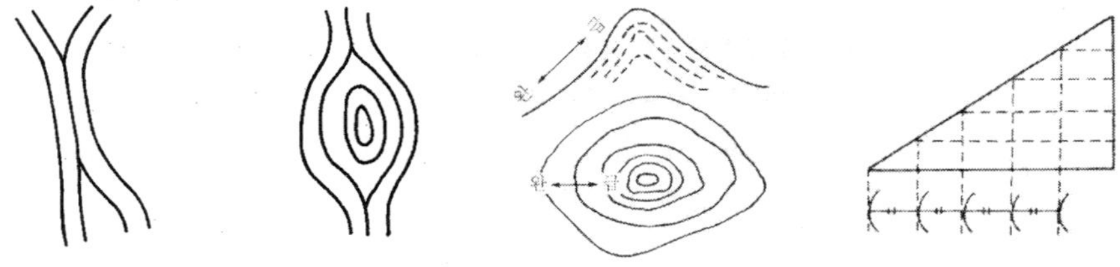

(4) (5) (6)

[그림] 9.6 등고선 성질

(7) 등고선 간의 최단 거리의 방향은 그 지표면의 최대 경사의 방향을 나타내므로 최대경사의 방향은 등고선의 직각 방향이다.

(8) 등고선이 계곡선을 통과할 때는 한 쪽에 연하여 거슬러 올라가서 계곡선을 직각방향으로 횡단 후 곡선 다른 쪽에 연하여 내려가며, 능선을 통과할 때는 능선 한 쪽에 연하여 내려가서 능선을 직각방향으로 횡단한 다음 능선 다른 쪽에 연하여 거슬러 올라간다.

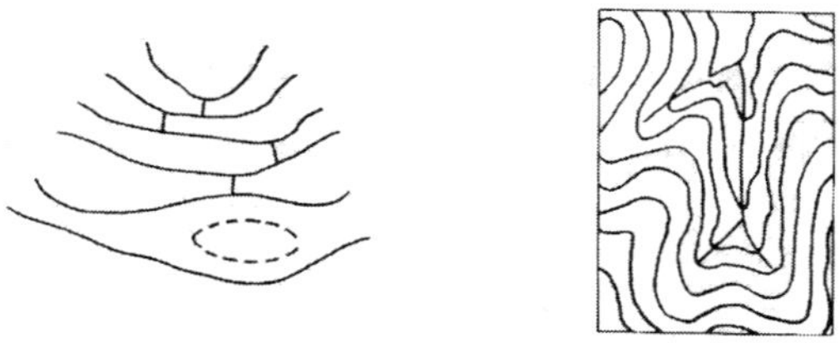

(7) (8)

[그림] 9.6 등고선의 성질

9.5 지성선

지성선이라고 하는 것은 능선과 계곡선을 말하며, 능선은 광의의 분수선이고 계곡선은 합수선이다. 지표의 고저기복(高低起伏)은 능선과 계곡선으로 되어 있으며, 등고선과 지성선은 대단히 밀접한 관계를 가지고 있다. 등고선을 정확하고 능률적으로 측량하려면 지성선을 기본으로 삼아야 한다.

(1) 계곡선(溪谷線), 합수선(合水線)

계곡의 최저부에 연결하는 선으로써 집수되는 곳으로 요선(凹線)이라고도 한다. 물이 모인다고 하여 합수선이라고도 하며 등고선과 직각 방향으로 A자형 곡선을 이룬다.

(2) 능선(稜線), 분수선(分水線)

산등의 최고부를 연결한 능선으로 철선(凸線)이라고도 한다. 물이 이 선을 경계로 좌우로 흐른다고 하여 분수선이라고도 하며 등고선과 직각 방향으로 V자형 곡선을 이룬다.

(3) 최대경사선, 유하선(流下線)

지표면 상의 임의점에 있어서 그 경사가 최대로 되는 방향을 표시한 선으로 등고선과 직각으로 교차하며 물이 흐르는 방향이라 하여 유하선이라고도 한다.

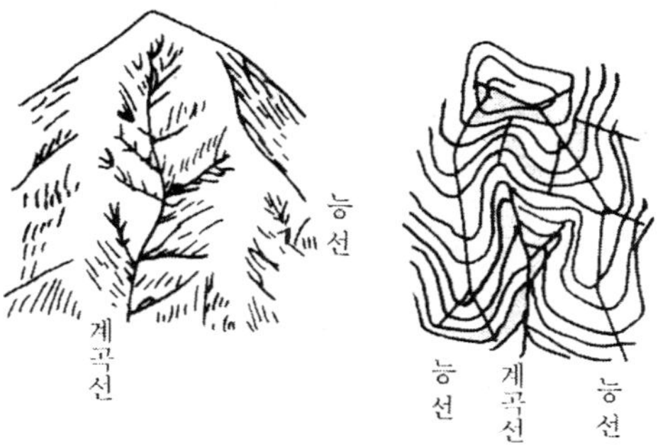

[그림] 9.7 지성선

9.6 지형측량 방법

지형측량의 작업방법은 ① 지형도와 사용목적 ② 지역의 넓이 ③ 지형 ④ 축척 ⑤ 등고선 간격 ⑥ 필요정도 ⑦ 측량기간 등에 따라 공정과 방법을 결정하여야 하며 그 순서로서 답사, 골조(도근)측량, 세부측량, 계산, 제도의 순으로 한다.

(1) 골조측량

지형측량을 하려면 기본삼각측량만으로는 기준점이 부족하므로 삼각점을 기준으로 보조삼각측량, 트래버스측량, 도해도근측량 등 다각측량을 하여야 한다. 이 도근점은 세부측량의 기준이 되기 때문에 비교적 높은 정밀도가 요구된다.

(2) 세부측량

기본삼각점, 보조기준점, 도해도근점 등의 기준점에 따라 지물 및 지모의 형상, 평면 위치 및 고저 등을 측정하고, 이것을 요소로 축척과 도식으로 표시하며 주로 시거측량, 평판측량 등에 의한다.

(3) 등고선의 측정법

등고선의 측정법에는 직접측정법과 간접측정법이 있다. 직접측정법은 주로 1 : 5,000 이상의 대축척도에 쓰인다. 정밀도는 좋으나 작업이 번잡하며, 시간이 많이 걸리므로 특별한 지형 이외에는 간접측정법에 의할 때가 많다.

1) 직접측정법

직접측정법은 직접수준 측량의 요령에 의하여 일정한 높이에 있는 등고선이 통과하는 여러 점을 측정하는 방법이다. 이 방법은 등고선 간격이 작을 때(0.5~1.0 m), 대축척의 지형도를 얻고자 할 때, 지면의 경사가 완만하고 기복이 불규칙적인 토지일 때 등 정밀을 요하는 지형 측량에 적합한 방법이나 많은 시간과 노력을 필요로 한다.

예제 9.1 표고 10.5 m인 기준점에 표척을 세워 레벨을 측정한 값이 1.5 m였다. 10 m 등고선을 측정하려면 레벨을 시준해야 할 표척의 시준높이는 얼마인가?

풀이 $10.5 + 1.5 = 10 + b_1$

$\therefore\ b_1 = 2.0\ \mathrm{m}$

2) 간접측정법

이 방법은 지형 상의 주요한 점, 즉 지성선의 방향 또는 경사가 변하는 점의 높이를 측정하고, 두 점 사이에 각 등고선이 통과하는 점을 비례 계산으로 구하는 방법이다.

① 종단점법 : 기지점부터 몇 개의 지성선에 따라 측선을 설치하고, 그 선상에 있는 여러 점의 지반고와 거리를 재고, 각 점 간의 경사는 등경사로 하여 도상에 등고선을 삽입하는 방법이다.

② 횡단점법 : 기지점을 연결하여 중심선을 설치하고, 이 중심선으로부터 좌우에 직각선을 설치하여 그 선상에 여러 점의 높이와 거리를 측정하여 도상에 등고선을 삽입하는 방법으로 노선측량에 많이 사용된다.

③ 방안법 : 트랜싯과 테이프 등을 사용하여 한 측정구역을 정사각형 또는 직사각형으로 나누고, 레벨로 그 교점의 높이를 측정하여, 도상에 등고선을 삽입하는 방법으로 정지작업을 할 때 많이 사용한다.

④ 지형법 : 트랜싯을 사용하여 경사가 변하는 점의 위치 및 높이를 측정하고, 그 사이에 일정한 간격으로 등고선을 삽입하는 방법이다. 등고선의 정밀도가 크게 요구되

지 않을 때 이 방법을 사용하며 방사선법이라고도 한다.

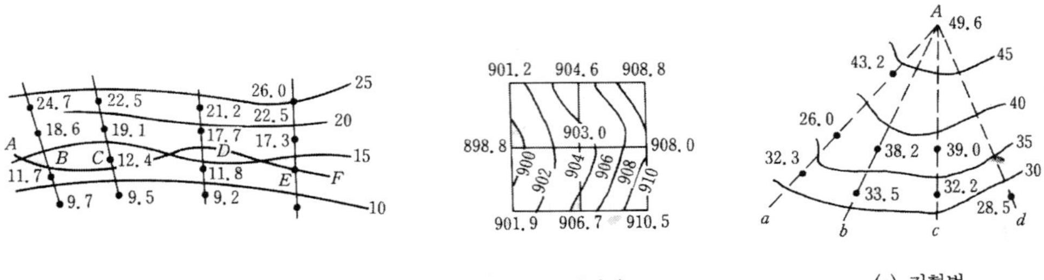

(a) 종단점법 (b) 방안법 (c) 지형법

[그림] 9.8 지형측량 방법

9.7 등고선의 삽입

주요점의 수평위치와 높이를 도상에 표시하고 소요 등고선 상의 여러 점을 비례 계산에 의하여 구하고 이를 이용하여 등고선을 삽입한다.

(1) 계산에 의한 방법

그림 9.9에서 AB는 지표면이고 A, B 두 점의 표고가 각각 HA, HB이고 수평거리는 D이고 A, B 간의 지표의 경사가 균일하다고 할 때 두 점 사이에 표고 HC인 C점을 구하려면 다음과 같이 한다.

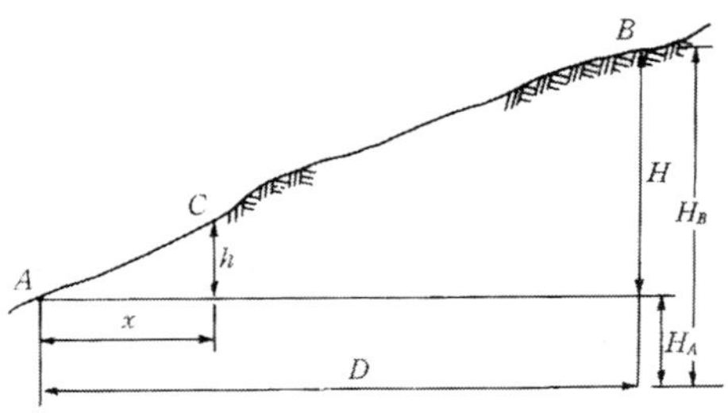

[그림] 9.9 등고선 삽입방법

$$\frac{x}{H_C - H_A} = \frac{D}{H_B - H_A}$$

$$\therefore X = \frac{H_C - H_A}{H_B - H_A} \cdot D = \frac{h}{H} \cdot D \tag{9.1}$$

예제 9.2 AB를 등경사의 지면으로 하고 A의 표고는 37.65 m, B의 표고를 53.26 m, AB의 지형 도상의 길이는 68.5 mm이다. AB선상에서 표고의 40.00 m 지점을 표시하는데 A로부터 몇 mm 떨어지면 되는가?

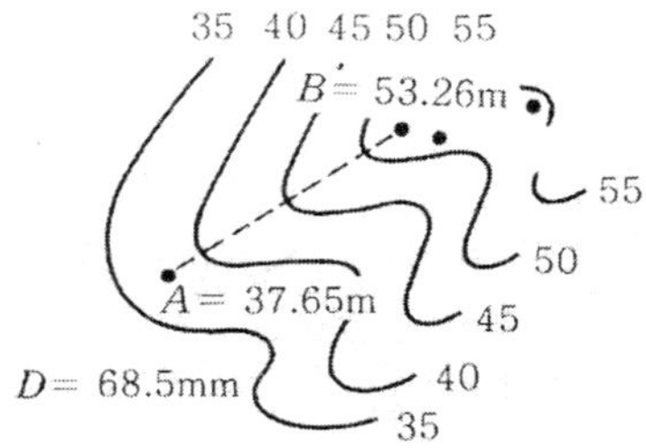

풀이 $x : 68.5 = (40-37.65) : (53.26-37.65)$

$$\therefore\ x = \frac{68.5 \times 2.35}{15.61} = 10.31\ \text{mm}$$

(2) 목측에 의한 방법

숙련된 측량제도자는 각 측점의 수준위치와 높이 그리고 현장의 지형약도를 참조하여 지성선을 이용하며 등고선의 여러 가지 성질을 고려하여 두 점 간에 등고선의 위치를 목측에 의하여 정하고 이들 점을 연결하여 등고선을 그릴 수 있다. 이 방법은 특히 소축척의 측량에 많이 쓴다.

(3) 투사지에 의한 방법

그림 9.10과 같이 투사지에 등간격의 선을 긋고 여기에 5눈금, 10눈금마다 굵은 선을 그려 식별하기 쉽게 한 후 숫자를 기록한다.

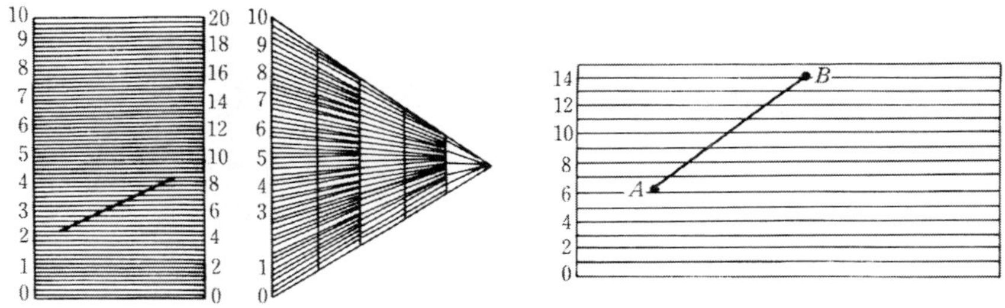

[그림] 9.10 투사지에 의한 등고선 삽입방법

예를 들면 두 점 A, B의 각 표고를 136.7 m, 144.5 m라 하고 1 m 간격의 등고선을 도상에 삽입할 경우, 우선 투사지의 6.7 m선을 A점 위에 놓고, A점을 중심으로 투사지를 돌려 14.5 m선이 B점을 지날 때 고정시킨다. 1 m 등고선의 통과 위치는 AB를 맺는 선과 투사지 선과의 교점이 되며, 핀으로 교점을 도상에 내려서 등고선을 삽입하면 위의 그림과 같이 이루어진다.

9.8 지형도의 이용

지형도에 의해 지형변화 상태를 표시하는 데는 지형도 및 독도 능력이 대단히 중요하며 축척에 따라 토목공사 자료에 한몫하게 된다.

(1) 종단면도 및 횡단면도 만들기

지형도를 이용하여 기준점이 되는 종단점을 정하여 종단면도를 만들고 종단면도에 의해 횡단면도를 작성하여 토량산정에 의해 절토, 성토량을 구하여 공사에 필요한 자료를 근사적으로 얻을 수 있다.

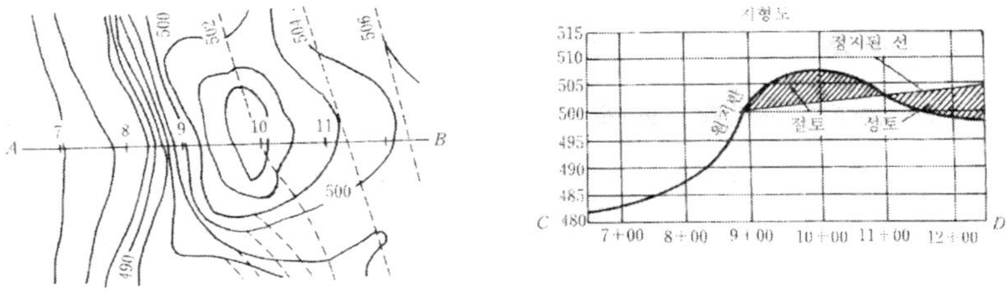

[그림] 9.11 종·횡단면도 작성

(2) 노선의 도면상 선정

노선을 선정할 때 등고선에 따른 예비노선을 정하여 답사 결과 가장 경제적이며 도로 구조령에 만족하는 노선을 선정한다.

예제 9.3 그림에서 A, B의 거리가 60 m일 때 AB의 구배는 얼마인가?

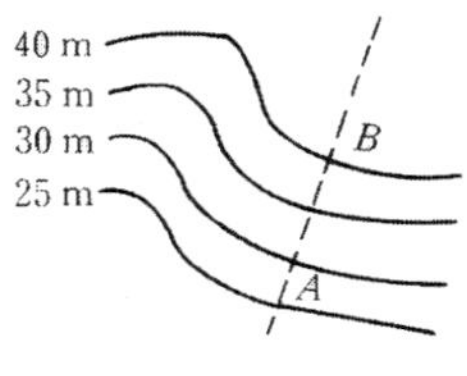

풀이 $i\% = \dfrac{h}{l} \times 100\% = \dfrac{15}{60} \times 100\% = 25\%$ 또는 $\dfrac{1}{4}$

예제 9.4 축척 1 : 50,000 지형도 상의 인접한 두 주곡선 간의 수평거리가 0.8 cm이었다. 두 지점 간의 기울기는?

풀이 $l = 50,000 \times 0.008 = 400\text{ m}$

$$i\% = \frac{h}{l} \times 100\% = \frac{20}{400} \times 100\% = 5\% \text{ 또는 } \frac{1}{20}$$

(3) 터널의 도상 선정

입구와 출구를 구하고 지형도 상에 표시하여 평면위치를 선정할 수 있다.

(4) 용지 경계의 측정

공사 용지의 범위(절토, 성토)에 따른 토공량에 대한 공사비 책정 및 설계를 할 경우와 정확한 용지 경계측정을 할 때 사용한다.

(5) 토공량

횡단면도에 의한 토적계산 및 지형도 상에서 토공량을 계산할 수 있다.

(6) 유역면적의 결정

정수량 결정(집수면적과 우량으로 결정) 및 댐의 높이를 산정할 수 있다.

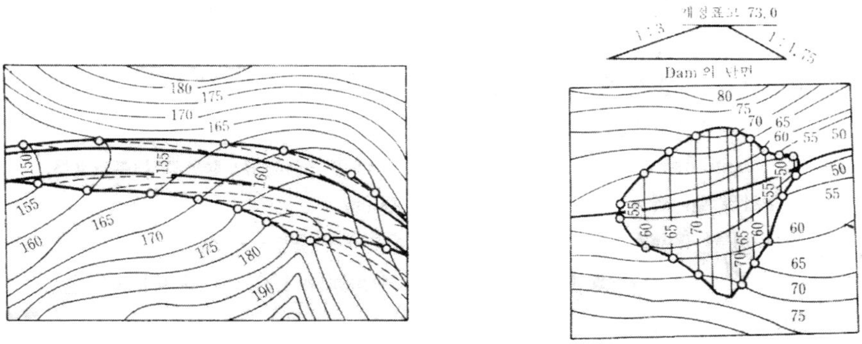

(a) (b)

[그림] 9.12 유역면적 결정

(7) 배수면적 및 정수량

구적기를 사용하여 등고선의 면적을 측정하여 등고선에 둘러싸인 면적으로 체적을 구하여 정수량을 구할 수 있다.

연 습 문 제

9.1 1/50,000지형도 상에서 두 점 간의 거리는 7.65 cm이다. 축척이 다른 지도의 같은 두 점 간의 거리는 47.81 cm이었다. 이 지도의 축척은?

풀이 두 점 간의 실거리 $= 7.65 \times 50,000 = 382,500 \text{ cm}$

축척 $\dfrac{1}{\text{m}} = \dfrac{47.81}{382,500} = \dfrac{1}{8,000}$

9.2 A점은 20 m의 등고선 상에 있고 B점은 30 m의 등고선 상에 있다. 이 때 AB의 경사가 20 %이면 A, B의 수평거리는?

풀이

$$20\% = \frac{10}{l} \times 100$$

$$\therefore\ l = \frac{10}{20} \times 100 = 50 \text{ m}$$

9.3 1 : 25,000 지형도 상에서 어느 산정으로부터 산 밑까지의 수평거리가 5.6 cm일 때 산정표고가 335.75 m, 산 밑의 표고가 102.50 m인 사면의 경사는?

풀이 수평거리$(l) = 25,000 \times 0.056 = 1,400 \text{ m}$

$h = 335.75 - 102.50 = 233.25 \text{ m}$

$\therefore$ 경사(i) $= \dfrac{h}{D} = \dfrac{233.25}{1,400} = \dfrac{1}{6.0}$

9.4 등경사 AB에서 B점의 표고가 225 m, A점의 표고가 125 m, AB의 수평거리가 260 m이다. 축척 1 : 10,000의 지형도 위에 10 m마다 등고선을 기입하려 할 때 200 m의 등고선이 AB 직선 위에서 B점으로부터 도상에 나타나는 길이는?

풀이 $h_1 = 200 - 125 = 75\ \text{m}$

$h_2 = 225 - 125 = 100\ \text{m}$

$260 : 100 = x : 75$

$\therefore x = \dfrac{260 \times 75}{100} = 195\ \text{m}$

B점으로부터 도상에 나타나는 길이$= (260 - 195) \div 10{,}000 = 0.0065 = 6.5\ \text{mm}$

9.5 1/50,000 지형도 상에서 P점을 통하여 등고선과 직각인 직선이 180 m와 160 m 등고선과 만난 곳까지의 길이가 각각 8.5 mm와 3.2 mm일 때 P점의 높이는?

풀이 $h_x = 20 \times \dfrac{3.2}{(3.2 + 8.5)} = 5.47\ \text{m}$

$\therefore h_p = 160 + 5.47 = 165.47\ \text{m}$

9.6 직접법으로 등고선을 측정하기 위하여 B점에 레벨을 세우고 표고가 68.56 m인 P점에 세운 표척을 시준하여 0.85 m를 측정했다. 65 m인 등고선 위의 점 A를 정하려면 시준하여야 할 표척의 높이는?

풀이 $x = H_P - H_A + 0.85$

$= 68.56 + 0.85 - 65$

$= 4.41\ \text{m}$

SURVEYING ➡ CHAPTER

10 노선측량

CHAPTER ➡ SURVEYING

10 노선측량

10.1 개 요

10.1.1 정 의

도로, 철도, 수로, 관로, 송전선로, 삭도 등과 같이 장거리에 건설되는 시설의 계획과 공사를 위한 측량을 노선측량(route surveying)이라 한다. 노선측량은 그 목적에 따라 작업순서와 방법이 다르지만 일반적인 방법은 공통적으로 적용하고 있다.

10.1.2 노선선정 조건

(1) 경제적인 면

1) 건설비, 유지관리비, 수송비가 저렴할 것
2) 신속하고 안전한 노선일 것
3) 연도의 각종 자원이 개발되도록 할 것

(2) 기술적인 면

1) 가급적 직선이며 완만한 구배로 할 것
2) 성토량과 절토량이 짧은 구간에서 균형될 것
3) 배수가 완전하고 풍수해의 피해가 없을 것

10.2 노선측량의 순서

본 장에서는 도로와 철도에 대하여 논하기로 하며 측량작업 순서는 일반적으로 다음과 같다.

10.2.1 도상계획 및 답사

도상계획은 노선측량을 하는 지역의 지형도나 항공사진을 이용하여 노선의 목적, 경제성 및 시공기술 면 등을 고려하여 몇 개의 후보 노선을 지도나 사진 위에 기입하여 이것을 기초하여 현지 답사를 실시하고 사전 계획을 세운다.

건설비 및 유지 · 관리비가 최소가 되고 가급적 직선이며 평탄하고 공사가 용이한 여러 개 노선을 선정한다. 답사 시 휴대품으로는 지형도, 항공사진, 보수계, 핸드레벨, 카메라, 나침반, 쌍안경 등을 휴대한다.

10.2.2 예측

답사에 의하여 적정노선이 결정되면 노선을 따라 트래버스측량을 하고 종 · 횡단면도 작성을 위한 종 · 횡단 측량과 지형측량을 하여 가장 좋은 노선을 선정한다.

10.2.3 도상선정

예측에 의하여 작성한 지형도와 종단면도를 이용하고 또 현지의 상황을 파악하여 최적 노선을 선정하여 지형도 상에 계획노선과 용지폭을 기입한다. 이것을 도상선정이라고 한다.

종단면도에는 등고선에서 구한 표고값에 의해서 노반면이 결정되며 이것들에 의해서 토공량, 교량, 터널 등의 규모를 알 수 있으며 노선공사의 대략적인 비용이 산출되므로 도상에서 계획노선을 선정할 수 있다.

10.2.4 실 측

도상선정에 의해서 결정된 노선이나 예측 결과로 선정된 노선을 지상에 측설하는 것이다. 철도에서는 일반적으로 도상선정 후 실측하지만 도로에서는 예측 결과에 의해 얻어진 자료를 분석 비교하여 적정노선을 정하고 중심선을 측설한다.

(1) 중심선의 측설

중심선을 따라 보통 20 m 간격으로 중심 말뚝을 설치하고 중심 말뚝 사이의 지형 변화점에는 플러스 말뚝을 설치해 나간다. 직선부에는 기지점 또는 교점에서 트랜싯을 이용하여 중심선을 측설해 나가며 곡선부에서는 편각 설치법에 의해 측설한다.

(2) 종단 수준측량

노선 중심선을 따라 1 km마다 견고한 지반에 수준점(B.M)을 설치한다. 이 수준점을 기준으로 하여 레벨로서 종단 수준측량을 실시한다.

종단 수준측량의 결과로 종단면도를 작성하고 종단면도의 횡축척을 1 : 1,000~1 : 2,000로 하고, 종축척을 1 : 100~1 : 400로 한다. 노선종단면도에는 밑으로부터 곡선, 측점, 거리, 추가거리, 지반고, 계획고, 절토고, 성토고, 구배를 기입하며 윗 부분에는 중심선 종단면의 형상을 그리고 각 구조물의 위치와 크기, 재료 종류, 경계 등과 종단곡선을 기입한다.

(3) 횡단 수준측량

노선 중심선 따라 설치된 각 중심 말뚝 및 플러스 말뚝에서 중심선에 직각 방향으로 횡단 수준측량을 실시한다. 횡단폭은 구조물의 유무나 지형에 따라 범위를 달리하고, 실제 설계 및 공사 시에는 지장이 없는 충분한 범위에 걸쳐 측량하여야 하며 횡단측량의 결과에 의해 횡단면도를 작성한다.

종단면도의 지반고, 계획고 및 횡단면의 횡단경사로부터 횡단면도가 그려지며 횡단도에서 절토와 성토면적을 구하고 토량을 산출하며, 용지 경계 및 용지 면적도 산출한다.

(4) 지형측량

축척은 별도의 특별한 규정은 없으나, 일반적으로 종단면의 횡축척과 같은 1 : 1,000~1 : 2,000 정도가 적당하다.

측량의 오차를 줄이기 위하여 트래버스측량 성과점인 기지점에서 출발하여 기지점에 연결하고 오차의 유무를 확인하여야 한다. 부속 구조물 설치 위치에는 정밀한 설계자료가 요구되므로 대축척의 도면이 별도로 필요하다. 노선측량의 평면도에는 다음 사항의 기입이 요구된다.

1) 중심선의 위치는 100 m마다 기점부터의 거리 명시
2) 곡선부는 반경(R), 교각(I), 접선장(TL), 곡선장(CL) 및 곡선의 시점(BC), 곡선의 종점(EC)의 추가거리
3) 용지 경계선
4) 터널, 교량, 철도, 도로 및 건널목의 위치 및 명칭
5) 수준점의 명칭과 그 표고
6) 행정구역 경계선

10.2.5 공사측량

(1) 용지측량

각 중심 말뚝 및 플러스 말뚝에서 비탈머리(top of slope)와 비탈끝(top of slope)까지의 거리를 횡단면도에서 구하면 노선용지 폭을 구할 수 있다. 이것을 용지도에 기입하여 용지 경계선을 측설한다.

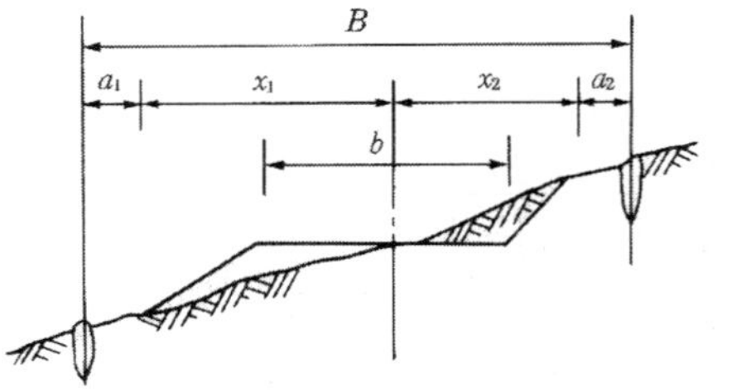

B : 용지폭
a_1, a_2 : 여유폭(1~1.5 m)
x_1, x_2 : 중심선에서 노선경계까지의 거리
b : 노선폭

[그림] 10.1 용지측량

(2) 시공측량

시공측량은 교점(I. P), 곡선의 시점(B. C), 곡선의 종점(E. C)과 같이 중요한 점의 인조측량, 중심말뚝의 검측, 시공 기준틀 설치 및 준공검사 측량 등이 있다. 중요한 말뚝의 이동이나 파손 시에는 정확하게 원위치로의 복구를 위하여 인조점을 설치한다. 인조점 설치는 그림 11.2에서와 같이 시곡점의 경우 P_1, P_2와 P_3, P_4를 정하여 말뚝을 박아두면 된다.

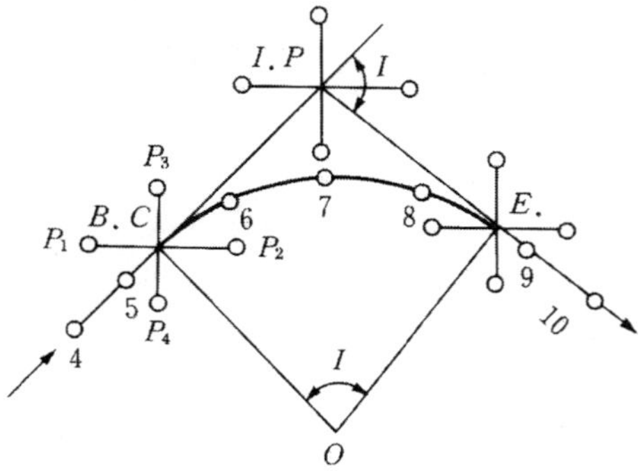

[그림] 10.2 인조점 설치

10.3 곡선설치

10.3.1 곡선의 종류

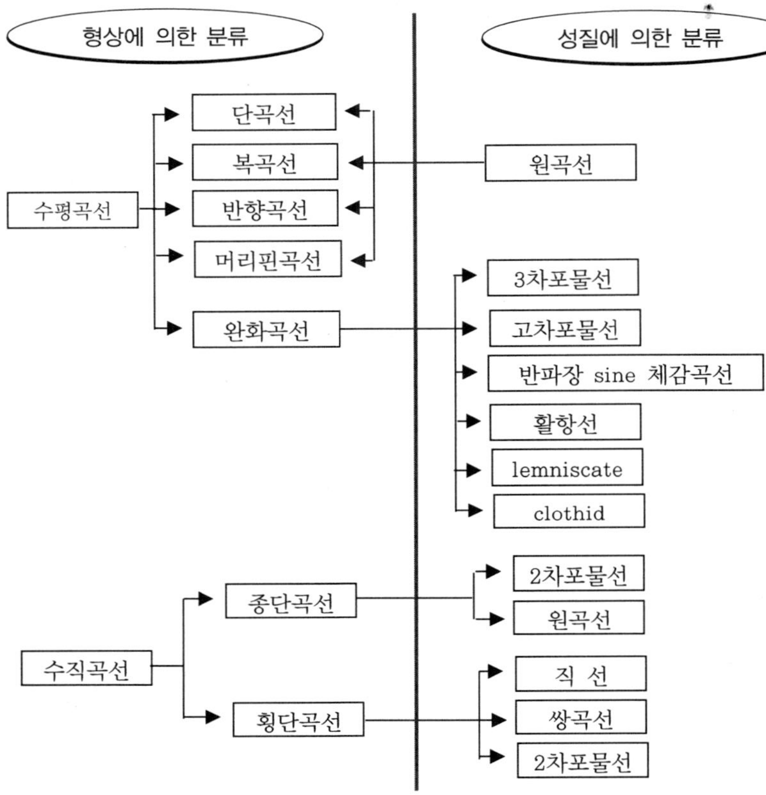

[그림] 10.3 곡선의 종류

(1) 수평곡선

1) 단곡선(simple circle curve) : 반경이 일정한 곡선
2) 복심곡선(compound curve) : 서로 다른 반경을 가진 원호의 접합으로 곡선중심이 같은 측에 있는 연속곡선
3) 반향곡선(reverse curve) : 서로 다른 반경을 가진 원호의 접합으로 곡선중심이 반대측에 있는 연속곡선
4) 배향곡선(hairpin curve) : 복심곡선과 반향곡선의 복합
5) 완화곡선(transition curve) : 3차포물선(parabolic), 클로소이드(clothoid), 렘니스케이트(Lemniscate)

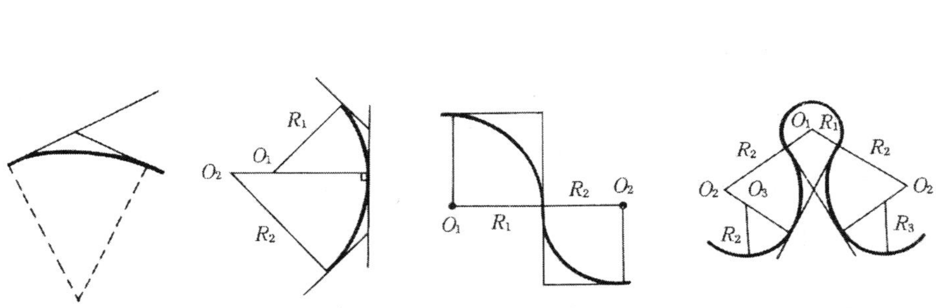

[그림] 10.4 수평곡선

(2) 종단곡선

1) 2차포물선 : 주로 도로에 사용
2) 원곡선 : 주로 철도에 사용

(3) 횡단곡선

노면배수 및 교통안전을 목적으로 2차포물선과 쌍곡선을 주로 이용한다.

10.3.2 단곡선

(1) 단곡선 명칭

기 호	명 칭
A(B.C.)	곡선시점(Begining of curve)
B(E.C.)	곡선종점(End of curve)
I.P.	교점(Intersection point)
I.A.(I)	교각(Intersection angle)
R	반경(Radius of curve)
T.L.	접선길이(Tangent length)
E	외할(External secant)
M	중앙종거(Middle ordinate)
C.L	곡선길이(Curve length)
L	장현(Long chord)
l	현길이(Chord length)
δ	편각(Deflection angle)
θ	중심각(Central angle)

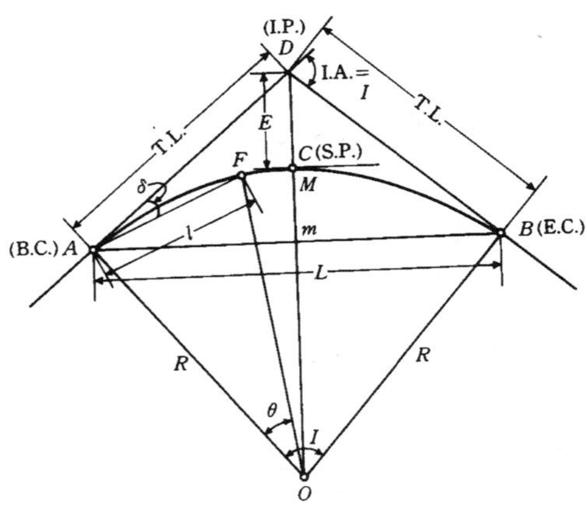

[그림] 10.5 단곡선도

(2) 단곡선 공식

$$접선의\ 길이(T.\ L.) = R \cdot \tan\frac{I}{2}$$

$$곡선길이(C.\ L.) = \frac{RI}{\rho}$$

$$현의\ 길이(L) = 2R \cdot \sin\frac{I}{2}$$

$$외할(E) = R(\sec\frac{I}{2} - 1)$$

$$중앙종거\ (M) = R(1 - \cos\frac{I}{2})$$

$$편각(\delta) = \frac{l}{2R}\rho \qquad (10.1)$$

예제 10.1 반경이 150 m, 교각이 57° 36′ 일 때 접선길이(T.L)와 곡선길이(C.L)는 얼마인가?

풀이

$$T.L = R\tan\frac{I}{2} = 150 \times \tan\frac{57°36'}{2} = 82.46\text{ m}$$

$$C.L = \frac{RI}{\rho''} = \frac{150 \times 57°36'}{206265''} = 150.80\text{ m}$$

예제 10.2 단곡선을 설치하기 위해 교각 I=80° 로 하고 외선장(E)=10 m로 할 때 곡선 길이는?

풀이

$$E = R(\sec\frac{I}{2} - 1), \qquad R = \frac{E}{\sec\frac{I}{2} - 1} = \frac{10}{\frac{1}{\cos 40°} - 1} = 32.74\text{ m}$$

$$C.L = \frac{RI}{\rho''} = \frac{32.74 \times 80°}{206265''} = 45.71\text{ m}$$

예제 10.3 교각 I=90°, 곡선반경 R=100 m인 단곡선의 교점 I.P의 추가 거리가 1,139.25 m일 때 곡선시점 B.C의 추가 거리는?

풀이 B.C의 추가 거리=I.P의 추가 거리−T.L

$$=1,139.25-100\times\tan\frac{90°}{2}=1,039.25\text{ m}$$

예제 10.4 단곡선 설치에서 기점부터 곡선시점까지의 추가 거리가 173.48 m일 때 기점부터 곡선 종점까지의 추가 거리는? (단, I=45°, R=100 m)

풀이 E.C의 추가거리=B.C의 추가거리+C.L

$$=173.48+\frac{100\times45°}{206265''}=252.02\text{ m}$$

10.3.3 단곡선 설치

(1) 편각설치법

도로, 철도 등의 단곡선 설치에서 일반적으로 이용하는 방법으로 B.C점에서 I.P를 기준 방향으로 하여 각측량기와 줄자를 이용하여 편각으로 곡선 중심선을 측설하는 방법이다.

시단현 l_1=다음말뚝(P_1)−B.C말뚝

20 m현 l=20 m

종단현 l_{n+1}=E.C말뚝−전말뚝(P_n)

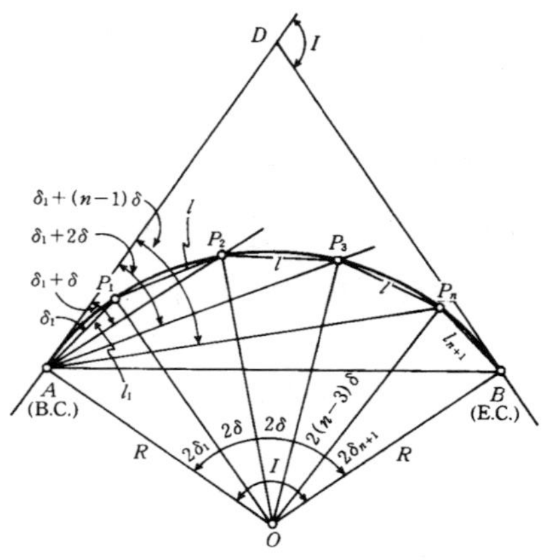

[그림] 10.6 편각설치법

$$\text{시단현 편각 } \delta_1=\frac{l_1}{2R}\rho,\ 20\text{ m현 편각 } \delta=\frac{l}{2R}\rho,\ \text{종단현 편각 } \delta_{n+1}=\frac{l_{n+1}}{2R}\rho \quad (10.2)$$

① 반경(R)과 교각(I)를 결정하여 접선길이(T.L)와 곡선길이(C.L)을 계산한다.

② 곡선시점(B.C)와 곡선종점(E.C)에 대한 추가 거리를 계산하여 시단현(l_1), 종단현(l_{n+1})을 구한다.

③ 시단현에 대한 편각 δ_1, 말뚝중심 간의 거리(보통 20 m)에 대한 편각 δ_2, δ_3, δ_4, δ_5, $\cdots, \delta_n$, 종단현에 대한 편각 δ_{n+1}을 계산하여 그 합이 교각(I)의 반이 되는지 확인한다.

④ 곡선시점(B.C) A에 각측량기를 세워 시단현에 대한 편각(δ_1)이 P_1에 이르도록 줄자로 l_1을 측설한다. 그리고 P_2에 편각($\delta_1+\delta$)이 이르도록 P_1에서 P_2까지 l을 측설한다. 이러한 방법으로 종단현까지 반복하여 중심말뚝의 위치를 결정한다.

(2) 중앙종거법

곡선반경 또는 곡선장이 작은 시가지의 궤도, 보도 등의 곡선설치에 많이 이용한다.

$$M = R\left(1-\cos\frac{I}{2}\right) = \frac{C^2}{8R}$$

$$M_1 = R\left(1-\cos\frac{I}{4}\right) \fallingdotseq \frac{1}{4}M \qquad (10.3)$$

$$M_2 = R\left(1-\cos\frac{I}{8}\right) \fallingdotseq \frac{1}{16}M$$

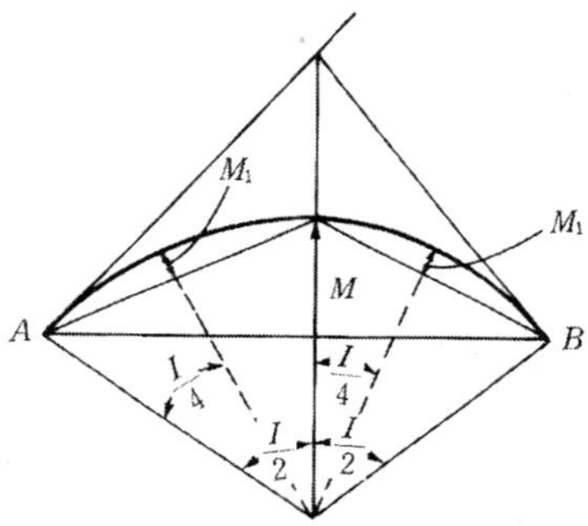

[그림] 10.7 중앙종거법

(3) 접선편거와 현편거법

이 방법은 테이프만으로 곡선을 설치하는 방법으로 수로와 지방도 등에 이용된다.

$$QS = X = \frac{l^2}{R} \quad (\because \triangle PQS \propto \triangle OPQ)$$

$$PY = SM = \frac{QS}{2} = \frac{X}{2} = \frac{l^2}{2R} \qquad (10.4)$$

$\triangle APY \propto \triangle PSM$ 이므로

$$AY = \frac{l}{2R}\sqrt{(2R+l)(2R-l)}$$

여기서, PY : 접선편거, PQ : 현편거

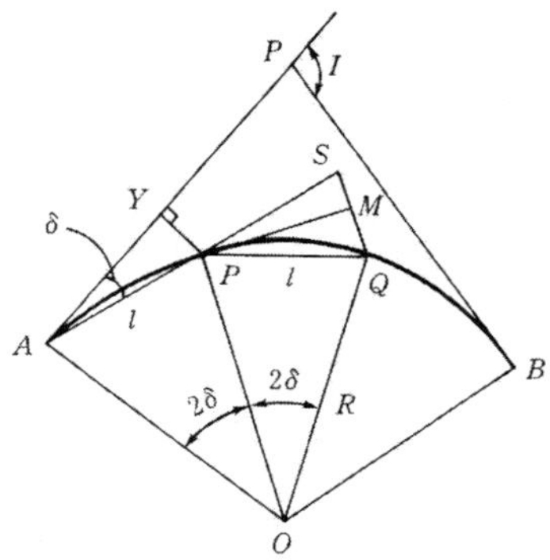

[그림] 10.8 접선편거와 현편거법

(4) 장현에 대한 종거와 횡거에 의한 방법

곡선반경이 짧은 곳에 많이 이용되는 방법으로 곡선 시점(A)에서 곡선종점(B)을 연결한 선을 횡축으로 하고 F점에서 AB에 그은 수선을 종축이라 하면 곡선상의 P의 좌표를 식에 의해 구한다.

$$y = \sqrt{R^2 - x^2} - OF$$

$$= \sqrt{R^2 - x^2} - \sqrt{R^2 - (\frac{C}{2})^2} \qquad (10.5)$$

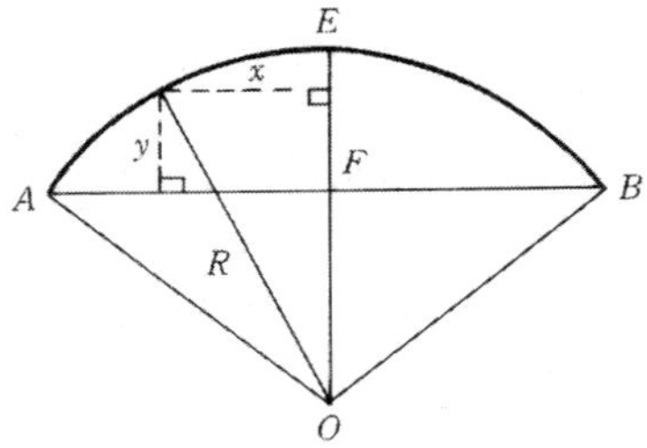

[그림] 10.9 종거와 횡거법

(5) 접선에 대한 지거법

터널의 곡선설치나 삼림지대에 있어서 벌채량을 줄이려는 경우 많이 이용된다.

$y = R - \sqrt{R^2 - x^2}$

y는 $2R$에 비하면 미소하므로

$$X^2 = R^2 - (R-y)^2 = y(2R-y) \fallingdotseq 2Ry$$

$$\therefore y = \frac{x^2}{2R} \qquad (10.6)$$

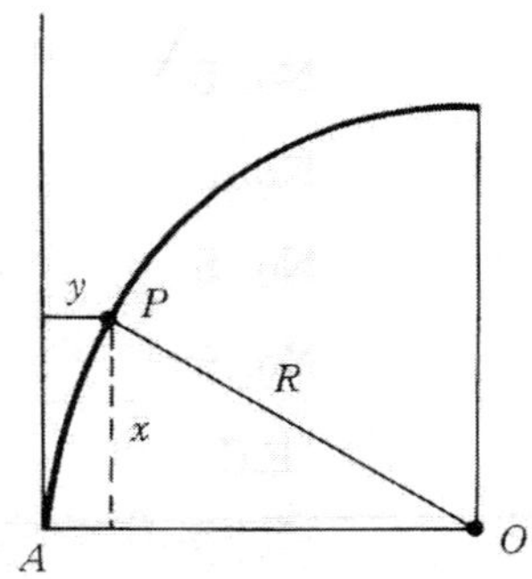

[그림] 10.10 지거법

예제 10.5 I.P의 위치가 기점으로부터 143.25 m, 곡률반경 100 m, 교각 $58°14'24''$ 인 단곡선을 설치하라. 단, 측점 간 거리는 20 m

풀이 1) 단곡선 측설계산

$$T.L = R \cdot \tan\frac{I}{2} = 100 \times \tan 29°07'12'' = 55.705 \text{ m}$$

$$C.L = 0.017453RI° = 0.017453 \times 100 \times 58.24° = 101.648 \text{ m}$$

$$E = R(\sec\frac{I}{2} - 1) = 100(\sec 29.12° - 1) = 14.468 \text{ m}$$

$$B.C\text{의 위치} = 143.25 - 55.705 = 87.545$$

시단현$(l_1) = 100.0 - 87.545 = 12.455$

$E.C$의 위치$= 87.545 + 101.648 = 189.193$

종단현$(l_2) = 189.193 - 180 = 9.193$

일반현의 편각$(\delta) = \dfrac{l}{2R}\rho'' = \dfrac{20}{2 \times 100} \times 206265'' = 5°43'46.5''$

시단현의 편각$(\delta_1) = \dfrac{l_1}{2R}\rho'' = \dfrac{12.455}{2 \times 100} \times 206265'' = 3°34'5.15''$

종단현의편각$(\delta_{n+1}) = \dfrac{l_{n+1}}{2R} \times \rho'' = \dfrac{9.193}{2 \times 100} \times 206265'' = 2°38'0.97''$

중심말뚝번호	현길이	누 계 편 각
No. 5	12.455	3°34′5.15″ (δ_1)
No. 6	20.00	9°17′51.65″ $(\delta_1 + \delta)$
No. 7	20.00	15°01′38.15″ $(\delta_1 + 2\delta)$
No. 8	20.00	20°45′24.65″ $(\delta_1 + 3\delta)$
No. 9	20.00	26°29′11.15″ $(\delta_1 + 4\delta)$
E.C	9.193	29°07′12.12″ $(\delta_1 + 4\delta + \delta_{n+1})$

10.3.4 장애물이 있는 경우의 곡선 설치

(1) 교점(I.P)에 장애물이 있는 경우

양 접선 상 임의점 C, D에서 α, β와 l을 측정한다.

$I = \alpha + \beta$

$CP = \dfrac{\sin\beta}{\sin\gamma} \cdot l$

$DP = \dfrac{\sin\alpha}{\sin\gamma} \cdot l$

$AC = TL - CP = R\tan\dfrac{I}{2} - \dfrac{\sin\beta}{\sin\gamma} \cdot l$

$BD = TL - DP = R\tan\dfrac{I}{2} - \dfrac{\sin\alpha}{\sin\gamma} \cdot l$

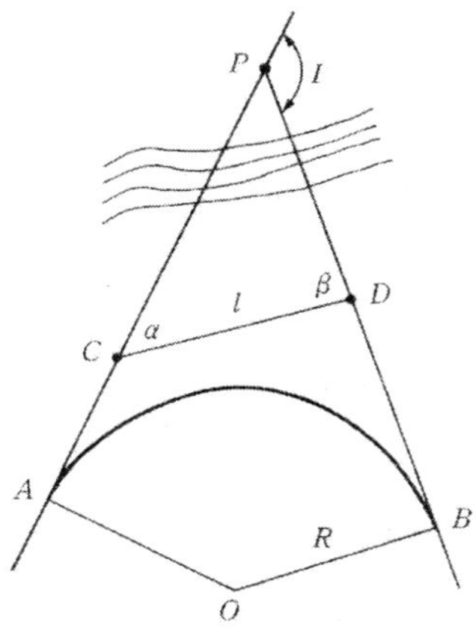

[그림] 10.11 교점에 장애물

예제 10.6 그림 10.11의 그림에서 교점에 장애물이 있어서 교각을 측정하지 못하기 때문에 PA, PB선상에 임의 점 C, D를 잡아 ∠ACD, ∠CDB 및 CD의 거리를 측정하여 다음과 같은 결과를 얻었다. $\angle ACD = 150°$, $\angle CDB = 90°$, CD=200 m, 곡률반경을 300 m라 하면 C점부터 곡선시점까지의 거리는 얼마인가.

풀이 $I = \angle PCD + PDC = (180° - 150°) + (180° - 90°) = 30° + 90° = 120°$

$$T.L = R\tan\frac{I}{2} = 300 \times \tan\frac{120°}{2} = 519.62 \text{ m}$$

$\triangle PCD$에서

$$\frac{CD}{\sin(180° - 120°)} = \frac{PC}{\sin(180° - 90°)}$$

$$\therefore\ PC = \frac{\sin 90°}{\sin 60°} CD = \frac{\sin 90°}{\sin 60°} 200 = 230.94 \text{ m}$$

$$CA = 519.62 - 230.94 = 288.68 \text{ m}$$

(2) B.C, E.C 부근에 장해물이 있을 경우

$$E = VH = R(\sec\frac{I}{2} - 1)$$

교점 V에서 O점 방향으로 E에 해당하는 H점을 잡으면 곡선의 접선이 되므로 B.C점에서 곡선을 설치하는 방법과 같이 측설하면 된다.

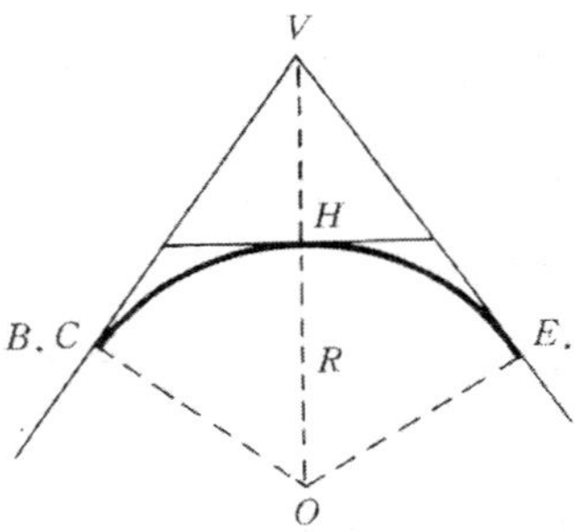

[그림] 10.12 BC, BC에 장애물

(3) B.C점에서 곡선을 전부 설치할 수 없는 경우

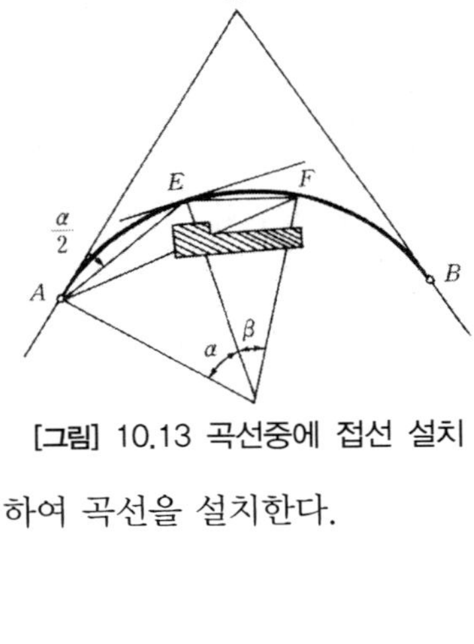

[그림] 10.13 곡선중에 접선 설치

① AE의 편각 $\frac{\alpha}{2}$를 계산한 후 E점에 기계를 세운다.

② B버어니어의 0을 수평분도원의 180°에 일치시키고 망원경 반위로 A점을 사준한다.

③ 고정나사를 풀어 상부를 $\frac{\alpha}{2}$만큼 접선방향으로 전진시켜 놓으면 이 때의 망원경의 시준선은 E점에서 곡선의 접선방향과 일치한다.

④ 망원경을 정위로 한 후 ①에서 한 것과 같은 방법에 의하여 곡선을 설치한다.

10.4 복심곡선과 반향곡선

10.4.1 복심곡선

반경이 다른 2개의 단곡선이 그 접속점에서 공통접선을 갖고 그것들의 중심이 공통점선과 같은 방향에 있을 때 이것을 복심곡선이라 하고 접속점을 복심곡선접속점이라 한다. 철도나 도로에서 복심곡선을 사용하면 그 접속점에서 곡률이 급격히 변화하기 때문에 차량에 동요를 일으켜 승객에게 불쾌감을 주므로 될 수 있는 한 피하는 것이 좋다. 부득이한 경우 접속점 전후에 완화곡선을 삽입하여 곡선이 점차로 변하도록 하여야 한다.

그림 10.14에서 $R_1, R_2, T_1, T_2, I_1, I_2, I$의 7개의 값 중에서 4개가 주어지면 다른 3개의 값은 다음과 같이 산출할 수 있다.

단, $\text{Versine}\alpha = 1 - \cos\alpha$

$$I = I_1 + I_2 \tag{10.7}$$

$T_1\sin I = (R_2 - R_1)\text{versine}$

$I_2 + R_1\text{versine}I)$

$T_2\sin I = (R_1 - R_2)$

versine $I_1 + R_2\text{versine } I$

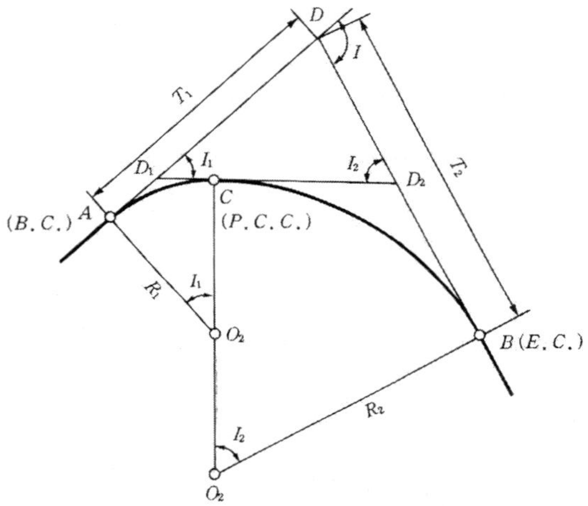

[그림] 10.14 복심곡선도

10.4.2 반향곡선

공통접선의 반대쪽에 중심을 가지고 두 원호를 그리는 곡선을 말한다. 철도, 도로에 사용할 때 곡률이 급격히 변화하여 불쾌감을 주기 때문에 중간에 직선을 삽입할 경우에만 허용되고 있다.

평행한 2개의 접선 사이에 반향곡선을 삽입할 경우 A, B점을 맺는 선의 C점을 지나면 교각은 $I_1 = I_2$가 된다. 접선 사이의 거리 d와 R_1, R_2가 주어졌다면 I_1, I_2, T_1, T_2 등을 구할 수 있다.

$$T_1 = R\tan\frac{I_1}{2} = R_1\sqrt{\frac{1-\cos I_1}{1+\cos I_1}}$$

$$= R_1\sqrt{\frac{\alpha}{R_1+R_2}\cdot\frac{1}{2-\dfrac{\alpha}{R_1+R_2}}}$$

$$= R_1\sqrt{\frac{\alpha}{2(R_1+R_2)}-\alpha}$$

$$T_2 = R_2\sqrt{\frac{\alpha}{2(R_1+R_2)}-\alpha} \tag{10.8}$$

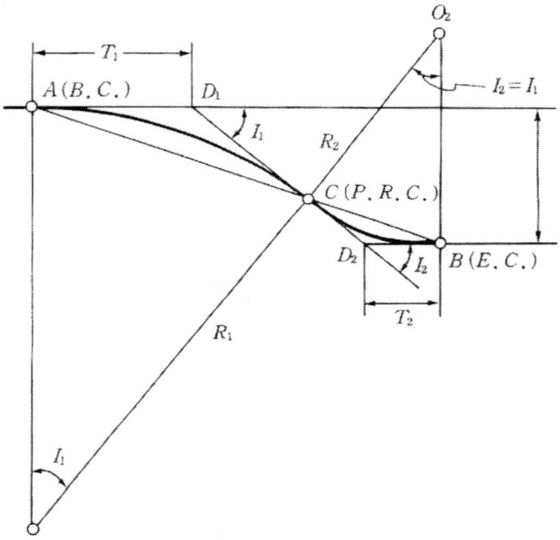

[그림] 10.15 반향곡선도

예제 10.7 복심곡선에 있어서 교각 $I=63°24$, 접선길이 $T_1=135\,\mathrm{m}$, $T_2=248\,\mathrm{m}$, 곡선반경 $R_1=100\,\mathrm{m}$인 경우 큰 원의 곡선반경 R_2와 I_1, I_2를 구하여라.

풀이

① $\tan\dfrac{I_2}{2}=\dfrac{T_1\sin I-R_1\,Vers\,I}{T_2+T_1\cos I-R_1\sin I}$

$$=\frac{135\times\sin(63°24')-100\times Vers(63°24')}{248+135\times\cos(63°24')-100\times\sin(63°24')}=0.298982$$

$\therefore I_2=33°18'$

$\therefore I_1=I-I_2$

$=63°24'-33°18'=30°6'$

$$R_2 = R_1 + \frac{T_1 \sin I - R_1 \, Vers \, I}{Vers \, I}$$

$$= 100 + \frac{135 \times \sin(63°24') - 100 \times Vers(63°24')}{Vers(33°18')} = 499 \text{ m}$$

② ①의 해석법과 다른 방법으로 단곡선반경을 R로 하면,

$$R = \frac{T_1 + T_2}{2} \tan \frac{180 - \text{I}}{2} = \frac{135 + 248}{2} \tan \frac{180 - 63°24'}{2} = 310.06 \text{ m}$$

$$r = \frac{T_2 - T_1}{2} = \frac{248 - 135}{2} = 56.5 \text{ m}$$

$R_1 = R - r \cot \frac{I_2}{2}$ 으로부터,

$$\cot \frac{I_1}{2} = \frac{I}{r}(R - R_1) = \frac{1}{56.5}(310.06 - 100) = 3.717876$$

$$\therefore I_1 = 30°6'$$

$$\therefore I_2 = I - I_1 = 33°18'$$

$$\therefore I_2 = R + r \cot \frac{I_2}{2} = 310.06 + 56.5 \cot(\frac{33°18°}{2}) = 499 \text{ m}$$

10.5 완화곡선

차량이 직선부에서 곡선부로 접어들 때 급격한 원심력을 감소시키기 위하여 곡률을 0에서 점차로 증가시켜 일정한 값(원곡선 반경=R)에 이르게 하는 곡선으로 직선부와 곡선부 사이에 삽입한다. 완화곡선의 성질은 다음과 같다.

① 완화곡선 반경은 시점에서 무한대, 종점에서 원곡선 R로 된다.

② 완화곡선 접선은 시점에서 직선에, 종점에서 원호에 접한다.

③ 완화곡선 반경의 감소율은 편경사의 증가율과 동일하다.

10.5.1 편경사 및 확폭

(1) 편경사(cant)

차량이 곡선을 주행할 경우 곡률과 차량의 주행속도에 의하여 원심력이 작용하여 횡압을 받게 되어 외측 레일의 마모가 심해지고 탈선을 일으키기 쉽다. 따라서 이를 방지하기 위하

여 노면에 경사를 두게 되는데 이를 편경사(cant)라고 한다. 그림 10.16에서 개개의 요소들의 합력과 원심력을 토대로 다음과 같은 캔트 계산식을 도출할 수 있다.

$$F\cos\theta \le W\sin\theta + (W\cos\theta + F\sin\theta)f$$

$f = 0$이라면

$$\frac{F}{W} = \tan\theta$$

여기서, 구심력 $F = m \cdot a = m \cdot \frac{V^2}{R}$이고 $m = \frac{W}{g}$ 이므로

$$F = m \cdot \frac{V^2}{R} = \frac{W}{g} \cdot \frac{V^2}{R} = \frac{W}{9.8} \cdot \frac{\left(\frac{V}{3.6}\right)^2}{R} = W \cdot \frac{V^2}{127R}$$

$$\frac{F}{W} = \frac{C}{B} = \frac{V^2}{127R}$$

$$\therefore C = \frac{BV^2}{127R} \tag{10.9}$$

여기서, R : 곡률반경(m)

W : 차량중량(Kg)

V : 주행속도(Km/h) = V/3.6(m/sec)

g : 중력의 가속도 = 9.8m/sec²

F : 원심력(Kg)

f : 마찰계수

θ : 편경사의 각도

B : 레일간격(m)

C : cant(m)

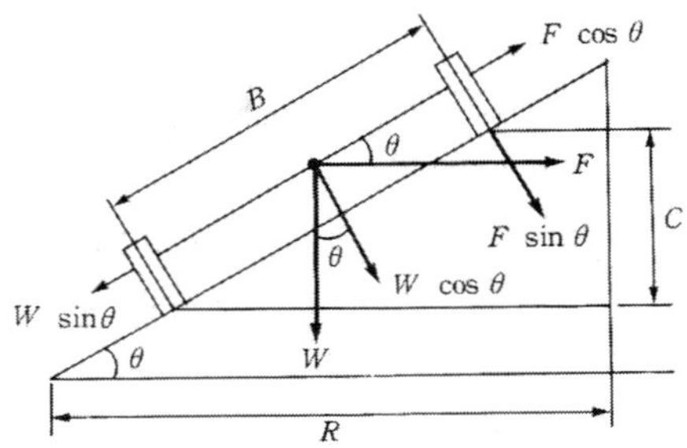

[그림] 10.16 편경사

예제 10.8 곡선반경 500 m인 원곡선 상을 80 km/h로 주행하려면 캔트는 얼마인가? (단, 바퀴간 거리는 1067 mm)

풀이

$$C = \frac{BV^2}{127R} = \frac{1067 \times 80^2}{127 \times 500} = 108\ \text{mm}$$

(2) 확폭(Slack)

차량이 곡선부를 주행할 경우 차량의 앞바퀴와 뒷바퀴는 서로 다른 궤적을 그리기 때문에 차량의 뒷바퀴는 앞바퀴에 비해 항상 안쪽을 지난다. 그러므로 곡선부에서는 그 내선부의 내측부분을 직선부에 비하여 넓게 할 필요가 있다. 이것을 곡선부의 확폭이라 한다.

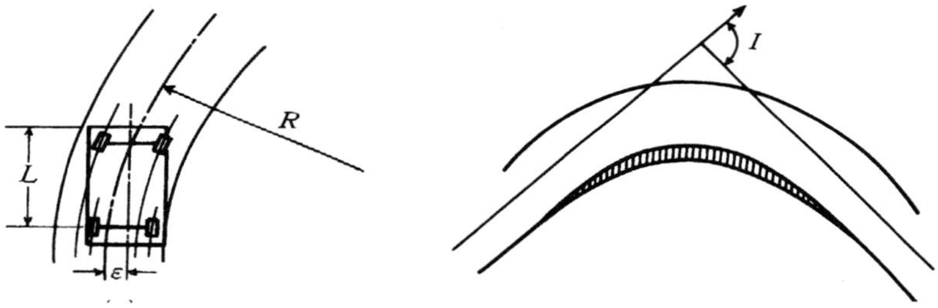

[그림] 10.17 확폭

$$R^2 = L^2 + (R - \varepsilon)^2$$

$$R^2 - L^2 = (R - \varepsilon)^2$$

$$R^2 - L^2 = R^2 - 2R\varepsilon - \varepsilon^2$$

$$L^2 = 2R\varepsilon + \varepsilon^2$$

ε^2는 R에 비하여 미소하므로

$$L^2 = 2R\varepsilon$$

$$\therefore \varepsilon = \frac{L^2}{2R} \tag{10.10}$$

여기서, L : 앞범퍼에서 뒷바퀴까지의 거리(최대 9.0 m)

10.5.2 완화곡선의 종류

① 3차포물선(parabolic) : 접선장에 비례하여 cant의 증가 또는 접선장에 비례하여 곡률반경이 감소하는 곡선으로 주로 철도에 이용한다.

② 클로소이드(clothoid) : 완화곡선장에 비례하여 cant가 증가하며, 곡선장에 비례하여 곡률반경이 감소한다. 주로 도로에 이용한다.

③ 렘니스케이트(lemniscate) : 현장에 비례하여 cant의 증가, 현장에 비례하여 곡률반경의 감소, 주로 인터체인지의 렘프에 이용한다.

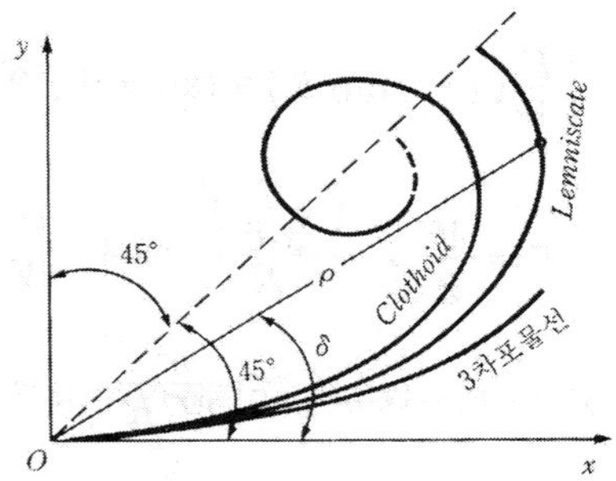

[그림] 10.18 완화곡선

1. 3차포물선

캔트 $(c)=\dfrac{Bv^2}{\rho g}$, 완화곡선장 (l),

횡단경사 $(\dfrac{1}{n})$

$l=\overset{\frown}{AB} \fallingdotseq \overline{AG}, \dfrac{c}{l}=\dfrac{1}{n}$ 이면

$c=\dfrac{l}{n}$

$y=\dfrac{x^3}{6Rl}, Q=\dfrac{nBv^2}{g}$ 로 놓으면

$$y=\frac{x^3}{6Q} \tag{10.11}$$

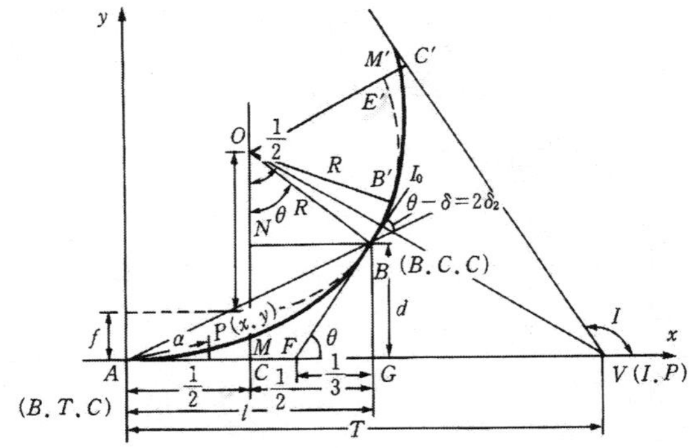

[그림] 10.19 3차포물선

(1) 3차포물선의 성질

[표] 10.1 3차포물선 공식

사 항	공 식
단곡선 시점 B의 종거 d	$\frac{1}{R}=\frac{x}{Q}\cdot x=l,\ d=\frac{l^3}{6Rl}=\frac{l^2}{6R}$
B점의 접선과 X축과의 교각θ	$\tan\theta=\frac{x^2}{2Q},\ x\fallingdotseq l,\ \frac{l^2}{2Q}=\frac{1}{2R}$
FG의 길이	$FG=d\cdot\cot\theta=\frac{l^2}{6R}\cdot\frac{2R}{l}=\frac{l}{3}$
BN의 길이	$BN=R\cdot\sin\theta=\frac{Q}{l}\cdot\frac{l^2}{2Q}=\frac{l}{2},\ BN=CG=AC=\frac{l}{2}$
NE의 길이	$NE=R(1-\cos\theta)=1-\frac{1}{2}\cdot(\frac{l^2}{2Q})^2=R\cdot\frac{1}{2}(\frac{l^2}{2Q})^2$ $Q=Rl\ \Rightarrow\ NE=\frac{Q}{2l}(\frac{l^2}{2Q})^2=\frac{l^3}{8Q}=\frac{l^2}{8R}\,d=\frac{l^2}{8R}\Rightarrow\ NE=\frac{3}{4}d$
CE의 길이 이정(shift)	$CE=f=d-NE=\frac{d}{4}$ $d=\frac{l^2}{6R}\Rightarrow f=\frac{l^2}{24R}$
CM의 길이	$CM=\frac{(\frac{l}{2})^3}{6Q}=\frac{l^3}{48Q}=\frac{d}{8}=\frac{f}{2}$

(2) 3차포물선 측설

미리 원곡선의 양접선을 내측으로 이정 f만큼 이동시켜 여기에 접한 원래곡선과 원접선과의 사이에 완화곡선을 설치하는 방법이다.

① 원곡선 반경 R(m), 캔트(mm)로 할 때 완화곡선장은

$$L=\frac{cn}{1{,}000}$$

단, c : cant

n : 횡단경사의 분모수 즉 완화곡선 정수

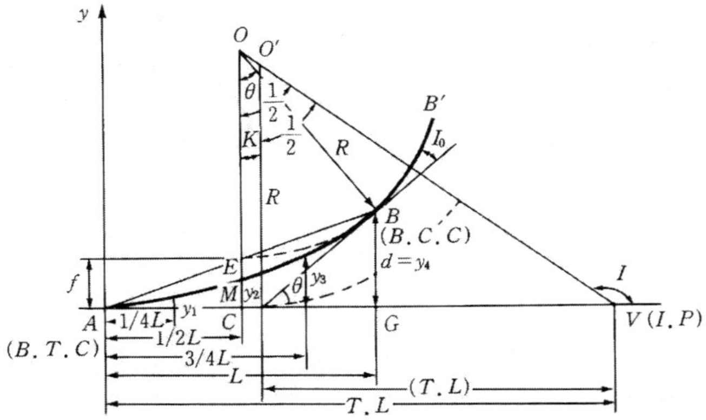

[그림] 10.20 3차포물선 측설

[표] 10.2 곡선반경에 따른 n값

노선의 등급	1급	2급	3급	4급
곡선반경 R(m)	2,000	1,800	1,200	800
n (최소)	600 이상	450 이상	300 이상	300 이상

※ 완화곡선장의 최대 한도는 완화곡선 삽입전의 원곡선 전장의 3/4, L은 5 m 미만의 단수는 절상하여 5 m의 정배수로 한다.

② $f = \dfrac{L^2}{24R}$, $d = 4f$

③ $IE = (R+f)\tan\dfrac{I}{2}$를 계산하여 E점을 구한다.

④ E점에서 절선의 양쪽으로 $\dfrac{l}{2}$씩 취하여 A, F점을 구한다. A점은 완화곡선의 시점이고 AF는 원곡선 시점의 횡거이다.

⑤ F점에서 $4f = d$만큼의 종거를 취하여 B점을 구한다. B점은 원곡선의 시점이다.

⑥ $y_4 = \dfrac{l^2}{6R,}\ y_1 = \dfrac{1}{64}y_4 \cdots\cdots$ 또는 $y_m = (\dfrac{m}{n})^3 y_4$에 의하여 설치한다.

⑦ $AT = \dfrac{2}{3}l$에 의하여 T점을 구한다.

⑧ TB는 원곡선 시점에서의 절선의 방향이므로 B점에 기계를 세우고 단곡선을 전술한 방법으로 설치할 수 있다.

예제 10.9 다음과 같은 조건으로 철도노선의 완화곡선 및 원곡선을 설치하라. 교각 $I=35°$, 추가거리 $I.P=1975.24$(m), 곡선반경 $R=300$(m), $cantc=50$(mm), 완화곡선 정수 $n=45$

풀이

① $L=\frac{n\cdot\ c}{1,000}=\frac{4,500\times 50}{1,000}=22.5\text{ m}\ \ \therefore L=25\text{ m}$로 한다.

② $y=\frac{x^3}{6Q}=\frac{x^3}{6RL}=\frac{x^3}{6\times 300\times 25}=\frac{x^3}{45,000}$

$=0.0000222x^3=2.22x^3\times 10^{-5}$

③ $\tan\theta=\frac{L}{2R}=\frac{25^2}{2\times 300}=0.04167\ \ \therefore \theta=3°23'10''$

④ $f=\frac{L^2}{24R}=\frac{25^2}{24\times 300}=\frac{625}{7,200}=0.0868(\text{m})$

⑤ $K=f\cdot\tan\frac{I}{2}=0.0868\times\tan\frac{35°}{2}=0.0868\times 0.31530=0.0274\text{m}$

⑥ $T.L=\frac{L}{2}+(\frac{L^2}{24R}+R)\tan\frac{I}{2}=12.5+(\frac{25^2}{24\times 300}+300)\tan\frac{35°}{2}$

$=98.558\text{ m}$

⑦ 완화곡선 시점의 추가거리 $=1975.24-107.12=1868.12\text{ m}$

⑧ 단곡선 시점의 추가거리 $=B.T.C+L=1868.12+25=1893.12\text{ m}$

⑨ 종거 계산

$d=y_4=\frac{L^2}{6R}=\frac{25^2}{6\times 300}=0.347\text{ m}$

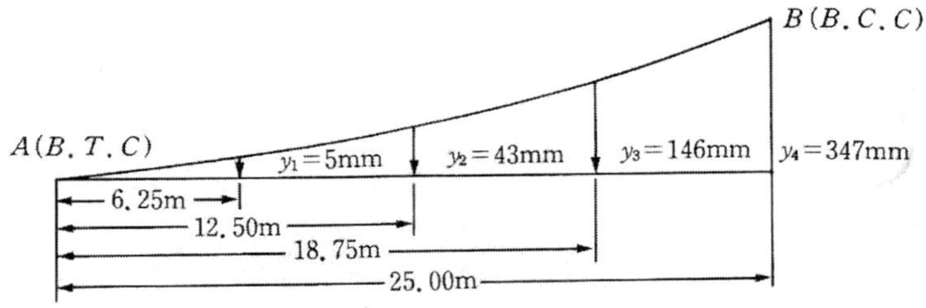

$y_1=\frac{1}{64}y_4=\frac{1}{64}\times 0.347=0.0054\text{ m}$

$y_2=\frac{1}{8}y_4=\frac{1}{8}\times 0.347=0.0434\text{ m}$

$$y_3 = \frac{27}{64}y_4 = \frac{27}{64}\times 0.347 = 0.1465 \text{ m}$$

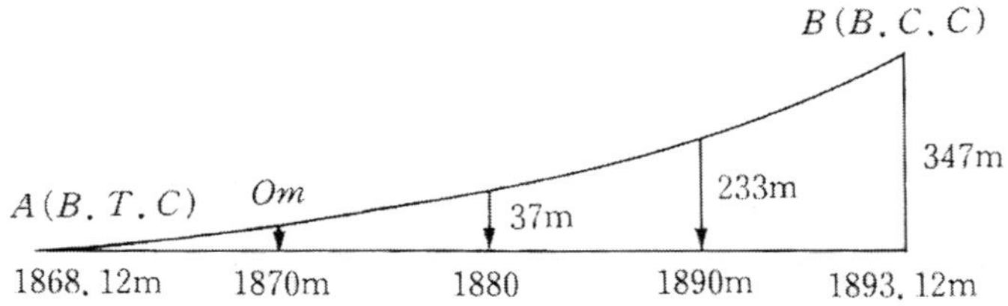

x좌표거리

구 분	x	추가거리(m)
B.T.C	0(m)	1,868.12
(1)	6.25	1,874.37
(2)	12.50	1,880.62
(3)	18.75	1,886.87
B.C.C	25.00	1,893.12

추가거리 10 m당 종거

구 분	추가거리	x	x^3	$y = 2.222^3 \times 10^{-5}$
(1)	1,870(m)	1.88(m)	6.64	0.0001(m)
(2)	1,880	11.88	1,676.6	0.0372
(3)	1,890	21.88	10,471.71	0.2327
B.C.C	1,893.12	25.00	15,625.00	0.3472

⑩ 원곡선 계산

$I_0 = I - 2 = 35° - 2\times 3°23'10'' = 28°13'40''$

교각 $I_0 = 28°13'40''$, 반경 $R = 300$ m의 원곡선을 설치하면 좋다.

$$T.L = R\tan\frac{I_0}{2} = 300\times\tan\frac{28°13'40''}{2} = 75.432 \text{ m}$$

$$C.L = \frac{\pi R I°}{180°} = \frac{3.14\times 300\times 28.35}{180} = 147.725 \text{ m}$$

$$M = R(1-\cos\frac{I_0}{2}) = 300(1-\cos\frac{28°13'40''}{2}) = 0.9056 \text{ m}$$

$$S.L = R(\sec\frac{I_0}{2} - 1) = 300(\sec\frac{28°13'40''}{2} - 1) = 9.338 \text{ m}$$

$$C = 2R\sin\frac{I_0}{2} = 2\times 300\times \sin\frac{28°13'40''}{2} = 146.31 \text{ m}$$

2. 클로소이드

클로소이드는 일정 속도로 달리는 차의 앞바퀴가 그리는 운동궤적으로 우리나라의 고속도로의 완화곡선에 사용하고 있다. 클로소이드는 곡률(곡선반경의 역수)이 곡선길이에 비례하여 증가하는 곡선으로 클로소이드의 임의의 지점의 곡률은 다음과 같다.

$$\frac{1}{R} \propto L$$

여기서, 단위에 맞게 매개변수 A를 사용하면 클로소이드 기본식은 다음과 같다.

$$RL = A^2$$

(1) 클로소이드의 형식

① 기본형

직선 클로소이드 원곡선 순으로 나란히 설치되는 것으로 대칭형과 비대칭형이 있다.

② S형

반향곡선 사이에 클로소이드를 삽입한 것이다.

③ 난형

복심곡선 사이에 클로소이드가 삽입된 것이다.

④ 凸형

동일 방향으로 구부러진 2개 이상 클로소이드를 직선으로 삽입한 것으로 교각이 작을 때나 산이나 출구 등에 사용한다.

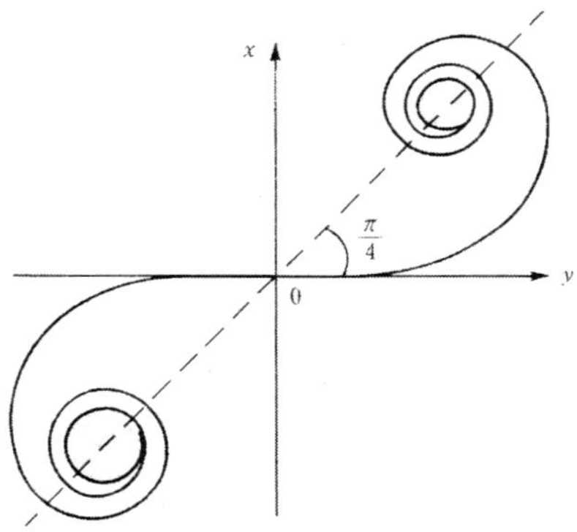

[그림] 10.21 클로소이드 곡선

⑤ 복합형

동일 방향으로 구부러진 2개 이상의 클로소이드를 연결한 것으로 연결부의 곡률은 같다.

1) 클로소이드 곡선 기호

O : 원점

M : KE점

XY : KE점 X, Y 좌표

L : 클로소이드 곡선장
R : 곡률반경
ΔR : 이정량
XM : M점 X좌표
N : 법선길이
T : 시점과 법선 교차길이
S : 동경
α : KE점 극각
τ : KE점 접선각(다선각)

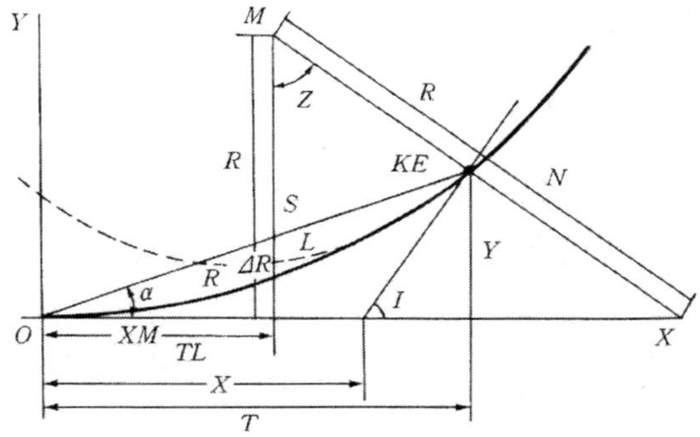

[그림] 10.22 클로소이드 요소

2) 클로소이드의 기본식

① 곡률반경$(R) = \dfrac{A2}{L} = \dfrac{A}{l} = \dfrac{L}{2\tau} = \dfrac{A}{\sqrt{2\tau}}$

② 곡선장$(L) = \dfrac{A^2}{R} = \dfrac{A}{\tau} = 2ZR = A\sqrt{2\tau}$

③ 접선각$(\tau) = \dfrac{L}{2R} = \dfrac{L^2}{2A^2} = \dfrac{A^2}{2R^2}$

④ 매개변수$(A) = \sqrt{RL} = l \cdot R = L \cdot \gamma = \dfrac{L}{\sqrt{2\tau}} = \sqrt{2\tau}\,R$

⑤ 피라미터$(A^2) = RL = \dfrac{L^2}{2\tau} = 2\tau R^2$ (10.12)

3) 클로소이드 곡선의 측설

클로소이드는 매개변수 A의 크기에 따라 크기가 다른 상사형 클로소이드 곡선을 무수하게 만들 수 있는 확대율 역할을 하므로 A가 크거나 작아질 경우 곡선이 완만해지거나 급해진다.

1) 클로소이드 표 사용

① 클로소이드 A표 : 클로소이드를 설치하려면 먼저 매개변수 A를 측량기사가 책정하여 클로소이드 A표에서 각 요소를 구하고 각 중심 말뚝까지의 xy 좌표를 계산하여 측설한다.

② 단위 클로소이드 표 : 단위 클로소이드 표에 있는 요소에 매개변수 A를 곱하면 각 요소가 계산되고 각 중심말뚝까지의 xy 좌표를 계산하여 측설한다.

2) 계산에 의한 측설

$R \cdot L = A^2$

$\tau = \dfrac{L}{2R}$ (라디안)

$X = \sqrt{2}A\sqrt{\tau}(1 - \dfrac{\tau^2}{10} + \dfrac{\tau^4}{216} - \dfrac{\tau^6}{9360} + \cdots\cdots)$

$Y = \dfrac{\sqrt{2}}{3}A\tau\sqrt{\tau}(1 - \dfrac{\tau^2}{14} + \dfrac{\tau^4}{440} - \dfrac{\tau^6}{25200} + \cdots\cdots)$

이정 $\Delta R \fallingdotseq \dfrac{L^2}{24RX_m} = X - R\sin\tau = \dfrac{A}{\sqrt{2}}(1 - \dfrac{\tau^2}{30} + \dfrac{\tau^4}{1080} + \cdots\cdots)$

법선장 $N = Y\sec\tau = \dfrac{2}{\sqrt{3}}A\tau\sqrt{\tau}(1 + \dfrac{3\tau^2}{7} + \dfrac{19\tau^4}{2310} + \cdots\cdots)$

법선영 $V = N\sin\tau = \sqrt{2}A\sqrt{\tau}(1 + \dfrac{7\tau^2}{30} + \dfrac{19\tau^4}{1512} + \cdots\cdots)$

접선영 $U = \dfrac{Y}{\tan\tau}$

남는 원곡선의 교각 $\alpha = I - 2\tau$

예제 10.10 다음 그림과 같은 기본형 클로소이드에서 교각 $I = 30°$, 원곡선의 반경 $R = 400$ m, 완화곡선장 $L = 100$ m, 교점 P의 추가거리 2,389.56 m일 때 완화곡선을 계산하고 측설하시오.

풀이 ① $A^2 = R \cdot L = 400 \times 100 = 40{,}000 \quad \therefore A = 200$

② $\tau = \dfrac{L}{2R} = \dfrac{100}{2 \times 400} = 0.125 \qquad \therefore \tau° = \dfrac{180}{\pi} \times 0.123 = 7°9'43''$

③ $X = \sqrt{2}A\sqrt{\tau}\{1 - \dfrac{\tau^2}{10} + \dfrac{\tau^4}{216}\cdots\cdots\}$

$= \sqrt{2} \times 200\sqrt{0.125}\{1 - \dfrac{0.125^2}{10} + \dfrac{0.125^4}{216}\cdots\cdots\} = 99.844$ m

④ $Y = \frac{\sqrt{2}}{3} A\tau\sqrt{\tau}\{1 - \frac{\tau^2}{14} + \frac{\tau^4}{40}\cdots\}$

$= \frac{\sqrt{2}}{3} \times 200 \times 0.125\sqrt{0.125}\{1 - \frac{0.125^2}{14} + \frac{0.125^4}{440}\cdots\} = 4.162\text{ m}$

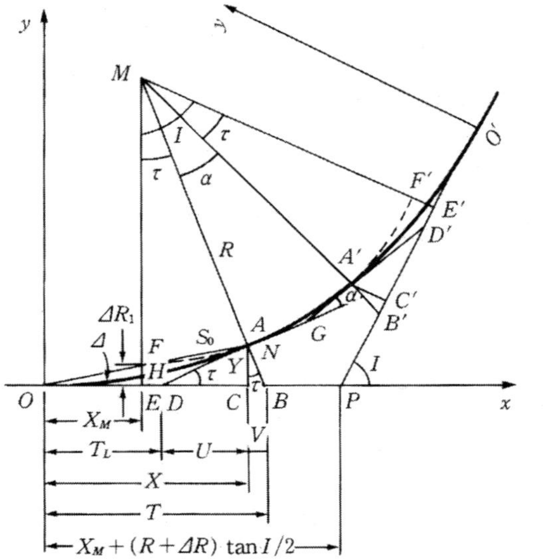

⑤ $\Delta R = \frac{L^2}{24R} = \frac{100^2}{24 \times 400} = 1.042\text{ m}$

⑥ $X_m = \frac{A}{\sqrt{2}}\sqrt{\tau}\{1 - \frac{\tau^2}{30} + \frac{\tau^4}{1{,}080}\cdots\}$

$= \frac{200}{\sqrt{2}}\sqrt{0.125}\{1 - \frac{0.125^2}{30} + \frac{0.125^4}{1{,}080}\cdots\} = 49.974\text{ m}$

⑦ $N = Y\sec\tau = 4.162 \div \cos 7°9'43''\text{ m}$

⑧ $V = N\sin\tau = 4.195\sin 7°9'43''\text{ m}$

⑨ $U = Y\cot\tau = 4.162 \div \tan 7°9'43''\text{ m}$

⑩ 신원의 교각 $\alpha = I - 2\tau = 30° - 2 \times 7°9'43'' = 15°40'34''$

⑪ 완화곡선 시점의 추가거리 $= 2389.56 - \{X_m + (R + \Delta R)\tan\frac{I}{2}\}$

$= 2389.56 - 49.974 - (400 + 1.042)\tan 15° = 2232.127\text{ m}$

⑫ 완화곡선의 시단현 $= 2240 - 2232.127 = 7.873\text{ m}$

⑬ 완화곡선 종점 A의 추가거리 $= 2{,}232.127 + 100 = 2{,}332.127\text{ m}$

⑭ 완화곡선의 종단현 $= 2{,}332.127 - 2{,}320 = 12.127\,\mathrm{m}$

⑮ $TL = X - U = 99.844 - 33.122 = 66.722\,\mathrm{m}$

⑯ $AD = Y/\sin\tau = \dfrac{4162}{\sin 7°9'43''} = 33.383\,\mathrm{m}$

완화곡선 측설표

중심 No.	곡선장 L(m)	$\tau = L^2/2A^2$	$x = \sqrt{2}A\sqrt{A}\{1-\frac{\tau^2}{10}\}$	$y = \frac{\sqrt{2}}{3}a\tau\sqrt{\tau}\{1-\frac{\tau^2}{14}\}$
$BTC(KA_1)$ No.111+12.127	0	0	0	0
No.112	7.873	0.0007748	7.873	0.002
No.113	27.873	0.0097113	27.873	0.090
No.114	47.873	0.0286478	47.873	0.457
No.115	67.873	0.0575843	67.873	1.302
No.116	87.873	0.0965208	87.873	2.825
$ETC(KE_1)$	100.000	0.1250000	99.844	4.162
No.116+12.127				

10.6 종단곡선

도로, 철도 등 노선의 종단구배가 변화하는 곳에 종곡선(vertical cuve)을 넣는다. 종곡선 설치에 있어서 원곡선은 철도에, 포물선은 도로에 주로 이용한다.

10.6.1 원곡선에 의한 종곡선 설치

2선의 경사를 $\dfrac{m}{1000}$, $\dfrac{n}{1000}$라 하면

$$\tan\theta_1 = \frac{m}{1000},\ \tan\theta_2 = \frac{n}{1000},\ \alpha = \theta_2 - \theta_1$$

$$l = R \cdot \tan\frac{\alpha}{2} = R \cdot \tan\frac{\theta_2 - \theta_1}{2} = \frac{R}{2} \cdot \frac{\tan\theta_2 - \tan\theta_1}{1 + \tan\theta_2 \cdot \tan\theta_1}$$

$\tan\theta_2 \cdot \tan\theta_1$이 미소하므로 생략하면

$$l = \frac{R}{2}(\tan\theta_2 - \tan\theta_1) = \frac{R}{2}(\frac{n}{1000} - \frac{m}{1000}) \tag{10.13}$$

여기서, R : 종곡선의 반경, l : 접선장

+ : 상향경사

− : 하향경사

A점에서 횡거 x에 대한 종거 y의 값은 다음과 같다.

$$y = R - \sqrt{R^2 - X^2} = R\{1 - (1 - \frac{x^2}{R^2})^{\frac{1}{2}}\}$$

$$= R\left\{\frac{x^2}{2R^2} + \frac{1}{8} \times (\frac{x}{R})^4 + \dots\dots\right\} \fallingdotseq \frac{x^2}{2R} \tag{10.14}$$

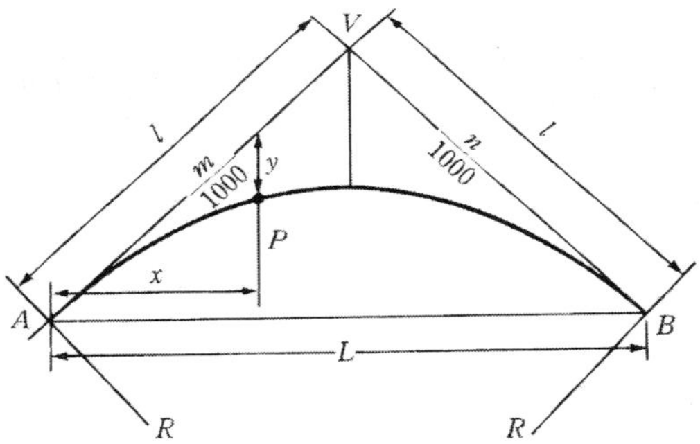

[그림] 10.23 원곡선에 의한 종곡선 설치

예제 10.11 상향구배 5/1,000, 하향구배 35/1,000이고, 반경 3,000 m의 철도에서 원곡선에 의한 종단곡선을 삽입하라.

풀이 $\frac{L}{2} = \frac{R}{2,000}(m+n) = \frac{3,000}{2,000}(5+35) = 60\text{ m}$

$y = \frac{x^2}{2R}$에서 $R = 3000\text{ m}$, A로부터 20 m 간격으로 y값을 구하면 $y = \frac{x^2}{6,000}$

$x_1 = 20\text{ m},\ y_1 = 0.067\text{ m} = y_5$

$x_2 = 40\text{ m},\ y_1 = 0.267\text{ m} = 267\text{ mm} = y_4$

$x_3 = 60\text{ m},\ y_3 = 0.600\text{ m} = 600\text{ mm}$

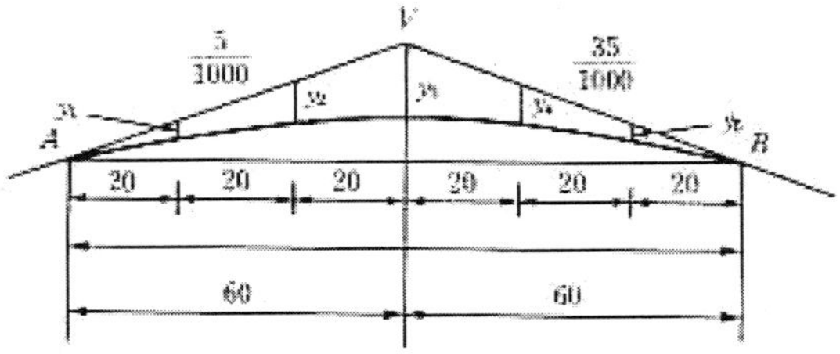

10.6.2 포물선에 의한 종곡선 설치

도로구조령 제26조 (종단곡선)에 의하여 종곡선을 설치한다.

[표] 10.3 종단곡선의 최소길이

설계속도(킬로미터/시간)	종단곡선의 최소 길이(미터)
120	100
110	90
100	85
90	75
80	70
70	60
60	50
50	40
40	35
30	25
20	20

주) 종단곡선의 길이는 설계속도에 따라 표의 길이 이상이어야 한다.

(1) 종곡선장

$$L=\frac{v^2\cdot\ M}{360}=\frac{v^2}{360}(\mid m-n\mid)$$

여기서, v : 자동차의 설계속도 (km/hr)

M : 종단경사의 대수차 ($\mid n-m\mid$) %

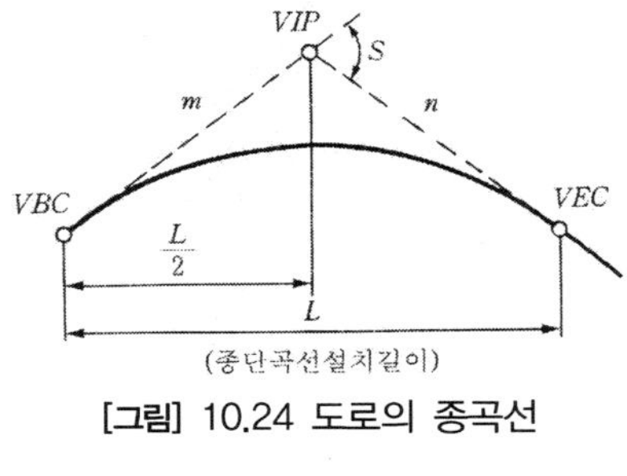

[그림] 10.24 도로의 종곡선

(2) 종거 계산

종곡선 시점부터 횡거 x에 대한 종거 y는

$y = ax^2, x = AB' \fallingdotseq L, \ y = BB'$

$$\therefore BB' = \alpha L^2 \quad (10.15)$$

$\tan\alpha = \dfrac{1}{100}(m-n), \ \ \tan\alpha = \dfrac{BB'}{\dfrac{L}{2}}$

$\therefore BB' = \dfrac{L}{200(m-n)}$

· 상기값은 10.15와 같으므로

$$\therefore y = \frac{(m-n)}{200L}x^2 \quad (10.16)$$

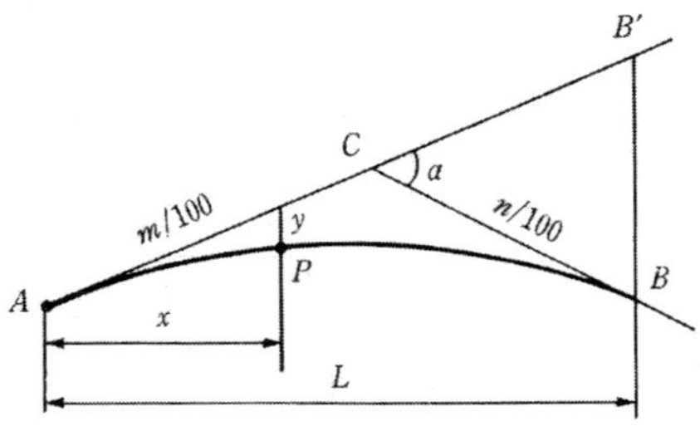

[그림] 10.25 종단경사

(3) 종곡선상의 표고

$$H' = H_0 + \frac{m}{100} \cdot x \quad (10.17)$$

$$H = H' - y \quad (10.18)$$

여기서, H' : A점에서 x만큼 떨어진 AB' 선상점의 계획고

H_0 : A점의 계획고

H : A점에서 x만큼 떨어진 종단곡선상 P점의 표고

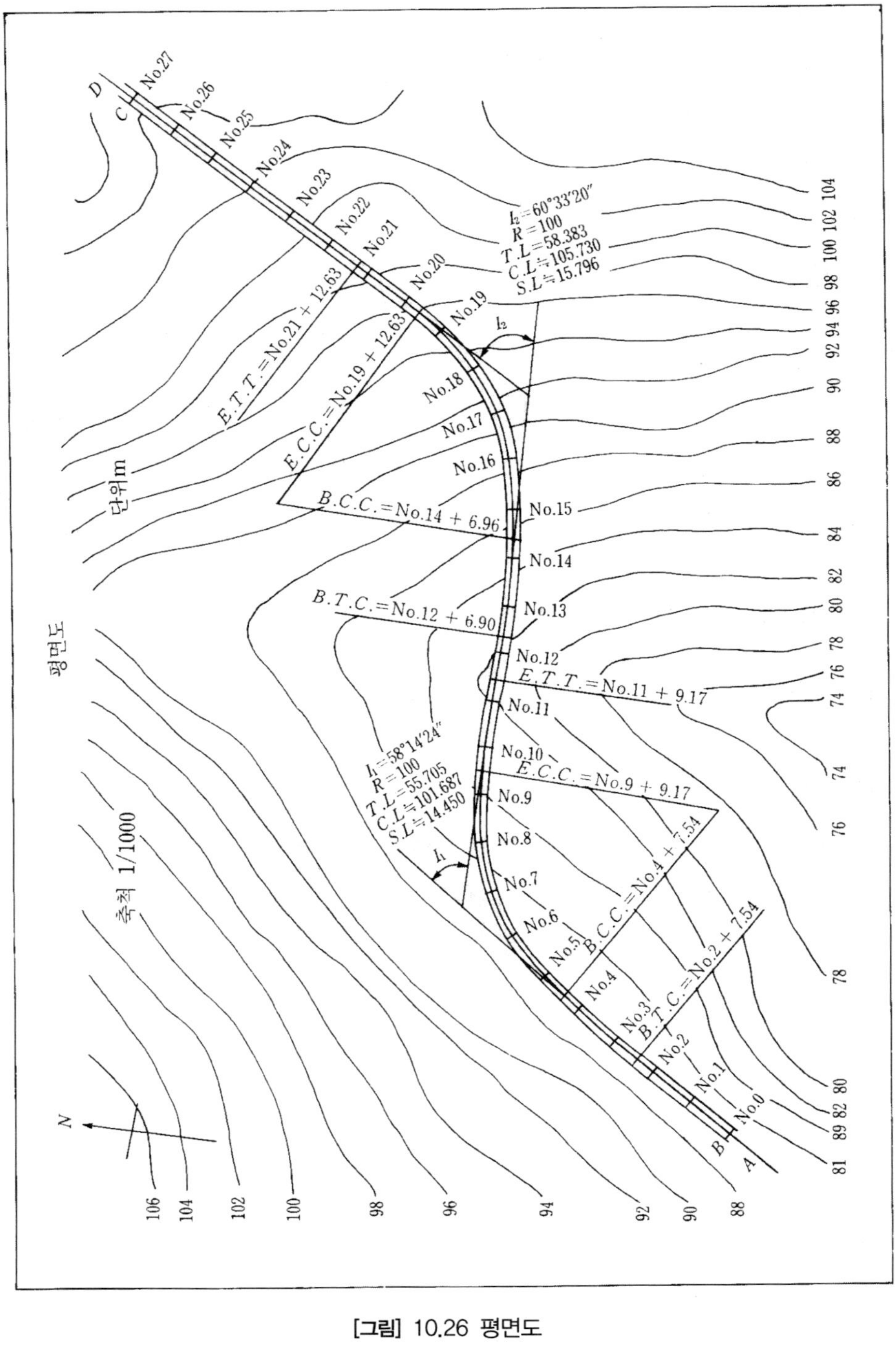
평면도
축척 1/1000
단위m
N
A
B
C
D
No.0
No.1
No.2
No.3
No.4
No.5
No.6
No.7
No.8
No.9
No.10
No.11
No.12
No.13
No.14
No.15
No.16
No.17
No.18
No.19
No.20
No.21
No.22
No.23
No.24
No.25
No.26
No.27
B.T.C.=No.2 + 7.54
B.C.C.=No.4 + 7.54
E.C.C.=No.9 + 9.17
E.T.T.=No.11 + 9.17
B.T.C.=No.12 + 6.90
B.C.C.=No.14 + 6.96
E.C.C.=No.19 + 12.63
E.T.T.=No.21 + 12.63
I₁=58°14′24″
R=100
T.L=55.705
C.L≒101.687
S.L≒14.450
I₂=60°33′20″
R=100
T.L=58.383
C.L≒105.730
S.L≒15.796
106
104
102
100
98
96
94
92
90
88
81
89
82
80
78
76
74
74
76
78
80
82
84
86
88
90
92
94
96
98
100
102
104

[그림] 10.26 평면도

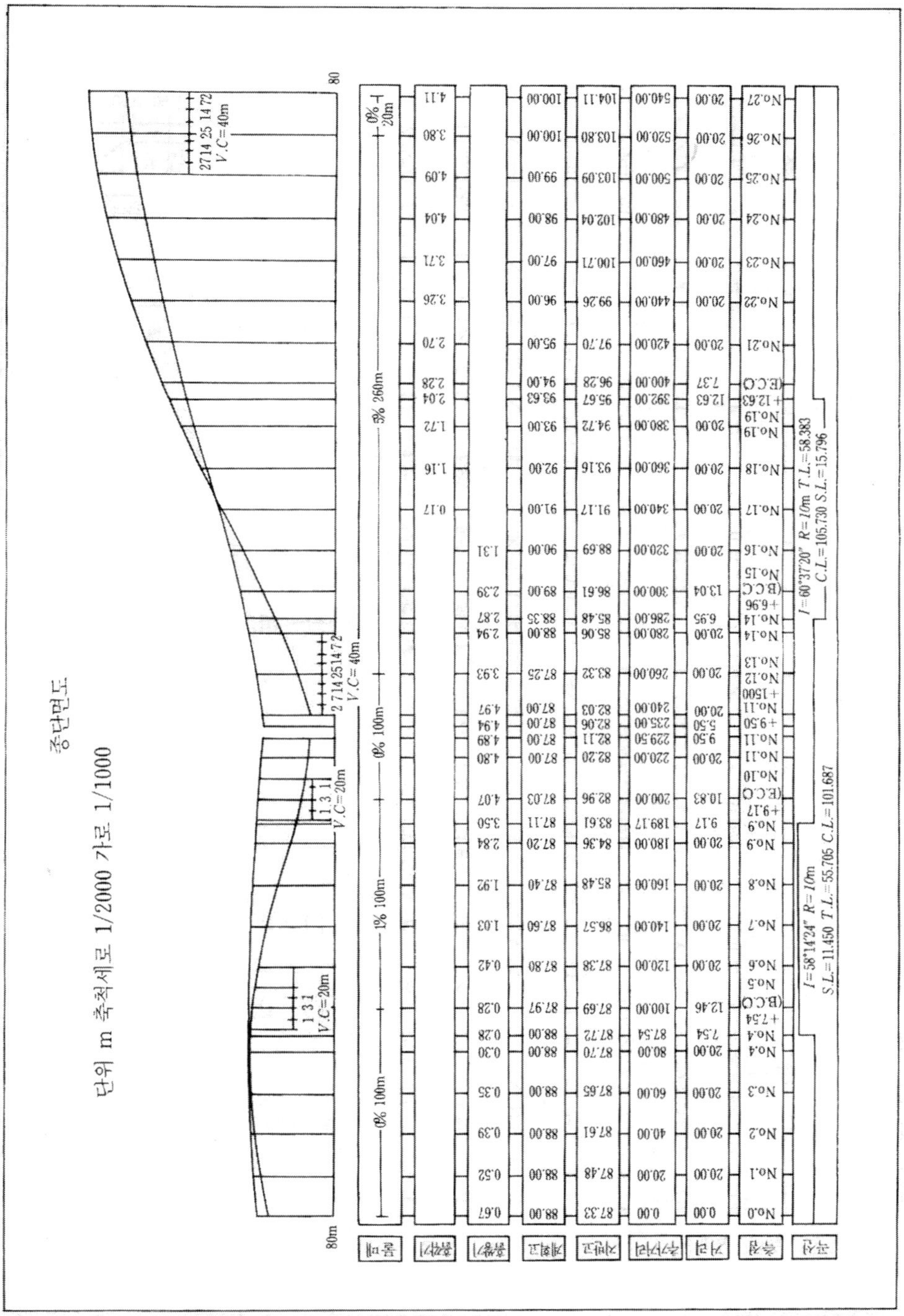

[그림] 10.27 종단면도

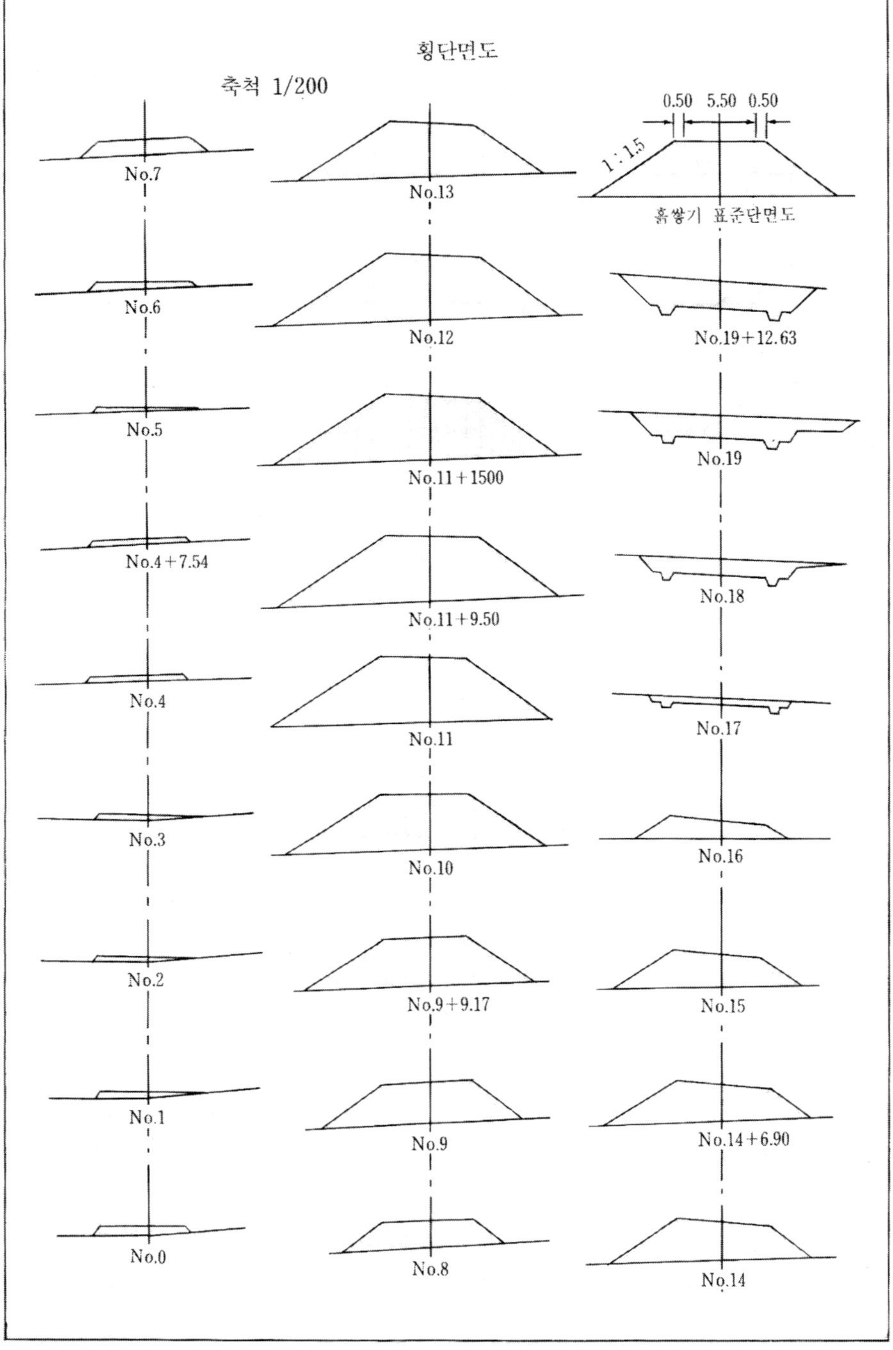
횡단면도
축척 1/200
0.50 5.50 0.50
1 : 1.5
흙쌓기 표준단면도
No.7
No.6
No.5
No.4+7.54
No.4
No.3
No.2
No.1
No.0
No.13
No.12
No.11+1500
No.11+9.50
No.11
No.10
No.9+9.17
No.9
No.8
No.19+12.63
No.19
No.18
No.17
No.16
No.15
No.14+6.90
No.14

[그림] 10.28 횡단면도

연 습 문 제

10.1 기점으로부터 교점까지 추가 거리가 432.84 m이고, 교각 $I = 54°12'$ 일 때 단곡선을 중앙 종거법에 의하여 설치하여라(단, 곡선의 반지름 $R = 300$ m이다).

풀이 ① 현 길이 계산

$$C_1 = 2R\sin\frac{I}{2} = 600 \times \sin\frac{54°12'}{2} = 273.33 \text{ m}$$

$$C_2 = 2R\sin\frac{I}{2^2} = 600 \times \sin\frac{54°12'}{4} = 140.58 \text{ m}$$

$$C_3 = 2R\sin\frac{I}{2^3} = 600 \times \sin\frac{54°12'}{8} = 70.78 \text{ m}$$

$$C_4 = 2R\sin\frac{I}{2^4} = 600 \times \sin\frac{54°12'}{16} = 35.45 \text{ m}$$

② 중앙 종거 계산

$$M_1 = R(1 - \cos\frac{I}{2}) = 300 \times (1 - \cos\frac{54°12'}{2}) = 32.94 \text{ m}$$

$$M_2 = R(1 - \cos\frac{I}{2^2}) = 300 \times (1 - \cos\frac{54°12'}{4}) = 8.35 \text{ m}$$

$$M_3 = R(1 - \cos\frac{I}{2^3}) = 300 \times (1 - \cos\frac{54°12'}{8}) = 2.09 \text{ m}$$

$$M_4 = R(1 - \cos\frac{I}{2^4}) = 300 \times (1 - \cos\frac{54°12'}{16}) = 0.52 \text{ m}$$

10.2 곡률반경$(R)=400$ m이고 완화곡선장이 30 m일 때 3차 포물선을 설치하라.

풀이 ① x축상의 거리

$$x_1=\frac{l}{4}=\frac{30}{4}=7.5\text{ m}$$

$$x_2=\frac{l}{2}=\frac{30}{2}=15\text{ m}$$

$$x_3=\frac{3}{4}l=\frac{3}{4}\times 30=22.5\text{ m}$$

$$x_4=X=30\text{ m}$$

② y축상의 거리

$$y_4=\frac{l^2}{6R}=\frac{30^2}{6\times 400}=0.375\text{ m}$$

$$y_3=\frac{27}{64}y_4=\frac{27}{64}\times 0.375=0.158\text{ m}$$

$$y_2=\frac{1}{8}y_4=\frac{1}{8}\times 0.375=0.047\text{ m}$$

$$y_1=\frac{1}{64}y_4=\frac{1}{64}\times 0.375=0.006\text{ m}$$

10.3 그림의 AC 및 DB 간에 곡선을 놓으려고 하는데 그 교점에 갈 수가 없다. 그래서 ∠ACD=150°, ∠CDB=90° 및 CD=400 m를 측정하여 C점에서 A(B.C)점까지의 거리는? (단, 곡선반경 R=500 m)

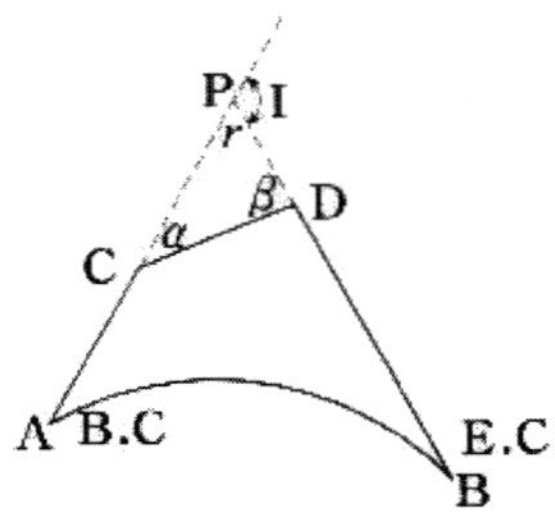

풀이

$$I = \angle PCD + PDC = (180° - 150°) + (180° - 90°) = 30° + 90° = 120°$$

$$T.L = R\tan\frac{I}{2} = 500 \times \tan\frac{120°}{2} = 866.025 \text{ m}$$

$\triangle PCD$에서

$$\frac{CD}{\sin(180° - 120°)} = \frac{PC}{\sin(180° - 90°)}$$

$$\therefore\ PC = \frac{\sin 90°}{\sin 60°} CD = \frac{\sin 90°}{\sin 60°} 400 = 461.880 \text{ m}$$

$$CA = 866.025 - 461.880 = 404.145 \text{ m}$$

10.4 매개변수 A=60 m 클로소이드의 곡선길이가 30 m일 때 종점에서의 곡선 반지름은?

풀이

$$RL = A^2, \qquad R = \frac{A^2}{L} = \frac{60^2}{30} = 120 \text{ m}$$

10.5 다음과 같은 조건 하에서 편각을 계산하시오.

B,C의 추가거리 : 2,575.117 m

E,C의 추가거리 : 2,682.327 m

곡선반경(R) : 100 m

풀이 (1) 편각제원 계산

시곡점 B.C	2,575.117 m	곡선반경 R	100 m
종곡점 E.C	2,682.327 m	20 m 편각 δ	5°43′46.48″
시단현 l_1	4.883 m	시단현 편각 δ_1	1°23′55.96″
종단현 l_2	2.327 m	종단현 편각 δ_2	0°39′59.89″

① 시단현 (l_1) $= N0.129 - BC = 2{,}580 - 2{,}575.117 = 4.883 \text{ m}$

② 종단현 (l_2) $= EC - No.134 = 2{,}682.327 - 2{,}680 = 2.327 \text{ m}$

③ 20 m 편각$(\delta) = \dfrac{l}{2R} \times \dfrac{180°}{\pi} = \dfrac{20}{2 \times 100} \times \dfrac{180°}{\pi} = 5°43′46.48″$

④ 시단현 편각$(\delta_1)=\dfrac{l_1}{2R}\times\dfrac{180°}{\pi}=\dfrac{4.883}{2\times100}\times\dfrac{180°}{\pi}=1°23'55.96''$

⑤ 종단현 편각$(\delta_2)=\dfrac{l_2}{2R}\times\dfrac{180°}{\pi}=\dfrac{2.327}{2\times100}\times\dfrac{180°}{\pi}=0°39'59.89''$

(2)편각계산표

측점	누가거리(m)	편 각 계 산
B.C	2,575.117	0°
No.129	2,580.000	$\delta_1=1°23'55.96''$
No.130	2,600.000	$\delta_1+\delta=7°07'42.44''$
No.131	2,620.000	$\delta_1+2\delta=12°51'28.92''$
No.132	2,640.000	$\delta_1+3\delta=18°35'15.40''$
No.133	2,660.000	$\delta_1+4\delta=24°19'01.88''$
No.134	2,680.000	$\delta_1 5\delta=30°02'48.36''$
E.C	2,682.327	$\delta_1+5\delta+\delta_2=30°42'48.25''$

SURVEYING ➡ CHAPTER 11

면적 및 체적 계산

CHAPTER 11 ➡ SURVEYING

11 면적 및 체적계산

11.1 개 요

측량 결과를 이용하여 측량지역 내의 토지면적을 구하거나 토목공사의 시공 전에 토량, 저수량등을 산출하는 것을 체적 계산이라 한다.

11.2 면적 측정 방법

면적측정법에는 현지에서 길이와 각도를 측정하여 구하는 직접측정법과 도상에서 필요한 값을 산출하거나 기구를 사용하여 구하는 간접측정법이 있다.

11.2.1 도상 측정법

(1) 삼사법

다각형으로 측정된 도면을 삼각형으로 분할하여 계산한다. 구분된 삼각형 밑변이 b, 높이가 h이면 면적 A는

$$A = \frac{1}{2}bh \tag{11.1}$$

예제 11.1 축척 1 : 600 도면 상에서 밑변 4.0 cm, 높이 3.0 cm인 삼각형 면적은?

풀이

$$A = \frac{1}{2}bh = \frac{1}{2}\times 0.04\times 0.03\times (600)^2 = 216\ \mathrm{m}^2$$

(2) 이변법

두 변의 길이와 그 사이각을 알고 측정한 경우 삼각형 면적을 구하는 방법이다. 이 방법은 경계선 중에 장애물이 있어 거리 측정이 안 될 경우에 이용된다.

$$A = \frac{1}{2}ab \cdot \sin\alpha \tag{11.2}$$

예제 11.2 두 변의 길이가 각각 39.4 m, 35.2 m이고 두 변의 협각이 100°18′일 때 삼각형의 면적은?

풀이

$$A = \frac{1}{2}ab \cdot \sin\alpha$$
$$= \frac{1}{2} \times 39.4 \times 35.2 \times \sin 100°18' = 682.3\ \text{m}^2$$

(3) 삼변법

삼각형의 세변 a, b, c를 관측하여 면적을 구하는 방법으로 Herron의 공식에 의한다.

$$A = \sqrt{s(s-a)(s-b)(s-c)}$$

$$\text{여기서, } S = \frac{1}{2}(a+b+c) \tag{11.3}$$

예제 11.3 삼각형 변의 길이가 다음과 같을 때 면적은?
$a = 51.82$ m, $b = 61.25$ m, $c = 25.31$ m

풀이

$$\text{S} = \frac{1}{2}(51.82 + 61.25 + 25.31) = 69.19\ \text{m}$$
$$\text{A} = \sqrt{69.19(69.19-51.82)(69.19-61.25)(69.19-25.31)} = 647.09\ \text{m}^2$$

(4) 사다리꼴 공식에 의한 방법

그림 11.1와 같이 경계선을 직선으로 간주하고 구할 면적을 몇 개의 사다리꼴로 구분하여 면적을 구한 다음 이들 각각의 면적을 합하여 전체 면적을 구한다.

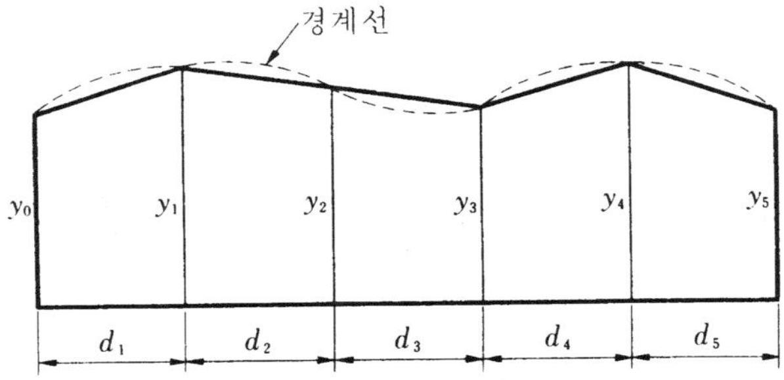

[그림] 11.1 사다리꼴 공식에 의한 면적

전체 면적 $A = \frac{1}{2}\{(y_0 + y_1)d_1 + (y_1 + y_2)d_2 + ... + (y_4 + y_5)d_5\}$

이 식을 일반식으로 나타내면

$$A = \frac{1}{2}\{d_1 y_0 + (d_1 + d_2)y_1 + ... + (d_{n-1} + d_n)y_{n-1} + d_n y_n\} \tag{11.4}$$

지거의 간격을 같게 하면 $d_1 = d_2 = d_3 = ... = d_n = d$이므로

$$\therefore A = d\left\{\frac{y_0 + y_n}{2} + y_1 + y_2 + ... + y_{n-1}\right\} = d\left(\frac{y_0 + y_n}{2} + \sum_{i=1}^{n-1} y_i\right) \tag{11.5}$$

예제 11.4 경계선이 불규칙한 도면에서 y_0=8 m, y_1=6 m, y_2=7 m, y_3=5 m, y_4=3 m, y_5=4 m, y_6=2 m이고, d=2 m일 때 사다리꼴 공식에 의한 면적은?

풀이 $A = 2(\frac{8+2}{2} + 6 + 7 + 5 + 3 + 4) = 60\ \mathrm{m}^2$

(5) 심프슨 법칙

① 심프슨 제1법칙

그림 11.2와 같이 경계선을 포물선(parabola)이라고 가정하고 지거의 두 구역을 한 조로 하여 계산하는 방법이다. 면적은 사다리꼴 ABDE와 포물선 BCD와의 부분으로 되어 있다.

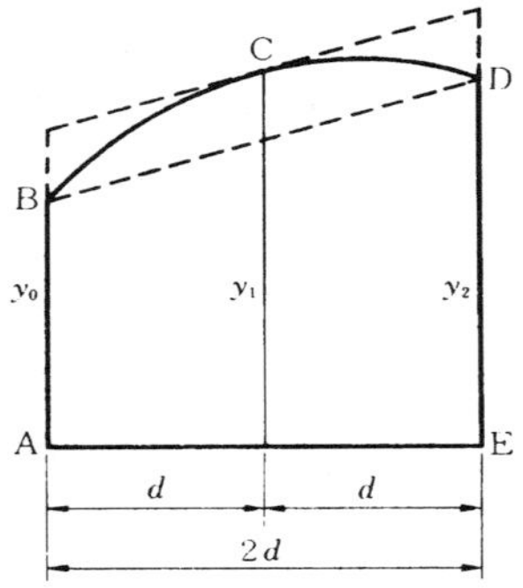

[그림] 11.2 심프슨 제1법칙

$$A_1 = (\text{사다리꼴 } ABDE) + (\text{포물선 } BCD)$$
$$= (2d + \frac{y_0 + y_2}{2}) + \frac{2}{3}(y_1 - \frac{y_0 + y_2}{2}) \times 2d$$
$$= \frac{1}{3}d(y_0 + 4y_1 + y_2) \tag{11.6}$$

$$A_2 = \frac{1}{3}d\ (y_2 + 4y_3 + y_4)$$

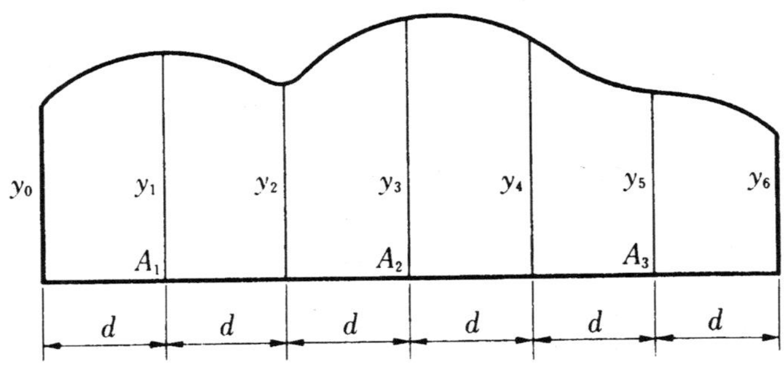

[그림] 11.3 심프슨 제1법칙에 의한 면적계산

전체면적

$$A = \frac{d}{3} \cdot \{(y_0 + 4y_1 + y_2) + (y_2 + 4y_3 + y_4) + \ldots + (y_{n-2} + 4y_{n-1} + y_n)\}$$

$$= \frac{d}{3} \cdot \{y_0 + 4(y_1 + y_3 + \ldots + y_{n-1}) + 2(y_2 + y_4 + \ldots + y_{n-2}) + y_n\}$$

$$\therefore A = \frac{d}{3} \cdot (y_0 + y_n + 4\sum y_{홀수} + 2\sum y_{짝수}) \tag{11.7}$$

예제 11.5 경계선이 불규칙한 도면에서 y_0=8 m, y_1=6 m, y_2=7 m, y_3=5 m, y_4=3 m, y_5=4 m, y_6=2 m이고, d=2 m일 때 심프슨 제1법칙에 의한 면적은?

풀이 $A = \frac{2}{3}\{8 + 2 + 4 \times (6 + 5 + 4) + 2 \times (7 + 3)\} = 60\ \mathrm{m}^2$

② 심프슨 제2법칙

그림 11.4에서 경계선을 3차 포물선으로 보고 지거의 세 구간을 한 조로 하여 면적을 구하는 방법이다.

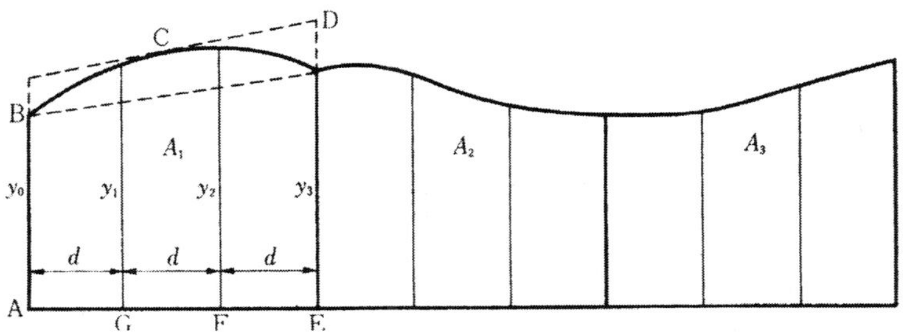

[그림] 11.4 심프슨 제2법칙에 의한 면적계산

$$A_1 = (\text{사다리꼴 } ABDE) + (\text{포물선 } BCD)$$

$$= 3d\frac{(y_0 + y_3)}{2} + \frac{3}{4}\left\{3d \cdot \left(\frac{(y_1 + y_2)}{2} - \frac{(y_0 + y_3)}{2}\right)\right\}$$

$$= \frac{3}{8}d(y_0 + 3y_1 + 3y_2 + y_3)$$

$$A_2 = \frac{3}{8}d(y_3 + 3y_4 + 3y_5 + y_6)$$

$$\therefore \text{ 전체면적 } A = \frac{3d}{8} \cdot \begin{bmatrix} (y_0 + 3y_1 + 3y_2 + y_3) + (y_3 + 3y_4 + 3y_5 + y_6) + \dots \\ \dots + (y_{n-3} + 3y_{n-2} + 3y_{n-1} + y_n) \end{bmatrix}$$

$$= \frac{3d}{8} \cdot \begin{bmatrix} y_0 + 2(y_3 + y_6 + \dots + y_{n-3}) + \dots \\ \dots + 3(y_1 + y_2 + y_4 + y_5 + \dots + y_{n-2} + y_{n-1}) + y_n \end{bmatrix}$$

$$\therefore A = \frac{3d}{8}\left(y_0 + y_n + 2\sum y_{(3\text{의 배수})} + 3\sum y_{(\text{나머지수})}\right) \tag{11.8}$$

예제 11.6 경계선이 불규칙한 도면에서 y_0=8 m, y_1=6 m, y_2=7 m, y_3=5 m, y_4=3 m, y_5=4 m, y_6=2 m이고, d=2 m일 때 심프슨 제2법칙에 의한 면적은?

풀이 $A = \frac{3}{8} \times 2\{8 + 2 + 2 \times 5 + 3 \times (6 + 7 + 3 + 4)\} = 60 \text{ m}^2$

11.2.2 좌표법

각 측점의 x, y의 좌표성과를 이용하여 면적을 산출하는 방법이다.

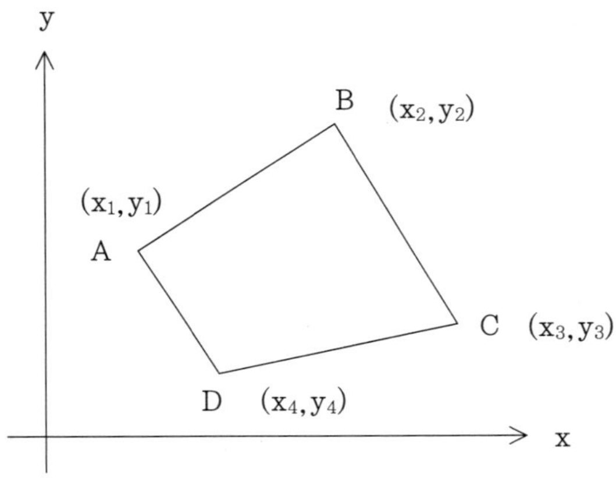

[그림] 11.5 좌표법

$$A = \frac{1}{2}|x_1y_2 - x_2y_1 + x_2y_3 - x_3y_2 + \cdots + x_4y_1 - x_1y_4| \tag{11.9}$$

예제 11.7 다음 그림과 같은 지형의 좌표성과를 이용하여 절토 단면적을 구하면?

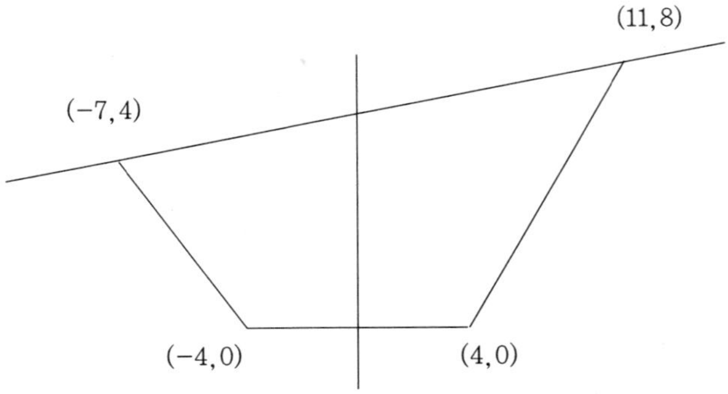

풀이

$$A = \frac{1}{2}|(32-0)+(44+56)+(0+16)+(0-0)|$$
$$= 74m^2$$

11.2.3 횡단면도에서 면적 계산

(1) 횡단면적을 구하는 방법

1) 지형이 수평인 경우

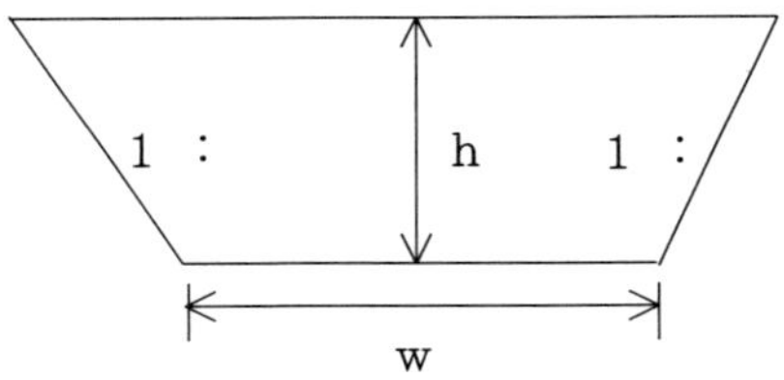

[그림] 11.6 지형이 수평인 경우

$$A = \frac{1}{2}h(2w + r_1 h + r_2 h) \tag{11.10}$$

예제 11.8 편평한 지반에서 성토고 4.2 m, 도로폭 20 m, 두 비탈면의 구배가 1 : 1.5와 1 : 2일 경우 토공 면적은?

풀이

$$A = \frac{4.2}{2}(2 \times 20 + 1.5 \times 4.2 + 2 \times 4.2) = 114.87 \text{ m}^2$$

2) 지형이 등경사인 경우

예제 11.9 다음과 같은 횡단면의 토공 면적은?

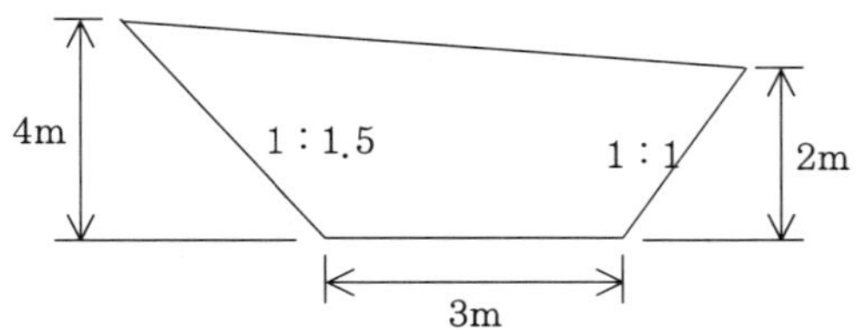

풀이 $A = \frac{11}{2}(4+2) - \frac{1}{2}\times 6\times 4 - \frac{1}{2}\times 2\times 2 = 19\ \text{m}^2$

11.2.4 면적 분할법

(1) 1변에 평행한 직선에 따른 분할 방법

$\triangle ABC$의 변 AB상에 점 D로부터 저변 BC에 평행하게 DE를 그어 $\triangle ADE : \square DBCE = m : n$으로 하려고 할 때 AD의 길이를 얼마로 하면 되는지 구하는 방법이다.

또, $AB = 10$ m일 때, $\triangle ADE : \square DBCE$로 하려면 AD의 길이를 얼마로 하면 되는지를 구하는 방법으로

$AB = a$, $BC = b$, $AF = H$, $AD = x$라 하면,

$DE = \frac{AD}{AB}\cdot BC = \frac{x}{a}\cdot b$

$\triangle ADE = \frac{1}{2} = DE\cdot AG = \frac{1}{2}\cdot\frac{x}{a}\cdot b\cdot h$

$\triangle ABC = \frac{1}{2}BC\cdot AF = \frac{1}{2}\cdot b\cdot H$

$$\frac{\triangle ADE}{\triangle ABC} = \frac{\triangle ADE}{\triangle ADE + \square DBCE} = \frac{m}{m+n} \tag{11.11}$$

또한, $\frac{h}{H} = \frac{x}{a}$

$$\therefore \frac{\triangle ADE}{\triangle ABC} = \frac{x}{a} \times \frac{h}{H} = \frac{m}{m+n}$$

$$\therefore \frac{x^2}{a^2} = \frac{m}{m+n}$$

$$\therefore x = \sqrt{\frac{m}{m+n}} \cdot a \qquad (11.11)$$

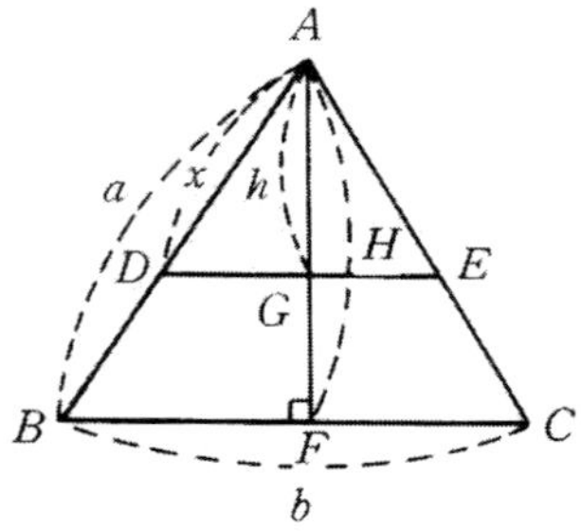

[그림] 11.7 삼각형 분할(1)

예제 11.10 토지의 한 변 BC에 평행으로 m : n=1 : 3으로 분할하려면 AB가 75 m일 때 AD의 길이는?

풀이 $AD = AB\sqrt{\frac{m}{m+n}} = 75\sqrt{\frac{1}{1+3}} = 37.5 \text{ m}$

(2) 변상의 정점을 지나는 분할 방법

그림 11.8에서 $AP = a$인 고정점이라 하면

$\triangle ABC : \triangle ADP = (m+n) : m$ 으로 분할한다.

$\triangle ADP : \triangle ABC = (AP \times AD) : (AB \times AC)$

$= m : (m+n)$

$$\therefore AD = \frac{AB \times AC}{AP} \cdot \frac{m}{m+n} \qquad (11.12)$$

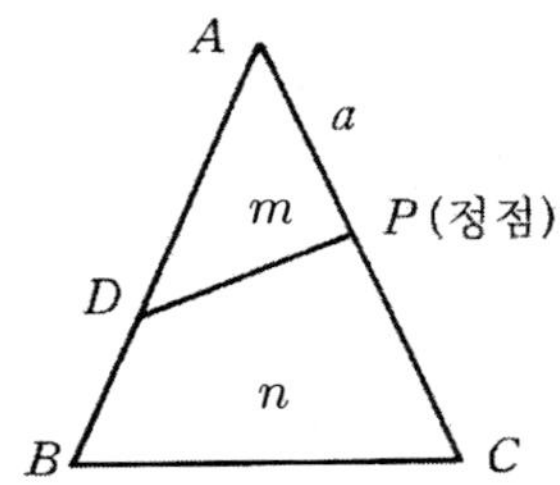

[그림] 11.8 삼각형 분할(2)

예제 11.11 삼각형 ABC에서 AB=52 m, AC=46 m, AP=38 m로 m : n=1 : 1로 분할하려면 AD의 길이는?

풀이 $AD = \frac{AB \times AC}{AP} \cdot \frac{m}{m+n} = \frac{52 \times 46}{38} \times \frac{1}{1+1} = 31.47 \text{ m}$

(3) 삼각형의 정점을 통하는 분할 방법

$\triangle ABC : \triangle ABP = (m+n) : m$ 으로 분할한다. 높이가 일정하므로 면적은 밑면에 비례한다.

$BC : BP = m + n : n$

$$\therefore BP = BC \times \frac{m}{m+n} \tag{11.13}$$

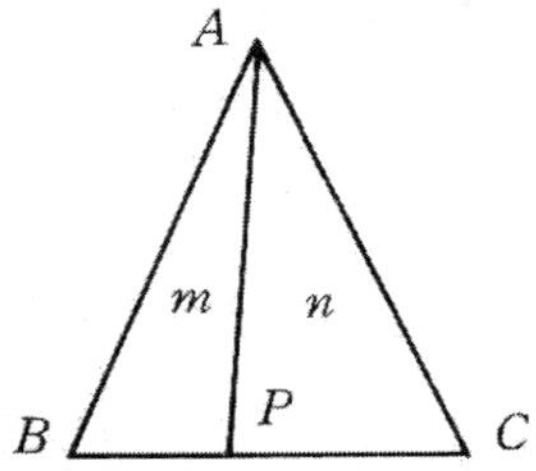

[그림] 11.9 삼각형 분할(3)

예제 11.12 삼각형의 꼭지점 A로부터 밑변을 향해서 직선으로 m : n=2 : 3의 비율로 면적을 분할하려면 BD의 길이는? (단, BC=40 m)

풀이 $BP = BC \times \frac{m}{m+n} = 40 \times \frac{2}{2+3} = 16\ \text{m}$

11.3 기기에 의한 면적의 계산

11.3.1 구적기(Planimeter)에 의한 면적 산출

면적을 측정할 경우 사용한다. 구적기는 최소 눈금이 도상에서 5~10 mm인 것과 단식과 복식이 있고 축척의 선에 새겨져 있으며 골도관의 지표와 일치시켜 관측하도록 되어 있다.

(1) 도면의 축척과 구적기의 축척이 같을 경우

$$A = C \cdot n = C(a_2 - a_1) \tag{11.14}$$

(2) 도면의 축척과 구적기의 축척이 다를 경우

1) 도면의 종축척 x, 횡축척 y의 값을 선정하고 $x = y$를 누르고 스케일 키를 작동하여 횡축척이 설정된 후 종횡을 선정하고 면적을 측정한다.

$$A = \left(\frac{M}{m}\right)^2 \cdot C \cdot n \tag{11.15}$$

2) 도면의 축척 Y, X이 다를 경우

$$A = (\frac{M}{m})^2 \cdot C \cdot n = (\frac{M_1 \times M_2}{m^2}) \tag{11.16}$$

여기서, C : 구적기의 계수

n : 회전눈금수$(a_2 - a_1)$

a_1 : 제 1읽기

a_2 : 제 2읽기

m : 구적기의 축척분모수

M : 도면의 축척분모수

M_1 : 종축척의 분모수

M_2 : 횡축척의 분모수

예제 11.13 축척 1 : 200인 도면에서 5□m 1 : 100인 눈금에 표선을 맞추어 면적을 산출하시오. 단, 구적기 1독치 970, 구적기 2독치 990

풀이

$$A = (\frac{M}{m})^2 \cdot C \cdot n$$

$$= (\frac{200}{100})^2 \times 5 \times (990 - 970) = 400 \text{ m}^2$$

11.3.2 전자 구적기 (Computer planimeter)

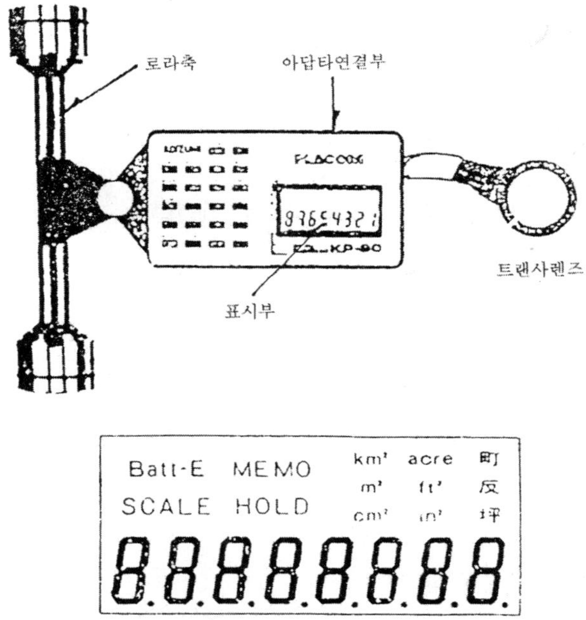

[그림] 11.10 전자구적기 명칭

(1) 각 기능키의 설명

[ON] : 전원 "ON" KEY

[OFF] : 전원 "OFF" KEY

[C.AC] : "CLEAR" KEY와 "ALL CLEAR" KEY

1회 누르면 수치표시(치수한 값, 측정치 등)를 지워버리고 카운터 표시를 "0" 으로 한다.(CLEAR 기능)

2회 계속해서 누르면 모든 메모리가 지워져 버린다. (ALL CLEAR 기능)

[START] : 측정개시 설정키

이 키를 누르면 부자가 작게 울리고 카운타 표시와 평균치 측정용의 메모리를 제거하고 카운타 표시를 "0" 으로 하여 측정개시 OK의 장치가 된다.

[HOLD] : 측정치 일시 고정키

이 키를 누르면 "HOLD" 심볼이 표시된다. 누적측정 시 장시간 작업 데이타의 보존 등 측정치를 일시 보존할 때 사용한다.

MEMO : 중간측정 보존키
평균치 측정일 때, 각회의 측정 종료시에 누름으로 "MEMO" 심볼이 표시된다.

AVER : 평균치 계산키

UNIT-1 : 단위계 선택키
메타계, 인치계, 평계를 순차적으로 선택한다.

UNIT-2 : 각 단위계 내의 단위 : "SHIFT KEY"
화살표는 키를 누르는 것을 표시하며 PC는 파르스카운타를 표시하고 단위 심볼은 표시하지 않는다. 설정 방법은 단위계의 선택의 항을 참조한다.

SCALE : 축척 설정키
사용할 축척을 숫자키로 치수한 후, 이 키를 누르면 축척이 S^2 또 $X\times Y$가 설정되어 "SCALE" 심볼이 표시된다.

R-S : 축척 설정 확인키
예를 들면, 축척 1 : 100을 설정한 후 이 키를 누르면, 10,000(1002)이 표시된다. 이것은 바르게 축척이 설정된 것을 표시한다.

(2) 측정방법

1) 단위계의 선택 및 단위의 선택
   ① PC는 파루스카우트를 표시하고, 단위 심볼은 표시되지 않는다.
   ② "UNIT-2" 키를 눌러주면 cm^2, in^2, 坪의 어느 것인가 표시된다.
   ③ 희망단위계의 표시가 아니면 "UNIT-1" 키를 눌러서 희망하는 단위계와 표시를 나타내도록 한다.
   ④ 희망하는 단위계가 표시되면 다음은 그 단위계 중에서 어떤 단위를 사용하는가를 선택할 때는 "UNIT-2" 키를 사용한다.

2) 키 조작을 "m" 단위로 설정하는 경우

키조작	심볼표시	조작내용
ON	0	전원입력
UNIT-2	m^2 0	m^2 단위 나옴
UNIT-1	坪	평단위로 바꿈
	0	
UNIT-1	cm^2 0	m^2 단위 표시됨
UNIT-2	m^2 0	구하는 m^2가 표시됨

3) 도형의 트레스

① 도형 외주 상에 임의의 위치(가능한한 좌측의 중앙점) 표시를 하고, 이곳을 측정의 START 점으로 하고 트레사렌즈의 중심에 맞춘다.

② 이 상태로 "START" 키를 누르면 부저음이 나고 "0" 이 카운트부에 표시된다.

③ 확인한 후 트레사렌즈의 중심점을 천천히 도형의 외주선상을 우(시계방향)방향으로 경계선을 따라 START점까지 일주시킨다.

④ 이 때의 카운트부에 수치가 도형의 면적이 된다.

4) 누적 측정

"HOLD" 키를 사용하여, 큰 도형을 적게 분할하여 측정하는 경우와 두 개 이상의 도형을 연속하여 측정하는 경우에는 우선 제1도형을 측정하고 "HOLD" 키를 누르고 본기를 제2도형으로 이동시켜 "HOLD" 키를 누르고 HOLD 상태를 해제시킨 후 측정한다. 여러 도형이 있을 때 상기와 같은 조작으로 반복 측정한다.

5) 평균치 측정

구적기로 면적을 측정할 때는 보다 좋은 정도를 구하기 때문에 같은 도형을 여러 번 측정하여 그 평균치를 구하는 것이 좋다. 평균치 측정하는 방법은 아래와 같다.

키조작	심볼표시	기능효과
START	$cm^2$0	측정 개시
제 1 회 측정	$cm^2$540.1	
MEMO	MEMO $cm^2$0	MEMO 표시로 제1회의 측정치 540.1 cm^2가 memory 됨
제 2 회 측정	MEMO $cm^2$540	
MEMO	MEMO $cm^2$0	제1회 540.1 cm^2와 제2회 540 cm^2가 memory 됨

6) 축척도면의 측정

축척 1 : n의 경우의 도면의 면적을 측정하는 경우에 n의 수치를 숫자키에 넣고 "SCALE" 키를 누르면 본체 중의 Computer에 의해 n2이 설정되며 선택설정으로 한 단위로 바른 답을 표시한다.

7) 확대도면의 측정

확대도면 $x:1$의 경우는 키의 조작은 축척측정과 같으나 치수는 $\frac{1}{x}$이라고 한다. 예를 들면 100 : 1의 경우에 $\frac{1}{100}$은 0.01을 넣는다.

예제 11.14 1 : 500의 축척도면을 측정한 경우 팔스카운트가 1,240이었다고 하면 구하는 면적은?

풀이 $\therefore A = 1{,}240 \times 5002 \times 0.1 = 31{,}000{,}000 \text{ cm}^2 = 3{,}100 \text{ m}^2$

11.4 체적 계산

토목공사에서는 용적 계산이 필요하며 용적 계산법에는 각주공식, 양단면 평균법, 중앙단면법이 있고 사용 목적에 따라 방법을 선정할 수 있다.

11.4.1 토공량 산정의 기본식

(1) 각주공식

다각형 양면이 평행이고 측면이 전부 평면인 입체 각주이다.

$$V_0 = \frac{h}{3}(A_1 + 4Am + A_2) \tag{11.17}$$

(2) 양단면 평균법

(11.17)식보다 값이 크게 나오지만 간단하여 토공량 산정 시 많이 사용한다.

$$V_0 = \frac{2h}{2}(A_1 + A_2) \qquad (11.18)$$

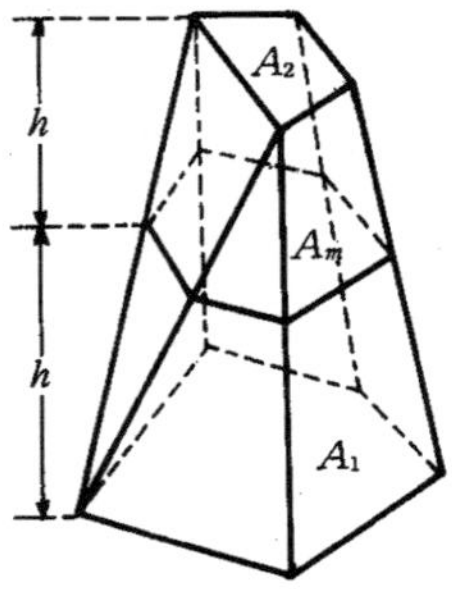

[그림] 11.11 입체각주

(3) 중앙 단면법

$$V_0 = A_m \times 2h \qquad (11.19)$$

여기서, $A_{1,}$ A_2 : 양 단면적

A_m : 중앙 단면적

11.4.2 점고법

건물부지의 정지, 토취장, 토사장 용적관측과 같이 넓은 지역 토공량 산정 시 많이 사용한다.

(1) 사각기둥

$$\therefore \text{토량}(V) = \frac{1}{4}A(\Sigma h_1 + 2\Sigma h_2 + 3\Sigma h_3 + 4\Sigma h_4) \qquad (11.20)$$

$$\therefore \text{평균표고}(h_m) = \frac{V}{nA} \qquad (11.21)$$

여기서, V : 전토지의 용적

A : 1개 구형의 면적

h_m : 평균표고

n : 사각기둥 수

Σh_1 : "1" 이라고 기록한 귀퉁이 점의 높이의 합

Σh_2 : "2" 이라고 기록한 귀퉁이 점의 높이의 합

Σh_3 : "3" 이라고 기록한 귀퉁이 점의 높이의 합

Σh_4 : "4" 이라고 기록한 귀퉁이 점의 높이의 합

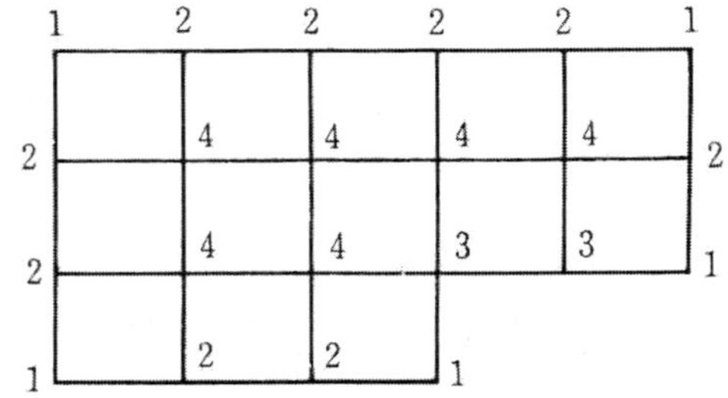

[그림] 11.12 사각기둥의 평면도

(2) 삼각기둥

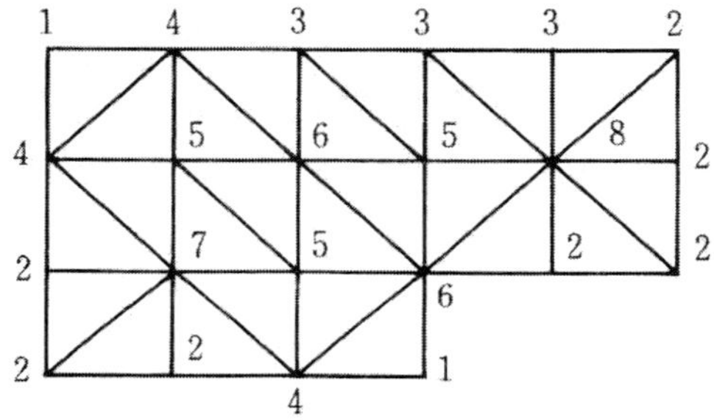

[그림] 11.13 삼각기둥 평면도

$$\therefore \text{토량}(V) = \frac{1}{3}A(\Sigma h_1 + 2\Sigma h_2 + 3\Sigma h_3 + \ldots\ldots + 8\Sigma h_8) \quad (11.22)$$

$$\therefore \text{평균표고}(h_m) = \frac{V}{nA}$$

11.5 단면법과 등고선법에서 용량 계산

11.5.1 단면법

(1) 양단 단면 평균법에 의한 체적 계산

양단의 단면적을 구하고 단면 간의 거리를 곱해서 체적을 구하는 방법이며 토공공사에서는 흙의 체적을 토적이라고 한다.

$$V = \frac{A_1 + A_2}{2} \cdot L \tag{11.23}$$

여기서, V : 체적(m^3)

A_1, A_2 : 단면적(m^2)

L : 단면적 간의 거리(m)

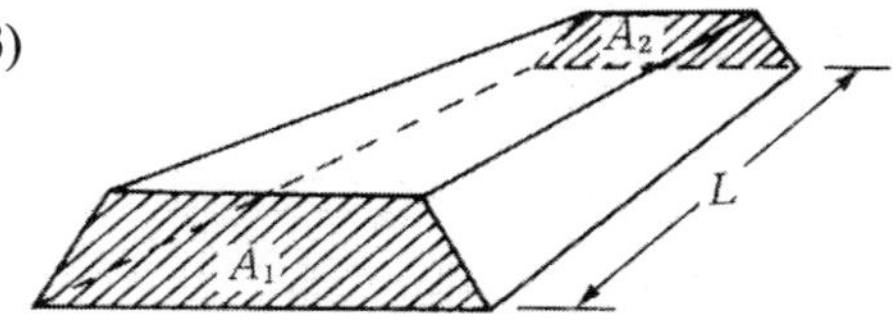

[그림] 11.14 양단면 평균법

(2) 물매비탈

단면평균법을 사용함에 있어, 가장 중요한 것은 단면적을 구하는 일이다. 도로나 하천, 제방의 단면적을 구하는 경우, 물매비탈의 의미를 이해할 필요가 있다. 일반적으로 물매비탈은 높이 1 m에 대한 바닥변 길이의 비율로 나타낸다.

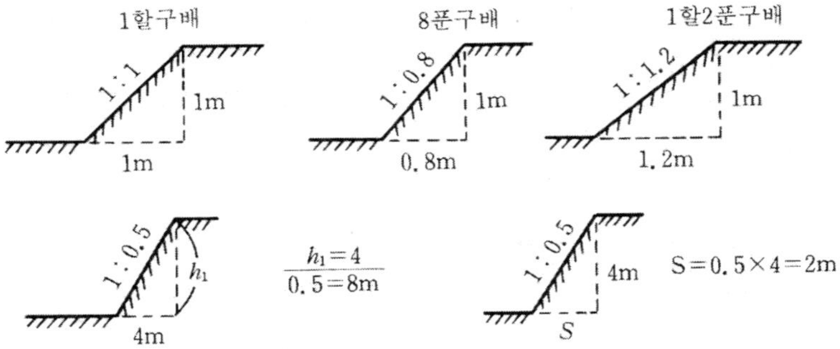

[그림] 11.15 물매비탈

(3) 종·횡단면도의 예

종단면도에 노선의 계획선을 기입하고 지반고, 계획고에서 절취고와 성토고를 구하며, 횡단면도에 시공단면을 기입해서 절취면적(C. A.), 성토면적(B. A.)을 구하면 그림 11.16과 같다.

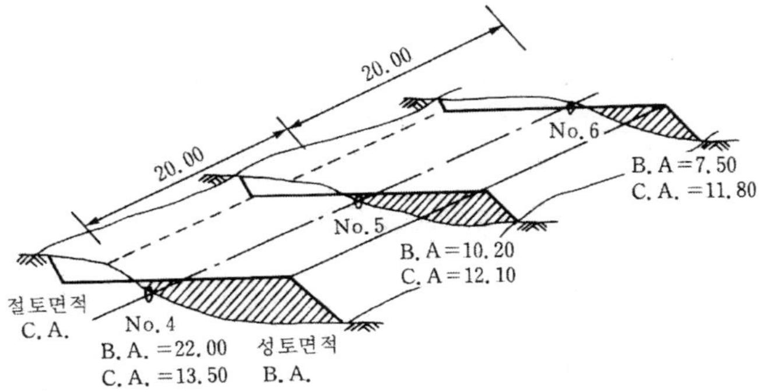

[그림] 11.16 계획선에 의한 횡단면도

(4) 단면평균법에 의한 체적 계산

그림 11.16의 결과를 이용하여 체적 계산을 한다. 비고란에 계산 예를 나타내듯이 체적 V는 서로 이웃이 되는 측점의 단면적을 평균하고, 그 사이의 거리를 곱해서 구한다. 절토와 성토의 체적을 별도 계산한다.

[표] 11.1 체적 계산표

측 점	거 리	단 면 적		체 적		비 고
		절 토	성 토	절 토	성 토	
No. 4	20.00	13.5	22.00	256.0	322.0	
No. 5		12.10	10.20			
No. 6	20.00	11.80	7.5	239.0	177.0	

절토량(No.4 ~ No.5) 계산

$$V = \frac{13.50 + 12.10}{2} \times 20.00 = 256.0\ \text{m}^3$$

성토량(No.4 ~ No.5) 계산

$$V = \frac{22.00 + 10.20}{2} \times 20.00 = 322.0\ \text{m}^3$$

11.5.2 등고선법

구적기로 단면적을 구하고 그 값으로 지형도 상에서 체적 및 저수량을 계산한다.

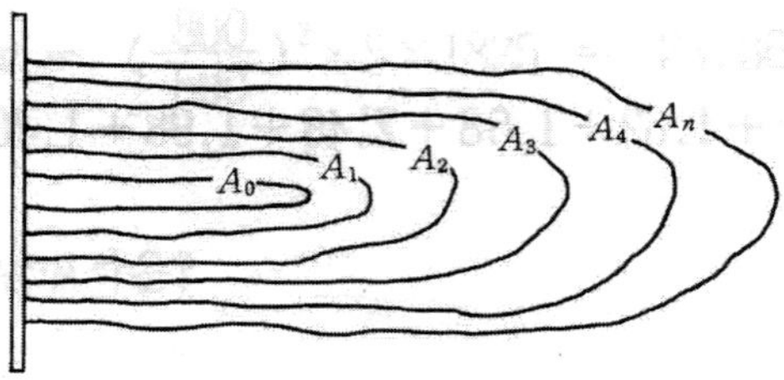

[그림] 11.17 체적 산출

$$V = \frac{h}{3}\left[A_0 + A_n + 4\sum A_{홀수} + 2\sum A_{짝수}\right] \tag{11.24}$$

여기서, V : 저수 용량, A : 각단면의 면적, h : 등고선 간격

연습문제

11.1 3변의 길이가 각각 25.4 m, 40.8 m, 50.6 m일 때, 축척 $\frac{1}{500}$에서의 면적은 몇 cm^2인가?

풀이

① $S=\frac{1}{2}(a+b+c)=\frac{1}{2}(25.4+40.8+50.6)=58.4\ \text{m}$

$A=\sqrt{S(S-a)(S-b)(S-c)}$

$=\sqrt{58.4(58.4-25.4)(58.4-40.8)(58.4-50.6)}=514.36\ \text{m}^2$

② $(\text{축척})^2=\frac{\text{도상면적}}{\text{실제면적}}$

$(\frac{1}{500})^2=\frac{\text{도상면적}}{514.36}$

$\therefore \text{도상면적}=\frac{514.36}{500^2}=0.002\ \text{m}^2=20\ \text{cm}^2$

11.2 다음과 같은 그림에서 사다리꼴 공식을 이용하여 면적을 구하여라.

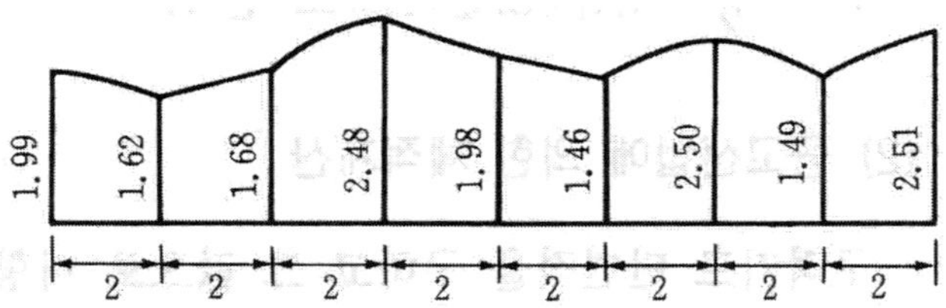

풀이

$A = d(\frac{y_0+y_n}{2}+y_1+y_2+y_3+\ldots\ldots)$

$= 2(\frac{1.99+2.51}{2}+1.62+1.68+2.48+1.98+1.46+2.50+1.49)$

$= 30.92\ \text{m}^2$

11.3 심프슨(Simpson) 제2법칙을 이용하여 다음 그림의 면적을 구한 값은?

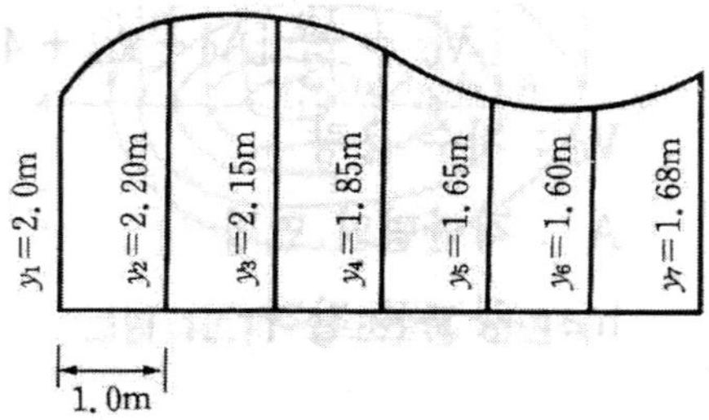

풀이 Simpson 제2법칙은 사다리꼴 3개를 1조로 계산한다.

$$A = \frac{3}{8}d\ [y_1 + y_7 + 3(y_2 + y_3 + y_5 + y_6) + 2 \times y_4]$$

$$= \frac{3}{8} \times 1.0[2.0 + 1.68 + 3(2.2 + 2.15 + 1.65 + 1.60) + 2 \times 1.85] = 11.32\ \mathrm{m}^2$$

11.4 지거를 5 m 등간격으로 택하고 각 지거가 $y_0 = 3.2$ m, $y_1 = 4.8$ m, $y_2 = 9.5$ m, $y_3 =$ 10.6 m, $y_4 = 8.5$ m이었다. 심프슨의 제1법칙을 이용하여 면적을 구하여라.

풀이

$$A = \frac{d}{3}[y_0 + y_4 + 4(y_1 + y_3) + 2y_2]$$

$$= \frac{5}{3}[3.2 + 8.5 + 4(4.8 + 10.6) + 2(9.5)]$$

$$= 153.83\ \mathrm{m}^2$$

11.5 축척 1 : 800의 도면 상에서 플래니미터(planimeter)로 면적을 구한다. 축척 눈금 5□m 1 : 500의 선에 표시선을 일치시켜 극침을 도면 밖에 놓아 정회전시켰다. 이 때, 얻은 독치가 다음과 같을 때 실면적은 얼마인가? (단, 제1독치 : 3028, 제2독치 : 4853, 상면의 가수 : 12,513)

풀이 $n = 4853 - 3028 = 1825$

$$A = (\frac{M}{M_0})^2 \cdot C \cdot n = (\frac{800}{500})^2 \times 5 \times 1825 = 23{,}360\ \mathrm{m}^2$$

11.6 그림과 같은 지역의 단면적은?

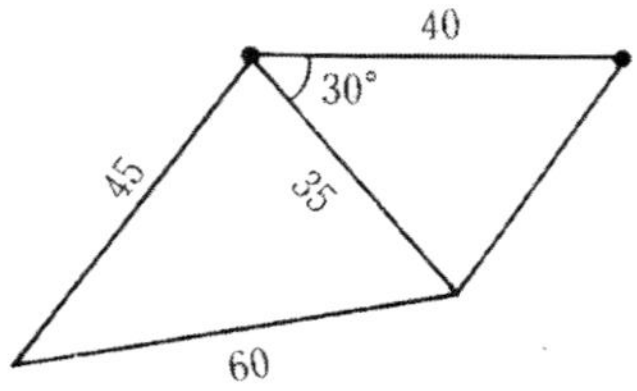

풀이 (1) 삼각형 ①의 면적(A_1)

$$S = \frac{1}{2}(a+b+c) = \frac{1}{2}(45+35+60) = 70$$

$$\therefore A_1 = \sqrt{S(S-a)(S-b)(S-c)}$$

$$= \sqrt{70(70-45)(70-35)(70-60)} = 782.62\ \text{m}^2$$

(2) 삼각형 ②의 면적(A_2)

$$A_2 = \frac{1}{2}bd\sin\alpha = \frac{1}{2}\times 35\times 40\sin 30° = 350\ \text{m}^2$$

(3) 전체 면적(A)

$$A = A_1 + A_2 = 782.62 + 350 = 1132.62\ \text{m}^2$$

11.7 축척 1 : 1200 지도 상의 면적을 잘못하여 축척 1 : 1000로 측정하였더니 10,000 m^2가 나왔다. 실제 면적은?

풀이 $$A = \left(\frac{1200}{1000}\right)^2 \times 10{,}000 = 14{,}400\ \text{m}^2$$

11.8 그림과 같이 도로의 횡단면을 계획하였다. 그 후, 계획 변경이 있고 축도를 설치하기 위하여 6 m의 여유를 빼낼 필요가 있어 점선과 같은 L형 옹벽을 계획하였다.

L형 옹벽 상면의 높이(표고)는 몇 m인가? (단, C점의 표고는 3.5 m이다.)

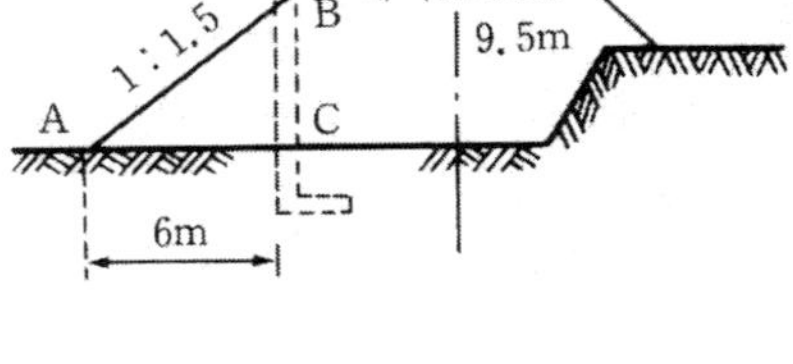

풀이 구배가 1 : 1.5 이므로

$1 : 1.5 = x : 6.5$

$x = \frac{6.5}{1.5} = 4.33 \text{ m}$

∴ 옹벽 상면의 표고 H_B는

$H_B = H_C + x = 3.5 + 4.33 = 7.83 \text{ m}$

11.9 축척 1 : 1,000의 도면에서 면적을 잰 결과 2cm^2이었다. 이 도면이 전체적으로 1 % 수축되었다면 실제면적은 얼마인가?

풀이 $(\frac{1}{1000})^2 = \frac{2}{\text{실제면적}}$

실제면적 $= 2 \times 1000^2 = 2{,}000{,}000 \text{ cm}^2 = 200 \text{ m}^2$

$A_0 = A(1 + 2\delta) = 200(1 + 2 \times 0.01) = 204 \text{ cm}^2$

11.10 그림과 같이 양측점의 높이가 다르고 그 사이가 일정한 경사로 되어 있을 때 횡단면적을 구하여라.

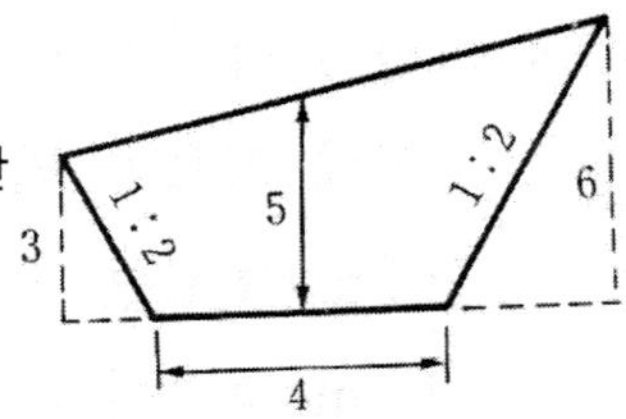

풀이 $A = \frac{22}{2}(3 + 6) - \frac{1}{2} \times 6 \times 3 - \frac{1}{2} \times 12 \times 6 = 54 \text{ m}^2$

11.11 다음 그림과 같은 지구의 표고를 얼마로 하면 적당한가?

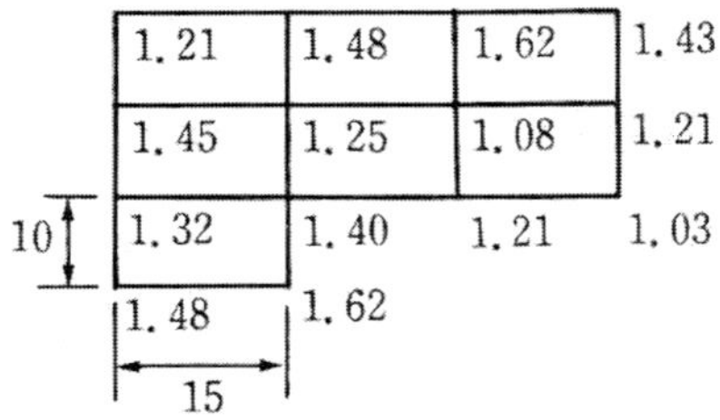

풀이 $\Sigma h_1 = 1.21 + 1.43 + 1.03 + 1.62 + 1.48 = 6.77$

$\Sigma h_2 = 1.48 + 1.62 + 1.21 + 1.21 + 1.32 + 1.45 = 8.29$

$\Sigma h_3 = 1.40$

$\Sigma h_4 = 1.25 + 1.08 = 2.33$

$$V = \frac{1}{4} A [\Sigma h_1 + 2\Sigma h_2 + 3\Sigma h_3 + 4\Sigma h_4]$$

$$= \frac{1}{4} \times 10 \times 15 [6.77 + (2 \times 8.29) + (3 \times 1.40) + (4 \times 2.33)] = 1382.625 \text{ m}$$

$$h_m = \frac{V}{nA} = \frac{1382.625}{7 \times 10 \times 15} = 1.32 \text{ m}$$

11.12 다음 그림과 같은 지역의 토량은 얼마인가?

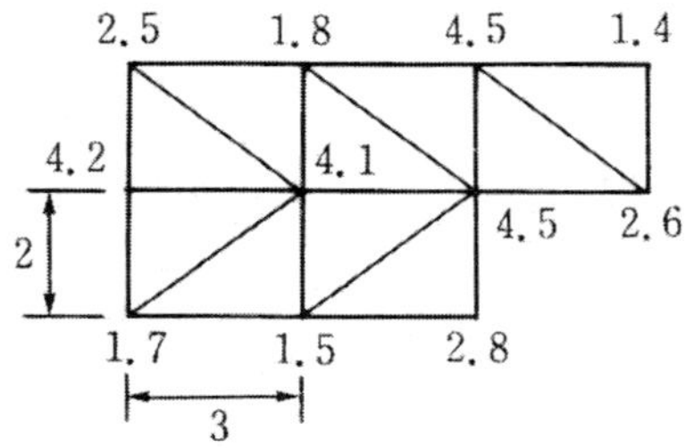

풀이 $\Sigma h_1 = 1.4 + 2.8 = 4.2$

$\Sigma h_2 = 2.5 + 2.6 + 1.7 + 4.2 = 11$

$$\Sigma h_3 = 1.8 + 4.5 + 1.5 = 7.8$$

$$\Sigma h_5 = 4.5$$

$$\Sigma h_6 = 4.1$$

$$V = \frac{2 \times 3}{3 \times 2}[4.2 + 2 \times 11 + 3 \times 7.8 + 5 \times 4.5 + 6 \times 4.1] = 96.7\ \mathrm{m}^3$$

11.13 그림과 같이 5 m 간격의 등고선이 새겨진 산에서 85 m 이상의 체적을 구하였다. 각 등고선에 이르는 면적이 다음과 같을 때, 이 때의 체적은 얼마인가?

105 m 등고선 내의 면적 : 50.25 m^2

100 m 등고선 내의 면적 : 100.45 m^2

95 m 등고선 내의 면적 : 800.25 m^2

90 m 등고선 내의 면적 : 1500.4 m^2

85 m 등고선 내의 면적 : 2500.5 m^2

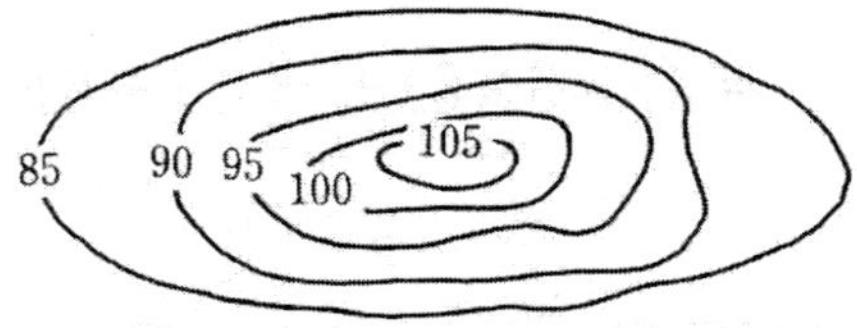

풀이

$$V = \frac{h}{3}(A_0 + A_n + 4(A_1 + A_3 + \cdots + A_{n-1}) + 2(A_2 + A_4 + \cdots + A_{n-2})]$$

$$= \frac{5}{3}[50.25 + 2500.5 + 4(100.45 + 1500.4) + 2(800.25)] = 17{,}591\ \mathrm{m}^3$$

11.14 그림에서 댐 저수면의 높이를 120 m로 할 경우 저수량은 얼마인가?

단, 80 m 등고선 내의 면적 : 1,500 m^2

90 m 등고선 내의 면적 : 12,500 m^2

100 m 등고선 내의 면적 : 18,000 m^2

110 m 등고선 내의 면적 : 25,000 m^2

120 m 등고선 내의 면적 : 42,500 m^2

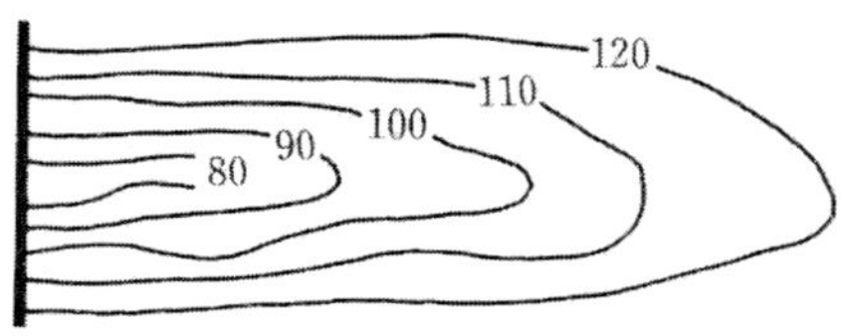

풀이

$$V = \frac{h}{3}[(A_0 + A_4 + 4(A_1 + A_3) + 2A_2]$$

$$= \frac{10}{3}[1500 + 42{,}500 + 4(12{,}500 + 25{,}000) + 2 \times 18{,}000] = 766{,}666.67\ \mathrm{m}^3$$

11.16 그림과 같은 토지의 한 변 BC에 평행으로 $m : n = 1 : 3$ 의 비율로 분할하려면 AB= 50 m일 때 AX는 얼마인가?

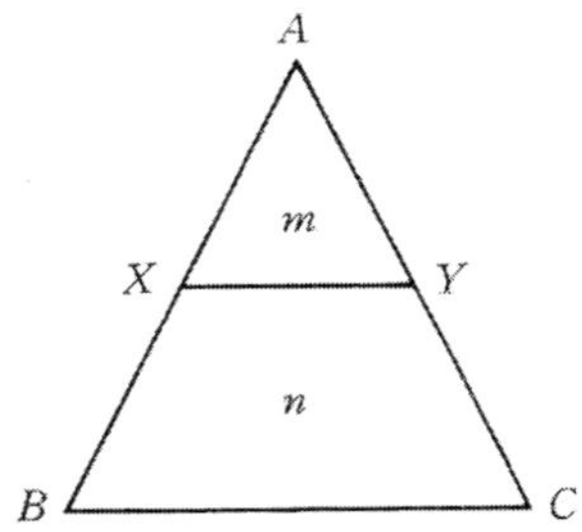

풀이

$$AX = AB\sqrt{\frac{m}{m+n}} = 50\sqrt{\frac{1}{1+3}} = 25\text{ m}$$

SURVEYING ➡

CHAPTER

12 하천측량

CHAPTER 12 ➡ SURVEYING

하천측량

12.1 개 요

하천측량의 목적은 하천의 형상, 수위, 심천, 단면, 구배 등을 측정하여 하천의 평면도, 종·횡단면도를 작성함과 동시에 유향, 유속, 유량, 부유물, 기타 구조물을 조사하여 각종 수공설계 및 시공에 필요한 자료를 얻기 위한 것이다.

12.2 측량의 범위

12.2.1 평면측량

평면측량은 하천의 형상을 포함할 수 있는 크기로서 일반적으로 범위는 유제부에서 제외지의 전부와 제내지 300 m 이내, 무제부에서 홍수 시에 물가선(water course line)에서 100 m까지로서 홍수가 영향을 주는 구역보다 약간 넓게 측량한다. 하천공사의 경우는 하구에서 상류의 홍수피해가 미치는 지점까지, 사방공사의 경우에는 수원지까지를 측량 범위로 한다.

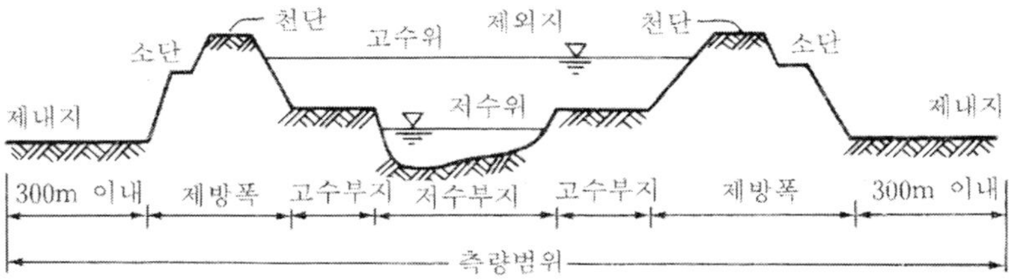

[그림] 12.1 하천단면도

(1) 삼각측량

삼각점은 원칙적으로 기본 삼각점을 이용하고, 삼각점은 2∼3 km마다 설치하며, 삼각망은 단열 삼각망을 이용한다.

(2) 세부측량

세부측량의 대상은 하천의 형태, 제방, 교량, 방파제, 행정경계 등 하천 유역에 있는 모든 것을 측량한다.

(3) 트래버스측량

단열삼각망으로는 기준점이 부족하므로 200 m마다 결합 트래버스점을 잡고 각도 오차는 3′ 정도, 결합비는 1 : 1,000 이내로 한다.

(4) 세부지형측량

하천의 형태, 제방, 지목별 하천의 부속공작물, 승선장, 도로, 철도, 도, 군, 읍, 면, 리의 경계와 농지나 수준기선, 양수표 등을 표시하고 기타 중요지물, 하천유역의 모든 지물을 측정한다.

12.2.2 수준측량(Leveling)

하천의 고저측량은 종단, 횡단, 심천, 거리표 설치 측량과 수준기표 측량을 총칭하여 말한다.

(1) 거리표 설치(Distance Mark)

거리표는 하천의 중심에서 직각 방향으로 하구 또는 하천의 합류점으로 100～200 m마다 설치하고 1 km마다 석표를 매설한다.

(2) 종단측량

종단측량은 하천 흐름 방향으로 중요 개소의 높이를 측정하여 5 km마다 교호수준측량을 하여 표식을 설치한다.

① 거리표, 양수표, 수문, 기타 중요한 장소의 높이를 측정하는 데 목적이 있다.
② 허용오차는 4 km 왕복측정 시 유조부 12 mm 이내, 무조부 15 mm 이내, 급류부 20 mm 이내이고, 성과는 하류 좌측에 대하여 횡축 1 : 1,000, 종축은 1 : 100의 축척으로 종단면도를 작성한다.

(3) 횡단측량

횡단측량은 양안의 거리표를 맺는 선중 지반의 고저 및 하천의 심천 등을 측정하는 작업이다. 횡단측량은 200 m마다 양안에 설치한 거리표를 기준으로 하여 시행하고 간격은 10～20 m마다 실시한다. 양수표, 댐(Dam), 교량, 갑문 등 구조물이 있는 장소에서는 정밀한 측량을 실시한다.

(4) 심천측량(Sounding Surveying)

심천측량은 원칙적으로 횡단측량의 실시와 동시에 시행하고 수면말뚝을 기준으로 하여 실시하며 수심 및 하저 상항을 조사하여 횡단면도를 작성한다. 실시방법은 보통 5 m구간으로 나누어 수심과 하저의 토질 또는 토사의 대소 등을 측정한다. 사용기구는 하천의 길이와 유속에 따라 측간(Sounding pole)과 측추(Sounding lead)를 사용한다. 측간은 길이 5 m 정도에 10 cm씩 적과 백색으로 교대로 칠하여 1 m마다 표를 붙이고 하단은 철 또는 납을 붙여서 사용하는데 수심 5 m까지는 측정이 가능하다. 측추는 와이어 또는 로프 끝 부분에 3~5 kg 무게의 연추를 달고 로프에는 20~30 cm마다 눈금을 표시하여 깊이를 측정하는 것으로 수심 6 m이상 되는 곳에 사용한다. 수심이 깊은 곳에는 음향 측심기와 수압 측심기를 사용한다. 음향 측심기는 수심이 30 m 정도의 깊은 곳에 사용하며 수상에서 초음파를 발사하여 하저에서 반사되어 돌아올 때까지의 시간을 측정하여 수심을 측정한다.

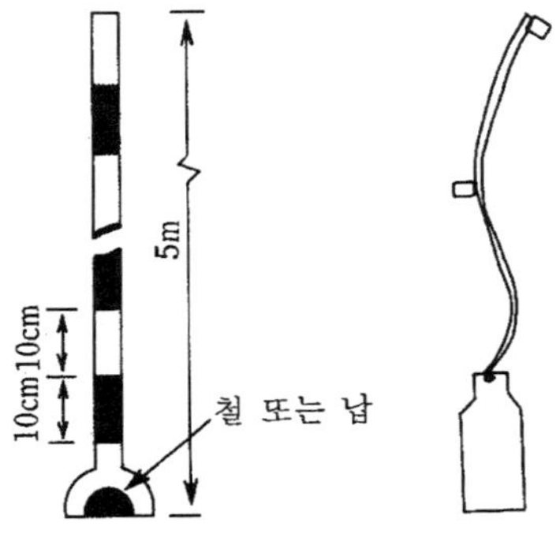

(a) 로드 (b) 레드

[그림] 12.2 측간과 측추

[그림] 12.3 음향측심기

12.3 도면 작성

하천측량에 의해 작성되는 도면은 평면도, 종단면도, 횡단면도 등을 작성하고 작성 년월일과 측량자 명, 방위, 축척, 기타 필요한 사항을 명시한다.

12.3.1 평면도 작성

평면도는 하천공사의 계획에 기본도로서 골조를 구한 기준점은 전부 직교좌표에 의하여 전개해서 정확한 지형도를 작성한다. 평면도 작성 시 축척 1 : 2,500으로 하고 하천의 폭이 50 m 이하에 있어서는 1 : 1,000으로 한다.

12.3.2 종단면도 작성

종단면도는 종단측량 결과로써 양안의 거리표, 지반고, 하상고, 최고수위, 양수표, 교대고, 수문, 용배수의 통관, 기타 공작물의 위치와 높이 등을 기입하고 종축은 1 : 100~1 : 200, 횡축을 1 : 1,000으로 작성하나 중하천에서 1 : 3,000 대하천에서 1 : 5,000으로 작성하는 것이 보통이다.

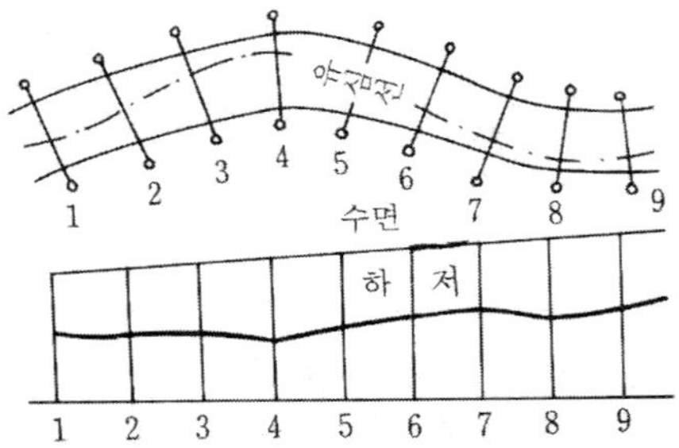

[그림] 12.4 도면작성도

12.3.3 횡단면도 작성

횡단면도는 육상 부분의 횡단측량과 수중 부분의 심천측량 결과를 연결하여 제도한다. 하천개수 및 기타공사는 좌안의 거리표를 기준으로 하고 축척은 횡 1 : 1,000으로 한다. 횡단도에는 양단의 거리표 위치, 고수위, 저수위, 평수위, 계획, 홍수 등을 기입한다.

12.4 수위관측

12.4.1 양수표의 종류

하천 수위는 주기적, 계절적으로 변화하고 있다. 양수표(Water gauge)에 의하는 것으로써 보통 양수표와 자기 양수표의 2종류가 있다.

(1) 보통 양수표

수위 관측을 위해 두께 2 cm, 넓이 15～30 cm의 나무판에 2 cm 마다 눈금을 새긴 것으로 양수표설치는 기둥을 세우고 잣눈판을 붙이거나 교대, 수각, 수문 등의 견고한 구조물에 달아 매거나 페인트로 쓰고 평상 시의 관측은 6시간 또는 12시간마다, 홍수 시는 30분 또는 1시간마다 하며 최고수위에 도달하였을 때에는 5분 또는 10분마다 관측할 필요가 있다.

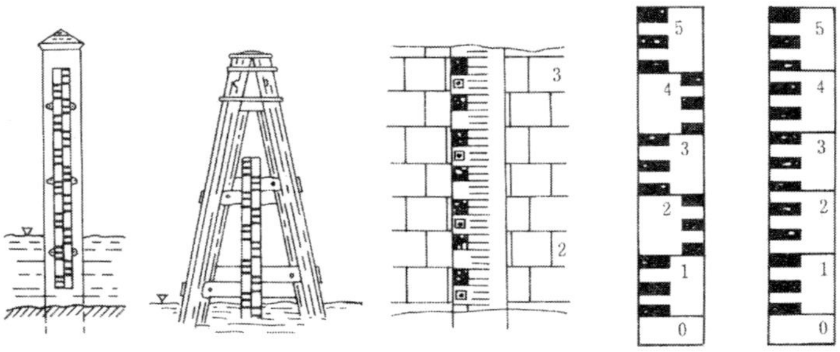

[그림] 12.5 보통양수표

(2) 자기 양수표

치수와 이수 중요 지점에 설치하고 수위 변화를 자동적으로 기록하도록 되어 있다. 시간은 1일에서 1주, 수개월에 이르는 것도 있으며 수위 변화를 직접 펜 용지에서 회전기록지에 기록한다.

12.4.2 양수표의 설치

양수표의 설치는 다음 사항을 고려하여 최적지를 선정한다.

① 양수표의 위치뿐만 아니라 상류, 하류의 상당한 범위에서 하상과 하안이 안전한 장소를 택한다.

② 상 · 하류 약 100 m 정도의 직선인 장소일 것

③ 수위가 교각이나 기타 구조물에 의한 영향을 받지 않는 장소일 것
④ 홍수 시에 유실이나 이동 또는 파손이 되지 않는 장소일 것
⑤ 평상시는 물론 홍수시에도 용이하게 양수표를 볼 수 있는 장소일 것
⑥ 지천의 합류점 및 분류점으로 수위의 변화가 생기지 않는 장소일 것
⑦ 유속의 크기가 크지 않은 장소일 것
⑧ 잔류와 역류가 적은 장소일 것

12.4.3 양수표의 영위치

양수표의 영위에 대해서는 다음의 사항에 주의하여야 한다.

① 양수표의 영위는 최저수위의 밑에 있고, 양수표 눈금의 최고수위는 최대 홍수수위보다 높아야 한다.
② 양수표에 있어서는 평균해수면의 표고를 측정해 둔다.
③ 홍수 후에는 반드시 부근의 수준점과 연결하여 그의 표고를 확인하고, 수준점이 원거리에 있을 때는 안전한 곳에 별도로 수준점을 설치한다.

12.5 하천수위(River Water level)

하천측량에서 기간을 두고 양수량을 관측하여 수위와 시간과의 관계를 기록 도시한 것을 수위도(hydro graphy)라 하고 이에 따라 각종 수위를 구분하고 있다.

1) 최고수위(H. H. W. L ; Highest high Water Level)와 최저수위(L. L. W. L ; Lowest Low Water Level)
   어떤 기간에 있어서 최고, 최저수위이며 년, 월 단위로 구별한다.
2) 평균수위(M. W. L ; Mean Water Level)
   어떤 기간에 관측수위의 합계를 그의 관측횟수로 나눈 평균값을 말한다.
3) 평수위(O. W. L; Ordinary Water Level)
   높은 수위와 낮은 수위의 관측횟수가 같은 수위로, 1년 중 185일은 이보다 내려가지 않는 수위를 말한다. 일반 하천수위를 말하며 하천의 수애선을 결정하는 수위이다.
3) 평균최고수위(N. L. W ; Normal High Water Level)와 평균최저수위(N. L. W ; Normal Low Water Level)
   어떤 기간에 있어서 년, 월의 최고수위와 최저수위의 평균값을 말한다.

4) 갈수위(D. W. L ; Droughty Water Level)

1년을 통하여 355일간은 이보다 내려가지 않는 수위로서 관개계획, 상수도계획, 상수도계획, 산업용수계획 등의 기준이 된다.

5) 저수위(L. W. L ; Low Water Level), 고수위(H. W. L ; High Water Level)

1년 중 275일은 이보다 내려가지 않거나 올라가지 않는 수위로서 연 12회 정도 발생하는 수위를 말한다.

6) 최다수위(M. F. W. L ; Most Frequent Water Level)

일정기간 동안에 가장 많이 생긴 수위로 회수곡선의 정점에 의해 구해진다.

7) 홍수위(F. W. L ; Flood Water Level)

몇 년에 한 번씩 발생할 수 있는 수위로 배수계획, 치수공사계획의 기준이 되며 다음과 같은 것이 있다.

① 지정수위

홍수 시 매시간 관측하는 수위를 말한다.

② 통보수위

지정된 통보를 개시하는 수위를 말한다.

③ 경계수위

수방 요원의 출동이 필요한 수위를 말한다.

12.6 유속과 유량의 측정

12.6.1 유 속

(1) 정의

유속은 물이 단위시간 1초간에 흐르는 거리를 말하고 단위는 m/sec로 표시한다. 유속측정에는 각종 기계와 방법이 있으나 일반적으로 유속계와 부자(float)가 가장 많이 이용된다.

(2) 유속측정

하천의 어떤 단면도 유속은 일정하지 않다. 일반적으로 하상으로부터 상향할수록, 하천 중앙에 갈수록 유속은 커진다. 유속계로 유속을 측정할 때는 하천단면을 나누어 각 구간에 대한 평균유속을 구한다.

1) 유속계의 종류

① 배형 유속측정기

연직축에 붙어 있는 여러 개의 원추배가 유속의 작용에 따라 회전되어 유속을 측정하는 것으로 배형의 대표적 기종은 Price식, Ellis식 등이 있고 현재 사용되는 것은 Price 청음식, Price 계수식 등이 있다.

② 익형 유속측정기

수평축에 붙어 있고 날개가 유수의 작용에 따라 수평축의 둘레로 회전하며 유속이 측정되는 것으로 익형의 대표적 기종은 히로이식(광정), Aotto식, Amsler-Laffon 식 등이 있다.

③ 전기 유속측정기

날개의 회전으로부터 생기는 전기출력으로 유속을 측정하는 것이다.

2) 부자의 종류

① 표면부자

주로 홍수시에 사용되며, 하천의 단면이 고른 직선의 부분을 골라 부자를 띄워서 그 흐르는 거리와 소요시간을 측정하여 유속을 구하는 데 이용된다.

② 막대부자

가벼운 대나무나 목편을 사용하며 속도를 관측하여 프랜시스(Francis)실험식으로 평균유속을 구한다.

③ 이중부자

표면부자에 실이나 금침 또는 가는 쇠줄을 수중부자와 연결하여 관측한다.

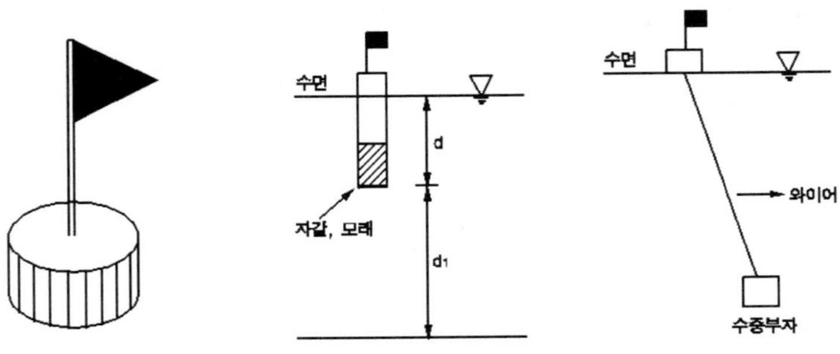

(a) 표면부자 (b) 막대부자 (c) 이중부자

[그림] 12.6 부자의 종류

(3) 평균유속

한 단면 내에서 하저로부터 수면을 향하여 올라오며 유속을 변화한다. 따라서 유량계산은 각 단면에 대하여 평균유속을 구하여야 한다.

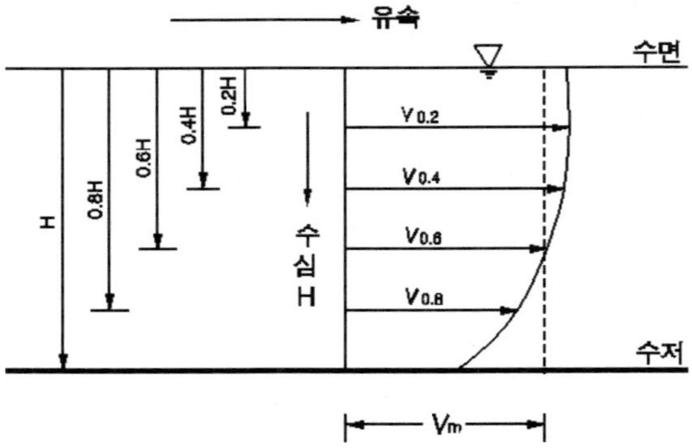

[그림] 12.7 유속 측정

① 1점 측정인 경우 (1점법) : 수면으로부터 수심이 0.6h가 되는 곳의 유속

$$V_m = V_{0.6} \tag{12.1}$$

② 2점 측정인 경우 (2점법) : 수면으로부터 0.2h와 0.8h가 되는 곳에 유속을 측정하면 다음식으로 구한다.

$$V_m = \frac{V_{0.2} + V_{0.8}}{2} \tag{12.2}$$

③ 3점 측정일 경우 (3점법) : 수면으로부터 수심이 0.2h, 0.6h, 0.8h가 되는 곳에 유속 $V_{0.2},\ V_{0.6},\ V_{0.8}$ 로부터 평균유속을 구한다.

$$V_m = \frac{1}{4}(V_{0.2} + 2V_{0.6} + V_{0.8}) \tag{12.3}$$

예제 12.1 하천의 유속측정에 있어서 수면에서 0.2, 0.4, 0.6, 0.8의 깊이의 유속이 0.54, 0.50, 0.48, 0.35 m/sec였다. 이 때 구한 평균유속을 1점법, 2점법, 3점법에 따라 계산하라.

풀이 ① 1점법

$$V_m = V_{0.6} = 0.48 \text{ m/sec}$$

② 2점법

$$V_m = \frac{1}{2}(V_{0.2} + V_{0.8}) = \frac{1}{2}(0.54 + 0.35) = 0.445 \text{ m/sec}$$

③ 3점법

$$V_m = \frac{1}{4}(V_{0.2} + 2V_{0.6} + V_{0.8})$$

$$= \frac{1}{4}(0.54 + 2 \times 0.48 + 0.35) = 0.463 \text{ m/sec}$$

12.6.2 유량측정(Measurement of discharge)

유량측정은 하천과 기타 수로의 각종 수위에 대하여 유속을 측정하고 이를 근거로 유량을 산출한다.

(1) 유량측정 장소

1) 하저의 변화가 없는 곳으로 유량, 유속의 흐름이 일정한 곳이 좋다.
2) 잠류, 역류되지 않고 지천에 세굴 퇴적이 일어나지 않는 곳이 좋다.
3) 상하류 부근에 급류가 없고 유수의 상태가 균일하며 장애물이 없는 곳이 좋다.
4) 관측 장소의 접근이 용이하고 안전한 곳이 좋다.

(2) 계산에 의한 방법

1) Stevens의 공식

$$\therefore\ Q = b_1\frac{(d_{n-1}+d_2)}{2}\times\frac{(v_0+v_1)}{2}+b_2\frac{(d_1+d_2)}{2}\times\frac{(v_1+v_2)}{2}+\cdots+b_n\frac{(d_{n-1}+d_1)}{2}\times\frac{(v_{n-1}+v_1)}{2} \qquad (12.4)$$

여기서, $b_1, b_2, \ldots\ b_n$: 각 측정선 간의 거리

$d_1, d_2, \cdots d_n$: 각 측정점의 수심

$v_1, v_2, \ldots v_n$: 각 측정선의 평균유속

2) Chezy의 공식

$\therefore Q = A \cdot V$

$$\therefore V = C\sqrt{R \cdot S} \quad (12.5)$$

여기서, C : Chezy의 유속계수(kutter공식 사용)

R : 유로의 평균경심= $\dfrac{단면적}{윤변}$

S : 수면 구배

3) Kutter의 공식

$\therefore Q = A \cdot V$

$\therefore V = C\sqrt{R \cdot S}$

$$C = \frac{\frac{1}{n} + 23 + \frac{0.00155}{s}}{1 + (23 + \frac{0.00155}{s})\frac{n}{\sqrt{R}}} \quad (12.6)$$

4) Manning의 공식

$\therefore Q = A \cdot V$

$\therefore V = \frac{1}{n} R^{\frac{2}{3}} I^{\frac{1}{2}}$

$$\therefore C = \frac{1}{n} R^{\frac{1}{6}} \quad (12.7)$$

5) Bazin의 공식

$\therefore Q = A \cdot V$

$$\therefore V = \frac{87}{1 + \frac{m}{\sqrt{R}}} \sqrt{RI} \quad (12.8)$$

SURVEYING ➡ CHAPTER

13 터널측량

CHAPTER 13 ➡ SURVEYING

터널측량

13.1 개 요

13.1.1 터널측량

철도, 도로, 수로 등의 노선을 산악, 지하 또는 수저를 통과시키기 위하여 만들어지는 구조물을 터널이라 한다.

노선 등이 산지를 통과해야 할 때 우회, 절취, 터널 등이 있으며 이것들의 선택에는 목적, 교통량, 공사비, 유지관리비 등 경제적 여건을 고려하여 유리한 것을 택해야 한다. 시가지의 지하도, 지하철 해저터널 등과 같이 그 지방의 상황이나 군사적 목적으로 인해 경제성을 차후로 하여 터널을 설치할 때도 있다. 또한 지질이 좋지 못하여 절취면의 유지, 수리, 보수작업이 곤란하거나, 절취의 깊이가 20 m 이상인 경우는 터널로 하는 것이 유리하다.

터널의 굴착은 보통 양쪽 갱구로부터 서로 마주 향하여 배수 및 토사운반을 고려, 중앙을 높게 파들어 가지만 긴 터널에서는 공사를 신속하게 끝내기 위하여 중간에 수갱, 횡갱을 설치하여 굴진하는 수도 있다.

터널측량의 작업공정은 다음과 같다.

① 계획 : 지형도, 지질도 등에 의하여 터널 위치를 도상에서 선정한다.

② 조사 : 현지에서 계획도와 대조하여 제반조건을 검사한다.

③ 예상 : 중심선을 지상에 설치하고 종·횡단측량, 지형측량을 행하고 적당한 곳에 보정을 행한다.

④ 지상중심선측설 : 정밀측량에 의하여 터널 중심선을 지상에 설정한다. 갱구, 수갱의 위치를 결정한다.

⑤ 지하중심선측설 : 표면중심선 설치에 의하여 굴착의 진행에 따른 중심선을 지하에 연장한다.

⑥ 갱내외연결측량 : 지상좌표를 지하에 이설한다.

⑦ 수준측량 : 갱문의 수준점에 따라 갱내로 향하여 수준측량을 행한다.

13.2 지상측량

13.2.1 갱외기준점

터널 입구 부근은 대개 지형도 나쁘고 좁은 장소가 많으므로 반드시 인조점을 설치한다. 기준점은 이것을 기초로 하여 터널작업을 진행하므로 측량정확도를 높이기 위하여서는 후시를 될 수 있는 한 길게 잡고 고저측량용 기준점은 갱구 부근과 떨어진 곳에 2개소 이상 설치하는 것이 좋다. 기준점을 서로 관련시키기 위하여서는 기설삼각점을 주어진 점으로 하여 기준점이 시통되는 곳에 보조삼각점을 설치하여 기준점을 위치를 정하고 양 기준점 간의 중심선의 방향을 연결하여 두어야 한다.

착공전에 행하는 측량으로는 지형측량, 중심선측량, 고저측량 등이 있다.

13.2.2 중심선측량

터널의 중심선측량은 양갱구의 중심선상에 기준점을 설치하고 이 두 점의 좌표를 구하여 터널을 굴진하기 위한 방향과 정확한 거리를 찾아내는 것이 목적이다.

(1) 지형이 완만한 경우

넘기 쉬운 산의 경우와 터널 연장이 짧은 경우는 물론 매우 긴 경우에서도 일반의 노선측량과 같이 산상에 중심선을 설정하고 일단으로부터 전환점을 설치해 거리를 관측한다.

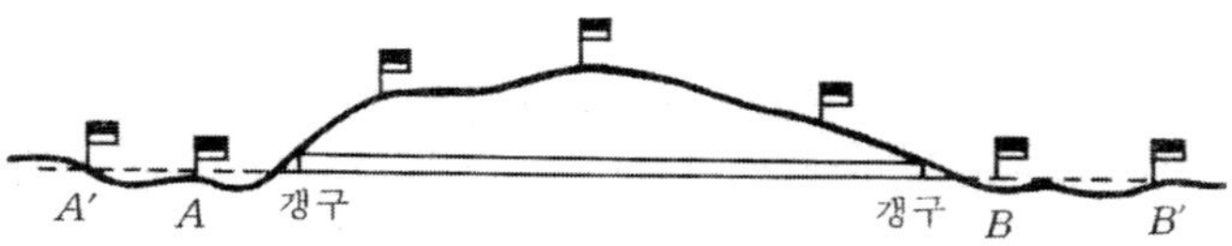

[그림] 13.1 중심선측량(지형 완만)

(2) 지형이 약간 복잡한 경우

산상에 중심선을 설정할 수 있어도 직접 관측하기 곤란한 경우는 삼각측량 또는 다각측량을 병용하여 거리를 산출한다. 중심선의 설정은 다음 그림과 같이 산정 부근에서 양갱구가 보이는 경우, 산상의 중심선상에 중간점을 설치하여 트랜싯을 거치하고 양갱구를 시준하여 위치를 수정하며 거의 중심선상에 왔을 때 $\overline{AP}$ 또는 $\overline{BP}$의 방향을 터널의 방향으로 한다.

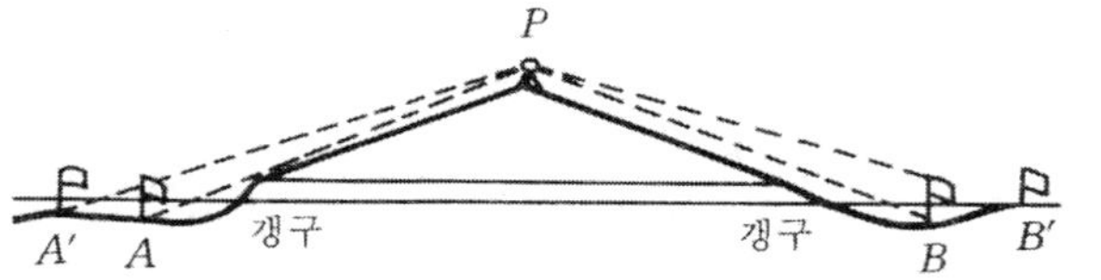

[그림] 13.2 중심선측량(지형 복잡)

(3) 트래버스측량에 의한 거리 측설

터널의 거리관측은 이제까지 삼각측량 이외에는 강철테이프를 수평으로 잡아당겨 계단식으로 직접 측량을 하였다. 이 방법으로 할 경우는 지형이 복잡하고 급할수록 정확도는 급격히 낮아진다. 다각측량에 의한 경우는 다음 그림과 같이 두 상태의 다각형을 조합하고 경위거법에 의하여 중심선의 길이 $\overline{AB}$와 기준선 $\overline{AN}$에 대한 $\overline{AB}$의 방위각 α를 계산한다.

$$\overline{AB} = \sqrt{(\Sigma \text{종거})^2 + (\Sigma \text{횡거})^2}$$

$$\alpha = \tan^{-1}\frac{(\Sigma \text{횡거})}{(\Sigma \text{종거})}$$

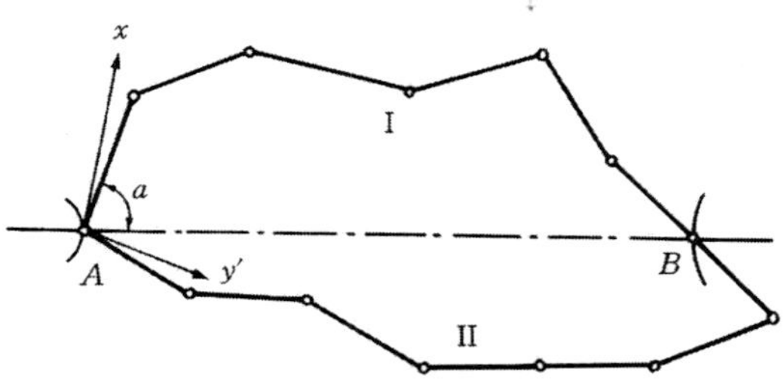

[그림] 13.3 거리 관측

13.2.3 고저측량

기준점의 평면좌표가 구해지면 다음에는 표고(또는 양갱구의 고저차)를 구해야 한다. 지형이 완만하다면 일반적인 노선측량과 같이 설정된 중심선을 따라 레벨로 수준측량을 하지만 지형이 급준하여지면 측량이 용이한 길로 우회하든가 가까이 있는 국립지리원의 기본 고저기준점(또는 수준점)을 사용하여 각 갱구별로 표고를 구한다. 일반적으로 터널의 양갱구간에는 고저차가 있지만 상대적 고저차를 알면 시공 상의 지장은 없으므로 될 수 있는 한 양갱구를 직접 연결하는 고저측량을 행하여 가는 편이 안전하다.

13.3 지하측량

터널공사의 굴진방향과 높이를 지시하고, 또 후일의 보수공사를 위하여 복공 후 터널 내에 영구적인 중심점을 설치하는 측량을 지하측량이라 하며 여기에는 지하 중심선 설치와 지하 수준측량이 있다.

지하측량은 다음과 같은 점에서 지상측량과 다르다.

① 측점은 보통 천장에 설치한다.

② 시준하는 목표 및 망원경의 십자선을 조명하지 않으면 안 된다.

③ 갱내는 좁고 굴곡이 많고 급경사가 되는 곳이 있으므로 기계는 여기에 적합한 것이 필요하다.

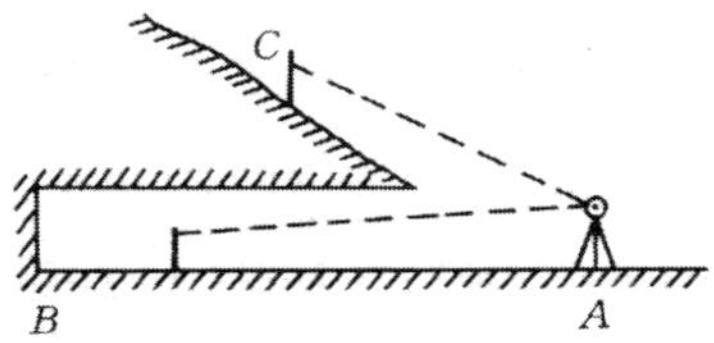

[그림] 13.4 지하측량

13.3.1 지하중심선 측설

터널의 양갱구에서 지상의 중심선을 기준으로 하고, 터널을 어느 정도 굴진했을 때는 갱구 부근에 있는 중심점에 트랜싯을 세워 산 위에 설치한 다른 중심점을 시준하여 그 시준점을 갱내로 돌려 터널 내의 천장 또는 갱도에 중심점을 설치한다.

1) 측점

측점은 천장에다 설치한다. 그 이유는 발견하기 쉽고, 운반이나 기타 작업에 지장이 없으며, 파손될 염려가 적기 때문이다. 천장에다 측점을 설치할 때는 그림과 같이 동바리에다 못을 박든가 또는 암반에다 직경이 약 15 mm, 깊이 40 mm 이하의 작은 구멍을 뚫고 여기에 견고한 나무 쐐기를 박은 다음 그 위에 못을 박아 측점으로 한다. 이 때 못은 추를 달 수 있는 구조로 되어 있어야 한다. 천장점에 대한 트랜싯측량은 다음과 같다.

① 천장의 측점에다 추를 달고 바닥 위에 측점을 옮겨 여기에다 트랜싯을 설치한다.

② 측점에다 추를 달고 망원경 중앙에 새겨져 있는 기계중심점(광축과 수평축의 교점)을 추실에 일치시킨다.

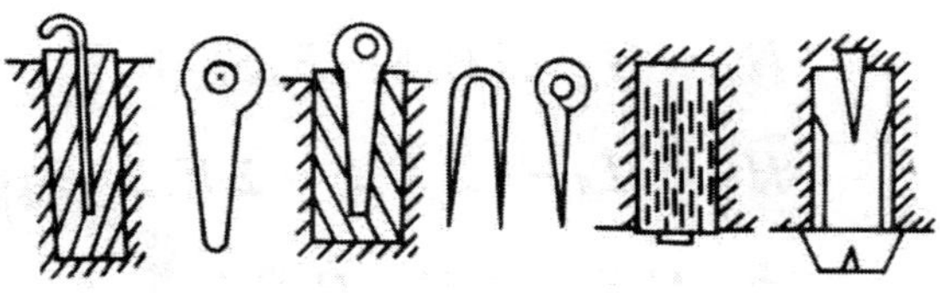

[그림] 13.5 천장 측점

2) 조명

지상용 트랜싯 또는 레벨을 사용할 때 간단한 조명방법은 켄트지와 같은 백지로원통을 만들어 망원경에 그림과 같이 끼우고, 옆에서 전등으로 조명한다.

시준점은 뒤에 켄트지를 가리고 이면에서 그림과 같이 조명하며, 표척은 관측에 장애가 안 될 정도로 전면에서 전등을 비춘다.

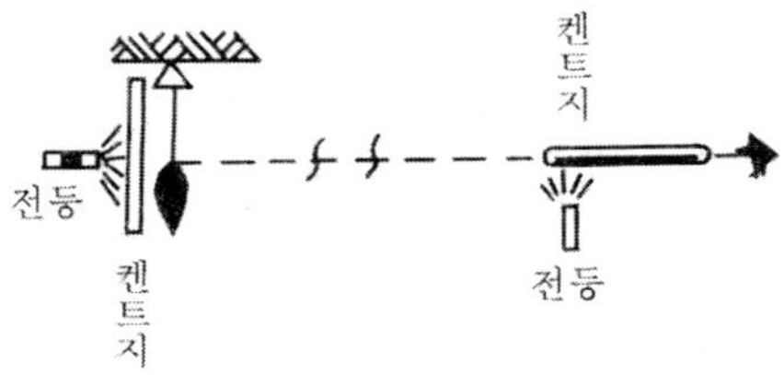

[그림] 13.6 조명

13.3.2 터널측량용 기계

1) 갱내용 트랜싯

① 치심장치가 있어 상, 하 어느 측점에도 빠르게 구심할 수 있을 것

② 상, 하부 고정나사의 모양을 달리하여 어두운 갱내에서도 촉감으로 구분될 것

③ 연직분도원은 전원식, 수평분도원의 눈금은 0~360°까지 일방향으로 새겨져 있을 것

④ 주망원경의 위나 옆에 보조망원경인 정위망원경과 측위망원경을 붙일 수 있을 것

2) 레이저 트랜싯 및 레벨

간섭을 받지 않으며 파장이 동일하고 같은 방향으로 평행선이 직진하며, 투사된 수광판상에 명료한 광선위치를 확인할 수가 있다.

13.3.3 지하수준측량

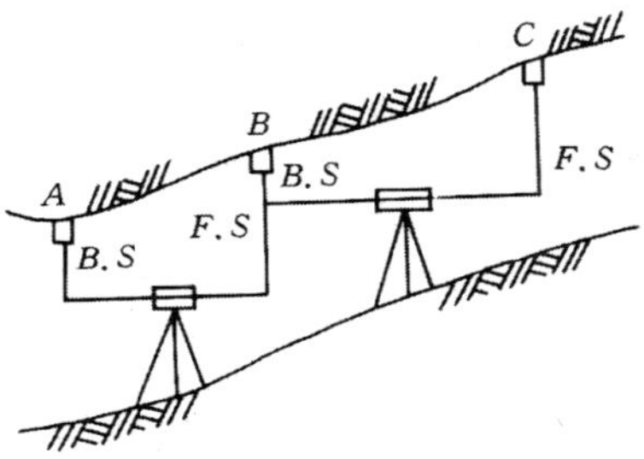

[그림] 13.7 지하 직접수준측량

1) 직접수준측량

① 표고가 기준면 이상일 때 (바닥측점)

$$H_B = H_A + (B.S - F.S)$$

$$H_C = H_A + (\Sigma B.S - \Sigma F.S)$$

② 표고가 기준면 이하일 때 (천장 측점)

$H_B = H_A - (B.S - F.S)$

$H_C = H_A - (\Sigma B.S - \Sigma F.S)$

단, $F.S$: 전시, $B.S$: 후시

2) 간접수준측량

$H_B = H_A + (\pm I) + \Delta H - (\pm Z)$

$\Delta H = L \cdot \sin\alpha$

$\pm I$: 기계고로서 천장점일 경우(−), 바닥측점일 경우(+)

$\pm Z$: 시준고로서 α가 상향일 때(+), α가 하향일 때(−)

L : 경사거리이면 $\Delta H = L \cdot \sin\alpha$, L이 수평거리이면 $\Delta H = L \cdot \tan\alpha$

α : 경사각

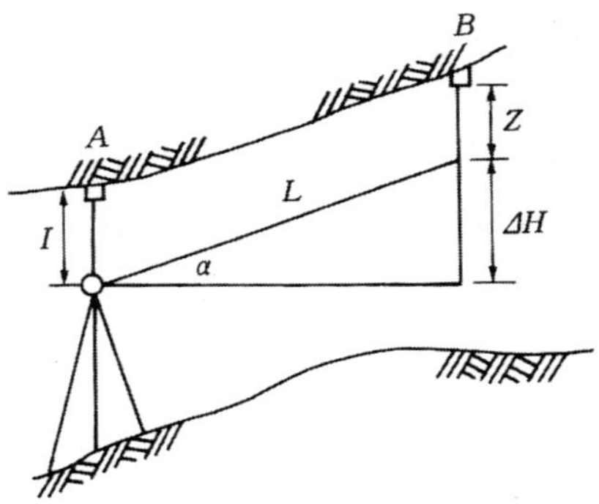

[그림] 13.8 지하 간접수준측량

예제 13.1 천장에 측점을 정하였을 때 기계고 $I = -1.15$ m, 시준고 Z=1.56 m, 사거리 $L =$ 31.59 m, 연직각 $\alpha = +17°42'$일 때 두 점의 고저차를 구하라.

풀이 고저차 = (사거리)$\times \sin\alpha + (\pm I) - (\pm Z)$

고저차 $= 31.59 \times \sin 17°42' + (-1.15) - (-1.56)$

$= +10.02$ m

13.4 갱 내·외 연결측량

13.4.1 중심선 연결법

도로나 철도의 경우는 갱구로부터 트래버스측량에 의한다.

13.4.2 수갱에 의한 연결법

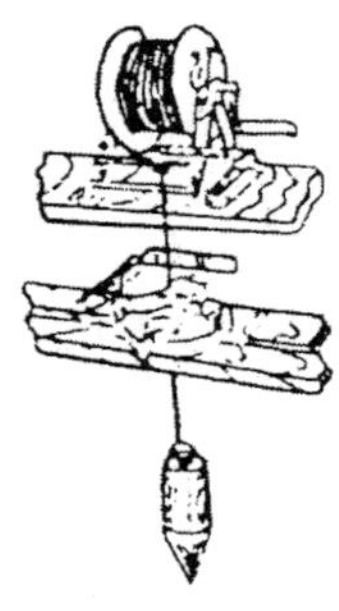

[그림] 13.9 추선

수직선을 내리고 선단에 추를 달아 추의 흔들림을 막기 위하여 물 또는 기름통에 담구어 정지시킨다. 얕은 수직갱에서는 보통 철선, 강선, 황동선 등이 사용되며, 깊은 수직갱에서는 피아노선이 이용된다. 추의 중량은 얕은 수직갱에서는 5 kg이하, 깊은 수직갱에서는 50~60 kg에 이른다.

(1) 정렬식

정렬식 갱내외 연결측량은 아래와 같은 순서로 한다.

① 수선을 내릴 두 점 P, Q를 갱구에 잡고 P, Q의 연장선 상에 되도록 가깝게 B점을 잡아 트랜싯을 B점에 세운다.

② 지상의 기지 기준점 A를 후시하고, P점을 전시하여 내각 α를 관측하여 BA, BP, BQ의 거리를 정밀하게 강척으로 측정한다.

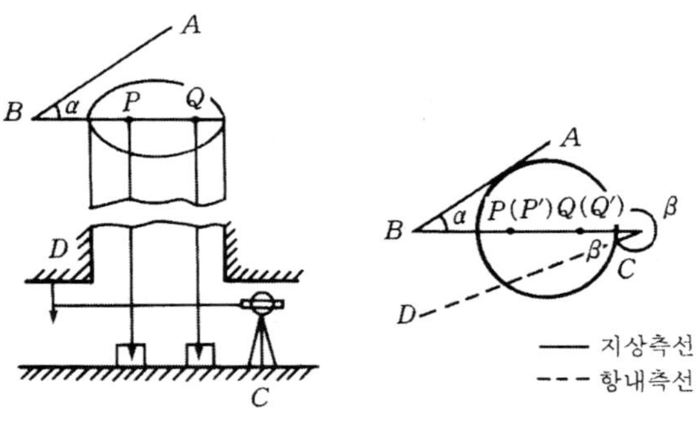

[그림] 13.10 정렬법

③ 트랜싯을 갱내에 옮겨 두 추선을 맺는 직선의 연장 위에 P', Q'점에 되도록 가깝게 세운 점을 C라 한다.

④ C점에서 Q', P를 후시하여 $CQ'P'$가 완전히 일직선이 되는가를 확인하고, 갱도의 적당한 곳에 D점을 정하여 그 점을 전시하고, 내각 β를 관측한다.

⑤ 이상으로 그림에서 $ABCD$의 트래버스측량을 한 결과가 되니, $C'D$점을 갱 내에 설치하면 지상측량과 연결이 된다.

정렬법은 간단하지만, 두 추선의 연장 위에 트랜싯을 세우는 것은 힘들고, 따라서 오차가 수반되니 쉽다. 지상과 지하에서 트랜싯을 두 추선에 가깝게 세운 것은 연결측량의 오차를 작게 하기 위해서이다.

(2) 삼각법

삼각법은 정렬법보다 측량의 작업량은 많으나 관측하기 쉽고, 정밀한 결과를 얻을 수 있다.

그림에서 두 추선 PP', QQ'를 중심으로 하여 지상에서 $\triangle APQ$, 갱 내에서 $\triangle CP'Q'$를 되도록 정삼각형이 되게 정하고, 지상의 A에서 기지 기준점 S, 갱 내의 C점에서 D점에 연결한다.

삼각법의 각 내각 α_1, β_1, γ_1, α_2, β_2, γ_2 및 A, C점에서 연결, 방향각 $(AP)(CP')$를 트랜싯으로 관측하고 각 삼각형의 변 AP, AQ, PQ, CP', CQ', $P'Q'$및 CD를 강척으로 측정하면, 갱내의 CD측선은 지상측량과 연결이 된다.

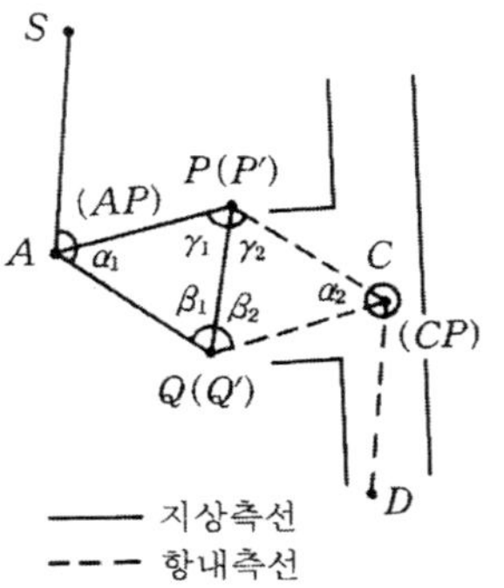

[그림] 13.11 삼각법

SURVEYING ➡ CHAPTER

사진측량 14

CHAPTER ➡ SURVEYING

14 사진측량

14.1 개 요

14.1.1 정 의

사진측량은 사진영상 또는 전자기파를 이용하여 대상물에 대한 위치, 형상 및 특성에 대해 해석하는 측량방법이다. 대상물에 대한 위치와 형상의 해석은 길이, 방향, 면적 및 체적 등을 결정하는 정량적 해석이며 특성의 해석은 환경 및 자원문제를 조사·분석·처리하는 데 이용되는 정성적 해석이다. 즉 사진을 이용하여 사진상의 지형지물을 측정, 해석, 판독하여 그 결과를 지도제작과 각종 조사 및 계획에 활용하는 작업이라 하겠다.

14.1.2 사진 측량의 성질

효용성이 날로 증대하고 광역화 추세에 있는 사진측량의 장·단점과 특성을 일반 지상측량과 비교하면 다음과 같다.

(1) 장 점

① 정량적 및 정성적 관측을 할 수 있다.
② 정도가 균일하여 정확성이 있다.
③ 분업화에 의한 작업능률과 경제성이 있다.
④ 동적인 대상물의 측량이 가능하다.
⑤ 접근하기 어려운 대상물의 측정이 가능하다.
⑥ 축척 변경이 용이하다.
⑦ 4차원 측정이 가능하다.
⑧ 축척 대상 지역에 따라 다르지만 넓은 지역일수록 경제적이다.

(2) 단 점

① 기후의 영향을 받는다.

② 좁은 지역에서는 시설 비용이 많아서 비경제적이다.
③ 사진에는 나타나지 않는 피사대상에 대한 식별의 난해가 있다.

14.1.3 사진 측량의 분류

사진측량을 촬영방향, 관측방법 및 도화축척 등에 의해 분류하면 다음과 같다.

(1) 촬영방향에 의한 분류

1) 연직사진(vertical photography) : 광축이 연직선과 거의 일치하도록 공중에서 촬영한 사진경사각 (5^g≒4.5°) 이내이다.
2) 경사사진(oblique photography) : 광축이 연직선 또는 수평선에 경사지도록 촬영한 사진경사각 (5^g≒4.5°)이상이며 경사사진에는 지평선이 사진에 나타나는 고경사사진과 지평선이 사진에 찍히지 않는 저경사사진이 있다.
3) 수평사진(horizontal photography) : 광축이 수평선과 거의 일치하도록 지상에서 촬영한 사진이다.

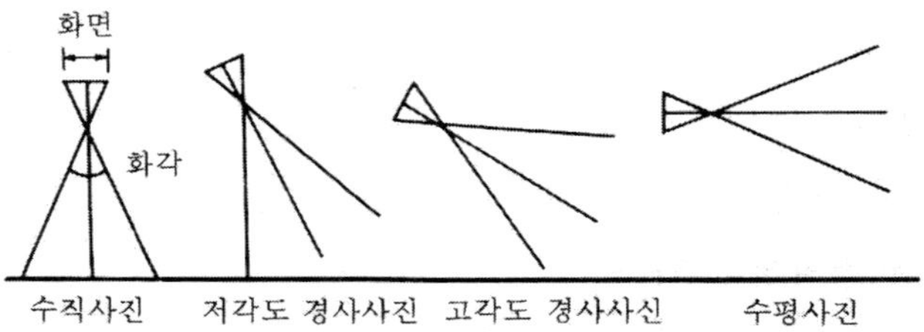

[그림] 14.1 촬영방향에 의한 사진측량의 분류

(2) 촬영방법에 의한 분류

1) 항공사진측량(aerial photogrammetry) : 항공기 및 기구 등에 탑재된 측량용 사진기로 연속 촬영된 중복사진을 정성적 분석(판독에 의한 환경 및 자원조사) 및 정량적으로 해석(지상위치 및 형상해석)하는 측량방법이다.
2) 지상사진측량(terrestrial photogrammetry) : 지상에서 촬영한 사진을 이용하여 건조물 및 시설물의 형태 및 변위관측을 하기 위한 측량방법이다. 촬영거리가 짧을 경우 근거리사진측량(close-range photogrammetry)이라 하며, 공학적으로 널이 이용되고 있다.
3) 수중사진측량(underwater photogrammetry) : 수중사진측량은 해저사진측량이라고

도 한다. 이는 수중사진기에 의해 얻어진 영상을 해석함으로써 수중자원 및 환경을 조사하는 것으로 플랑크톤의 양 및 수질조사, 해저의 기복상황, 수중식물의 활력도, 분포량 등을 조사한다.

4) 원격탐측(remote sensing) : 지상에서 반사 또는 방사하는 각종 파장의 전자기파를 수집처리하여 환경 및 자원문제에 이용하는 사진측량의 새로운 기법 중의 하나이다.
5) 비지형사진측량(non-topographic photogrammetry) : 지도작성 이외의 목적으로 X선, 모아레(moiré)사진, 홀로그래피(holograph)사진 등을 이용하여 의학, 고고학, 문화재조사, 변형조사 등에 이용한다.

(3) 도화축척에 의한 분류

1) 대축척도화(1 : 500~1 : 3,000) : 촬영고도 800 m 이내의 저공촬영에 의해 얻어진 항공사진을 도화
2) 중축척도화(1 : 5,000~1 : 25,000) : 촬영고도 800~6,000 m에서 중공촬영하여 얻어진 항공사진을 도화
3) 소축척도화(1 : 50,000~1 : 100,000) : 촬영고도 9,000 m 이상의 고공촬영에 의해 얻어진 항공사진을 도화

14.2 사진의 특성

14.2.1 투영(Projection)

항공사진은 지면이나 수면 위에서 물체의 영상을 나타나게 하는 현상을 투영이라 하고 그 종류는 다음과 같다.

(1) 투영의 종류(Type of projection)

1) 중심투영(Central projection)

사진측량은 중심투영으로 피사체인 지형을 렌즈의 관측을 중심으로 하여 평면으로 촬영한 화상으로써 항공사진을 사용함에 있어서 가장 중요한 요소이다. □ABCD가 투영하면 a상에 투영시 광선 AA′ BB′ CC′ DD′ 가 한점 0을 통과하는 투영으로 이러한 투영이 중심투영이다.

2) 정사투영(orthogonal projection)

항공사진은 중심투영이지만 지도는 정사투영으로써 투영체가 투연면상에 직교되는 투

영을 말한다. 즉 □ABCD가 a상에 투영시 필름면에 투영된 것으로 AA′BB′CC′DD′가 a 상에 직교되는 현상이다.

3) 평행투영(parallel projection)

하나의 직선으로 표시되는 점이 $\triangle ABC$가 a상에 투영시 광선 AA′BB′CC′가 서로 평행하는 선이다. 이러한 투영을 평형투영이라 한다.

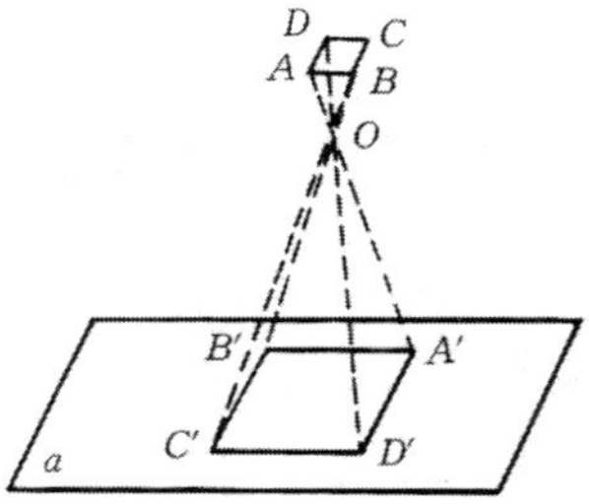

[그림] 14.2 중심투영

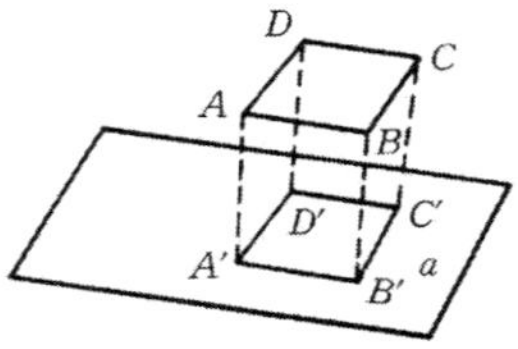

[그림] 14.3 정사투영

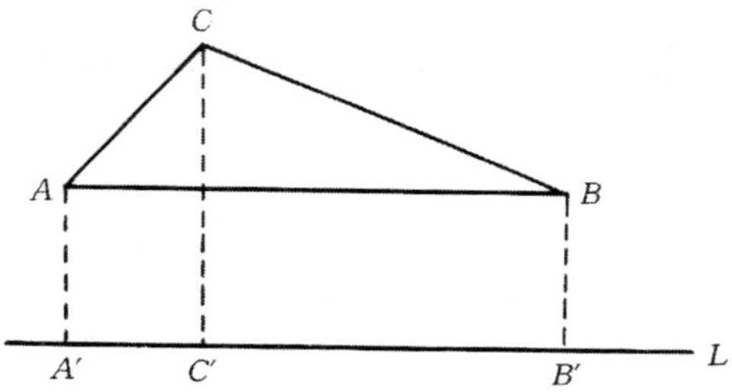

[그림] 14.4 평행투영

14.2.2 항공사진의 특수 3점

사진의 성질을 설명하는 주점, 연직점, 등각점을 특수 3점이라 한다. 엄밀 수직사진에서는 항공사진의 특수 3점이 일치한다.

(1) 주 점(m)

사진의 중심점으로서 렌즈의 중심으로부터 화면에 내린 수선과 만나는 점이며 카메라 광축과 화면과 교점이 된다.

(2) 연직점(n)

카메라 렌즈의 중심을 통한 지표면과의 교점을 지상 연직점, 그 연장선과 화면과의 교점을 화면 연직점이라 한다.

$$mn = f\tan i \tag{14.1}$$

(3) 등각점(j)

주점과 연직점이 이루는 각을 이등분한 선이 사진면과의 교점을 등각점이라 하고 그 연장선과 지표면과의 교점을 지상 등각점이라 한다.

$$mj = f\tan\frac{i}{2} \tag{14.2}$$

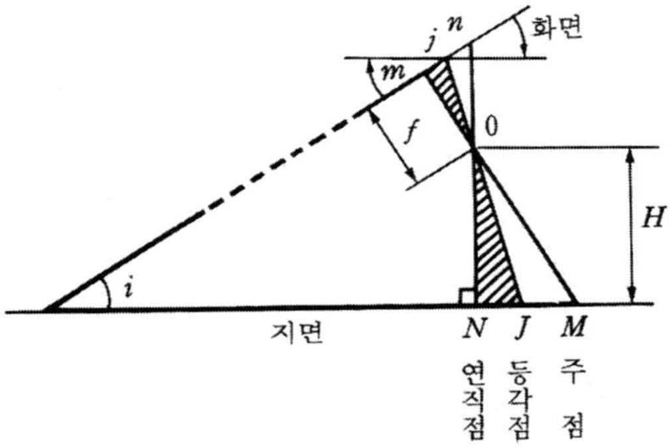

[그림] 14.5 항공사진의 특수3점

예제 14.1 초점거리 f=100 mm 카메라로 경사각 20° 상태에서 촬영했다면 등각점의 위치는 주점으로부터 어느 정도 떨어져 있는가?

풀이 $$mj = f\tan\frac{i}{2} = 100\times\tan\frac{20°}{2} = 17.63\ \text{mm}$$

14.2.3 사진측량의 표정(Orientation)

표정은 사진상의 점과 지상의 점과의 상호관계를 정하는 방법이다.

사진기와 촬영시 엄밀 수직사진을 얻기 어려우므로 촬영점 위치나 사진기의 경사 및 사진축척 등을 구하여 촬영시 사진기와 대상물의 관계를 재현시키는 것을 사진표정이라 한다. 표정은 내부표정, 상호표정, 절대표정, 접합표정이 있다.

(1) 내부표정(Inter Orientation)

사진 주점의 투영 중심에 일치시키는 것으로 도화기에 올려놓은 작업과정을 말한다.

1) 필름상의 신축측정, 지구의 곡률, 대기의 굴절, 렌즈 왜곡수차를 보정하여 사진의 주점과 초점거리(f)를 결정한다.
2) 사진의 중심표정으로 정확히 중심투영되게 한다.

(2) 상호표정(Relative Orientation)

비행기의 촬영시 비행기 기선장을 도화기에 일치시키는 것이다.

1) 촬영 당시의 기울기를 도화기 상에 항공기에서 지면을 내려다 본 모습을 재현시켜주는 과정이다.
2) 촬영면상에 이루어지는 종시차(φ시차)를 소거하여 1모델의 완전 입체시를 하는 작업이다.
3) 표정점은 5개의 표정인자(k, φ, ω, b_y, b_z)이며 가능한 한 보통 대칭형으로 6개를 취한다.

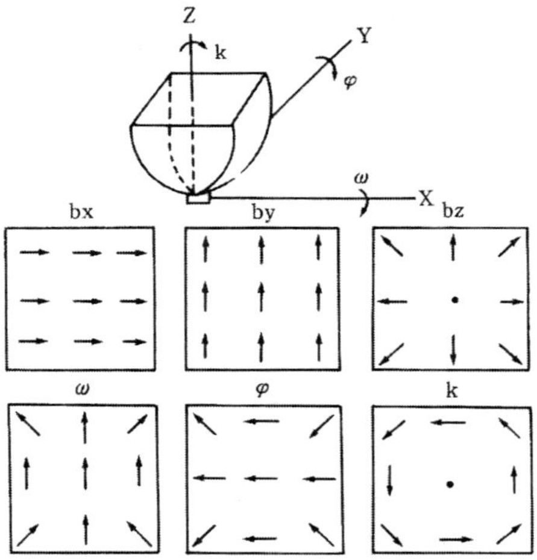

x 축상의 변위 : bx
y 축상의 변위 : by
z 축상의 변위 : bz
X 축을 축으로 하는 회전운동 : ω
Y 축을 축으로 하는 회전운동 : φ
Z 축을 축으로 하는 회전운동 : k

[그림] 14.6 인자의 변화

(3) 절대표정(대지표정 : absolute orentation)

절대표정인자을 이용하여 축척, 수준면(표고, 경사), 위치(위치, 방위) 결정

1) 축척의 결정 기선이동(λ)
2) 도화기 회전맞추어 방위결정한다(k).
3) 횡경사 맞춘다(φ).

4) 종경사 맞춘다(ω).
5) X축의 원점과 편심(bx)
6) Y축의 원점과 편심(by)
7) 표축원심과 편심방사거리 조정 도면 상하 이동(bz)

(4) 접합표정

절대표정과 X축 원점, Y축 원점, Z축 원점과 편심과 도화기를 이용하여 조정 혹은 도면상 상하 좌우, 이동한다.

1) 한쪽의 인자는 움직이지 않고 다른 쪽만을 움직여 접합시키는 표정법
2) 7개의 표정인자 결정
3) 모델 간, 스트립 간의 접합요소 결정(축척, 미소변위, 위치 및 방위)

14.2.4 기복변위(Relief Displacement)

지표면에 기복이 있을 경우, 연직으로 촬영하여도 축척은 동일하지 않으며, 사진면에서 연직점을 중심으로 방사상의 변위가 생기는데 이를 기복변위라 한다. 그림에서 P점은 정사투영인 지도상에 a점으로 나타나지만 중심투영에 의한 사진에서는 a점에서 기복 h에 의한 변위 Δr만큼 떨어져 p점으로 나타난다. 따라서 P점의 위치를 사진상에서 찾기 위해서는 기복변위량 Δr을 계산하여야 한다.

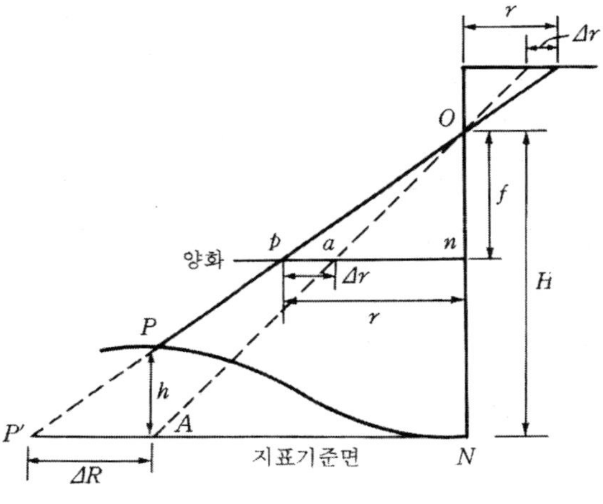

[그림] 14.7 기복변위

그림에서 $\triangle PP'A \backsim \triangle Opn$이므로

$$\Delta R : h = r : f \text{에서} \qquad \therefore \Delta R = \frac{hr}{f} \tag{14.3}$$

$\triangle OP'A \backsim \triangle Opa$이므로

$$\Delta R : H = \Delta r : f \text{에서} \qquad \therefore \Delta r = \frac{f}{H}\Delta R \tag{14.4}$$

식 14.3과 14.4를 정리하면

$$\therefore \Delta r = \frac{h}{H}r \tag{14.5}$$

Δr은 기복 변위량, h는 비고, H는 촬영고도, r은 연직점(또는 주점)으로부터의 거리이며 기복변위공식을 응용하여 사진면에 나타난 탑, 굴뚝 및 건물 등의 높이를 구할 수 있다.

예제 14.2 촬영고도 750 m에서 촬영한 사진상에 굴뚝의 윗 부분이 주점으로부터 80 mm 떨어져 나타나 있으며, 굴뚝의 변위가 7.15 mm일 때 굴뚝의 높이는 얼마인가?

풀이 $h = \dfrac{\Delta r}{r}H = \dfrac{7.15}{80} \times 750 = 67.03 \text{ m}$

14.3 사진측량의 순서

항공사진측량은 사용 기계와 방법 혹은 사용하는 사진 등에 따라 순서도 다르다. 현재 일반적으로 사용하고 있는 항공사진측량 순서는 다음과 같다.

(1) 계획과 준비

목적에 따라 지도의 축척, 등고선 간격, 작업 방법 등을 정하는 것보다는 계획이 앞서야 한다. 등고선 간격을 좁게 하려면 작업 시간, 경비 등에 크게 영향을 주므로 필요 이상의 간격을 좁힐 필요가 없으며 계획 준비는 신중을 기하여야 한다.

(2) 촬영과 대공표식

지상기준점측량과 같은 방법으로 사진을 표정하는 데 필요한 기준점(표정점)을 설치한 후 항공삼각측량이나 도화에 필요한 기준점이 사진상에서 잘 보이도록 표지를 설치하고 필요한 축척으로 사진을 촬영한다. 이 때 인접 사진과는 60 %, 인접 코스와는 30 % 중복시켜 촬영하여야 한다.

(3) 기준점측량 및 현지조사

사진측량 전에 현지에서 사진표정에 필요한 기준점을 삼각측량, 수준측량, 다각측량으로 실시하며, 이 작업을 기준점측량(표정점측량)이라 한다. 또, 지명과 도로, 토지이용의 종류 등도 현지에서 자료 조사를 해야 하며 지도에 표시한다.

(4) 공중삼각측량

사진측량에는 2매 1조의 모델 중 3점 이상의 표정점의 위치와 높이를 알고 있어야 한다. 1급도화기에 의하여 평면 기준점 4점(△), 표고 기준점 6점(●)이 소요되며 여기에서 축척이 보정되고 경사, 고저가 조정된다.

(5) 도 화

항공사진(양파필름)을 도화기에서 입체시하여 지형지물을 원도상에 표기한다.

기준점 전개 → 사진표정 → 지형지물세부도화(수부, 인공, 지류, 등고) → 도화원도 획득

(6) 편 집

기계도화를 끝마친 도면은 아직 도식, 기호, 크기 및 형태 등이 기입되어 있지 않은 내용을 약속된 기호로 정리하여 주며, 지명 등을 기입하는 데 이를 편집이라 한다.

(7) 답 사

도화시 사진상 식별 곤란한 내용은 사진을 들고가서 현지에서 확인 후 수록한다.

(8) 원고작성

완료된 도면을 정리한다.

14.3.1 사진촬영 계획

(1) 사진축척

기준면으로부터 비행기의 고도와 촬영카메라 렌즈의 초점거리에 의해 사진축척이 결정된다. 따라서 사진축척은 지형의 표고에 따라 달라지고 사진측량에서는 표고를 촬영기준면이라 한다.

$$M = \frac{1}{m} = \frac{l}{L} = \frac{f}{H} \tag{14.6}$$

$$M = \frac{1}{m} = \frac{f}{H \pm h} \tag{14.7}$$

여기서, m : 축척분모수
l : 사진상 길이
L : 실제길이
f : 화면거리
H : 촬영고도
h : 비고

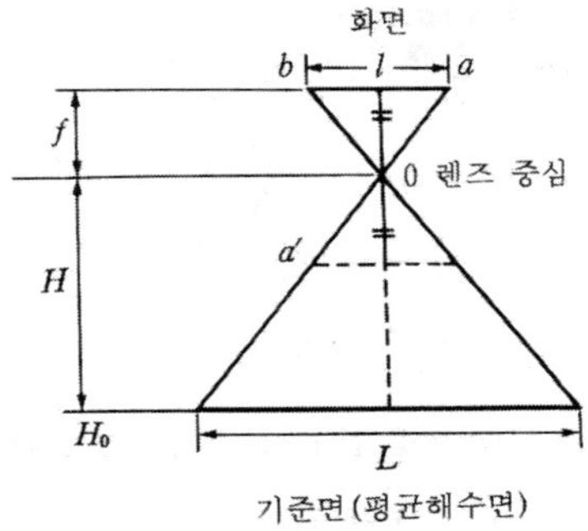

[그림] 14.8 사진 축척

예제 14.3 화면거리가 150 mm이고 촬영고도가 4,500 m일 때 사진축척은?

풀이 $\frac{1}{m} = \frac{f}{H} = \frac{0.150}{4500} = \frac{1}{30,000}$

예제 14.4 초점거리가 210 mm인 카메라로 표고 500 m의 지형을 1 : 10,000의 사진축척으로 촬영한 연직사진이 있다. 비행고도는 얼마인가?

풀이 $M = \frac{1}{m} = \frac{f}{H-h}$

$H = mf + h = 10,000 \times 0.21 + 500 = 2,600 \text{ m}$

예제 14.5 지상고도 3,000 m의 비행기 위에서 초점거리 150 mm의 사진기로 촬영한 항공사진에서 길이가 30 m인 교량의 사진상의 길이는?

풀이

$$M = \frac{1}{m} = \frac{f}{H} = \frac{l}{L}$$

$$l = \frac{L}{H}f = \frac{30}{3,000}150 = 1.5\ \mathrm{mm}$$

(2) 촬영기선장

촬영 종기선길이(B)는 동일 촬영코스 간의 촬영점에서 다음 촬영점까지의 거리를 말하며, 촬영 횡기선길이(C)는 인접 코스 간의 거리를 말한다.

$$B = ma(1 - \frac{p}{100}), \qquad C = ma(1 - \frac{q}{100}) \tag{14.8}$$

여기서, m : 축척분모수

a : 화면의 크기

p : 종중복도

q : 횡중복도

예제 14.6 화면의 크기가 23 cm×23 cm이고 연직사진의 축척이 1 : 25,000이다. 종중복도를 60 %로 할 때 촬영 종기선길이는?

풀이

$$B = ma(1 - \frac{p}{100}) = 25,000 \times 0.23(1 - \frac{60}{100}) = 2,300\ \mathrm{m}$$

예제 14.7 종중복도 50 %, 횡중복도 30 %일 때 촬영 종기선길이와 촬영 횡기선길이의 비는 얼마인가? (단, 정사각형 사진이다.)

풀이

$$B : C = ma(1 - \frac{p}{100}) : ma(1 - \frac{q}{100}) = (1 - \frac{50}{100}) : (1 - \frac{30}{100})$$

$$= 0.5 : 0.7 = 5 : 7$$

(3) 등고선 간격

사진 정도는 도화기의 표고측정에 대한 정도가 C-계수로 규정되는 것인데 이 C-계수가 높으면 그 기계는 표고측정 정도가 높다고 본다. 촬영고도(H)는 지역 내의 저지면을 기준으로 하고 비고가 클 때는 평균표고를 사용한다.

$$\Delta h = \frac{H}{C} \tag{14.9}$$

여기서, H : 촬영고도

C : C 계수 (600~2,000)

Δh : 최소등고선 간격

예제 14.8 축척 1 : 60,000의 항공사진을 도화 작성할 때 최소 등고선 간격은? (단, C계수 : 1,600, f=150 mm)

풀이 $H = f \cdot m = 0.15 \times 60{,}000 = 9{,}000\ \text{m}$

$$\Delta h = \frac{H}{C} = \frac{9{,}000}{1{,}600} = 5.625\ \text{m}$$

(4) 유효면적

① 사진 1장에 찍힌 유효면적

$$A = (ma)(ma) = m^2a^2 \tag{14.10}$$

여기서, a : 사진 한 변의 길이(일반적으로 23 cm)

m : 축척분모수

② 단촬영경로(사진이 종방향으로 접합된 모형)인 경우, 유효면적

$$A = m^2a^2\left(1 - \frac{p}{100}\right) \tag{14.11}$$

③ 복촬영경로(사진이 종 · 횡방향으로 접합된 모형)인 경우, 유효면적

$$A = m^2a^2\left(1 - \frac{p}{100}\right)\left(1 - \frac{q}{100}\right) \tag{14.12}$$

예제 14.9 종중복도가 60 %인 단촬영경로로 촬영한 사진의 지상 유효면적은? (단, 촬영고도 : 3,000 m, 초점거리 : 150 mm, 사진크기 210 mm×210 mm)

풀이
$$m = \frac{H}{f} = \frac{3,000}{0.15} = 20,000$$
$$A = m^2 a^2 (1 - \frac{p}{100}) = 20,000^2 \times 0.21^2 (1 - \frac{60}{100}) = 7.056 \text{ km}^2$$

예제 14.10 촬영고도 4,500 m에서 촬영한 사진의 유효면적은? 단, 종중복 : 60 %, 횡중복 : 30 %, 화면거리 : 150 mm, 화면크기 : 23 cm×23 cm)

풀이
$$m = \frac{H}{f} = \frac{4,500}{0.15} = 30,000$$
$$A = m^2 a^2 (1 - \frac{p}{100})(1 - \frac{q}{100}) = 30,000^2 \times 0.23^2 (1 - \frac{60}{100})(1 - \frac{30}{100})$$
$$= 13.33 \text{ km}^2$$

(5) 사진매수

$$N = \frac{F}{A} \times (1 + \text{안전율})$$

여기서, N : 사진매수
A : 유효면적
F : 촬영대상지역 면적

예제 14.11 15 km×20 km의 지역을 항공촬영하고자 한다. 사진매수는?
(단, 유효면적은 13.33 km^2, 안전율은 30 %)

풀이
$$N = \frac{F}{A}(1 + \text{안전율}) = \frac{15 \times 20}{13.33}(1 + 0.3) \fallingdotseq 29.3 = 30\text{매}$$

(6) 촬영

항공사진 촬영은 일반적으로 운항속도 180～200 km/h 정도인 소형항공기가 이용되며 촬영용 카메라가 장착되어 있다. 높은 고도에서 촬영할 경우는 고속기를 이용하는 것이 좋으며 낮은 고도에서 촬영 시는 노출 중, 편류에 의한 영향에 주의할 필요가 있다. 촬영은 지도가 요구하는 정도나 작업방법, 사용기계의 종류에 따라 규격도 달라지며 카메라, 비행기의 성능, 계절적, 기상적 조건의 영향을 많이 받는다. 촬영 시 고려할 사항은 다음과 같다.

1) 지정된 코스에서 코스간격의 10 % 이상 차이가 없도록 한다.
2) 지정고도에서 5 % 이상 낮게, 혹은 10 % 이상 높게 진동하지 않도록 직선상에서 일정고도를 유지하면서 촬영하여야 한다.
3) 편류각 5° 이내, 앞 뒤 사진 간이 회전각 5° 이내, 카메라의 경사 3° 이내이어야 한다.
4) 중복된 한 쌍의 사진에 의해 입체시 되는 부분으로 입체모델이 될 수 있어야 한다.
5) 촬영코스는 동서방향으로 하고, 남쪽으로 긴 경우는 남북방향으로 촬영코스를 계획며 코스의 연장은 30 km 이내로 하는 것이 좋다.
6) 촬영 시각은 구름이 없는 쾌청일의 오전 10시～오후 2시, 태양각 30° 이상이 최적이다. 우리나라 연평균 쾌청일은 80일이다. 또한 촬영 노출시간과 조리개의 결정은 사용하는 필름의 감광도 필터의 성질, 촬영 목적물에서의 반사광의 스팩트럼 분포 등을 고려하여야 한다.

① 최장노출시간 $T_l = \dfrac{\Delta s \cdot m}{V}$ (14.13)

② 최소노출시간 $T_s = \dfrac{B}{V}$ (14.14)

여기서, T_l : 최장노출시간
Δs : 허용흔들림양
B : 촬영 종 기선장
m : 축척분모수
T_s : 최소노출시간
V : 항공기의 초속

촬영카메라의 경사를 표시하는 수준기는 카메라 경사도를 나타내고 지표는 사진의 각변 혹은 모서리에 표시된 것으로 연결하여 만나는 점이 사진의 주점이 된다.

(7) 대공표지

항공사진에 표정용 기준점의 위치를 정확하게 표시하기 위하여 촬영 전에 백색천, 석회 등으로 지상표지점을 표시한다. 최근에는 사진측량술의 발전으로 대공표시를 잘하지 않는다. 대공표지를 설치하여 지상측량에 의하여 그 위치와 높이를 정확하게 결정해 놓아야 한다.

$$\therefore d = \frac{1}{T \cdot M} \fallingdotseq \frac{m}{T}(\mathrm{cm}) \tag{14.15}$$

여기서, d : 사진상에서의 최소크기
T : 촬영축척에 대한 상수
M : 사진축척
m : 축척의 역수

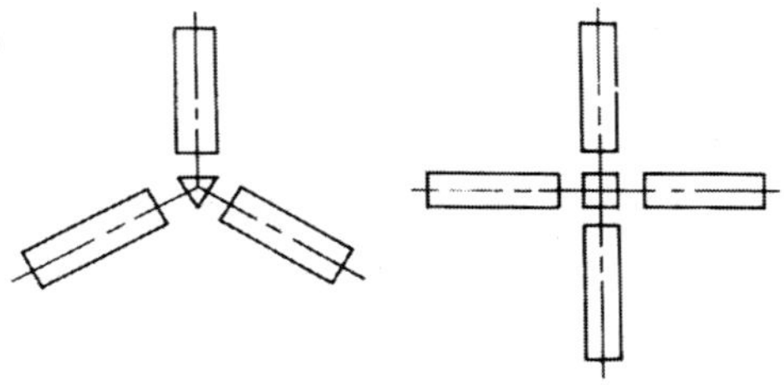

[그림] 14.9 대공표지

(8) 사진제작 처리

촬영된 필름은 현상하여 밀착양화를 만들어 촬영의 상태를 검사하고 이용목적에 따라 분류한다. 검사내용은 중복부에 공백이 없고 구름이나 그림자, 수증기, 스모그 현상이 없어야 하고 지정된 촬영경로와 종중복 60 %, 횡중복 30 % 만족과 경사 3° 이내, 편류한 5° 이내 여부를 판단후 이에 부합되지 않으면 재촬영한다.

(9) 기준점측량

제작된 사진에 의해서 현지에서 필요한 기준점을 지상측량으로 실시하는 것으로 축척을 보정하는 평면 기준점을 4점, 경사・고저를 보정하는 표고 기준점을 6점으로 해서 모델당 10개점씩 측량한다.

(10) 항공삼각측량

입체도화기 및 정밀좌표측정기(comparptor)에 의하여 사진상의 좌표를 측정한 다음 지상기준점의 성과를 이용하여 측정된 점들의 좌표를 전자계산기, 블록조정기 및 도해적 방법에 의하여 절대좌표로 환산하는 기법이다. 항공삼각측정(aerial tranrulation)은 정밀도화기 및 정밀좌표측정기에 의하여 관측된 많은 항공사진 좌표군을 소수의 대응지상 기준점성과를 이용하여 사진좌표를 대지좌표(혹은 측지좌표)로 조정, 전환한다.

(11) 표정점측량

표정점(Orientation point)의 선점은 촬영된 지도상에 표시하는 점으로써 다음과 같다.

1) 표정점은 X, Y, Z가 동시에 정확하게 결정될 수 있는 점이어야 한다.
2) 사진상에서 명료한 점을 택하여 상공에서 잘 보이는 점이어야 한다.
3) 시간적으로 변화하는 것들은 없어야 하고, 가상상, 가상점을 해서는 안 된다.
4) 경사가 급한 지표면이나 경사변환선상을 택해서는 안 되며 헐레이션(halation)이 발생되기 쉬운 점은 안 된다.
5) 원판상의 가장자리에서 1 cm 이상 떨어져 나타나는 점을 택하는 것이 좋으며 지표면에서 기준이 되는 높이의 점이어야 한다.
6) 사진 상의 표고 표정점 주위에 적어도 10 cm 정도는 평탄하고 급격한 색조의 변화가 없어야 한다.

표정점 측량의 필요 정도는 다음과 같다.

① 위치 표정점의 필요 정도

$$\therefore mp = \frac{0.5}{\sqrt{M_0}}\ \text{cm} = 0.5\sqrt{m_0}\ \text{cm} \tag{14.16}$$

② 표고 표정점의 필요정도

$$\therefore mh = 0.1 \cdot \Delta h(\text{m}) = 10 \cdot (\text{cm}) \tag{14.17}$$

여기서, mp : 위치 표정점의 필요 정도
mh : 표고 표정점의 필요 정도
M_0 : 축척
m_0 : 축척분모수
Δh : 최소등고선 간격

(12) 보조기준점

좌표 해석이나, 항공사진 측량과정에서 접합표정에 의한 종접합, 횡접합을 하기 위해 사용되는 점으로써 입체모델 사이의 중복부에 선택되어지며 세 사진상에 나타난다. 항공사진 결과에 얻어진 좌표값은 좌표를 필요로 하는 과정 도화작업 시 수치화작업의 절대표정에 이용된다.

(13) 도화작업

도화기의 모델에 따라 차이가 있으나 일반적인 작업 방법은 다음과 같다.

1) 도화지역의 투명필름, 밀착사진, 현지조사사진 기준점, 성과표 등의 필요한 자료를 준비한다.
2) 기계축척과 도화축척을 결정한다.
3) 투명양화필름에 위치를 확인하고 기준점을 전개한다.
4) 주점거리를 정확히 맞춘다.
5) 투명필름을 고정시킨다.
6) 상호표정과 기준점 위치와 표고에 의하여 절대표정하고 고정시킨다.
7) 명확히 확인된 점을 평평한 장소에 몇 개 선택하여 위치를 표시하고 기입해 둔다.
8) 도로, 철도를 먼저 도화 후 하천, 수로, 지물 지류계 및 급경사의 등고선을 그린다. 등고선은 주곡선, 계곡선, 간곡선, 조곡선 순으로 그린다.
9) 독립 표정점을 일정간격으로 관측한다.

14.4 사진판독

사진면으로부터 얻어진 여러 가지 피사체의 정보를 목적에 따라 해석하는 기술로 지표면의 형상, 지질, 식생, 토량 등의 연구에 이용된다.

14.4.1 사진판독의 요소

1) 크기(size)

   육안판독의 최소한계 0.2 mm로서 입체적, 평면적 길이를 뜻한다.

2) 형상(shape)

   개체나 목표물의 윤곽, 구성, 배치 및 형태를 말하며 도로, 하천, 농경지, 건축물 등을 판독한다.

3) 색조(tone or color)

   빛의 반사에 의한 것으로 주로 인간의 육안으로 10~15 단계를 알 수 있다.

4) 모양(pattern)

   사진상의 배열상태에 의한 개체로서 공장의 집단 배치나 도로와 철도 등을 판독한다.

5) 질감(texture)

색조, 형태, 크기, 음영 등의 조밀, 거칠음 등으로 표현하며, 초목, 식물의 잎 등을 판독한다.

6) 음영(shadow)

입체적인 감각에 의한 것으로 색조가 갖는 이외의 대상물의 윤곽을 주는 것으로 전주, 굴뚝 등의 그림자를 판독한다.

7) 과고감(vertical exaggeration)

렌즈의 초점거리와 중복도에 의한 것으로 평탄한 지형판독에 도움이 되고 경사면이 실제보다 급한 현상으로 보인다.

8) 상호위치 관계(location)

주위 물체와의 관계가 어떻게 사진상에 성립되어 나타나는가의 파악이다.

14.4.2 판독의 순서

1) 촬영조건

촬영시일, 기상조건, 고도, 촬영기의 성능, 필름(film)의 종류, 노출시간, 비행기의 성능, 렌즈 선정 등을 한다.

2) 촬영범위

지상의 각종 물체는 지역에 따라 지방색이 있으니 주위해서 판독해야 한다.

3) 형상(shape)

지물의 평면형상으로 인공지물을 각기 독특한 형상에 의해 개체나 대상물의 윤곽, 구성, 배치 및 일반적인 내용을 판독한다.

4) 색조(tone)

빛의 반사에 의한 것으로 논, 밭의 구별, 침엽수, 활엽수의 구별 등 주로 식물류의 판독에 쓰인다. 대상물이 가지는 빛의 반사에 의해 판별하며, 인간의 육안으로는 보통 10~15 단계 구별이 가능하다.

5) 음영

물체가 받는 빛의 양과 물체가 광선을 가림으로써 생기는 현상으로 음영이 자기 앞에 오도록 관할한다.

6) 계절, 천후

춘계사진 및 추계사진이 사진측량용으로 적합하며 하절기는 수목 상태를, 동절기는 천후 파악용으로 용이하다.

7) 촬영기간

기존 촬영시간에 따라서 음영색깔의 변화가 있다.

8) 색조, 모양, 질감, 크기, 형상, 음영 이외에 파고감과 상호위치 관계가 판독요서에 사용되는 경우는 주위의 사진과 성립되기 때문이다.

14.5 입체사진

'입체시' 라고도 하며 2매의 중복된 사진을 사용하여 항공기에 탑승 때처럼 지면을 입체적으로 보이게 하는 방법이다. 사람이 사물을 관찰할 때는 한 눈으로 관찰하는 단안시(monocular vision)와 두 눈으로 관찰하는 쌍안시(binocular vision)로 나누며, 쌍안경에 의한 정입체시가 있다. 일반적으로 입체시는 정입체시를 의미한다.

14.5.1 입체시

어떤 대상물의 중복사진을 명시거리(25 cm)에 놓고 왼쪽 사진을 왼쪽 눈, 오른쪽 사진을 오른쪽 눈으로 보면 좌우의 상이 하나로 융합되면서 입체감을 얻게 된다.

(1) 입체시 방법

1) 정입체시

중복부가 있는 한쌍의 사진을 입체시할 때 높은 것은 높게 보이고, 낮은 것은 낮게 보이는 현상으로 한쌍의 사진에서 좌·우사진을 바꾸어 입체시 하는 경우를 말한다.

2) 역입체시

높은 것이 낮게, 낮은 것이 높게 입체시되는 현상으로 두 가지 원인이 있다. 정상적인 여색입체시 과정에서 색안경의 적과 청을 바꾸어 보는 경우를 말한다.

(2) 입체시의 조건

1) 2장의 사진을 촬영한 카메라의 광축은 거의 동일평면 내에 있어야 한다.

2) 기선 고도비(B/H)가 적당한 값(약 0.25 정도)이어야 한다.
3) 2매의 사진축척은 거의 같아야 한다.

(3) 입체상의 변화

1) 촬영기선이 긴 경우 짧은 경우보다 더 높게 조인다.
2) 렌즈의 초점거리가 긴 쪽의 사진이 짧은 쪽의 사진보다 더 높게 보인다.
3) 촬영고도가 낮은 쪽이 고도가 높은 쪽보다 더 높게 보인다.
4) 눈의 위치가 약간 높아짐에 따라 입체상은 더 높게 보인다.
5) 눈을 옆으로 돌렸을 때 항공기의 방향선상에서 움직이면 눈의 움직이는 쪽으로 기울어져 보인다.

14.5.2 입체경에 의한 입체시

(1) 소형 입체경

휴대용 입체경으로 현지에서 사용하며 숙달되면 실체경과 같은 정도를 얻을 수 있다.

(2) 대형 입체경

두 장의 사진을 중첩하여 반사경을 통하여 사진상의 피사체를 식별할 수 있는 방법으로 실체사진을 렌즈의 초점거리에 맞추어 놓고 관찰하면 사진에서 나온 광선은 평행광선으로 되어 자연상태 그대로 반사되므로 눈의 수정체 조절이 대단히 편하고 좌우의 상을 무리 없이 실체할 수 있다.

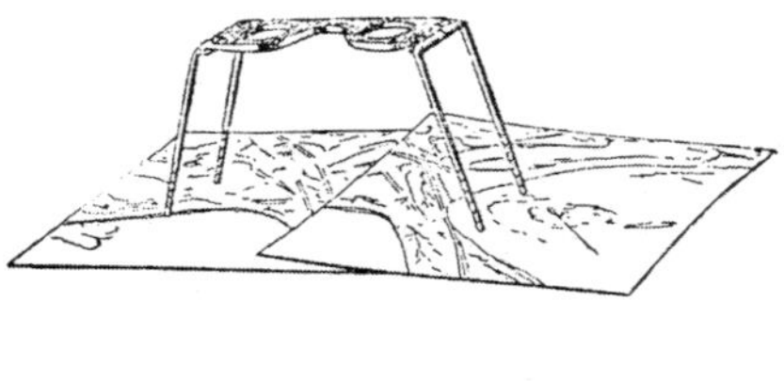

(a) 소형 입체경

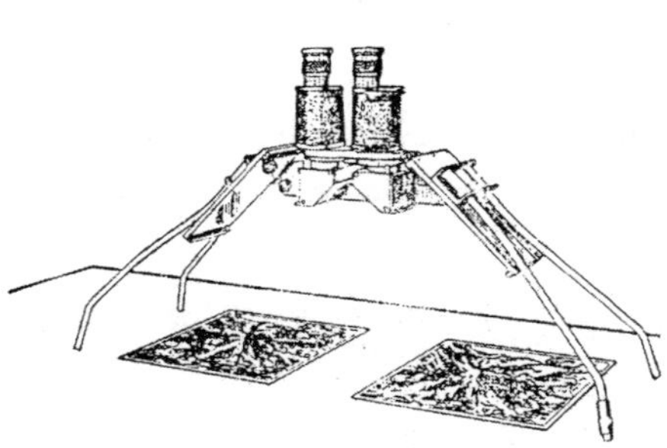

(b) 대형 입체경

[그림] 14.10 실체경

(3) 높이와 시차

시차(parallax)는 입체시하기 위하여 촬영간격 카메라의 위치에 따라 생기는 사진상의 점으로 높이가 같은 지점은 모두 같다. 두 장의 사진을 입체시 양안의 시각에 의한 차이를 시차라 한다.

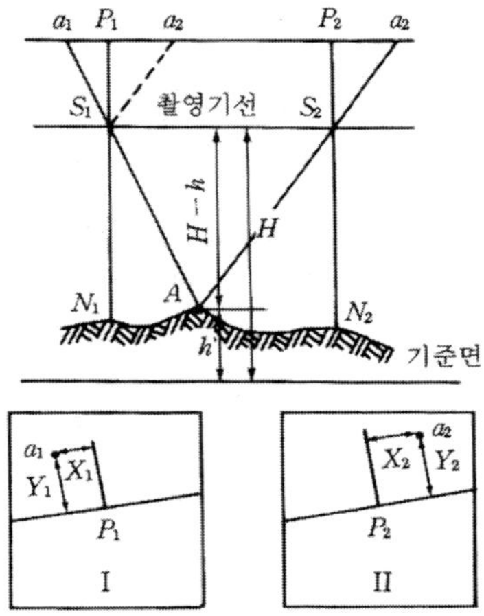

[그림] 14.11 시차차와 고저차

1) 시차 : 그림에서 S_1을 통과하여 S_2a_2에 나란하게 S_1a_2'를 그으면 $P_1a_2' + P_1a_1$은 A 점의 시차가 된다. 이것을 P_a라 하고 ΔS_1S_2A와 $\Delta a_1a_2'S_1$은 닮은 꼴이기 때문에

$$\frac{P_a}{f} = \frac{B}{H-h}$$

$$P_a = \frac{fB}{H-h},\ H-h = \frac{fB}{P_a} \tag{14.18}$$

여기서, f : 초점거리(focal length),
B : 촬영 종기선길이(base line)

2) 시차차 : 높이가 다른 2점의 시차의 차를 시차차라 한다.

$$\triangle P = P_h - P = \frac{fB}{H-h} - \frac{fB}{H} = \frac{fB}{H} \cdot \frac{h}{H-h} \fallingdotseq \frac{fB}{H^2}h$$

$$\therefore h = \frac{H^2}{fB}\triangle P = \frac{H\triangle P}{b+\triangle P}$$

b에 비하여 ΔP가 매우 작으므로 분모의 ΔP를 무시하면

$$\therefore \Delta P = \frac{h}{H} b \tag{14.19}$$

여기서, h : 비고
H : 촬영고도
ΔP : 시차차
b : 주점기선길이

예제 14.12 촬영고도 6,000 m에서 촬영한 항공사진의 주점기선길이가 10 cm이고, 굴뚝의 시차차가 1.5 mm이었다면 이 굴뚝의 높이는?

풀이 $\Delta P = \frac{h}{H} b$에서

$$h = \frac{\Delta P}{b} H = \frac{1.5}{100} 6{,}000 = 90\ \mathrm{m}$$

연 습 문 제

14.1 초점거리가 180 mm인 사진기로 비고 600 m지점의 기념탑을 $\frac{1}{20,000}$ 의 사진축척으로 촬영한 연직 사진이 있다. 촬영고도는 얼마인가?

풀이 $\frac{1}{m} = \frac{f}{H-h}$ 에서

$\therefore H = mf + h = (20,000 \times 0.18) + 600 = 4,200\ \text{m}$

14.2 지상고도 2,000 m의 비행기 위에서 화면거리 152.7 mm의 사진기로 촬영한 수직 공중 사진상 에서 길이 50 m의 교량은 몇 mm로 촬영되는가?

풀이 $\frac{1}{m} = \frac{f}{H} = \frac{l}{L}$ 에서

$l = \frac{L}{H}f = \frac{50}{2,000}152.7 = 3.818\ \text{mm}$

14.3 표고 200 m의 지점을 초첨거리 15 cm의 카메라로 비행 고도 3,000 m에서 촬영한 연직 사진의 축척은 얼마인가?

풀이 $\frac{1}{m} = \frac{f}{H-h} = \frac{0.15}{3,000-200} = \frac{1}{18,667} \fallingdotseq \frac{1}{19,000}$

14.4 화면거리 153 mm의 카메라로 촬영한 사진 상에 길이 30 m의 교량이 2 mm로 나타나 있다. 촬영고도는 얼마이겠는가?

풀이 $\frac{1}{m} = \frac{f}{H} = \frac{l}{L}$ 에서

$$H = \frac{f}{l}L = \frac{153}{2}30 = 2,295 \text{ m}$$

14.5 평탄 지면을 화면의 크기 23 cm×23 cm의 사진기로 촬영한 항공 사진이 있다. 이 사진의 주점기선길이는 밀착 사진 상에서 9 cm였다. 인접 사진과의 중복(Overlap)은 얼마인가?

풀이 주점기선길이 : $b = a(1 - \frac{P}{100})$

$$\therefore P = (1 - \frac{b}{a}) \times 100 = (1 - \frac{9}{23}) \times 100 \fallingdotseq 60.87 \fallingdotseq 61 \%$$

14.6 축척 1 : 10,000로 촬영한 수직 사진이 있다. 사진의 크기를 23 cm×23 cm, 종중복도를 60 %로 하면 촬영 기선 길이는?

풀이 촬영기선길이$(B) = ma(1 - \frac{P}{100}) = 10,000 \times 0.23 \times (1 - \frac{60}{100}) = 920 \text{ m}$

14.7 표고 700 m이고, 20 km×40 km인 장방형의 구역을 해발고도 3,700 m에서 주점거리 210 mm의 카메라로서 촬영하였다. 이 때 필요한 사진 매수는? (단, 종 중복도 60 %, 횡 중복도 30 %, 사진면 크기 23×23 cm, 안전율 30 %이다.)

풀이 $\frac{1}{m} = \frac{f}{H-h} = \frac{0.21}{3,700-700} \fallingdotseq \frac{1}{14,286}$

$$\therefore \text{ 사진매수} = \frac{F}{A_0}(1+\text{안전율}) = \frac{S_1 \times S_2}{(ma)^2(1-\frac{p}{100})(\frac{1-q}{100})} \times (1+0.3)$$

$$= \frac{20 \times 40 \times 10^6}{(0.23 \times 14,286)^2(1-\frac{60}{100})\ (1-\frac{30}{100})} \times (1+0.3) \fallingdotseq 344.03 = 345\text{매}$$

14.8 시속 720 Km, 고도 4,000 m 렌즈의 초점거리 10 cm, 허용 흔들림이 0.01 mm일 때 최장 노출시간(초)은?

풀이

$$\frac{1}{m} = \frac{f}{H} = \frac{0.1}{4,000} = \frac{1}{40,000}$$

$$\therefore T_l = \frac{\Delta S \cdot m}{V} = \frac{0.01 \times 10^{-3} \times 40,000}{720 \times 10^3 \times \frac{1}{3,600}} = 0.002\text{초} = \frac{1}{500}\text{초}$$

14.9 항공사진을 촬영하는 데 있어서 최장 노출 시간에 대한 최소 노출 시간의 값을 $\frac{1}{4,600}$로 하려면 허용 흔들림의 양은? (단, 사진 크기 23 cm×23 cm, 종 중복도 60 %, 횡 중복도 30 %)

풀이

$$\frac{T_l}{T_s} = \frac{\frac{\Delta S \cdot m}{V}}{\frac{B}{V}} = \frac{\Delta S \cdot m}{B}$$

$$= \frac{\Delta S \cdot m}{ma(1-\frac{p}{100})} = \frac{\Delta S}{a(1-\frac{p}{100})} = \frac{1}{4,600}$$

$$\therefore \Delta S = \frac{230 \times (1-0.6)}{4,600} = 0.02 \text{ mm}$$

14.10 초점거리 15 cm, 사진의 크기 23 cm×23 cm, 종 중복도 60 %, 사진축척 1 : 20,000일 때 기선 고도의 비는?

풀이

$$B = ma(1 - \frac{p}{100}) = 20,000 \times 0.23 \times (1 - \frac{60}{100}) = 1,840 \text{ m}$$

$$H = m \cdot f = 20,000 \times 0.15 = 3,000 \text{ m}$$

기선 고도비 $(\frac{B}{H}) = \frac{1,840}{3,000} \fallingdotseq 0.61$

14.11 보통 사람의 눈은 안기선이 65 mm, 명시거리가 250 mm라 할 때, 광각 카메라의 주점 기선장이 92 mm, 초점거리가 150 mm이면 광각 카메라에서의 과고감은 약 몇 배인가?

풀이

광각카메라의 $\frac{B}{H} = \frac{mb}{mf} = \frac{b}{f} = \frac{92}{150} \fallingdotseq \frac{1}{1.63}$

사람의 $\frac{B'}{H'} = \frac{b}{f} = \frac{65}{250} \fallingdotseq \frac{1}{3.85}$

과고감 $= \frac{3.85}{1.63} \fallingdotseq 2.4$배

14.12 촬영고도 750 m의 밀착 연직 사진이 있다. 이 사진에서 비고 15 m에 대한 시차차는 얼마인가? (단, 화면거리 $f = 15$ cm, 화면거리 23 cm×23 cm, 중복도 60 %)

풀이 시차차

$$\Delta P = \frac{h}{H} \cdot b = \frac{h}{H} \cdot \left[a \cdot (1 - \frac{p}{100})\right]$$

$$= \frac{15}{750} \times 230 \times (1 - \frac{60}{100}) = 1.84 \text{ mm}$$

14.13 비행고도 5,484 m에서 촬영한 2매의 연속 연직 사진에서 주점기선길이가 68.55 mm일 때 등고선 간격 20 m에 해당되는 시차차는?

풀이

$$\Delta P = \frac{h}{H} \times b = \frac{20}{5,484} \times 68.55 = 0.25 \text{ mm}$$

14.14 촬영고도 7,500 m, 사진 Ⅰ의 주점기선길이 56.5 mm, 사진 Ⅱ의 주점기선길이가 57.3 mm일 때 시차차 1.55 mm인 그림자의 고저차는?

풀이

$$\Delta P = \frac{h}{H} \cdot b \text{에서}$$

$$\therefore h = \frac{\Delta P \cdot H}{b} = \frac{1.55 \times 7,500}{\left(\frac{56.5 + 57.3}{2}\right)} \fallingdotseq 204.31 \text{ m}$$

14.15 사진축척 $\frac{1}{6,000}$ 카메라 초점 거리 15 cm, 화면의 크기 23 cm×23 cm, 종 중복도 60 %인 사진에서 상의 시차차가 0.1 mm까지 측정될 때, 몇 m의 등고선을 그릴 수 있는가?

풀이

$$\Delta P = \frac{h}{H} \cdot b \text{에서}$$

$$\therefore h = \frac{\Delta P \cdot H}{b} = \frac{\Delta P \cdot (m \cdot f)}{a\left(1 - \frac{p}{100}\right)} = \frac{0.1 \times (6,000 \times 0.15)}{230 \times \left(1 - \frac{60}{100}\right)} = 0.978 \text{ m}$$

14.16 모델수가 10일 때 표정점의 수는 몇 개인가?

풀이

$$\text{표정점의 수} = \frac{n}{2} + 2 = \frac{10}{2} + 2 = 7\text{점}$$

14.17 표정의 순서를 설명하시오.

풀이 내부 표정 → 상호 표정 → 대지 표정(절대 표정) → 접합 표정

- 표정
  - 내부표정
    - 사진 주점을 맞춘다.
    - 화면 거리(f)의 조점
    - 건판 신축, 대기 굴절, 지구 곡률 보정, 렌즈 수차 보정
  - 외부표정
    - 상호표정
      - 5개의 표정 인자$(k,\varphi,\omega,b_y,b_z)$
      - 종시차 소거
    - 대지표정(절대표정)
      - 7개의 표정 인자$(\lambda,k,\varphi,\omega,S_x,S_y,S_z)$
      - 축척의 결정
      - 위치, 방위의 결정
      - 표고, 경사의 결정
    - 접합표정
      - 7개의 표정 인자 결정$(\lambda,k,\varphi,\omega,C_x,C_y,C_z)$
      - 모델간, strip 간의 접합 요소

14.18 사진판독 요소를 설명하시오.

풀이 ① 색조 : 피사체가 갖는 빛의 반사에 의한 것(수목의 종류를 판독)

② 형상 : 목표물의 구성, 배치 및 일반적인 형태를 말한다.

㉮ 평면형 : 도시, 부락, 도로, 하천, 논, 밭

㉯ 입체형 : 사원, 학교, 병원, 창고 등의 건축물

③ 크기 : 어느 피사체가 갖는 입체적, 평면적인 넓이가 길이를 뜻한다. 사진상에서 육안 식별능력은 0.2 mm 이상의 크기이어야 한다.

④ 음영 : 판독시 빛의 방향과 촬영시의 빛의 방향을 일치시키는 것이 입체감을 얻기 쉽다. 그림자의 윤곽에 의하여 전주, 굴뚝, 교량 등의 입체형을 알 수 있다.

⑤ 모양 : 피사체의 배열 상황에 의하여 판별하는 것으로, 사진상에서 볼 수 있는 식생, 지형 또는 지표상의 색조 등이다.

㉮ 사진의 흑백, 공장의 집단 배치 : 업종 및 공업 단지 판독

㉯ 선형 : 도로와 철도 구별

⑥ 질감 : 색조, 형상, 크기, 음영 등의 여러 요소의 조합으로 구성된 조밀, 거칠음, 세밀함 등으로 표현된다(초목, 식물의 잎). 나무의 종류(침엽수, 활엽수) 및 농작물의 판별에 이용된다.

⑦ 촬영조건 : 형상의 크기, 색조, 음영 등에 영향이 크다.

⑧ 과고감 : 렌즈의 초점 거리, 중복도, 측정자의 경험, 심리 등이 복합적으로 생긴 것

⑨ 상호 위치 관계 : 주위 사진, 물체와의 관계

SURVEYING ➡ CHAPTER

GPS 측량 15

CHAPTER 15 ➡ SURVEYING

GPS 측량

15.1 개 요

15.1.1 GPS(Global Positioning System)

인공위성으로 관측된 모든 자료를 이용해서 지표면 또는 해상의 한 점에 대한 위치를 위성 전파로 관측점에 소요시간을 이용해서 지구상 위치를 결정하는 체계를 말한다.

GPS는 군사적 목적과 항공기, 배, 잠수함의 항법을 위해 개발되었지만, 측지기술의 발전으로 측지・측량분야, 지도제작 및 지구물리분야를 비롯한 각종 응용분야의 새로운 기술로 주목되고 있다.

GPS는 지구상 어느 곳에서나 24시간 기상에 관계없이 동등한 정밀도로 3차원 정보를 제공 받을 수 있는 특징이 있다.

15.1.2 GPS특징

① 측위 기법에 따라 다양한 정확도 분포를 지님 (mm～100m).
② 기선길이에 비해 상대적으로 높은 정밀도를 지닌다.
③ 위치결정과 동등한 정확도로 속도와 시간을 결정할 수 있다.
④ 지구상 어느곳에서나 이용할 수 있다. (육・해・공)
⑤ 날씨, 기상에 관계없이 위치결정이 가능하다.
⑥ 24시간 어느 시간에서나 이용이 가능하다.
⑦ 수평성분과 수직성분을 제공하므로 3차원 정보를 제공한다.
⑧ 기선결정의 경우, 두 측점 간 시통에 무관하다.
⑨ EDM과 같은 Two-Way 방식이 아닌 One-Way 방식이다.
⑩ 다양한 측위기법을 제공하므로 상당히 경제적이다.
⑪ 세계측지기준계(WGS84)를 사용한다.
⑫ 사용자에게 신호사용에 따른 부담이 없다.

⑬ 미국의회가 다목적 사용을 전제로 승인
⑭ 무제한 사용이 가능 - 새로운 유틸리티 개발이 가능하다.

15.2 GPS의 구성

GPS는 우주부문(Space Segment), 사용자부문(User Segment) 및 제어부문(Control Segment)으로 구분할 수 있다.

우주부문은 NAVSTAR(Navigation System with Time and Range)라고 불리는 GPS위성으로 구성되며 변조된 시간신호, 위성의 위치, 위성의 작동상태, 시간보정 등의 정보를 사용자에게 전송하는 역할을 수행한다.

GPS위성은 전파 송수신기, 원자시계, 컴퓨터 및 시스템 작동에 필요한 여러 가지의 보조장비를 탑재하고 있어 위성의 공간 상의 위치와 사용자의 위치를 결정할 수 있게 된다.

사용자부문은 GPS 수신기와 안테나, 자료처리 소프트웨어로 구성되어 있으며 GPS 위성으로부터 신호를 수신하여 안테나 위치를 결정한다.

제어부문은 미국의 Colorado Springs에 위치한 주 제어국과 전 세계에 분포된 5개의 추적국, 3개의 지상 관제국으로 구성되었다.

미 국방성은 군의 전략적 목적을 위해 SA(Selective Availability)방법과 AS(Anti Spooting)방법에 의하여 민간인 사용자를 통제하고 있다.

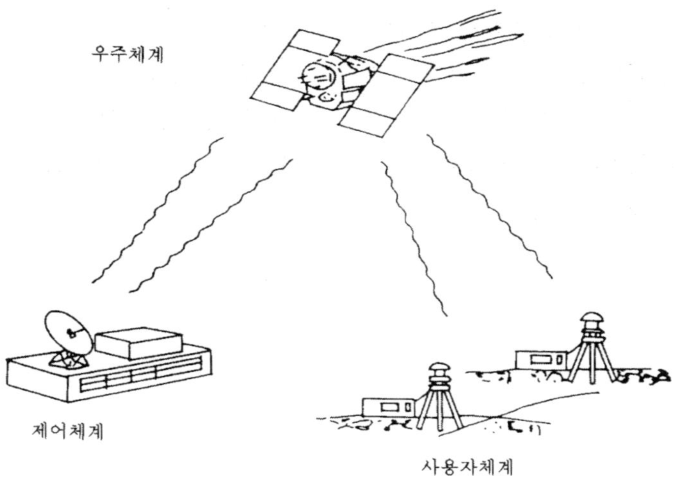

[그림] 15.1 GPS구성

15.2.1 우주부문(Space Segment)

① 24개 이상의 위성으로 구성되어 있다.
② 적도면에 대해 55°의 경사각으로 궤도면의 간격 60°를 유지하는 6개 궤도가 있다.
③ 연속적 다중위치 결정 역할을 한다.
④ 위성고도 20,200 km, 궤도주기 11시간 58분으로 회전한다.
⑤ 3차원 후방교회법으로 위치를 결정할 수 있다.

15.2.2 사용자부문(User Segment)

① 위성으로부터 보내진 전파를 수신해 원하는 위치를 구한다.
② 두 점 간의 거리를 계산한다.

15.2.3 제어부분(Control Segment)

① 위성으로의 자료를 전송한다.
② 위성시간의 동일성을 가진다.
③ 궤도와 시각결정을 위한 위성의 추적을 한다.
④ 전리층 및 대류층을 주기적 모형화한다.

15.2.4 GPS측정 원리

GPS 위성은 1990년대 전반까지 미국에 의해 24개가 쏘아 올려졌다. 위성은 고도 약 20,200 km의 원형궤도를 11시간 58분의 주기로 회전하고 있고 경사각 55° 로 6개의 다른 궤도상을 4개씩 돈다. 각 위성은 1.2 GHz와 1.6 GHz의 전파를 궤도정보와 위성 내에 있는 정도 높은 세시움 원자시계로 만들어진 시간 신호와 함께 지상으로 보낸다. 지상에서는 이 전파를 수신하여 위치를 측정하는 측량시스템이다.

궤도수 : 6개
위성수 : 24개
궤도 : 대략 원궤도
궤도경사각 : 55°
높이 : 20,200 Km
사용좌표계 : WGS-84

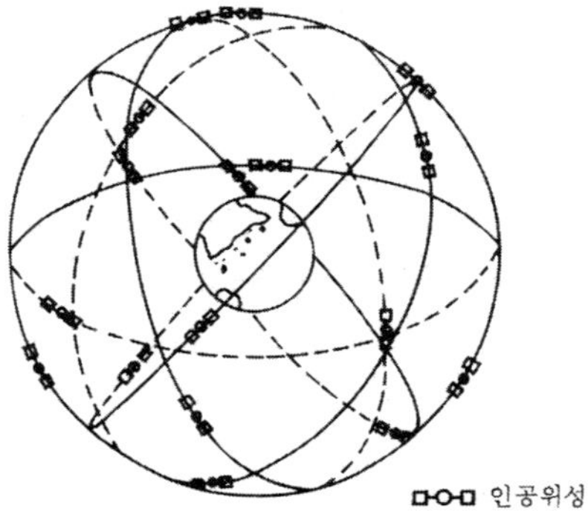

[그림] 15.2 GPS의 위성체계

15.2.5 GPS 신호

GPS 위성은 2개의 반송파(L1 : 1575.42 MHz, L2 : 1227.60 MHz)를 연속적으로 방송하며, 여기에는 다양한 정보가 포함되어 있다.

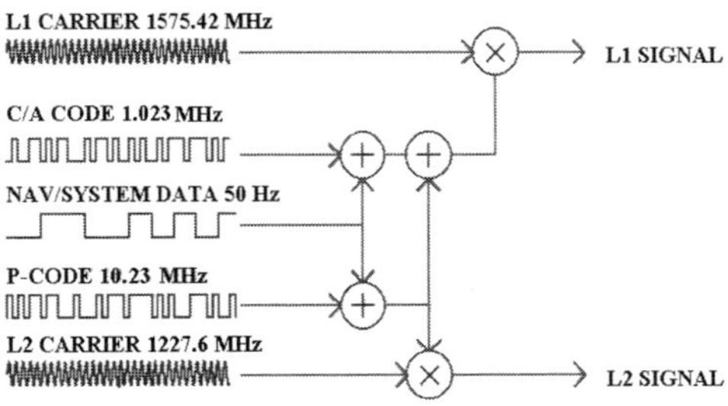

Signal	Wavelength/Code Chip
L1 carrier	0.190 m
L2 carrier	0.244 m
C/A code	293.3 m
]P code	29.3 m

[그림] 15.3 GPS 위성신호

수신기를 이용하여 실시간 위치를 결정하기 위해서는 위성과 수신기간의 정확한 전송시간 측정이 필요하며, 이는 반송파 상에서 변조된 PRN(Pseudo-Random Noise) 코드에 의해 이루어진다.

L1 신호는 1.023 MHz의 C/A PRN code와 10.23 MHz인 P-code로 변조되며, L2 신호는 P code에 의해서만 변조된다.

C/A-code는 1023bits의 변조파로 1/1000초의 반복주기를 가지며, C/A-code의 변조파는 1,540cycles마다 L1 반송파 위상의 변화에 의해 얻어진다. (0.190 m × 1540=293.3 m)

L1 신호를 통해 변조된 P-code는 일주일의 반복주기를 가지며, 154 cycles마다 L1 반송

파 위상의 변화에 의해 얻어진다.

완전한 P-code는 38주 주기를 가지며, 각 위성과 위성각 일주일 간의 코드 부분만 할당된다.

P-code의 파장이 C/A-code의 파장보다 10배 짧기 때문에 C/A-code의 분해능력보다 10배의 정확도를 가진다.

GPS 위성신호는 항법메시지(Navigation Message)를 포함하며 이는 ephemeris, GPS Time에 대한 위성시계편차 및 모든 위성들의 almanac data를 포함한다.

[표] 15.1 NNSS와 GPS의 비교

세 목	N N S S	G P S
개발시기	1950년	1973년
실용 개시 연대	1967년에 일반에게 개방 (2000년에 폐지 예정)	1993년 ICO의 시작으로 24시간 3차원 측량이 가능[BLOCK Ⅱ, Ⅱ R로 구성된 FO(준비중)]
사용 주파수	150 MHz, 400 MHz	1,575.42 MHz(C/A), 1,227.6 MHz(P2)
구 성	위성 5개	현재 6개 궤도에 4개씩(보조위성 6포함) 총 24개
주 기	약 107분	0.5 항성일(약 11시간 58분)
궤 도	고도 약 1,075 km의 극궤도 운동	고도 20,183 km, 6궤도면, 원궤도 운동
정 확 도	수 m	10^{-6}~10^{-7}
이용좌표계	WGS - 72	WGS - 84
변조방식	PSK 변조	PPN, PSK 변조

15.3 GPS의 위치결정방법

위성은 원자시계를 사용하고 위성시계 보정항이 있지만, 수신기는 수정시계를 사용하므로 수신기 시계 오차 보정이 필요하다.

미지점의 3차원 좌표 $(u(x), u(y), u(z))$와 수신기 시계보정을 위한 추가적인 미지수 (ΔT_b)가 포함되므로 총 4개의 미지수가 존재한다.

위성 1,2,3,4와 수신기(u) 사이의 의사거리 방정식은 다음과 같이 표현할 수 있으며, 이를 선형화하여 미지점의 3차원 좌표를 결정할 수 있다.

$$pr_1 = \sqrt{(x_1 - u_x)^2 + (y_1 - u_y)^2 + (z_1 - u_z)^2} + c \cdot \Delta T_b$$

$$pr_2 = \sqrt{(x_2-u_x)^2+(y_2-u_y)^2+(z_2-u_z)^2}+c\cdot\Delta T_b$$

$$pr_3 = \sqrt{(x_3-u_x)^2+(y_3-u_y)^2+(z_3-u_z)^2}+c\cdot\Delta T_b$$

$$pr_4 = \sqrt{(x_4-u_x)^2+(y_4-u_y)^2+(z_4-u_z)^2}+c\cdot\Delta T_b$$

총 미지수가 4개 이므로 4개 이상의 방정식을 구성하기 위해 최소 4대 이상의 위성을 관측해야 한다.

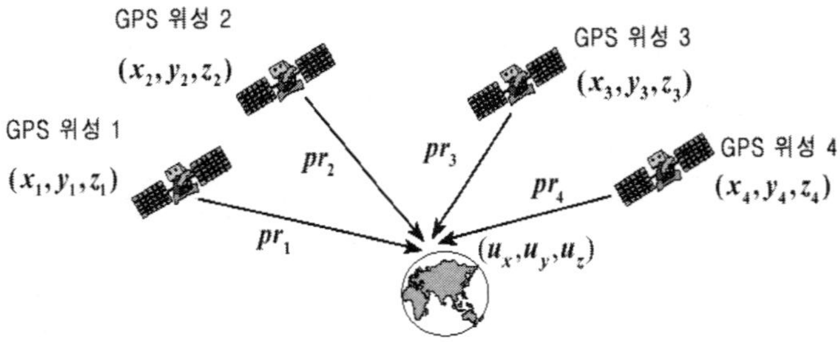

[그림] 15.4 GPS 절대측위 원리

15.4 DGPS 측량원리

DGPS(Differential GPS)는 이미 좌표를 알고 있는 기지점에 고정용 수신기를 설치하여 보정자료를 생성하고 이와 동시에 미지점에 또 다른 수신기를 설치하여 고정점에서 생성된 보정자료를 이용해 미지점의 관측자료를 보정함으로써 높은 정확도를 확보하는 GPS 측위기법을 말한다.

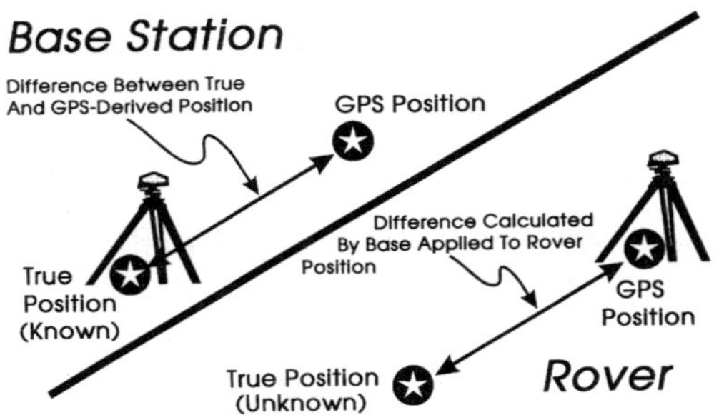

[그림] 15.5 Differential GPS

15.4.1 DGPS 구현방법

(1) 의사거리 보정법

고정점에서 생성된 의사거리 보정량을 이동점으로 전송하면, 다음과 같이 의사거리를 보정하여 이동점의 위치를 구한다.

보정된 의사거리=실제 측정된 의사거리+의사거리 보정량

(2) 위치보정법

위치보정법은 정확한 좌표와 매 epoch 마다 계산된 좌표의 편차를 계산하고 이를 이동점의 동일한 epoch에 적용하여 보정하는 기법을 말한다.

고정점의 보정량 산출	이동점의 보정량 적용
$\Delta X = X_{known} - X_A(t_i)$	$X_B = X_B(t_i) + \Delta X$
$\Delta Y = Y_{known} - Y_A(t_i)$	$Y_B = Y_B(t_i) + \Delta Y$
$\Delta Z = Z_{known} - Z_A(t_i)$	$Z_B = Z_B(t_i) + \Delta Z$

(3) Wide Area DGPS(WADGPS)

각 지역마다 배치되어 있는 광역 기준국을 관장하는 광역주 기지국을 두어서 지역 보정 위성 항법 시스템이 가지는 지역적, 비용적 한계를 극복하는 방식이다.

넓은 지역을 훨씬 적은 기지국으로 커버하는 시스템인 반면 LADPS 보다는 정확도가 약간 떨어지는 약점이 있다.

(4) Local Area DGPS(LADGPS)

가장 기본적인 DGPS로 좁은 영역에서 높은 정확도가 필요한 경우에 사용하는 방식으로 기준국과 일반 수신기 사이에 공통된 오차값을 적용할 수 있는 지역적 범위마다 기준국을 설치해야 하는 지역적 한계로 인하여 비용이 많이 드는 약점이 있다.

정밀한 측정이 필요한 공항 활주로나 항만 등에 주로 이용된다.

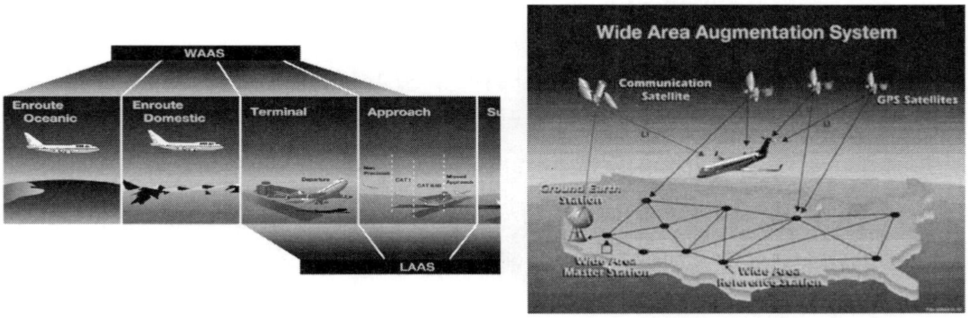

[그림] 15.6 Wide Area Augmentation System

15.5 GPS측량의 분류 및 정도

15.5.1 GPS 측량의 분류

(1) Static 측량

스태틱측량은 가장 높은 정밀도를 얻을 수 있는 측량이다. 표준적인 GPS(Global Positioning System) 정지측량 시에는 2개 이상의 GPS 수신기를 설치하고 측정에서 약 1시간 정도 관측을 하는 측량이다. 세션(Session)의 수는 프로젝트 지역에서 위성의 유효성이나 사용자 시간의 조건에 의해 결정한다.

1) 1, 2급 기준점 사용
2) 측정거리
   ① 1주파 10 km
   ② 2주파 100 km
3) 정도

측량 \ 주파	1주파		2주파	
	수 평	수 직	10 km 이하	10 km 이하
정 지	5 mm + 1 ppm	10 mm + 1 ppm	5 mm + 1 ppm	5 mm + 2 ppm
이 동	1 cm + 2 ppm	2 cm + 2 ppm	2 cm + 2 ppm	

(2) Fast Static 측량

고속정지측량(Fast Static Survey)은 하드웨어와 작업시간 면에서 다른 특징을 가지고 있다. 고속정지측량을 할 경우, 2주파의 송신파의 위상과 의사거리가 정확히 관측, 기록되는 수신기가 필요하다. 고속정지측량은 정지측량과 거의 흡사하지만 작업시간이 크게 단축되고 통상 2개 이상의 수신기를 정해진 관측점에서 5~20분 읽게 하면 기선측량이 완료된다. 단 작업시간은 위성의 배치와 멀티패스의 조건에 따라 변동한다.

1) 3, 4급 기준점 사용
2) 정도 : 1 cm + 2 ppm × 측정거리

(3) Kinematic 측량

리얼타임 키네마틱측량은 어떤 측량보다도 작업속도가 빠른 측량이다. 기존의 측량은 현장에서 측량의 성과를 작업실 내에서 처리를 하였지만 이 측량은 현장에서 바로 원하는 점의 좌표를 알 수 있어 작업의 효율면에서도 가장 앞선 측량이다.

〈작업 내용〉
1) 현장에서 좌표를 3차원으로 표시
2) 구할 좌표의 X, Y 좌표 입력
3) GPS 수신시작
4) PC화면 상에 구하는 점과 현재위치를 표시
5) 남북방향, 동서방향의 좌표차를 표시
6) 화면을 보면서 구하는 점에 이동, 좌표점을 설치
7) 정도 : 2 cm + 2 ppm × 측정거리

15.5.2 GPS 측위기법에 따른 정밀도

기선장에 대한 종래의 측량기에 의한 측량정도와 GPS와의 정도비교에 관한 데이터는 그림 15.7과 같다.

SLR(Satelite Laser Ranging)와 VLB(Very Baseline inter fectomery)는 어느 쪽도 "cm" 의 오더의 정도를 갖고 GPS L1대 및 L2대의 2주파에 의한 측정에서도 100 km까지는 마찬가지로 "cm" 의 자리수 정도가 있다.

또한 5 km를 넘으면 EDM에 의한 트래버스측량보다도 SLR과 VLBI 및 GPS 측량쪽이 정도가 좋다.

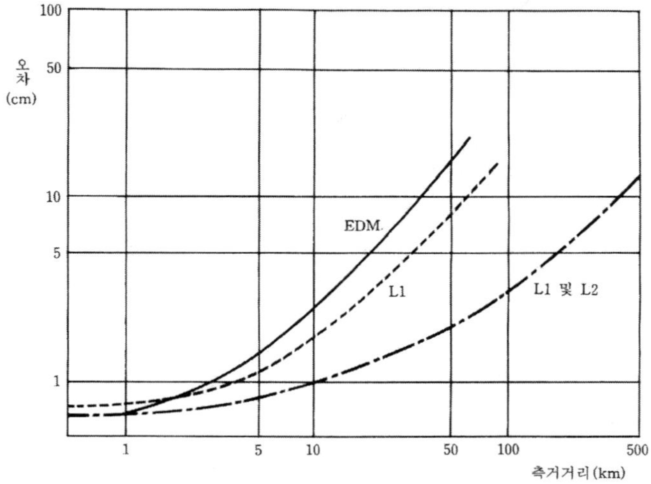

[그림] 15.7 측거정도의 비교

[표] 15.2 GPS 측위 기법에 따른 정밀도 비교

기법	내용	정밀도
단독측위	GPS수신기 1대로 위치측정	30 m
DGPS	측량용과 항법용 수신기를 결합하여 이동체의 후처리 및 실시각 정밀위치 측정	1 m~5 m
후처리 상대측위	2대 이상의 측량용 GPS 수신기를 이용하여 고정밀 상대위치 측정	수 mm
실시간 이동측위	2대 이상의 측량용 수신기를 이용하여 실시간 고정밀 위치 측정	1 cm~2 cm

15.5.3 GPS 오차

GPS의 오차는 시스템 오차와 수신기 오차 및 위성의 배치상태에 따른 오차로 구분할 수 있다. GPS 시스템 오차에는 위성시계오차, 위성궤도오차, 전리층 굴절오차, 대류권 굴절오차 및 SA에 의한 오차로 구분될 수 있다.

[표] 15.3 GPS 시스템 오차의 분류

GPS 시스템 오차	오차범위 1σ(m)
위성시계오차(Satellite Clock Error)	0~2.1
위성궤도오차(SV Ephemeris Error)	0~2.1
전리층 굴절오차(Ionospheric refraction)	0~4.0
대류권 굴절오차(Tropospheric refraction)	0~0.7
선택적 이용성(Selective Availability ; SA)	0~50

(1) GPS 시스템 오차

① 위성시계 오차와 궤도 오차

위성시계 오차와 궤도 오차는 위성의 궤도력에 포함된 오차로 인해 야기되는 것으로 궤도력에는 예보된 방송궤도력과 사후적합 평가를 거친 정밀궤도력으로 구분된다.

② 전리층 굴절 오차

전리층 굴절 오차는 전기적으로 대전된 전리층(이온층)을 위성신호가 통과하면서 굴절로부터 야기되는 오차를 말한다.

단일수신기 사용자는 항법메시지를 통해 전송되는 전리층 근사모델을 이용해 대략적인 보정값을 결정할 수 있다. (약 50 %)

이주파 수신기 사용자는 L1신호와 L2신호가 전리층에서 굴절되는 비율이 서로 다르기 때문에 L1/L2 선형조합을 통해 전리층 굴절을 보정할 수 있다.

③ 대류권 굴절오차

대류권 굴절오차는 중성자로 구성된 대기의 영향에 따라 위성신호가 굴절하여 야기되는 오차를 말한다.

중성자는 15 GHz 이하의 주파수를 갖는 라디오파에 대해서 비확산 매개물로 존재하므로 대기권에 대한 전자파의 전달은 주파수에 무관하게 되며, L1 신호나 L2 신호로부터 유도된 반송파 위상과 코드 의사거리를 구분할 필요가 없게 된다, 즉 대류권 굴절은 전리층 굴절과는 달리 이주파 수신기를 이용해 소거될 수 없다.

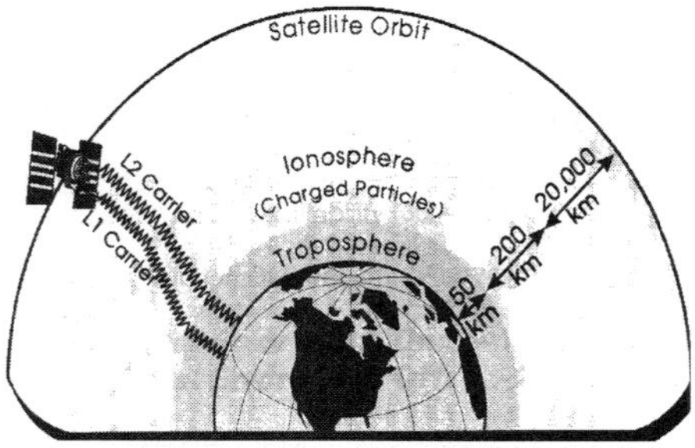

[그림] 15.8 Ionospheric & Tropospheric Refraction

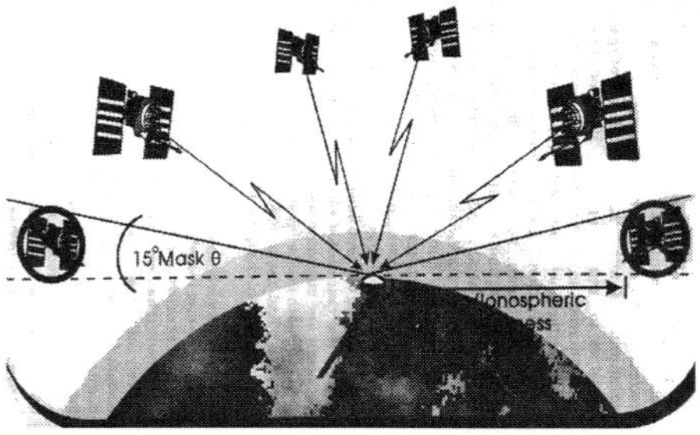

[그림] 15.9 Refraction for Elevation angle

(2) GPS 수신기 오차

[표] 15.4 GPS 수신기 오차

GPS 수신기 오차	오차범위(m)
수신기 Channel Noise	0~10
다중경로 (Multi-path)	0~1

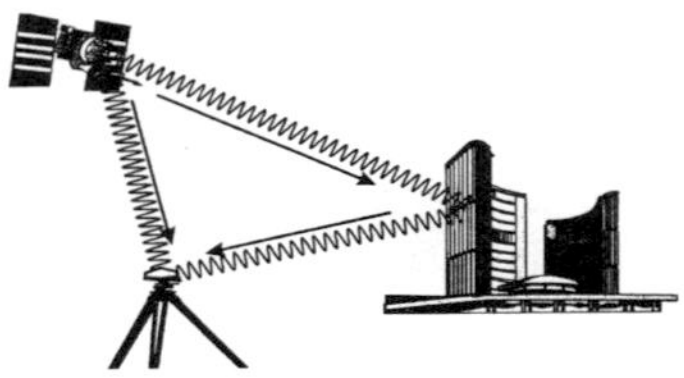

[그림] 15.10 다중경로

① 수신기 Channel Noise

수신기 Channel Noise는 수신기 자체가 갖는 전기적 잡음을 말하며, 보통 calibration 과정을 통해 channel biases를 결정하고 모든 연속적인 측정값에 이를 적용하는 방법을 사용한다. 그러나 수신기의 노후화로 인해 noise가 증가하므로 수신기 channel의 잡음이 높은 경우는 다른 수신기를 사용하는 것이 적당하다.

② 다중경로(Multi-path)

측지용 수신기는 안테나에 Ground-Plane을 장착하고 있어 이러한 영향을 최소화 한다. 가장 이상적인 방법은 다중경로의 원인이 되는 장애물에서 멀리 떨어져 관측하는 것이다.

③ DOP(Dilution of Precision)

측위 정밀도의 저해인자를 저해하는 인자로 GPS 수신기가 계산하는 측위 결과의 정도(Quality)에 영향을 주는 지수이다.

Quality=UERE(User Equivalent Range Error) × DOP

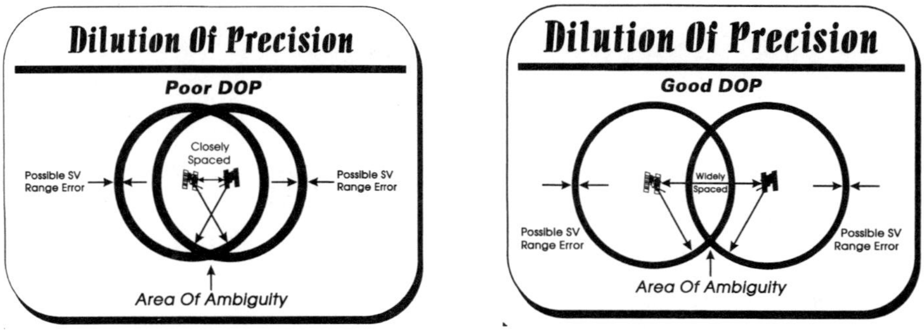

[그림] 15.11 Good DOP & Poor DOP

SURVEYING ➡

CHAPTER

16 수치지도

CHAPTER 16 ➡ SURVEYING

수치지도

16.1 지도의 정의

일반적으로 지도는 이용 목적이 다양하고 수요가 많은 일반도와 전문적인 용도에 따라 제작된 특수 용도의 주제도로 구분된다. 국가기본도는 국토지리정보원의 주관 아래 제작되어지는 특정 축척의 지형도로 정의된다.

[표] 16.1 국가기본도

축척	도폭(위도차 × 경도차)	지도투영법	좌표	주곡선간격
1 : 5,000	1′ 30″ × 1′ 30″	TM	평면직교좌표, 표고, 경위도	5 m
1 : 25,000	7′ 30″ × 7′ 30″			10 m
1 : 50,000	15′ 00″ × 15′ 00″			20 m

[표] 16.2 지형도의 사용목적과 축척

목적	축 척
세부설계	1 : 100 – 1 : 500
실시설계	1 : 500 – 1 : 2,000
기본설계	1 : 2,000 – 1 : 10,000
도시계획	1 : 5,000 – 1 : 25,000
지역계획	1 : 10,000 – 1 : 100,000
국토계획	1 : 100,000 – 1 : 1,000,000

[표] 16.3 지형도의 축척별 이용현황

축 척	이 용 현 황
1 : 500, 1	건축공사설계, 도시계획, 도시시설종합평면도
1 : 1,000, 1 : 1,200	철도, 도로, 하천개수, 토지개량계획도, 항만계획
1 : 2,500, 1 : 3,000	도시, 철도, 도로, 하천, 댐계획, 용수사업계획, 농지계획, 수도수로, 농업수리계획
1 : 5,000, 1 : 6,000	국토기본도, 도시계획, 하천종합개발계획, 도로철도계획, 댐계획, 국토종합개발계획
1 : 10,000	국토기본도, 국토종합개발계획, 도시계획, 철도계획, 도로계획, 농업용수계획, 상수도계획, 간척계획, 공업단지개발계획
1 : 25,000	국토기본도, 국토종합개발계획, 하천계획, 도로계획, 도시계획, 관광개발계획
1 : 50,000	국토기본도, 국토종합개발계획, 도시계획, 토양보존도

수치지도는 컴퓨터의 수치영상처리기술을 이용하여 각종지형 정보들을 항목(layer)별로 구분하여 데이터베이스화하고 이용 목적에 따라서 지도를 자유로이 작성할 수 있도록 전산화한 지도이며 일반적으로 종이지도를 전산화하는 과정을 의미한다.

16.2 수치지도의 특성

수치지도는 일반적으로 도형을 X, Y 좌표계에서의 좌표값(x, y)의 조합과 두 좌표를 연결한 선분을 사용하여 지도의 모든 도형을 표현한다.

[표] 16.4 지도를 수치지도로 표현하는 데 필요한 수치의 조합

	도 형	필요한 수치
직선		시종점의 좌표값
다각형	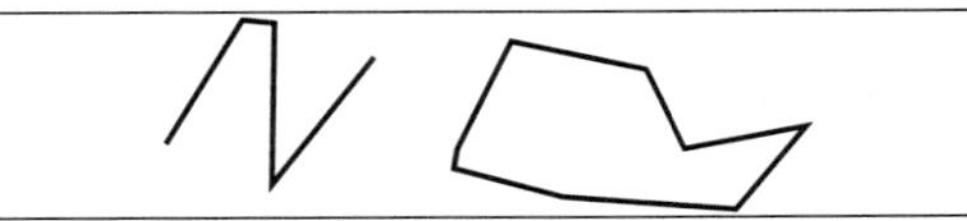	시종점 및 중간점의 좌표값
원 원호	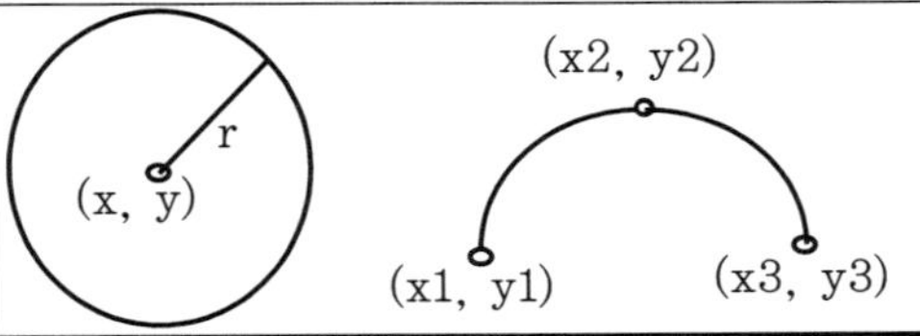	중심점의 좌표값과 반경 또는 원주상 3점의 좌표값

16.3 수치지도 제작절차

수치지도의 제작은 측량법에서 정하는 지도제작절차를 따르나 전산처리할 수 있는 자료로 저장한다는 점이 일반지도제작과 다른 점이다.

16.3.1 수치지도 제작 원리

1) 수치지도 자료의 취득방법

① 종래의 지도작성법으로 완성된 지형도를 디지타이저나 스캐너 등의 좌표 입력기를 이용하여 수치화하는 방법

② 항공사진의 도화 작업 시에 해석 도화기를 이용하여 수치지도 자료를 직접 취득하는 방법(일반적으로 수치지도제작이라 함)

2) 수치지도 제작체계

① 입력체계 : 해석도화기나 천연색 스캐너(color scanner)에 의해 도면이나 영상의 지리적 정보를 수치화하여 자기테이프, 하드디스크에 기록

② 편집체계 : 입력된 수치자료를 영상면상에 표시하여 대화로 영상이나 도형의 가공, 편집, 수정

③ 출력체계 : 수치화된 지도정보를 X-Y 도화기, 레이저 도화기(laser copier) 등의 기기를 통해서 출력

3) 수치지도제작의 작업공정

① 지상측량 체계를 사용한 방법 : 높은 측량의 정확도를 필요로 하는 지적도나 한정된 협소한 지역의 지도를 제작하는 경우에 이용

② 항공사진측량 체계를 사용하는 방법 : 대부분은 항공사진 측량 체계에 의해 수치지도를 제작

[표] 16.5 수치지도 제작 작업공정

공정	작 업 내 용
1	계획준비 : 작업방법 · 작업계획의 입안, 사용할 기기 · 소프트웨어 정비, 인원의 배치
2	표정점의 설치 : 기설점 이외, 항공사진의 표정에 필요한 기준점, 즉 수평(x,y) 및 수직(z)점을 설치.
3	대공표지의설치 : 수평 및 수직기준점, 표정점의 좌표를 관측하기 위해 사진상에서 쉽게 알아볼 수 있도록 그것들에게 표지를 설정한다.
4	촬영 : 측량용 항공사진을 촬영한다.
5	자침 : 항공사진상의 기준점 위치를 현지확인을 시행하여 특별히 정한다.
6	현지조사 : 지형도를 작성할때에 항공사진에서 얻을 수 없는 건물 명칭 · 가옥명 등의 정보를 현지조사에서 수집한다.
7	항공삼각측량 : 조정기법에 의해 종접합점, 횡접합점 및 기준점의 평면위치 및 표고를 결정한다.
8	수치도화 : 표정을 통해서 지형지물의 위치자료(수치도화자료)를 해독한다.
9	지형보완측량 : 지도정보 level 1000 이상의 자료를 작성하는 경우에는 특정 지역을 대상으로 하여 등고선, 표고점을 현지 측량한다.
10	지도 자료 편집 : 수치도화 자료 및 현지조사에서 얻어진 정보를 편집체계에 입력하여 편집한다.
11	현지보측 : 항공사진에 있어 잘 드러나지 않아 명확하지 않은 부분과 중요사항을 현지관측에 의해 편집된 자료를 수정(또는 추가)한다. 이와같이 하여 편집, 수정된 자료를 진위치 자료라 부른다.
12	진위치 자료화일의 작성 : 보측편집시 진위치 자료를 작업순서에 따라 자기테이프들의 기로매체에 출력한다. 이렇게 해서 진위치 자료 출력도, 정확도관리표, 진위치 자료화일 설명서 등을 첨가하여 완성품이 된다.
13	작도 자료화일의 작성 : 필요에 따라 제도화일이 작성된다. 제도 자료화일을 진위치 자료화일의 내용을 지도표현기준에 따라 도식처리를 하게 되는 것이다.
14	구조화 자료화일의 작성 : 필요에 따라 구조화 자료화일이 작성된다.

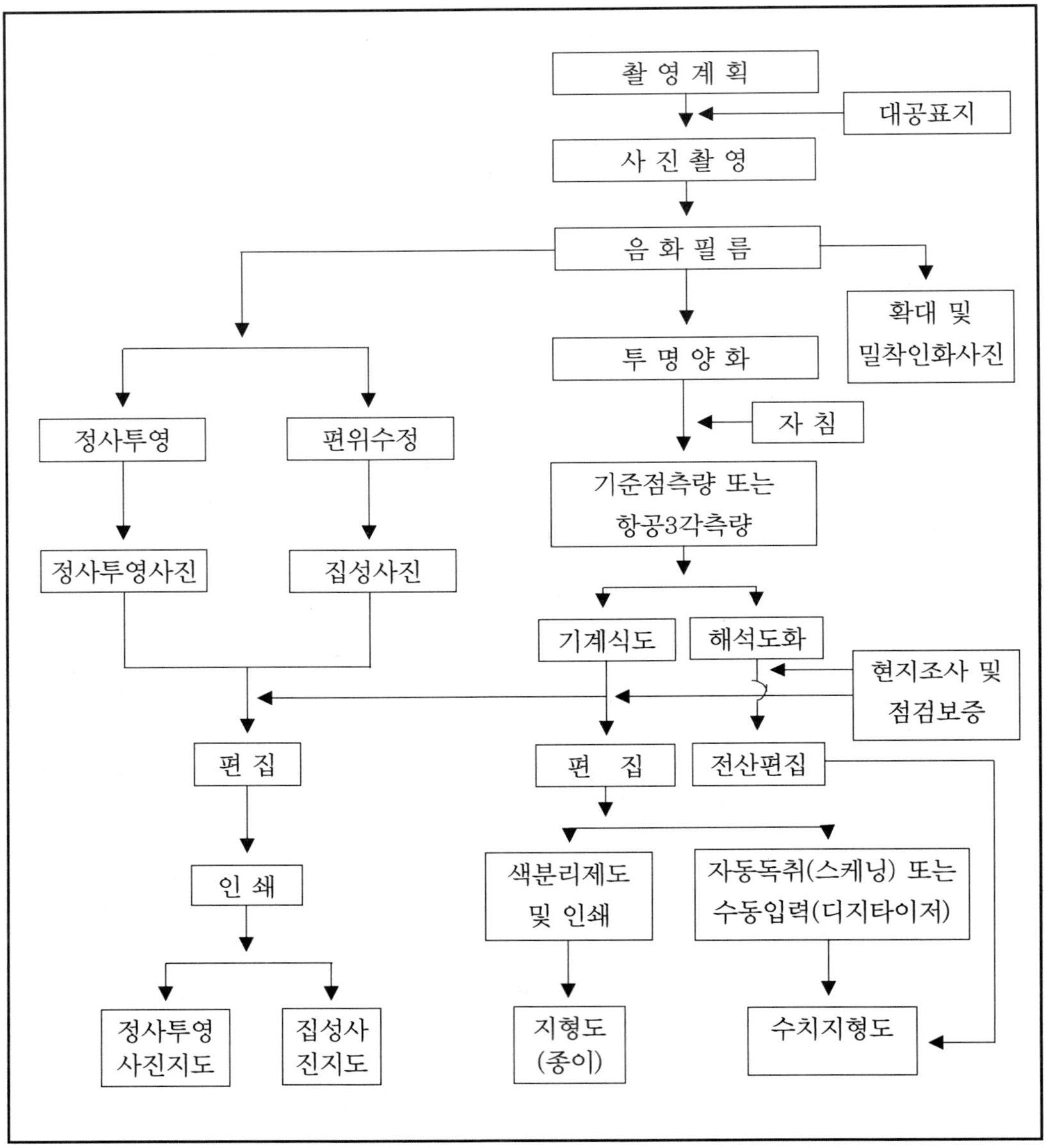

[그림] 16.1 수치지도 제작과정

16.3.2 지도편집

소요의 축척과 투영법에 맞도록 도면을 축소 또는 확대하고 수정하는 작업과 지형도에 기입될 제반사항을 준비하여 인쇄할 수 있는 과정을 지도편집이라고 한다.

16.4 지도표현의 일반원리

1) 형상

① 기준면에 대한 정사투영으로 나타내며 상하로 중복된 경우 터널, 수로 등 주요지물이 아닌 경우는 아래의 것은 표시하지 않는다.

2) 과장표시

① 실제 축척으로는 너무 작게 나타나거나, 뚜렷하게 나타나야 할 중요대상물은 그 크기를 과장하여 표현한다.

② 예를 들어 1 : 50,000 지형도에서 폭 11 mm 의 도식으로 표시되며, 독립가옥은 한 변 0.4 mm 의 사각형으로 표시되므로 실제보다 과장되게 표현된다.

3) 생략

① 일시적인 가설물이나 중요하지 않은 것은 생략함을 원칙으로 한다.

② 예를 들어, 건물이 밀집된 도심지역에서는 등고선은 생략하며, 산지인 경우에도 등고선의 굴곡을 너무 자세하게 묘사하면 지형 전체의 형태를 파악하기 곤란하므로 지성선이 잘 드러나도록 부드럽게 표현한다.

4) 종합묘사

① 가옥이나 건물이 밀집된 지역에서 개개의 건물을 일일이 나타내는 대신 골목이나 작은 부속물체는 생략하고 중요 가로나 건물이 잘 나타나도록 외곽선을 표시하고 그 내부는 사선이나 동일색으로 처리하여 전체적인 배열상태가 잘 드러나도록 묘사한다.

5) 기록의 진위치

① 도로, 삼각점, 수준점 등 도식기호가 실제보다 크게 나타나는 경우 : 기호의 중심선 또는 중심점이 진위치와 일치하도록 표시한다.

② 높은 탑이나 굴뚝 등 측면도형의 경우 : 그 하변 중심이 진위치가 되도록 한다

6) 전위

① 도형이나 기호가 중복되고 어느 한쪽을 생략할 수 없는 경우 : 상대적으로 덜 중요한 쪽의 위치를 이동시키며 전위의 허용범위는 도상 최대 1.2 mm가 넘지 않도록 한다.

② 하천, 호수 등 자연물과 도로, 철도, 제방 등의 인공물이 접하는 경우 : 인공물을 전위시킨다.

③ 하천 도로 등의 유형선과 등고선, 경계등의 무형선이 접하는 경우 : 무형선을 전위시킨다.

16.5 수치지도의 구성

현재 제작되고 있는 수치지도는 수치지도작성 작업규칙에 근거하여 제작되고 있으며, "표준코드" 라 함은 수치지도를 구성하는 도엽코드, 레이어코드 및 지형코드로 구분한다. 레이어는 9개로 분류되어 1~9까지 순차적으로 코드를 부여한다.

16.5.1 도엽코드

① 현재 측량법에서 사용하는 인덱스 방법은 도엽코드를 그대로 사용하는 방법으로 도엽코드의 처음 두 자리는 북위를 표시하고 셋째 자리는 동경의 끝자리를 의미한다.

[표] 16.6 측량법상의 도엽코드에 의한 축척별 도면인덱스 방법

축 척	도 면 폭	도 엽 코 드
1 : 50,000	15′	경위도를 1° 간격으로 분할한 지역에 대하여 다시 15 '씩 16등분하여 하단위도 두 자리 숫자와 좌측경도의 끝자리 숫자를 합성한 뒤 해당코드를 추가하여 구성한다.
1 : 25,000	7′ 30″	1 : 50,000 도엽을 4등분하여 1 : 50,000 도엽코드 끝에 1자리 코드를 추가하여 구성한다.
1 : 10,000	3′	1 : 50,000 도엽을 25등분하여 1 : 50,000 도엽 끝에 2자리 코드를 추가하여 구성한다.
1 : 5,000	1′ 30″	1 : 50,000 도엽을 100등분하여 1 : 50,000 코드 끝에 3자리 코드를 추가하여 구성한다.
1 : 1,000	18″	1 : 10,000 도엽을 100등분하여 1 : 10,000 도엽코드 끝에 2자리 코드를 추가하여 구성한다.
1 : 500	9″	1 : 1,000 도엽을 4등분하여 1 : 1,000 도엽코드 끝에 1자리 코드를 추가하여 구성한다.

② 1 : 1,000의 도엽코드 중에서 358130372 도엽의 인덱스 설정방법을 그림으로 도식화하면 아래와 같다.

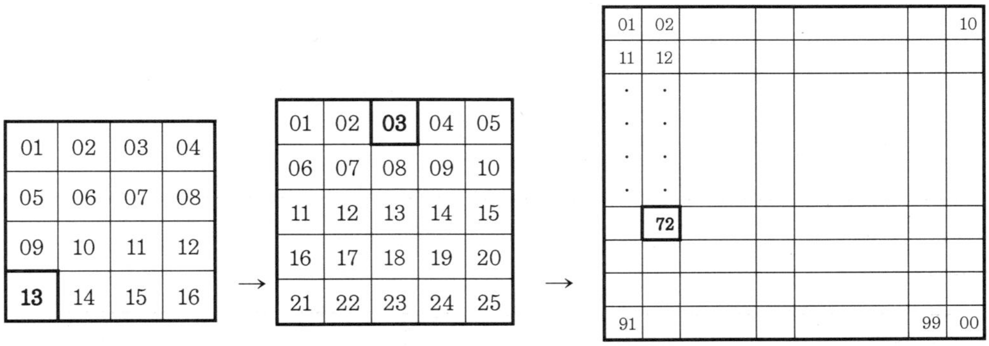

1 : 50,000　　S=1 : 10,000　　S=1 : 1,000

[그림] 16.2 도엽코드 예

16.5.2 레이어코드

레이어코드는 도엽코드로 분류된 파일의 부속코드로서 다음과 같이 분류한다.

[표] 16.7 레이어코드

레이어코드	내 용	레이어코드	내 용
1	철 도	6	시설물
2	하 천	7	지 형
3	도 로	8	행정 및 지역경계
4	건 물	9	주 기
5	지 류		

16.5.3 지형코드

지형코드는 레이어코드의 부속코드로서 수치지도의 가장 기본적 구성요소이며 대분류·중분류·소분류 및 세분류의 계층구조로 이루어지며 다음과 같이 분류한다.

1) S=1 : 5,000, S=1 : 25,000 지형코드

[표] 16.8 대분류

코드	내 용	코드	내 용
1	철 도	6	시설물
2	하 천	7	지 형
3	도 로	8	행정 및 지역경계
4	건 물	9	주 기
5	지 류		

[표] 16.9 중분류

코드	내용	코드	내용	코드	내용
1	철도	41	경계	63	목표물Ⅱ
11	선로	42	행정기관	7	지형
12	철도시설	43	산업	71	등고선
2	하천	44	문화교육	72	지형표현
21	수부	45	서비스	73	기준점
22	하천시설	46	의료후생	8	행정 및 지역경계
23	수부지형	5	지류	81	행정경계
3	도로	51	경계	82	지역경계
31	도로경계	52	녹지기호	9	주기
32	도로중심	53	기타기호	91	지형지물
33	도로시설	6	시설물	92	행정지물
34	표지 및 도로번호	61	경계		
4	건물	62	목표물		

[표] 16.10 소분류

코드	내용	코드	내용	코드	내용
1	철도	222	방조제	34	표지 및 도로번호
11	선로	223	방파제	341	정류장
111	실폭도로	224	수문	342	표지
112	도면제작용선로	225	교통	343	도로번호(기호)
12	철도시설	226	레저스포츠	344	도로번호
121	철교	227	용수로	4	건물
122	편의시설 및 기타	23	수부지형	41	경계
2	하천	231	경계	411	건물경계
21	수부	232	기호	412	담장
211	하천	3	도로	42	행정기관
212	바다	31	도로경계	421	지방행정
22	하천시설	311	기존도로	422	치안행정
221	제방	312	부속도로	423	기타행정 I

[표] 16.11 세분류

코드	내용	코드	내용	코드	내용
1	철도	1121	복선철도	2	하천
11	선로	1122	정거장	21	수부
111	실폭도로	12	철도시설	211	하천
1110	미분류	121	철교	2110	미분류
1111	보통철도	1210	미분류	2111	실폭하천
1112	특수철도	1211	철교	2112	세류
1113	터널안철도	1212	고가부	2113	건천
1114	건설중철도	122	편의시설 및 기타	2114	호수저수지
1115	지하철(지하부)	1220	미분류	2115	하천중심선
1116	지하철(지상부)	1221	플랫폼	212	바다
1117	삭도	1222	플랫폼의 지붕	2120	미분류
112	도면제작용선로	1223	지하철 환기통	2121	해안선(육지)
1120	미분류	1224	지하철역 출입구	2122	해안선(섬)

2) S=1 : 1,000 지형코드

[표] 16.12 1 : 1,000 지형코드

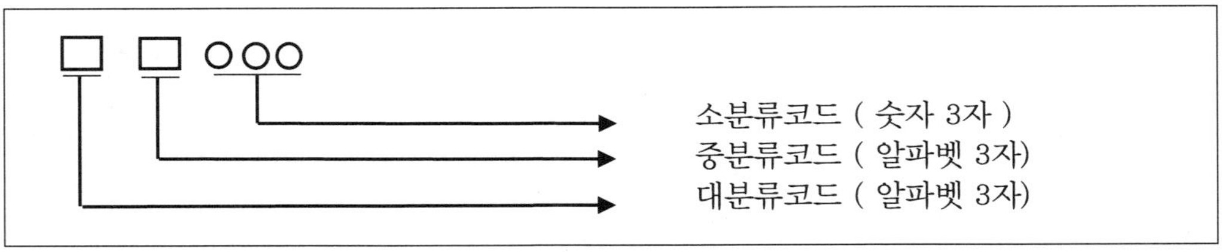

[표] 16.13 기본도의 지형지물에 대한 대분류

분류코드	대분류명	분 류 내 용
A	시설물	시설물 등에 관련한 종류별 분류를 포함한다.
B	수 계	물과 관련된 정보로 해양정보와 하천 및 호소 정보를 포함한다.
C	지형/지질	지질, 지형, 고도, 등의 정보를 포함한다.
D	식 생	논, 축지, 산림지, 등의 정보를 포함한다.
E	행정/경계	인위적, 자연적, 용도 등에 의하여 구분된 지역, 구역 등의 정보를 포함한다.
F	지 적	지적과 관련한 내용을 포함한다.
Z	일 반	기준점, 편차, 주기 등의 내용을 포함한다.

[표] 16.14 국가 기본도 표준안의 속성정보

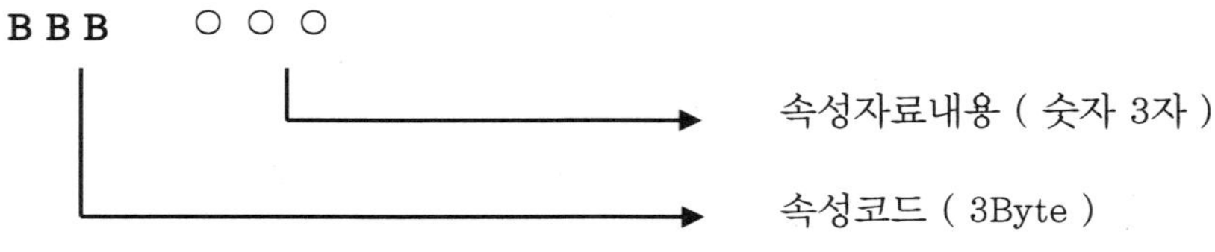

[표] 16.15 지형코드 분류 예

NEW_CODE	OLD_CODE	구조	지형지물명	LV	CO	NEW_CODE	OLD_CODE	구조	지형지물명	LV	CO
AF0024	1110	선	철도 부지선	30	먹	BA2021	2324	점	염전기호	60	청
AFA001	1111	선	보통 철도	32	먹	BA020	2325	점	폭 포	60	청
AF0021	1112	선	특 수 철 도	30	먹	BA999	2326	점	기타(유수방향)	60	청
AF0022	1114	선	건설중 철도	30	먹	ADA001	3111	선	고 속 국 도	15	적
AF010	1117	선	삭 도	31	먹	ADA010	3112	선	일 반 국 도	16	적
AE0302	1118	선	고가부(도로시설)	22	먹	ADA020	3113	선	지 방 도	17	적
AF002	1119	선	철도중심선	30	먹	AD0022	3114	선	특별시도,광역시도	12	적
AF002	1123	선	궤도(모노레일)	31	먹	ADA030	3115	선	시 도	17	적
AG999	1210	선	기타(철도시설)	34	먹	ADA040	3116	선	군 도	17	적
AG001	1211	면	철 교	33	먹	ADA050	3117	선	면리간도로	18	적
AG010	1212	면	고 가 부	33	먹	ADA085	3118	선	부지안도로	18	적
AG020	1213	면	철 도 터 널	33	먹	AD0023	3119	선	소 로	13	적
AG100	1221	면	플 랫 폼	34	먹	AE020	3120	선	터 널	21	적
AG101	1222	면	플랫폼의 지붕	34	먹	AE120	3121	면	도로분리대	24	적
AE102	1224	면	지하철 입구	23	먹	AD0026	3122	선	터널안도로	14	적
BA001	2111	선	하천경계	43	청	AD0024	3145	선	건설중도로	14	적
BA003	2112	선	세 류	44	청	AD002	3211	선	도로중심선	11	먹
BA004	2113	선	건 천	45	청	AE999	3311	선	기타(배수시설,측구)	28	먹
BA010	2114	면	호수,저수지	45	청	AE110	3321	면	육 교	24	먹
BA002	2115	선	하천중심선	44	먹	AE150	3323	면	계 단	26	먹
BC0011	2121	선	해안선(육지)	48	청	AE001	3324	선	인 도	19	적
BC0012	2122	선	해안선(섬)	48	청	AE130	3325	면	횡단보도	25	갈
BB999	2210	선	기타(내륙수계시설)	47	청	AE131	3326	면	안전지대	25	갈
BB0011	2211	선	콘크리트제방상단	47	적	AE010	3341	면	콘크리트교	20	먹
BB0021	2212	선	콘크리트제방하단	47	적	AE0102	3342	면	강 교	20	먹
BB0012	2213	선	흙제방상단	47	적	AE0103	3343	면	목 교	20	먹
BB0022	2214	선	흙제방하단	47	적	AE100	3352	면	지 하 도	22	먹
BB020	2216	면	댐 (상단)	47	적	AE230	3360	선	주차장경계	27	먹
BB0201	2217	선	댐 (하단)	47	적	AE305	3361	점	공중전화박스	60	먹
BC0021	2231	선	방파제 상단	48	적	AE300	3362	점	우 체 통	60	먹
BC0022	2232	선	방파제 하단	48	적	AE270	3363	점	휴 게 소	60	먹
BC0031	2233	선	소파블럭	48	먹	AE2301	3364	점	주차장기호	60	먹
BB010	2241	선	수 문	47	적	AE310	3366	점	게 시 판	60	먹
BB030	2243	선	보	47	적	AE141	3367	점	가 로 등	60	먹
BB040	2253	면	잔 교	47	먹	AE200	3369	점	도로반사경	60	적
BB050	2254	점	선 착 장	60	먹	AE0301	3370	선	지 하 부	22	먹
BB060	2257	선	나 루 노 선	47	먹	DB001	3371	면	목장 및 방목경계	52	먹
ABC002	2261	점	해수욕장기호	60	적	AE170	3372	점	가 로 수	60	녹
AB110	2260	면	수 영 장	47	청	AE021	3373	선	터 널 입 구	21	먹
ABC003	2262	점	수영장기호	60	청	AE101	3374	면	지 하도 입 구	23	먹
AB120	2263	점	낚 시 터	60	청	AE140	3375	점	차 단 기	60	먹
AH1001	2271	선	지상용 수로	35	청	AE142	3376	점	신 호 등	60	적
BA203	2311	면	갯벌경계	46	청	AEE001	3411	점	버스 정류장	60	먹
BA200	2312	면	모래경계	46	청	AEE010	3412	점	택시 정류장	60	적
BA201	2313	면	습지경계	46	청	AEC002	3422	점	안 내 표 지	60	먹
BA202	2314	면	염전경계	46	청	AEC003	3423	점	지 시 표 지	60	먹
BA2031	2321	점	갯벌기호	60	먹	AEC004	3424	점	규 제 표 지	60	적

16.5.4 심벌코드

1) 1 : 5000 수치지도 심벌 요약본

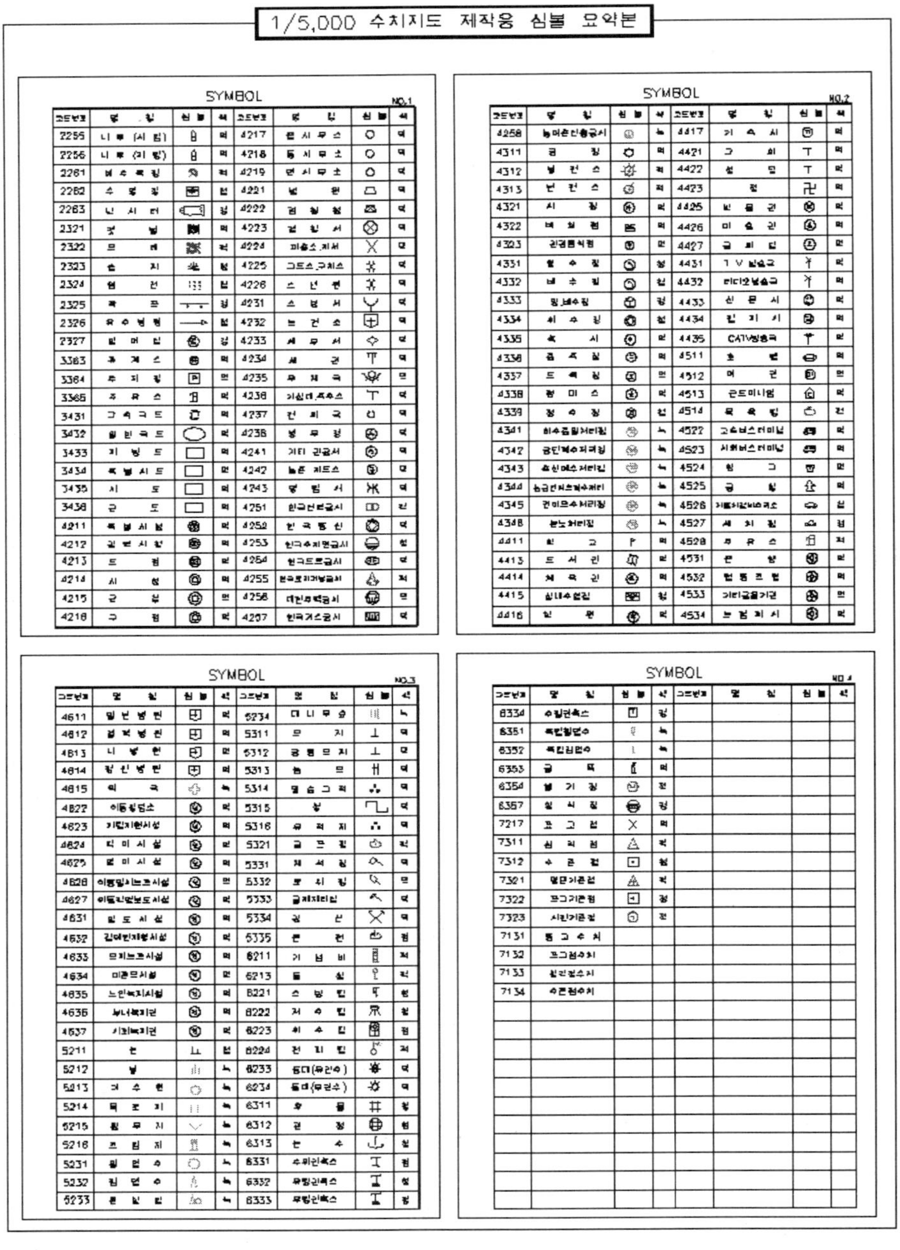

[그림] 16.2 1 : 5,000 심볼 요약

2) 1 : 1000 수치지도 심벌 요약본

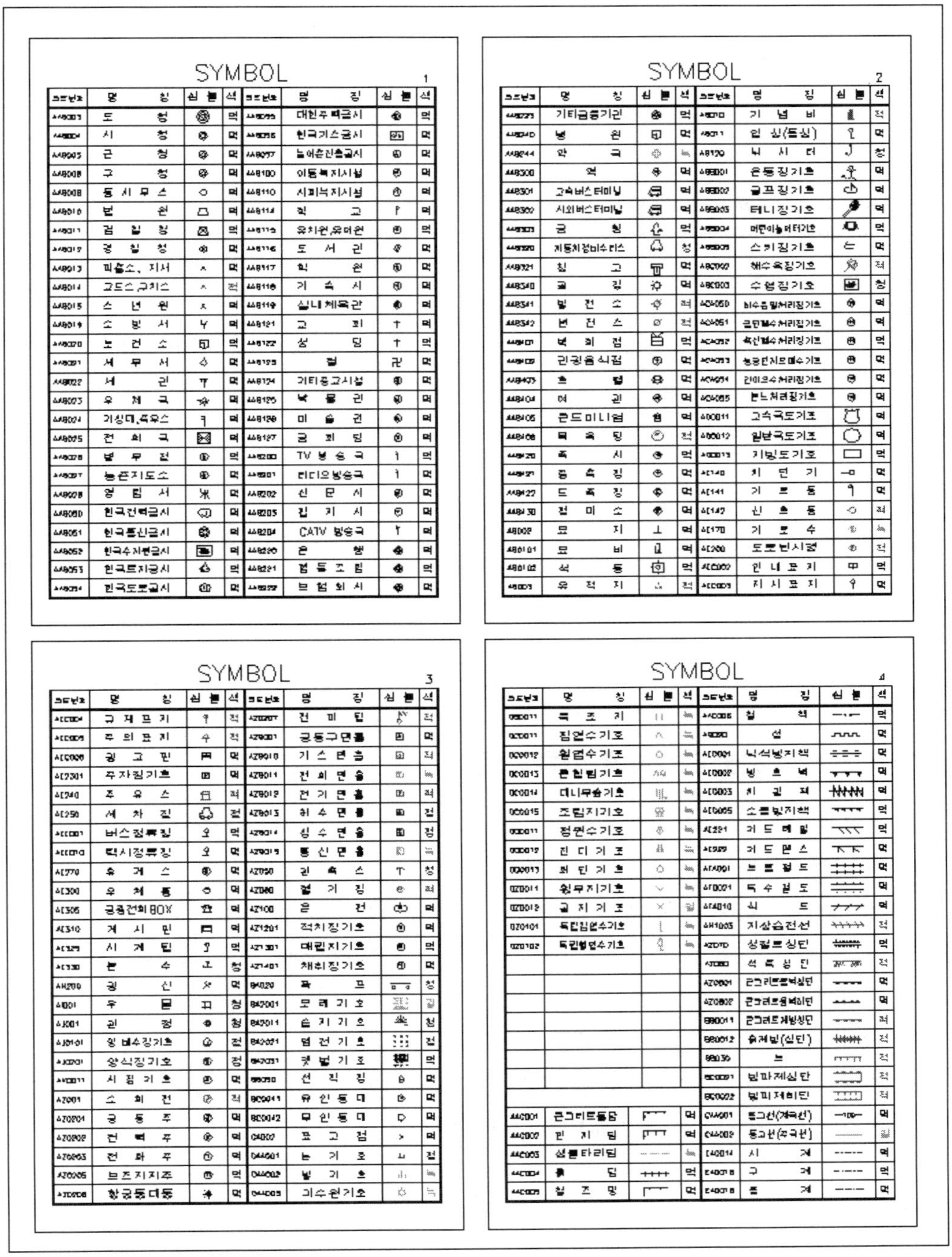

[그림] 16.3 1 : 1,000 심볼 요약

16.6. 지적도의 도엽체계

16.6.1 지적도면의 종류와 축척

1) 지적파일에 등록하는 축척구분 코드

[표] 16.16 축척구분 코드

구 분	축 척	축척구분 코드	대상지역
토지대장 등록지 (지적도)	1 : 500	05	시가지역
	1 : 600	06	시가지역
	1 : 1000	10	농업생산 기반정비사업 지역
	1 : 1200	12	농촌지역
	1 : 2400	24	
	1 : 3000	30	
	1 : 6000	60	
임야대장 등록지 (임야도)	1 : 3000	30	시가지 부근의 산간지역
	1 : 6000	60	기타 산간지역

16.6.2 지적도면 전산화에 따른 특성

1) 지적도 관리상의 문제로 열람이나 등사로 인한 마모, 복사기를 사용할 때 빛과 열에 의한 변형 및 습기에 의한 변형 등으로 도면의 훼손이 발생
2) 훼손된 지적도에 대한 재 조제(제작) 시 과정상의 오류 발생
3) 지적도의 신축에 따른 도곽선의 신축 및 신축된 도면상에 측량성과의 전개로 필지 구성 상태에 오차 누적
4) 지적도의 디지타이징 및 스캐닝에 의한 도면 전산화
5) 지적도면 전산화 작업에 대한 신축보정상의 문제
6) 인접 도엽간 도곽 접합시 불부합 문제 발생

16.6.3 지적도의 도엽체계

지적도의 도곽선은 평면직각좌표의 원점으로부터 계산하여 1도엽의 종·횡선 지상거리로 나누어 구획하며, 구소삼각지역은 구소삼각원점으로부터 계산하여 도곽선을 구획하므로 일반원점과 일치하지 않는다.

[표] 16.17 지적도의 축척별 도곽크기

축척별	도상규격	지상거리(m)	포용면적(㎡)	원점지역
1 : 500	30 cm×40 cm	150×200	30,000	일반원점
1 : 600	1.1자×1.375자	200×250	50,000	
1 : 1000	30 cm×40 cm	300×400	120,000	
1 : 1200	1.1자×1.375자	400×500	200,000	
1 : 2400	1.1자×1.375자	800×1,000	800,000	
1 : 3000	40 cm×50 cm	1,200×1,500	1,800,000	
1 : 6000	40 cm×50 cm	2,400×3,000	7,200,000	
1 : 600	1자×1.1자	100×125	41,322.31	구소삼각원점
1 : 1200	1자×1.1자	200×250	165,289.26	
1 : 2400	1자×1.1자	400×500	661,157.02	
1 : 3600	1.1자×1.5자	600×750	1,478,603.3	
1 : 6000	1.1자×1.5자	1,200×1500	5,950,413.2	

16.7 수치지도 관련 국내외 위치정확도 규정

1) 국가기본도의 수치지도제작은 관련 법규에서 규정하는 방법 및 단계에 의하여 이루어져야 하며, 제작과정서 규정하는 소요정확도를 만족한다.

2) 국가기본도 수치지도제작 관련 법규 및 규정은 다음과 같다.

[표] 16.18 수치지도제작 관련 법규

분 류	법 규 명	주 요 내 용
자료원에 관한 규정	• 공공측량작업기준에 관한 규칙	원도제작과정에 대한 모든 규정 포함
	• 항공사진측량 작업내규	항공사진측량과 관련된 내규
	• 지도도식규정	축척별 지도의 표현에 대한 세부규정
자료변환 및 조작에 관한 규정	• 수치지도작성 작업규칙	수치지도와 관련된 가장 기본적인 규정
	• 수치지도작성 작업내규	수치지도 관련 세부규정

16.8 수치지도 활용분야

1) 수치지도 출력 예

[그림] 16.4 수치지도

2) 수치지도 활용분야

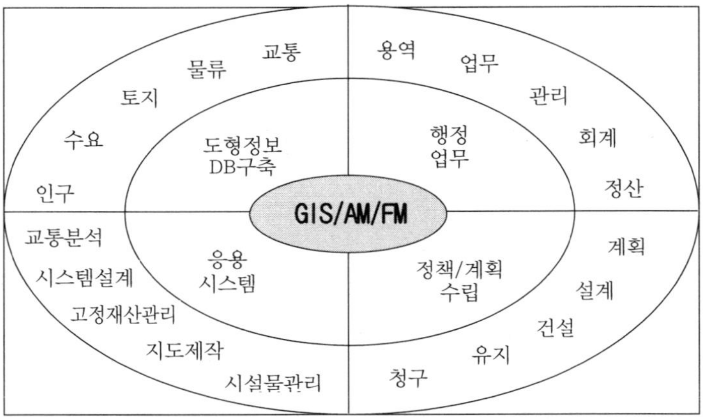

[그림] 16.5 수치지도 활용분야

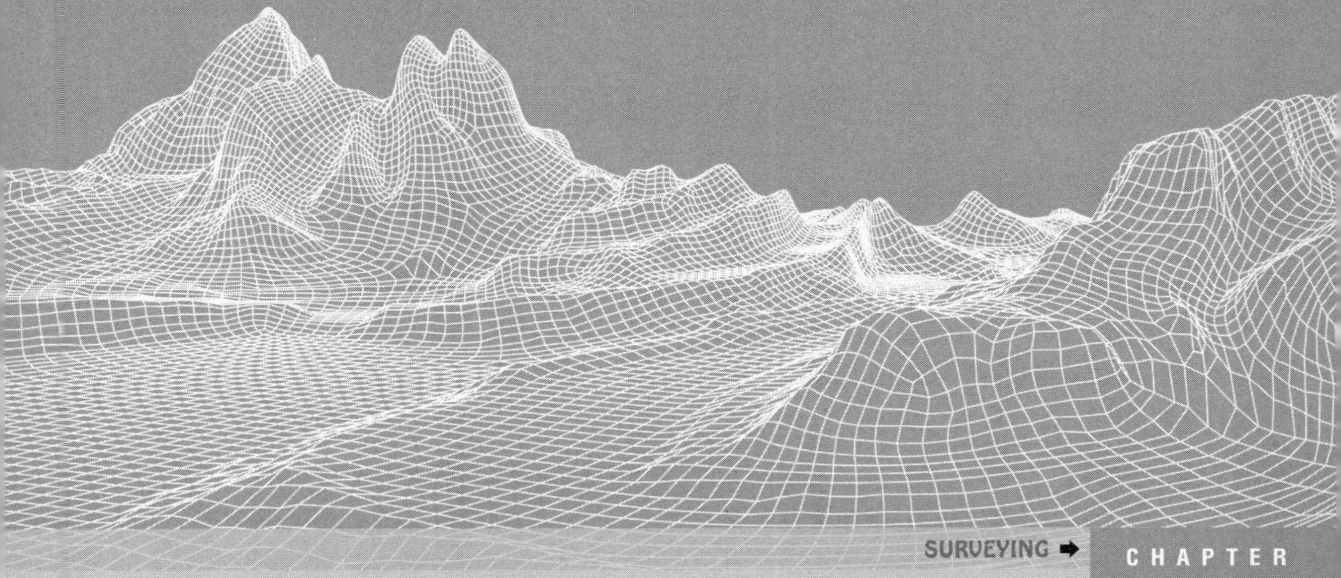

CHAPTER 17

GIS

CHAPTER 17 → SURVEYING

GIS

17.1 지형정보체계의 의의

지형정보체계(GIS; Geographic Information System)는 공간적으로 또는 지리적으로 관계된 모든 형태의 자료를 효율적으로 취득하여 입력, 저장, 갱신, 관리, 분석 및 출력이 가능하도록 체계화된 컴퓨터 하드웨어, 소프트웨어, 자료 및 인적자원의 통합체이다. 따라서 지형정보체계는 컴퓨터를 이용하여 어느 지역에 대한 토지, 지리, 환경, 자원, 시설물 관리, 도시 계획 등 제반 공간 요소와 연계된 속성 정보와 공간 정보를 지형적 공간 위치에 맞추어 일정한 형태로 수치화 하여 입력하고, 그 정보를 사용 목적에 따라 관리, 처리 및 분석하여 필요한 결과물을 출력할 수 있고 실세계를 표현 할 수 있는 기능을 갖춘 공간분석에 관한 종합적인 정보관리체계라고 할 수 있다.

숫자나 문자정보를 처리하는 다른 정보체계와는 달리 지형정보체계는 공간적으로 배열된 다양한 형태의 자료를 처리한다. 공간자료에는 지형자료와 속성자료로 구성된다. 지형자료는 공간좌표 체계 내에서 위치를 표현하는 자료를 의미하며 속성자료는 공간적 개념이 포함되지 않는 속성 관련자료를 의미한다. 따라서 지형공간정보체계를 활용하면 각종 수치속성정보를 지도상의 공간적 위치에 대응시켜 관리할 수 있으므로 정보 사이의 공간적 위상 관계를 쉽게 정립할 수 있다. 또한 지형 공간 정보 체계를 이용하여 여러 가지 주제도를 목적에 따라 자유롭게 중첩하여 분석할 수 있으므로 도면을 보다 쉽게 작성할 수 있을 뿐만 아니라 새로운 형태의 결합된 속성정보도 쉽게 생성, 분석할 수 있다.

17.1.1 발전 배경

지형정보체계의 공간 분석에 있어서 컴퓨터의 사용은 주로 수집, 자료 분석, 출력 등의 분야에서 이루어져 오고 있다.

지적도, 주제도의 제작, 공간적 변화에 대한 수학적 분석, 도시 및 촌락 계획, 수도 · 전력 · 가스 · 전화 등 기간 시설의 네트워크 계획 그리고 영상 처리 등 여러 학문 분야에서 이 기술을 제각기 수용해 왔다. 따라서 많은 경비와 시간의 투자가 중복되어진 것은 물론이고, 각

분야 또는 각 국가별로 서로 다른 전문 용어를 사용하여 왔으나, 현재에 이르러 각각의 분야에서 축적된 성과를 토대로 하여 인접한 분야에서 개발한 공간정보 처리 기능의 상호 연계가 가능해지고 있다. 즉, 학문간의 기술적인 문제와 개념상의 문제가 극복됨에 따라 일반 목적의 지형정보체계로서의 통합이 가능해졌다.

그림 17.1은 지형공간정보체계와 관련이 있는 분야를 나타낸 것이며, 지금까지 개별적으로 발전해온 전산, 데이터베이스 관리기술, 사진측량 그리고 멀티미디어 등이 통합하여 지형정보체계라는 새로운 분야가 생겨났다고 볼 수 있다.

[그림] 17.1 GIS 관련 분야

17.1.2 지형정보체계의 구성 요소

지형정보체계는 토지, 자원 및 환경 등에 관련된 다양한 정보를 그들 위치와 특성에 맞추어 입력, 저장하여 컴퓨터에 의해 처리함으로써 여러 목적에 맞게 활용, 분석 및 출력할 수 있는 정보체계이다. 그림 17.2와 같이 컴퓨터 하드웨어, 소프트웨어, 자료, 인적자원으로 구성된다.

(1) 하드웨어

지형정보체계를 구동시키는 장치로써 컴퓨터 본체, 모니터, 프린터, 스캐너 등을 비롯한 각종 주변 장치를 포함한다.

(2) 소프트웨어

지형정보체계의 두뇌에 해당하는 부분으로 지형정보체계를 구동시키는 프로그램부분이다. 여기에는 각종 워드프로세서, 통계프로그램도 포함된다. 일반적으로 GIS 소프트웨어는 격자나 벡터구조의 도형자료를 조작하기 위한 부분과 속성의 관리를 위한 두 부분으로 구성된다.

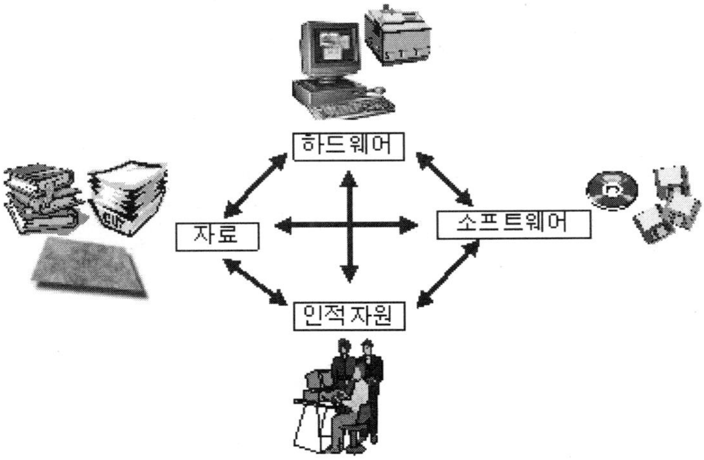

[그림] 17.2 지형정보체계의 구성 요소

(3) 자료

지형정보체계의 주된 작업은 자료의 입력에 관련된 일이다. 보다 정확한 최신의 자료가 다양하게 입력되어야만 이 자료를 활용하여 효율성 있는 지형정보체계의 응용체계를 구축할 수 있다.

(4) 인적 자원

지형정보체계를 구동시키기 위해서는 이에 대한 지식을 갖춘 인력이 있어야만 한다. 지형정보체계에서는 전문적인 기술이 필요하므로 잘 훈련된 전문 기술자가 필요하다.

17.1.3 지형정보체계의 하드웨어 구성

지형공간정보체계의 하드웨어 구성은 자료의 입력, 자료의 관리와 분석, 자료의 출력을 위한 3개 그룹의 장비로 구분할 수 있다.

(1) 자료 입력을 위한 하드웨어

자료의 입력을 위한 하드웨어에는 CD, 롤 테이프, 플로피 디스크 등의 매체를 통해 입력되거나 키보드, 정확도 높은 디지타이저 및 스캐너를 이용하여 입력할 수 있다.

(2) 자료 관리와 분석을 위한 하드웨어

지형정보체계가 기존의 정보 활용과는 차별되는 것이 자료를 관리하고 분석하는 컴퓨터를 활용한다는 것이다. 지형정보체계에서 자료를 관리하고 분석하기 위해서는 개인용 컴퓨터나 워크스테이션 등이 필요하다.

[그림] 17.3 디지타이저

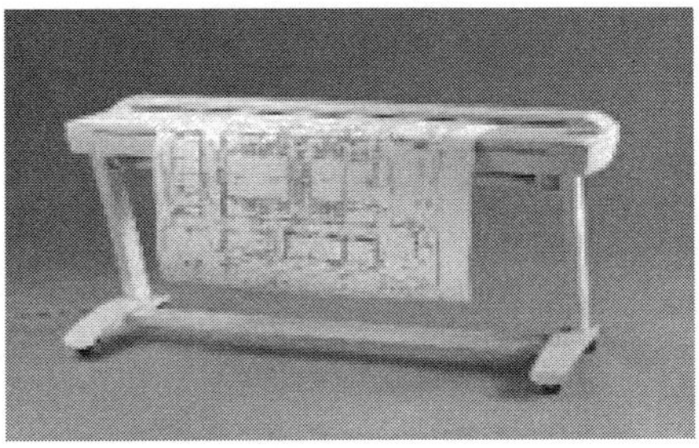

[그림] 17.4 스캐너

(3) 출력을 위한 하드웨어

지형정보체계의 출력물은 텍스트의 형태, 그래픽의 형태 등 다양하다. 이러한 출력물을 확인하기 위해 제일 먼저 이용되는 것이 화면 출력이다. 출력물은 흔히 플로터나 프린터에서 도면 형태로 출력되며 필요에 따라 통계표나 보고서 형태로 출력되기도 하며 디스켓이나 CD 등의 저장매체에 수치적으로 출력되기도 한다.

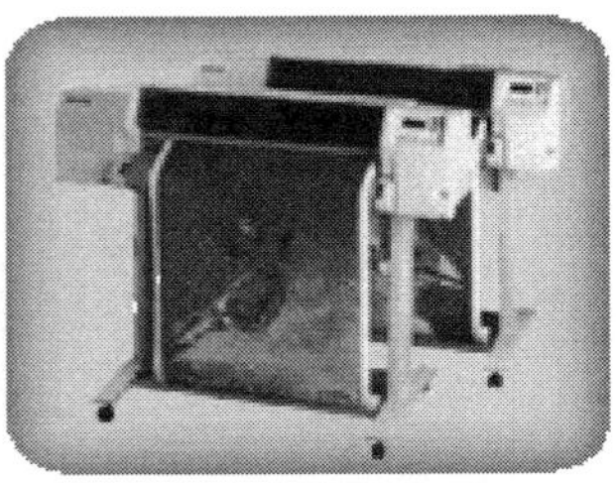

[그림] 17.5 플로터

17.2 지형정보체계의 자료처리 체계

지형정보체계의 구성 단위는 자료처리, 자료분석, 정보사용, 관리로 분류할 수 있다. 자료처리는 자료취득, 자료입력, 자료저장으로 나누고, 자료분석에서는 검색과 분석으로 이루어지며, 정보의 사용자는 조사자, 계획자 및 관리자 등이다. 또한, 지형공간정보체계의 운영자와 사용자 사이에는 분석 절차나 자료 구조를 계획하기 위한 상호작용이 필요하다.

17.2.1 자료의 기본형태

지형정보는 점, 선, 면의 세 가지 위상적 개념으로 단순화될 수 있으며, 모든 실세계는 원칙적으로 점, 선, 면과 이를 설명하는 특성으로 표현된다. 예를 들면, 맨홀 뚜껑이나 유정은 지도상에서 점으로 나타내며, 위치좌표(x, y)와 그 특성을 가지며, 철도와 같은 선형은 시점과 종점의 위치좌표 및 그 특성, 지적이나 범람원과 같은 일정지역의 면에 대한 것은 다수의 위치좌표와 어느 지역이라는 특성을 부여하게 된다. 특성은 이와 같이 실제 이름이 사용되어지기도 하지만 범례와 연결될 수 있는 참고 번호나 부호로 나타낼 수도 있다.

17.2.2 자료처리체계

지형공간정보체계의 자료처리체계는 그림 17.6과 같이 크게 보아 자료의 입력, 자료의 저장과 관리, 자료의 출력 등 3단계로 구분할 수 있다.

[그림] 17.6 지형정보체계의 자료 처리 체계

(1) 자료 입력

자료의 입력에 있어서 기존의 도면의 경우는 디지타이저나 스캐너에 의하여 수치화한다. 또한, 현장에서 직접 측량한 결과는 토털스테이션, GPS를 이용하여 측량 결과를 직접 이용할 수 있으며, 사진측량에 있어서는 그 결과를 해석도화기로부터 직접 수치 정보를 받을 수 있다.

최근에는 수치 사진측량에 의하여 인공위성 이미지나 수치화된 항공사진을 컴퓨터를 이용하여 소프트웨어적으로 처리하여 직접 지형정보체계의 데이터베이스를 구축할 수 있다.

(2) 자료의 저장과 관리

자료저장과 관리에서는 지표의 위치, 연결성, 속성에 대한 정보를 구성하여 이를 조직화한다. 여기에서는 사용자의 입장이 충분히 고려되어야 하며 데이터베이스 관리 체계(Database Management Systems; DBMS)가 사용된다.

자료의 변환에는 자료의 오류를 고치거나 오래된 자료를 새로운 자료로 대치하는 변환과 구축된 지형정보체계를 이용하여 특정 문제에 대한 해답을 찾기 위해 수행하는 분석이 있다.

변환은 공간적 측면은 물론 비공간적 측면도 모두 수행되며 자료 내의 변수를 독립적으로 적용할 수 있고 여러 변수를 조합하여 처리하기도 한다. 변환에는 축척의 변경, 새로운 투영법의 적용, 논리적 검색과 수정 및 선분의 길이, 면적, 체적 등의 계산도 포함된다.

사용자의 질의에 대한 분석에는 표면 분석과 중첩 분석의 두 가지 자동 분석으로 나눌 수 있다.

표면 분석은 하나의 자료층상(layer)에 있는 변량들 간의 관계적 분석에 적용되며, 중첩 분석은 둘 이상의 자료 층에 있는 변량들 간의 관계적 분석에 적용된다.

중첩에 의한 정량적 해석은 각각의 정성적 변량에 관한 수치 지표를 부여함으로써 수행되며, 변량들의 상대적 중요도에 따라 경중률을 부가함으로써 보다 정밀한 중첩 분석을 행할 수 있다.

정량적 해석과 경중률 부여 기법에 의하여 평가 모델은 산불 발생 가능성, 지하수 오염 등의 환경 특성 평가 등에 적용할 수 있으며, 배치 모델은 적지 선정, 교통 노선 등 토지이용에 가장 적합한 지역 결정에 적용될 수 있다.

(3) 자료 출력

자료의 출력은 자료를 보여주고 분석결과를 사용하여 사용자에게 지도, 도표, 그림 및 텍스트의 형태로 보여주는 역할을 한다.

출력을 위한 하드웨어에는 CRT, TFT, PDP 등에 의한 모니터나 프린터, 도화기 및 각종 자기 매체가 있다.

17.3 자료 구조와 데이터베이스 구축

지형자료에는 그들의 위치를 보편적 좌표체계로 정의한 위치자료와 이들의 위상적 관계 그리고 이들의 사상(entity)의 속성(attribute)에 관한 다양한 자료를 포함하고 있다. 또한 지형자료의 처리과정에서는 위상적이고 공간적인 측면이 항상 포함되어 있기 때문에 여느 정보체계와는 큰 차이를 갖고 있다.

17.3.1 자료 구조

지형자료의 기본 형태는 점, 선, 면과 이들을 설명하는 레이블(label)로 표현된다. 이들의 공간정보는 데이터베이스로 저장, 관리 및 분석된다.

데이터베이스 구조에는 위계적 구조, 망상 구조, 관계적 구조 등이 있다.

(1) 계층적 구조

자료가 족보의 가계 흐름도나 토양군(family) 내의 토양계(series)와 같이 위계적 또는 일대 다수(on to many)의 관계를 가지는 구조이다. 이 구조는 자료의 조작이 빠르고 편리하여 동식물 분류나 토양분류 등에 널리 사용되어 왔다.

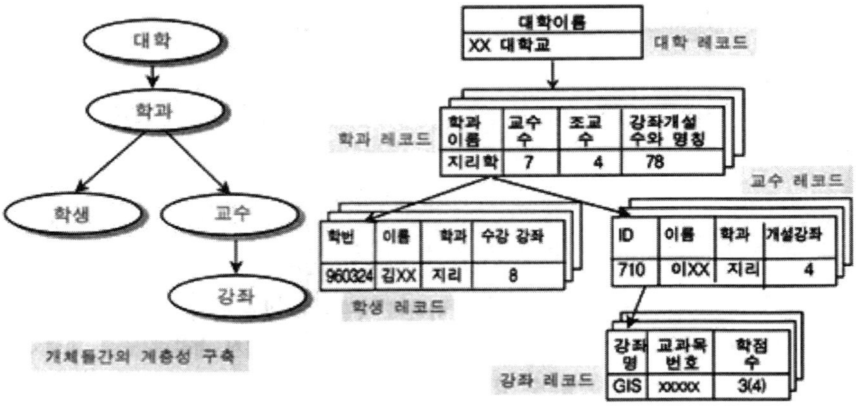

[그림] 17.7 계층적 구조

이 구조는 이해하기 쉽고 수정과 확장이 용이하다는 장점이 있지만 같은 레벨의 레코드 사이에 적용시킬 연계가 없고 유연성이 적으며 자료에 대한 질의가 다양한 분야에서는 적합지 않다는 단점이 있다. 또한 색인 파일이 커야 하고 어떤 속성을 반복해서 수록해야 하는 자료 중복의 문제가 발생한다.

(2) 망상 구조

위계적 구조에서는 데이터베이스의 검색방향이 분류가지 따라 위 아래로만 가능하기 때문에 검색에 많은 시간이 소요된다. 분류가지가 많은 경우에 있어서 위계적 구조는 비효율적이다. 즉 지도나 그림에서 서로 연관되어야 하는 두 사상의 좌표가 데이터베이스 내에서는 멀리 떨어져 기록될 수도 있다. 그러나 망상 구조는 이러한 문제를 효율적으로 극복할 수 있다.

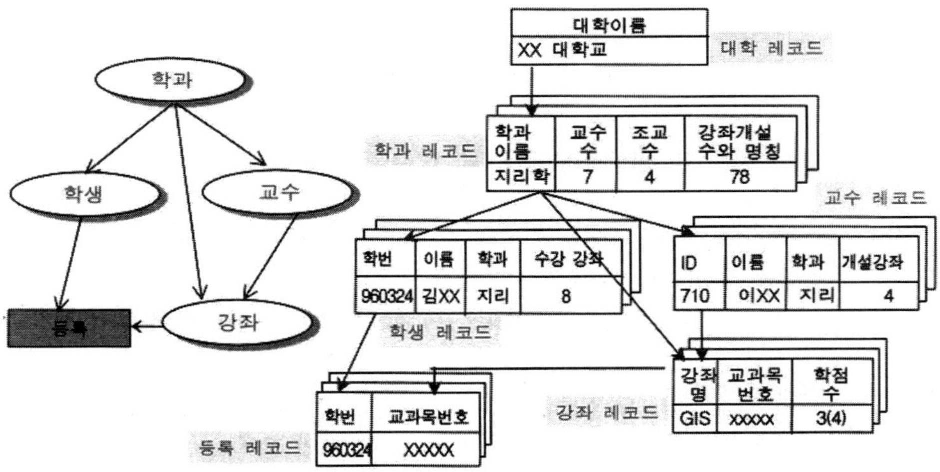

[그림] 17.8 망상 구조

(3) 관계적 구조

가장 간단한 형태를 갖는 관계적 자료구조에는 포인터나 위계가 없고, 자료는 튜플이라는 간단한 레코드에 저장된다. 튜플에는 속성값이 순서대로 정리되어 있고, 이 값들은 관계라는 2차원 테이블에 수록되어 있다. 일반적으로 각 관계는 분리된 화일이다. 네트워크 모델의 포인터 구조와 위계 구조의 키와 같은 것이 여기서는 판별 코드의 형태로 대치된다. 판별 코드는 각 화일에서 레코드를 판별하는 독특한 키로 사용된다.

관계적 자료는 유연성이 크며, 부울 논리나 수학적 연산을 이용하면 모든 요구를 만족시킬 수 있다는 큰 장점을 가지고 있다. 또한 다른 종류의 정보를 검색, 결합하고 비교할 수도 있으며, 튜플만 가감하면 되기 때문에 자료의 가감도 용이하다. 그러나 관계적 구조는 특정한 관계를 만족하는 적절한 자료를 찾기 위해 많은 파일을 순차적으로 검색해야 하는 단점이 있다. 따라서 데이터베이스 검색에 많은 시간이 소요된다는 단점이 있다. 그러나 관계적 데이터베이스를 신속히 검색할 수 있도록 설계하고 그 외 많은 장점들이 있기 때문에 현재 지형자료의 데이터베이스 구조로 가장 널리 이용되고 있다.

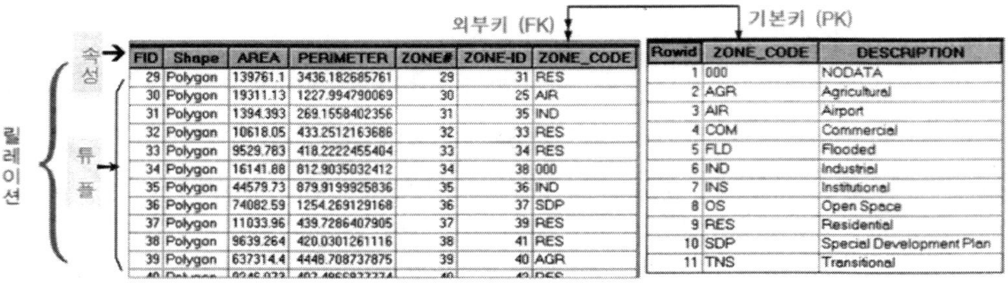

FID	Shape	AREA	PERIMETER	ZONE#	ZONE-ID	ZONE_CODE
29	Polygon	139761.1	3436.182685761	29	31	RES
30	Polygon	19311.13	1227.994790069	30	25	AIR
31	Polygon	1394.393	269.1558402356	31	35	IND
32	Polygon	10618.05	433.2512163686	32	33	RES
33	Polygon	9529.783	418.2222455404	33	34	RES
34	Polygon	16141.88	812.9035032412	34	38	000
35	Polygon	44579.73	879.9199925836	35	36	IND
36	Polygon	74082.59	1254.269129168	36	37	SDP
37	Polygon	11033.96	439.7286407905	37	39	RES
38	Polygon	9639.264	420.0301261116	38	41	RES
39	Polygon	637314.4	4448.708737875	39	40	AGR

Rowid	ZONE_CODE	DESCRIPTION
1	000	NODATA
2	AGR	Agricultural
3	AIR	Airport
4	COM	Commercial
5	FLD	Flooded
6	IND	Industrial
7	INS	Institutional
8	OS	Open Space
9	RES	Residential
10	SDP	Special Development Plan
11	TNS	Transitional

[그림] 17.9 관계적 구조

17.3.2 자료의 획득과 데이터베이스 구축

지형자료를 획득하는 방법에는 기존의 도면을 이용하는 방법과 현장에서 직접 자료를 획득하는 두 가지 방법이 있다. 이들 자료의 지형자료 중 공간자료를 획득하는 기법이 지형정보체계의 주된 업무이다. 또한 이 자료들은 컴퓨터 내에서 래스터나 벡터의 형태로 존재한다.

(1) 기존의 도면을 이용하는 방법

기존의 도면을 이용하여 자료를 획득하는 방법에는 일반적으로 디지타이저를 이용하는 방법(수동)과 스캐너를 이용하는 방법(자동)이 있다.

표 17.1과 같이 디지타이저를 이용하는 방법은 인간의 기능에 의해 도면상의 각 점을 입력하는 시스템이기 때문에 입력의 효율이 적지만 장비가 저렴하고, 어느 정도 훼손된 도면도 입력이 가능하며, 불필요한 속성 및 주기는 입력하지 않아도 되는 등의 장점이 있다. 스캐너를 이용하여 도형 정보를 입력할 경우 능률의 고도화, 높은 정확도 등의 장점이 있으나 하드웨어와 소프트웨어가 고가이며, 훼손된 도면의 입력 불가 등의 단점이 있다. 높은 정확도의 요구, 하드웨어와 소프트웨어의 발달 등으로 스캐너를 이용한 도형 정보 입력 방법이 늘어가고 있다.

[표] 17.1 기존 도면의 입력 방법의 비교

방 법	장 점	단 점
디지타이저	• 손상된 도면도 입력 가능 • 불필요한 속성, 주기는 입력되지 않음 • 레이어로 구분하여 입력 가능 • 장비가 저렴	• 단순 속성(등고선, 도로 등)의 입력이 비능률 • 누락과 실수의 가능성이 높음 • 높은 정확도를 기대하기 어려움 (±0.3 mm)
스캐너	• 고능률 • 속성인식(등고선, 도로 등) • 속성 이미지의 삭제, 수정 • 높은 정확도(±0.1 mm)유지	• 오염된 지면은 입력 불가 • 벡터화가 불완전한 부분들의 인식누수의 체크가 필요 • 장비 및 소프트웨어가 고가

(2) 현장자료 획득하는 방법

현장 자료획득 방법에는 지상에서 이루어지는 일반 측량 장비, 항공사진, GPS 및 위성영상 등에 의한 방법이 있다.

[표] 17.2 현장 자료의 획득 방법 비교

방 법	장 점	단 점
일반측량	• 대축척 자료획득에 유리 • 고도의 정밀 측량 가능 • 추후 현지조사 불필요	• 일기에 영향을 많이 받음 • 자료 획득을 위한 비용 과다
항공사진측량	• 중축척 이상의 자료 획득에 유리 • 균일한 정확도 보장 • 임의 시점의 자료획득 가능 • 비교적 적은 비용	• 숙달된 기술자 필요 • 대축척 자료획득에는 비용 증가 • 정확도 감소
GPS측량	• 낮은 비용 • 높은 정밀도 • 벡터자료 획득 가능	• 난청 지역 관측 곤란 • 소축척에는 불리
위성영상	• 낮은 비용 • 접근 불능 지역 자료취득 용이 • 수치자료 획득	• 대축척 자료획득 곤란 • 대상물의 현장 확인 필요

표 17.2에서와 같이 높은 정확도를 요구할 때는 일반 측량 장비나 GPS를 이용하는 것이 유리하고 넓은 지역의 소축척에서는 인공위성이나 항공사진 측량이 유리하다. 최근에는 인공위성 이미지의 해상도가 높아지면서 인공위성 영상을 이용한 자료 획득이 보편화되고 있다.

(3) 부호화

그림 17.10과 같이 점, 선, 면 등에 대한 공간적 형태를 부호화하는 데에는 래스터(raster)식 구조와 벡터(vector)식 구조가 있다.

래스터 구조는 좌표에 의하여 정의된 셀(cell)의 집합으로 각 셀은 속성값에 따라 독립적으로 기록된다. 벡터구조는 점, 선, 면 세 가지가 있다. 점은 셀과 비슷하나 면적이 없다. 선과 면은 서로 연결되는 x, y 좌표의 집합체이며 좌표는 주어진 속성과 관련시킬 수 있다.

1) 래스터 구조

래스터 구조는 공간자료(spatial data)의 가장 간단한 자료구조 중의 하나이며, 전통적으로 많이 활용되어 온 구조이다. 래스터 구조는 그림 17.7과 같이 위성 영상이나, 스캐닝 자료와 같이 그리드(grid), 셀(cell) 또는 픽셀(pixel)로 구성된 배열이다. 각 셀은 행과 열의 값으로 나타낸다. 점은 하나의 셀로 표현되며, 선은 한 방향으로 배열되어 인접되는 셀로서 구성되고, 면은 사방으로 인접하고 있는 셀의 집합으로 표현된다. 이 자료 구조는 행과 열의 배열을 쉽게 저장하고, 조작하며, 표현할 수 있다. 그러나 표현되는 사상에 비하여 셀의 크기가 클 때가 있어 길이와 면적 계산에 영향을 준다. 따라서 수치영상처리(digital image processing)와 같은 분야에서 분할된 표면을 연속적으로 간주하여 미분 가능한 함수를 적용하여 이용하고 있다.

2) 벡터 구조

벡터 구조는 그림 17.10과 같이 점, 선, 면 등으로 표현된다.

① 점 사상(point entities)

점 사상은 하나의 x, y 좌표로 위치가 정의되는 지리적 사상이다. 자료의 레코드는 기호와 그 크기, 기호의 방향에 관한 정보를 포함하고 있다.

② 선 사상(line entities)

두 개 이상의 좌표로 구성되어 있는 선형(linear feature)이다. arc, chain, string은 연속적인 복잡한 선을 묘사하는 다수의 x, y 좌표 집합이다.

③ 면 사상(area entities)

다각형(polygon 또는 region)은 벡터 데이터베이스에서 여러 가지 방법으로 표현될 수 있다. GIS에서 대부분의 주제도는 다각형을 사용하여 제작하기 때문에 면 사상을 다루고 표현하는 방법에 관심이 집중되고 있다.

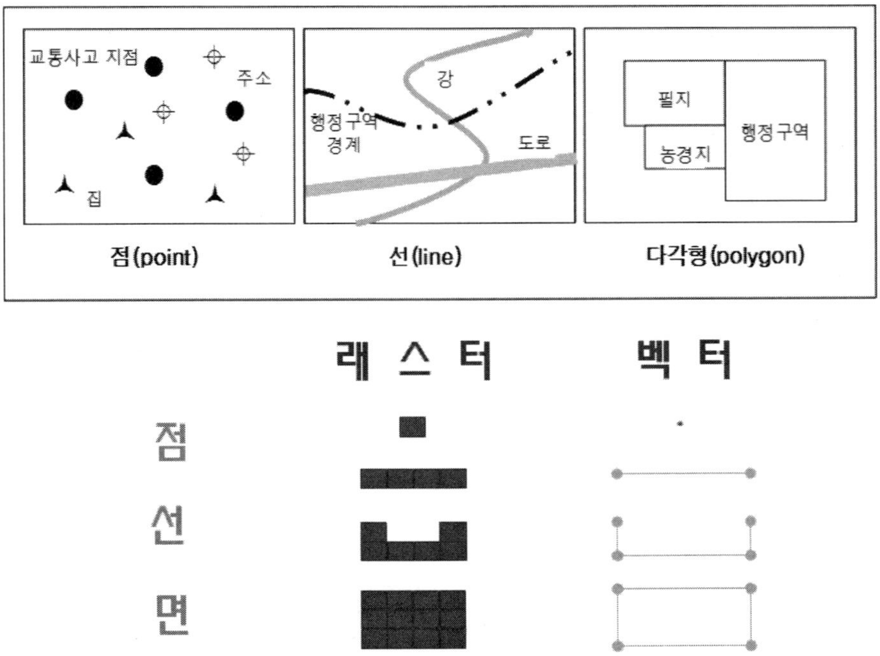

[그림] 17.10 래스터와 벡터

3) 래스터 자료의 압축방법

래스터 자료는 자료의 양이 많아 이를 조작하는데 많은 어려움이 있다. 따라서 이들 레스터 자료를 압축하여 저장공간을 절약하는 여러 기법들을 활용하고 있다.

① 체인 코드(chain code)

그림 17.11과 같은 래스터 구조를 체인 코드로 압축한다면 경계선을 그 시작점에서 동・서・남・북 방향으로 순차 진행하는 단위 벡터에 의해 정의된다. 즉 동은 0, 북은 1, 서는 2, 남은 3 등 숫자로 방향을 정의할 때, 행 10, 열 1의 셀에서 시작한다면, 지역의 경계선은 시계방향으로 다음과 같이 입력된다.

체인 코드는 자료를 압축시켜 저장하는 데 효과적이고 면적, 둘레의 계산 등의 연산을 쉽게 할 수 있다. 그러나 합집합, 교집합의 연산이 어렵고 지도단위 경계선이 두 번 저장되므로 자료의 중복을 피하기 어려운 단점이 있다.

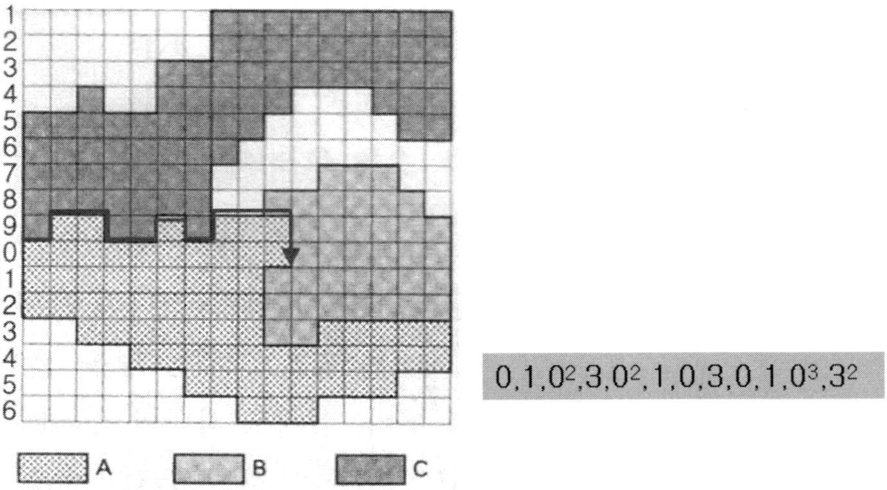

[그림] 17.11 체인 코드

② 런랭스 코드(run-length code)

지도 단위에 속해 있는 점들을 각 열마다 왼쪽에서 오른쪽으로, 시작 셀과 끝 셀을 저장하는 방법이다. 그림 17.12의 래스터 구조를 입력하면 다음과 같다.

여기에서 69(16×16)개의 셀이 정보의 손실 없이 22개로 압축되어 입력된다. 따라서 자료를 저장하는 공간이 많이 절약된다.

런랭스 코드는 일대 다수의 관계일 때 자료 저장이 용이하여 소형 컴퓨터에서 이용할 수 있으나 지나친 자료 압축은 지도제작이나 자료의 조사과정에서 처리 시간을 오히려 길게 만들 수도 있다.

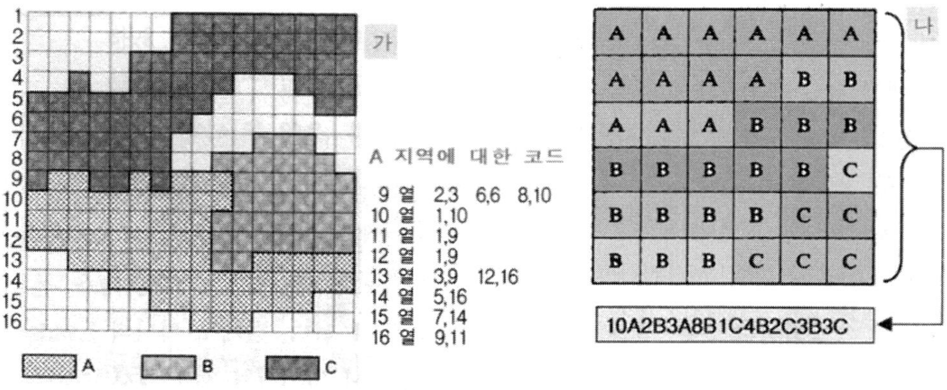

[그림] 17.12 런랭스 코드

③ 블록 코드(block code)

자료구조는 세 가지 숫자 즉, 원점(중간점이나 좌하점)의 x, y 좌표와 사각형의 지름으로 되어 있다. 이것을 중간축 변환(medial Axis Transformation ; MAT)이라 한다.

이 방법은 정사각형이 클수록 경계선이 단순해지기 때문에 보다 효율적으로 표현할 수 있으며 중간축 변환은 합집합이나 교집합 연산을 하거나 지도단위의 길이와 같은 특성을 포착하는 데 장점이 있지만 레스터의 형태가 복잡하게 구성된 경우는 비효율적이다.

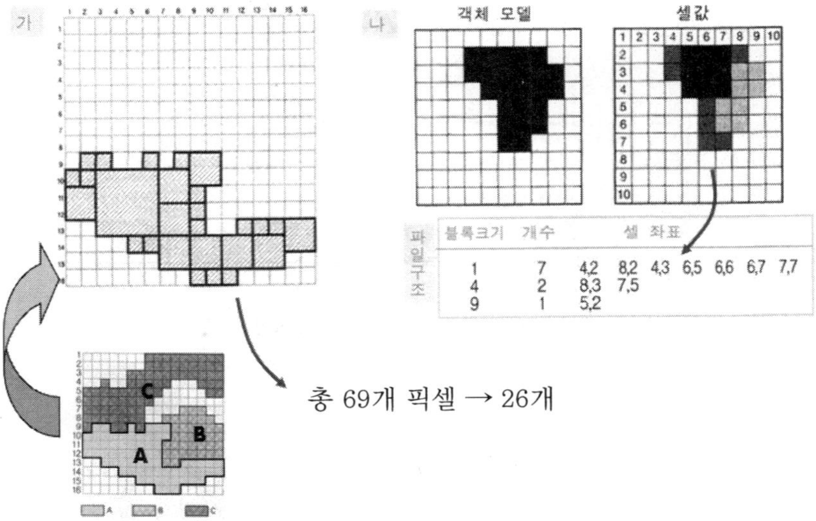

[그림] 17.13 블록 코드

④ 사지수형(quadtree) 구조

단계적으로 2n×2n배열을 4분원(quadrant)으로 나누는 것이다. 배열지역을 한 단계씩 밟아 사분원으로 분할시키면서 어떤 단계의 분원이 그 지역을 완전히 포함하는가를 찾는다. 분할에서 가장 작은 단위는 화소이다.

그림 7.14에서 단위지역을 점진적으로 나누어 사분원 블록으로 채운다. 이 블록 구조는 사지수형(quadtree)이라는 네 개의 가지(tree)를 갖는 나무 형태로 나타낸다.

2n×2n점의 배열은 사지수의 중심결절이며 n의 높이를 갖는다. 각 결절은 네 개의 가지인 북서, 북동, 남서, 남동의 네 개의 분원을 갖는다. 엽 결절(leaf node)은 더 이상 분할하지 않는 4분원을 가리킨다. 사지수형에서 각 결절은 2비트로 표현되는데, 이것은 끝이 in(↑↑)인가 out(↓↓)인가, 현재의 결절이 in(↑↓)인가 out(↓↑)인가를 정의한다. 따라서 그림 17-10의 레스터 구조는 92비트로 입력할 수 있다.

사지수형 구조는 지역의 특성을 효과적으로 계산할 수 있으며 가변적 해상력을 갖는 배열이므로 정보가 비어 있는 부분은 단순하게 처리하고, 정보가 있는 부분은 자세히 다룰 수 있어 기억 용량을 효율적으로 이용할 수 있다. 또한 이질적인 지역을 쉽게 분리해내고 도형 내의 구멍을 표현할 수 있다. 그러나 같은 형태와 크기를 가지는 두 개의 지역이 다른 사지수형으로 될 수가 있으므로 형태 분석이나 패턴 인식에는 적합하지 않다.

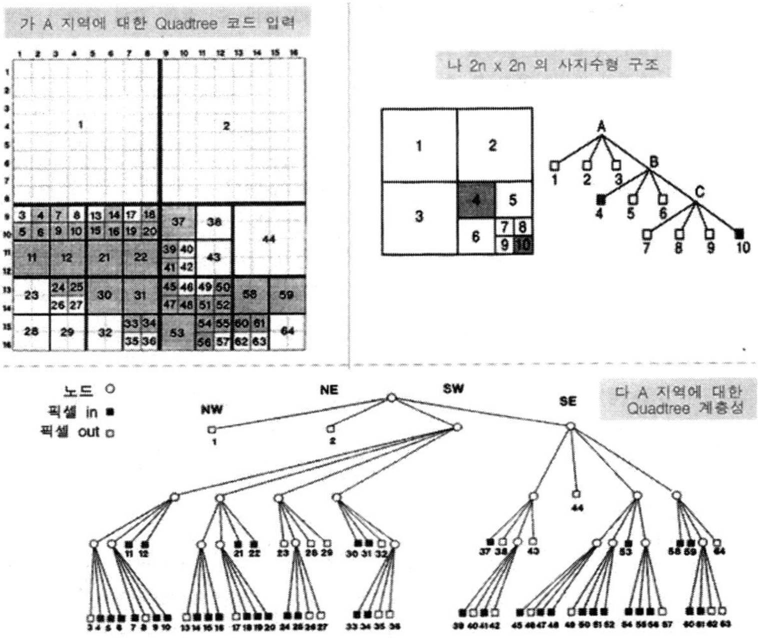

출처: Burrough, P.A. and McDonnell, R.A., (1998), Principles of GIS, p. 55.

[그림] 17.14 사지수형 구조

4) 벡터와 래스터의 비교

① 벡터

㉠ 현상적 자료 구조를 잘 표현할 수 있다.,

㉡ 자료가 축약되어 있다.

㉢ 네트워크 연계로 위상 관계를 잘 구축할 수 있다.

㉣ 그래픽의 정확도가 높다.

㉤ 위치와 속성의 검색, 갱신, 그리고 일반화가 가능하다.

㉥ 자료 구조가 복잡하다.

㉦ 지도 중첩이 복잡하다.

㉧ 각 단위가 다른 위상 형태를 갖기 때문에 시뮬레이션이 어렵다.

㉧ 표시 기기나 도화기 등 고가의 장비가 필요하다.
㉨ 다각형 내의 공간 분석이나 필터링은 불가능하다.

② 래스터

㉠ 자료 구조가 간단하다.
㉡ 지도 중첩이나 원격 탐사 자료와 연결시키기 쉽다.
㉢ 다양한 공간 분석을 쉽게 할 수 있다.
㉣ 공간 단위가 같은 크기와 형태를 갖기 때문에 시뮬레이션이 쉽다.
㉤ 기술 자체가 비싸지 않으며 발달 속도가 빠르다.
㉥ 그래픽 자료의 양이 많다.
㉦ 자료를 줄이기 위해 셀(cell)을 크게 하면 현상적으로 파악할 수 있는 구조나 정보를 잃어버릴 가능성이 크다.
㉧ 출력의 질이 좋지 않다.
㉧ 네트워크 연계를 구축하기 어렵다.
㉨ 특수한 알고리즘이나 하드웨어를 사용하지 않으면 투영 변환에 많은 시간이 소요된다.

(4) 속성자료의 데이터베이스 구축

공간정보 데이터베이스는 공간자료와 속성자료가 결합하여 구축된다. 앞의 방법에 의하여 공간자료가 구축될 수 있고, 다음의 방법에 의하여 속성자료를 구축할 수 있다.

속성자료를 구축하기 위해서는 원시 속성자료를 수집하고 데이터베이스 설계시 항목과 유형 등 기타 부속적인 사항을 자료의 성격에 맞추어 정리하여야 한다. 다음 지형정보체계에 내장된 고유의 데이터베이스 관리체계나 ORACLE, IMFORMIX 등과 같은 DBMS 전용 소프트웨어를 이용하여 테이블을 설계하고 데이터베이스에 자료를 입력한다. 이 자료는 공간자료 데이터베이스와 연계하여 이용된다.

(5) 공간자료와 속성자료의 연계

공간자료와 속성자료를 연결하기 위해서는 공간자료 레코드와 속성자료 레코드 사이에 상호 식별 가능한 공통 항목이 존재해야 한다. 공통 항목을 이용하여 공간자료와 속성자료를 조회하거나 통합하여 새로운 정보를 산출할 수 있다.

17.4 자료의 분석

지형정보체계에서는 구축된 데이터베이스를 이용하여 실세계(real world)에서 필요한 정보를 밝혀낼 수 있다. 또한 모델을 활용하여 지형·지리자료에 대한 변화 추이를 파악하고 새롭게 유용한 정보를 추출할 수도 있다.

17.4.1 분석 절차

지형정보체계와 컴퓨터 지도학의 중요한 차이점은 공간자료의 변환 기능에 있다. 자료의 수정과 갱신 혹은 축적이나 투영법의 조정에 필요한 변환 능력은 지형정보체계나 컴퓨터 지도 제작 체계의 공통적 기능이다. 그러나 지형정보체계는 위상 관계, 지형정보의 공간적 위치, 비공간적 속성, 그리고 위치와 속성의 결합 등 폭넓은 분석 기능도 가지고 있다. 대부분의 지형정보체계에서는 이러한 분석과 종합 기능을 대화식으로 수행하고 있다.

자료 분석의 일반적 절차는 그림 17.15와 같다.

[그림] 17.15 자료분석의 일반적 절차

이 과정을 구체적으로 설명하면 다음과 같다.

(1) 분석 목적과 분석 기준의 설정

지형·지리자료 분석을 통해 필요한 정보를 얻기 위해서는 일련의 분석 절차를 정의해야 한다. 먼저 분석하고자하는 목적을 명확하게 하고 분석 결과를 도출하기 위하여 필요한 분석 기준을 설정한다. 또한 설정된 각각의 기준에 따라 결과를 도출하는 데 필요한 공간연산의 유형을 결정한다.

(2) 공간자료의 준비

분석 기준을 정하고 데이터베이스에 저장된 요소들에 대한 속성을 분석 전에 추가할 필요가 있는지 살펴본다. 추가할 속성이 있다면 데이터베이스에 포함하여야 한다.

(3) 공간 연산 수행

1) 버퍼 영역의 생성

버퍼(buffer)영역 생성은 지형·지리적 요소를 둘러싸고 있는 면적을 검색하기 위하여 주로 이용되는 공간연산 기법이다. 여기서 버퍼영역이란 지형·지리적 요소를 둘러싸는 폴리곤을 의미한다.

버퍼는 도로주변의 20 m, 하천 주변의 50 m 등과 같은 공간적 근접성을 결정하는데 사용된다. 그림 17.16은 어떤 도로지역을 20 m의 버퍼영역을 생성한 예이다.

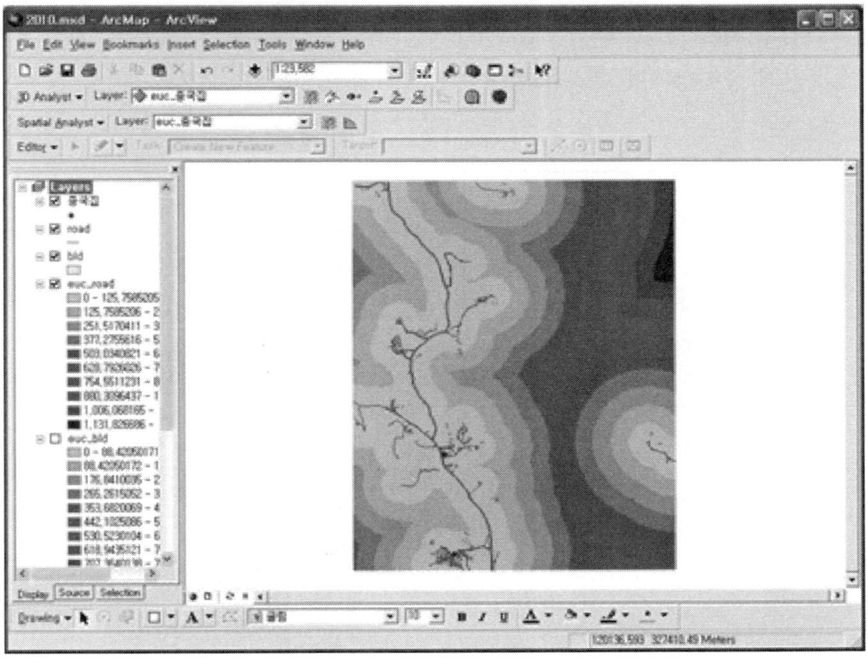

[그림] 17.16 도로의 버퍼 영역 생성

2) 지형·지리적 요소 조작

커버리지를 잘라내거나 인접 커버리지를 통합하는 공간자료의 조작과정으로 지형·지리적 요소를 제거하거나 추가할 수 있다. 지리적 요소가 커버리지 경계선 내에 있으면 지형·지리적 요소는 커버리지에 포함되고 외부에 있으면 포함되지 않는다. 이와 같이 기존의 커버리지를 중첩 또는 결합하여 여러 요소를 제거, 대체, 통합할 수 있다.

3) 다각형의 중첩

다각형 요소 위에 다른 다각형 요소를 중첩시켜 새로운 커버리지를 생성하기 위한 공간연산을 다각형 중첩이라 한다. 이 때 다각형의 공간적 위치와 다각형에 대한 속성들은 새로 생성한 요소에서 새로운 관계로 통합된다.

공간 통합을 위한 연산 방법으로 결합, 일치, 교차 등이 있다.

결합은 다각형과 다각형을 중첩시키는 방법이며 입력 커버리지와 결합 커버리지의 양쪽에 존재하는 모든 영역을 포함한다.

일치는 다각형 내부에 존재하는 점·선·면 등을 중첩시키는 방법으로 입력 커버리지의 모든 요소와 입력 커버리지의 경계선 내부에 존재하는 일치 커버리지의 요소를 포함한다.

교차는 다각형 내부에 존재하는 점·선·면 등을 중첩시키는 방법으로 입력 커버리지와 교차 커버리지의 공통영역에 존재하는 요소만을 포함한다.

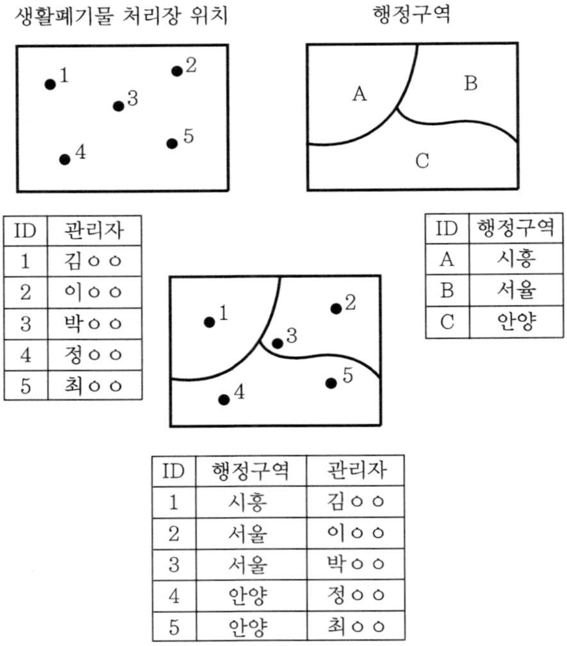

ID	관리자
1	김ㅇㅇ
2	이ㅇㅇ
3	박ㅇㅇ
4	정ㅇㅇ
5	최ㅇㅇ

ID	행정구역
A	시흥
B	서울
C	안양

ID	행정구역	관리자
1	시흥	김ㅇㅇ
2	서울	이ㅇㅇ
3	서울	박ㅇㅇ
4	안양	정ㅇㅇ
5	안양	최ㅇㅇ

[그림] 17.17 점과 면의 중첩

4) 속성 자료의 준비

속성 자료를 분석하기 위해 분석 이전에 모든 항목의 속성이 데이터베이스에 있는지 확인한다. 만약 필요한 항목이 있다면 테이블을 추가하고 해당 속성을 입력한다.

데이터베이스 내에서 자료의 추가, 삭제, 편집이 가능하며 테이블을 추가하거나 삭제하여 데이터베이스의 구조를 변경할 수 있다.

5) 속성 자료의 분석

지형정보체계의 데이터베이스에 수록된 속성자료는 관련된 공간자료와 연계되어 있다. 따라서 속성 항목에 특정값이 주어지면 적합한 공간요소를 검색할 수 있다. 이러한 속성자료 분석과정에서 여러 가지 명령어가 사용된다.

지리분석과정에서 공간분석과정과 이러한 기능들을 적절히 조합하여 활용하면 여러 가지 종류의 유용한 속성 분석 결과를 얻을 수 있다.

6) 결과의 평가

분석이 완료되면 도출된 결과를 평가하여 결과의 수용여부를 판단한다. 따라서 여러 가지 분석을 통해 도출된 결과의 신뢰성을 판단할 수 있는 기준을 마련해야 한다.

분석 결과는 기준에 따라 수용여부를 결정하고 수용할 수 없는 경우에는 분석 과정을 개선하여 새로운 분석 방법을 모색하거나 정밀 분석을 수행한다.

17.4.2 분석 내용

(1) 공간 자료 처리(spatial manipulation)

① 벡터 방식과 래스터방식 간의 변환(vector/raster conversion)
② 좌표 변환(transformation)
③ 좌표화(coordination)
④ 인근 분석(proximal or neighborhood analysis)
⑤ 면적과 둘레의 계산(area/perimeter calculation)

(2) 공간 자료 분석(spatial analysis)

① 다각형의 중첩(polygon overlay)
② 다각형의 삭제(polygon dissolve)
③ 다각형의 내부의 점(point in polygon)
④ 완충 구역 설정(buffering)
⑤ 윈도우윙(windowing)

(3) 수치 지형 분석(digital terrain analysis)

(4) 네트워크 분석(network analysis)

① 적정 노선 선택(optimal path selection : route)
② 유통량 시뮬레이션(flow simulation : allocate)
③ 시간 및 거리 구분(time/distance districting : district)

17.5 공간 정보의 출력

공간 정보는 화면, 지도, 통계표, 보고서, 수치자료 등 다양한 형태로 출력된다.

화면 출력은 결과물을 신속하게 육안으로 획득할 수 있으며, 지도 출력은 전문적인 지식 없이 누구나 쉽게 이용할 수 있어서 가장 널리 이용되는 방법이다. 또한 상세한 정보가 필요하거나 자세한 통계분석의 결과가 필요할 경우에는 이를 시각적으로 나타낸 그래프가 유용하다. 또한 자료의 결과물을 디스크, CD-ROM, 롤 테이프, 네트워크 등 다양한 전자매체를 이용하여 수치형태로 출력할 수 있다.

대부분의 지형정보체계는 다음과 같은 여러 형태로 출력이 가능하다.

㉠ 특정 지역을 zooming/windowing로 출력
㉡ 축척 변경 출력
㉢ 컬러 변경 출력
㉣ 텍스트와 선의 형태, 굵기, 색채를 조절 출력
㉤ 3-D display 출력
㉥ 레이어(layer)나 overlay를 사용하여 자료를 선별
㉦ 도화기 출력
㉧ 자기테이프 출력
㉨ 텍스트 화일 출력

17.6 수치지형모델

(1) 정의

공간상에 나타나는 연속적인 기복의 변화를 수치적으로 표현한 모델을 수치표고모델(Digital Elevation Model; DEM)이라 하며, 수치지형모델(Digital Terrain Model; DTM)

이라는 용어도 함께 사용한다. 여기서 주요 지형 변화지점(자연적인 지성선 및 인공 구조물)의 표고를 포함하기 때문에 수치지형모델은 포괄적인 의미로 쓰이며, 일정 간격으로 지형표고를 수치화한 모델을 수치표고모델로 사용하고 있다. 평면상의 위치를 x, y 좌표로 표현하기 때문에 표고 속성은 z 좌표로 표현된다.

(2) 수치지형모델 필요성

수치지형모델은 광범위하게 사용되는데 특히 군사 분야, 건설 분야, 토목 분야에 효율적으로 이용할 수 있다.

㉠ 수치 지형도 작성에 필요한 고도 정보
㉡ 유도병기 시스템이나 조종사의 훈련과 같은 군사적 목적을 위한 지형의 3차원적 표현과 조경 설계 및 계획을 위한 입체적 표현
㉢ 군사적 목적이나 조경 계획 목적의 시계 분석(cross-country visibility)
㉣ 도로의 노선 설계 및 댐의 위치 선정
㉤ 지형의 통계적 분석과 비교
㉥ 경사도(slope maps), 사면방향도(aspect maps), 경사 및 단면(slope-profile)의 계산과 음영기복도(shaded-relief maps)의 제작
㉦ 토양이나 토지이용 혹은 식생과 같은 주제정보를 나타내기 위한 기초
㉧ 경관 또는 지형 형성과정의 이미지 시뮬레이션 모델
㉨ 하천유역을 형성하는 기본적 요소인 유역의 지형, 하계망의 위상 구조를 파악하고, 이것에 다른 환경 정보를 연결하여 효율적인 수문 정보 시스템(hydrologic information system)을 구축
㉩ 3-D를 통하여 광산, 채석장, 저수지 등의 개발 및 설계
㉪ 연구기법 : 해류, 기단 등 3차원 구조의 분석

(3) 수치지형모델의 응용

1) 블록 다이어그램

블록 다이어그램(block diagrams)은 가장 잘 알려진 수치지형모델 가운데 하나로, 고도뿐 아니라 다른 변수의 수량적 변화를 그림 17.18처럼 시각적으로 잘 나타낼 수 있다.

x, y, z의 3차원 자료를 입체적으로 출력시키는 다양한 소프트웨어가 있으며, 대부분의 지형정보체계 내에는 이러한 기능이 포함되어 있다.

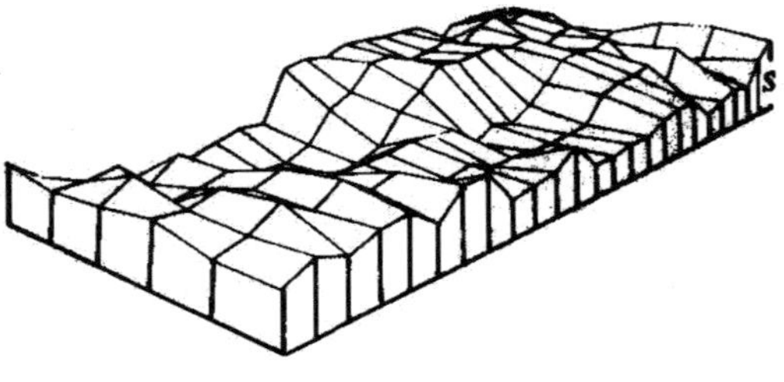

[그림] 17.18 블록 다이어그램

2) 토공량의 산정

구축된 자료를 이용하여 공간 정보인 길이 및 면적을 산출 할 수 있을 뿐만 아니라 토공에서 절토량 및 성토량의 산출도 가능하다.

토목분야에서 절토량과 성토량을 추정하기 위해 지형을 모델화할 필요가 있다. 공사 전의 수치 지형 모델을 만들고 공사 후의 변화된 지형을 나타내는 예측 수치 지형 모델을 만든다. 이 두 모델의 차이는 또 다른 수치지형모델을 만들고, 이렇게 새로 만들어진 모델을 이용하여 절·성토량을 산정한다.

3) 등고선도

눈과 손의 기능에 의존해 왔던 과거의 등고선 삽입과는 달리 고도행렬을 적당한 고도계급으로 재분류하고 계급에 색깔이나 농담을 부여하여 등고선도를 쉽게 생성할 수 있다. 불규칙 삼각망(triangulated irregular network ; TIN) 모델에서는 TIN을 수평으로 절단하는 방법으로 등고선도를 제작한다.

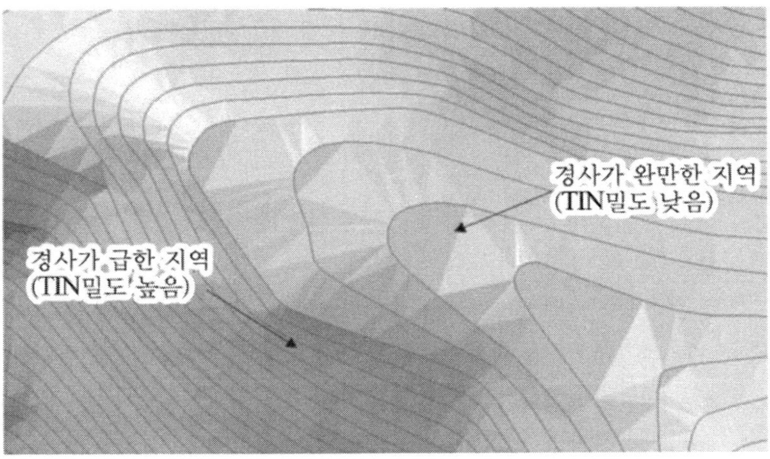

[그림] 17.19 등고선과 TIN

4) 시정선도

경관에서 각 지점이 갖는 가시구역 또는 시계(intervisibilty)를 찾아내는 것은 군사작전, 초단파 통신 네트워크에서 뿐만 아니라 위락 단지의 설계 등에 있어서도 매우 중요하다. 수많은 단면을 추출하고 비교해야 하기 때문에 등고선도로부터 시계를 추정하는 것은 매우 어렵다.

시정선도(line of sight maps)는 고도행렬이나 불규칙삼각망에서 추적 과정을 통하여 제작된다. 수치고도모델에서 가시 구역을 조사해야 할 지점을 설정한 후에 이 점을 광원으로 하여 다른 모든 점으로 빛이 투시되는 것으로 가정하고 다른 격자에 의해서 가려지지 않는 점을 지도에 표시한다.

5) 경사도와 사면방향도

경사는 수평면에 접하는 면으로 정의할 수 있으며, 경사는 고도의 변화율인 기울기와 최대 고도변화율이 일어나는 방향의 두 가지 요소를 가지고 있다. 따라서 구축된 자료에서 경사도나 사면방향도를 분석할 수 있다.

6) 음영기복도

3차원 사상에 빛을 비추었을 때 나타나는 음영을 지형을 나타내는 방법으로 명암 대조 방법이 사용된다. 누구나 쉽게 지형의 형태를 파악할 수 있으며 과거의 종이지도에는 등고선이 사용되었다면 지형정보체계에서 지형의 표현 방법으로는 이 방법이 가장 많이 사용된다. 그러나 지형을 시각적으로 잘 표현할 수 있지만 정량적으로 표현할 수 없다는 단점이 있다.

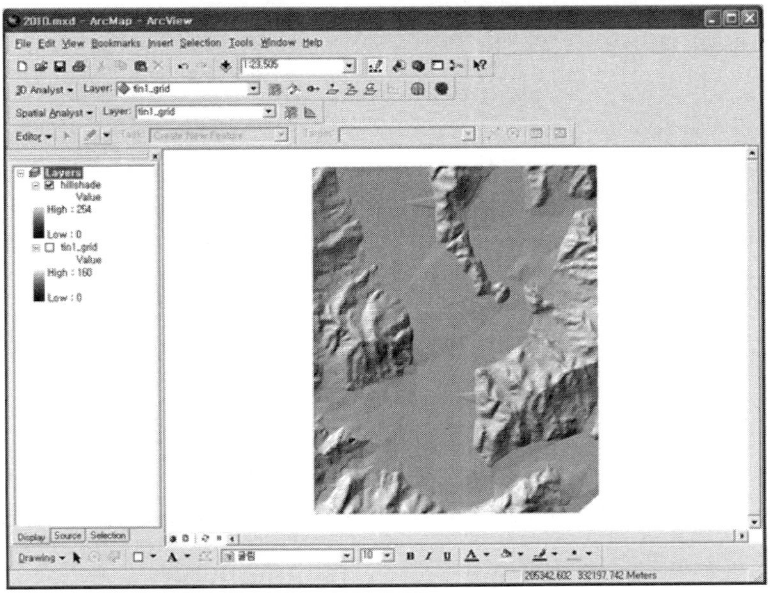

[그림] 17.20 음영기복도

음영기복도와 항공사진과의 차이점은 다음과 같다.

㉠ 항공사진은 지형의 피복 상태를 나타내지만 음영기복도는 지형의 피복 상태를 나타내지 않고 단지 지표면의 고도만을 나타낸다.

㉡ 광원은 북서 방향에서 수평선위 45° 에 설정되는데 이 위치는 실제적인 태양 위치라기 보다는 인간의 지각에 기초를 두었다. 그러나 요즘 대부분의 수치지형모델 소프트웨어는 45° 에 고정하지 않고 위치, 고도 및 방향을 자유스럽게 바꿀 수 있도록 하고 있다.

㉢ 수치지형모델은 제한된 정보 때문에 일반화될 수 없으며, 항공사진에서처럼 세부적 사항을 나타낼 수 없다.

17.7 지형정보체계의 오차

지형정보체계에서 정확도는 가장 중요하게 다루어야 할 사항이다.

일반적으로 지형정보체계에서 정보는 기존의 아날로그 자료보다는 매우 정확한 것으로 보고 있지만 실제로는 그렇지 않는 경우도 많다. 특히 기존의 아날로그 자료를 원시 자료로 활용하여 구축한 지형정보체계 자료는 더욱 그러하다.

오차에는 조사나 입력과정에서 발생할 수 있는 오차뿐만 아니라 자료 생성을 위해 사용된 알고리즘으로 도출한 자료의 통계적 오차도 포함한다.

17.7.1 오차의 원인

(1) 자료의 노후화

일시에 모든 자료를 새롭게 만들 수 없기 때문에 기존의 자료를 이용한다. 그러나 대부분의 자료는 시간이 지남에 따라 변하게 되어 그 정확도가 떨어진다. 따라서 이러한 자료를 이용하기 위해서는 수정・보완하여 새로운 기준에 맞도록 하여야 한다.

(2) 지역적 균일성

대상 지역은 균일한 정보가 구축되어야 한다.

정보가 지역 전체를 완전히 포함하지 못한다면 정보의 균일성을 어떻게 확보할 것인가를 결정해야 한다. 즉, 더 많은 자료를 수집하거나 자세한 자료를 일반화하여 다른 자료와 결합하는 등의 방법을 찾아야 한다.

(3) 도면 축척 다양성

자료 도면의 축척은 필요한 축척과 유사해야 한다. 소축척의 도면은 대축척의 도면보다 정확도가 높을 뿐만 아니라 담고 있는 정보의 양도 많다. 그러나 발행되는 도면의 축척은 매우 다양하기 때문에 이들 서로 축척이 다른 도면을 활용하는 데는 한계가 있다. 따라서 대상의 목표에 의한 도면 축척에 따른 정당한 기준을 정하고 여기에 걸맞는 도면의 축척을 선택, 활용하여야 한다.

(4) 관측 밀도

관측 밀도가 정보의 신뢰도를 나타낼 수 있다. 주어진 패턴을 파악하는 데 필요한 관측 밀도는 표본추출이론을 통하여 결정된다.

표본의 밀도는 자료의 질을 나타내는 대체적인 지표로 평가하지만 사상에 따라 그 공간 패턴을 파악할 수 있는 적정한 밀도에서 표본이 추출되었는가 하는 것이 보다 중요하다.

(5) 적합성

지형정보의 처리에 이용되는 모든 자료가 사용 목적에 모두 적합한 것은 아니다. 필요한 자료가 없거나 자료의 수집에 어려움이 많을 때는 필요한 자료를 대체할 수 있는 자료를 사용해야 한다.

이 경우 원시 자료를 만드는 것보다 질이 떨어지지만 이를 얻기 위해 소요되는 비용과 어려움 때문에 대체 자료를 활용하는 것이 효과적일 수 있다.

17.7.2 자료 변화와 처리 과정의 오차

(1) 자료 변화

오차는 다양한 원인으로 발생한다. 자료를 입력할 때 발생하는 오차는 쉽게 교정되기 때문에 사소한 것으로 생각할 수 있다. 오차가 큰 경우 쉽게 발견 할 수 있으나 허용 범위 내의 작은 오차는 찾기가 매우 어렵다.

(2) 처리 과정의 오차

1) 컴퓨터의 수치적 오차

자료에 내재하고 있는 오차와 함께 컴퓨터에서 발생하는 오차를 찾기는 매우 어렵다. 컴퓨터 워드의 정밀도는 산술적 연산과 자료의 저장에 영향을 준다.

정밀도가 낮으면 계산 과정에서 커다란 오차를 발생시킬 수 있다.

2) 위상 분석과 관련된 오차

지도 중첩에 따른 문제점과 공간적으로 균일하다고 가정한 자료에 특정 알고리즘을 적용할 때 발생하는 문제점이 있다. 일반적으로 자료 처리에서 무시하고 있지만 지형 정보 체계의 설계에 큰 기술적 부담을 주고 있다.

3) 지도 중첩의 오차

지형정보의 처리 과정에서 공간 네트워크를 중첩할 때가 많다. 공간 네트워크는 선이나 규칙적 격자망 혹은 불규칙 다각형으로 구성되어 있다. 벡터식 다각형망 네트워크에 주어진 해상도의 격자망을 씌우고 래스터 형태로 변환하거나 두 개 이상의 래스터 도면 또는 두 개의 다각형 네트워크를 중첩시켜 자료를 결합하기 위해 중첩 연산을 한다. 이러한 중첩과정에서 위치 오차가 발생한다.

17.8 지형정보체계의 응용

지형정보체계는 지표상의 정보를 입력하고 저장하고 수정하는 단순한 작업과는 다른 차원에서 인식되어져야 한다. 현실적 의미에서 지형정보체계의 자료란 그것이 종이 위에 적혀져 있든지 또는 자기 테이프에 비가시적 형태로 기록되어져 있든지 간에 실제 세계의 모델을 의미한다.

이 자료는 지형정보체계에서 상호 관련되어 접근, 변환, 관리되기 때문에 환경 변화의 분석, 경향 분석(analysis of trends) 또는 의사 결정과 그 결과의 예측 등을 실험할 수 있는 시험대가 될 수 있다.

17.8.1 지형정보체계의 활용 및 응용 분야

지형공간체계의 일반적인 활용 및 응용 분야는 환경 관리, 토목 및 건설 분야, 농림 수산 분야, 군사 부분, 도시 행정 분야, 시설물 관리, 행정체계 분야 등 사회 전반적인 분야에서 이용되어지고 있으며, 정책 결정의 보조 자료로써 활용되고 있다. 또한, 지형정보체계는 의료 분야에 응용하면 X-레이, 열기록도 등의 의료 영상처리에 획기적인 발전을 가져올 수 있을 것이고, 열대 우림의 황폐화, 사막화, 산성비, 이산화탄소의 온실 효과 등 21세기 지구적 차원에서 다루어져야 할 환경 문제의 해결에도 광범위하게 응용될 것으로 보인다.

토목 공학에서는 국토개발을 위한 고속도로 건설, 공업단지 건설, 철도 건설 등 여러 분야에 응용되어, 성토와 절토량에 대한 토공량의 산정뿐만 아니라, 건설 예정지의 선정 및 각종 구조물의 설계도 가능하다. 또한, 건설 완료 후의 모습을 3차원적으로 확인 분석할 수 있어서 앞으로 그 응용이 기대된다.

지형정보체계의 일반적인 응용 분야는 다음과 같다.

㉠ 환경 관리 분야
㉡ 토목, 건축 등 건설 분야
㉢ 농업, 임업, 수산 분야
㉣ 군사 부분
㉤ 도시 행정 분야
㉥ 시설물 및 지하시설물 관리 분야
㉥ 조경 분야
㉥ 행정 체계 분야
㉦ 지질 분야
㉧ 고고학 분야
㉨ 교통 시설 분야
㉩ 레크리에이션 분야

17.8.2 지형정보체계(GIS)의 다른 명칭

- Geo-Spatial Information System
- Multipurpose Geographic System
- Multipurpose Input Land Use System
- Computerized Information System
- System for Handling Natural Resources Inventory Data
- Image Based Information System
- Spatial Data Management and Comprehensive Analysis System
- Planning Information system
- Resources Information system
- Natural Resources Management Information system
- Spatial Data handling System
- Geographically Referenced Information system
- Geo-Information system

- ○ Spatial Information system
- ○ Environment Information system
- ○ AGIS(Automated GIS)
- ○ Multipurpose Cadastral
- ○ Land Information system
- ○ AM/FM(Automated Mapping and Facilities Management)

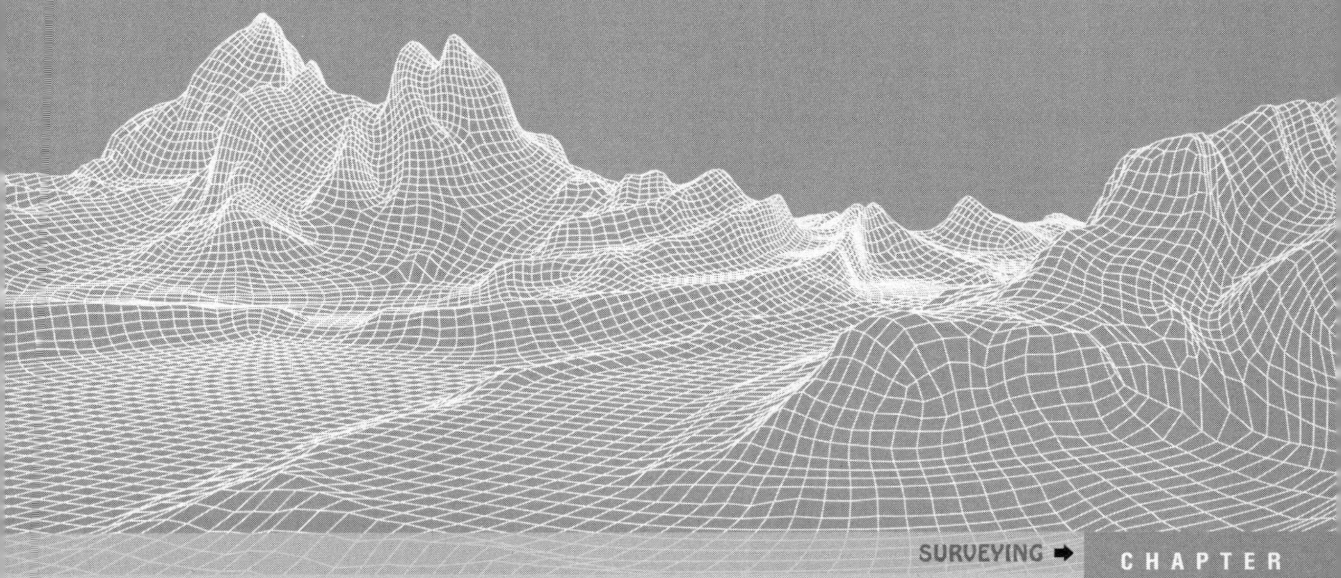

SURVEYING ➡

CHAPTER 18

RS

18 RS

18.1 개요

18.1.1 원격탐사의 정의

항공기 또는 인공위성에 탑재된 센서를 이용하여, 지표의 대상물이 반사 또는 복사하는 전자파에너지를 수집하고, 이 자료를 컴퓨터를 이용하여 분석함으로써 간접적으로 대상물 또는 현상에 대한 정보를 얻고 평가·해석하는 과학기술이다.

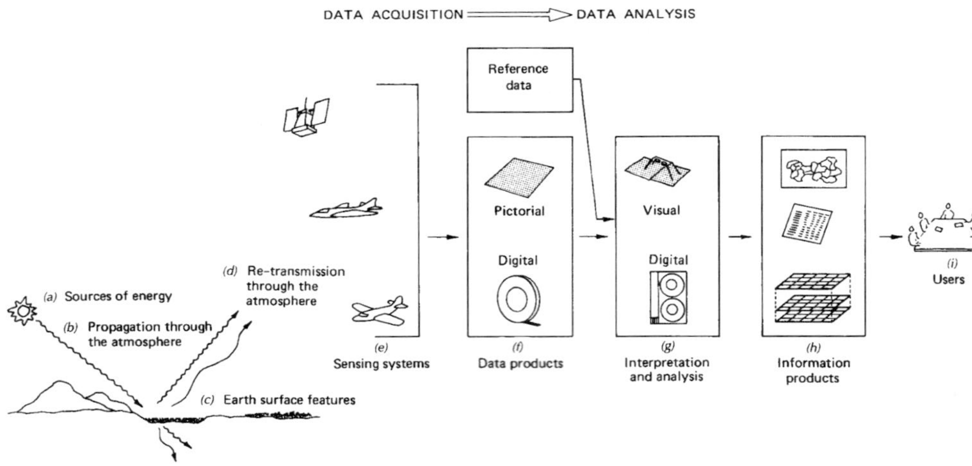

[그림] 18.1 원격탐사의 과정

18.1.2 원격탐사의 특징

(1) 가시광선 이외의 정보도 취득, 여러 개 파장대로 분할 취득
   ⇨ 많은 정보, 다양한 분석 가능, 각종 주제정보 추출
(2) 동시에 광역 관측, 주기적 관측, 최근 자료 취득의 용이성
(3) raster 형태의 수치자료이기 때문에 컴퓨터로 자료입력 및 분석이 용이
(4) 원격탐사 자료로부터 추출한 각종 주제정보는 GIS의 주요 자료원이다.
   (토지피복현황, 농작물 작황, 온도분포, 수자원 분포, 지형도제작, DEM제작 등)

18.2 원격탐사의 기본원리

18.2.1 전자파(Electromagnetic Wave) 에너지

가시광선은 전자파 에너지의 많은 형태 중의 하나이다. 이들 모든 에너지는 원초적으로 기본적인 파(wave)의 이론과 일치한다.

(1) sine파 형태의 전기파와 자기파가 직각으로 교차하면서 빛의 속도로 진행
(2) $c = \nu\lambda$
   여기서, c : 광속(3×10^8 m/sec)
   v : 진동수
   λ : 파장

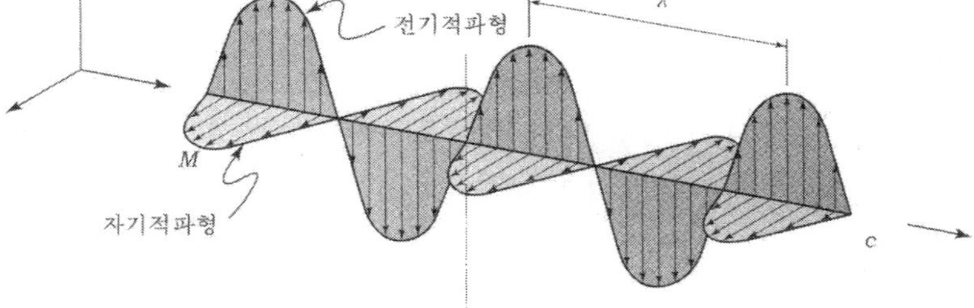

[그림] 18.2 전자파 파형

눈이 지각할 수 있는 스팩트럼의 영역은 단지 0.4 μm ~ 0.7 μm 이다. 자외선(UV) 영역은

스펙트럼 가시영역의 푸른색 끝단에 있으며, 가시영역의 적색에 인접해 있는 스펙트럼대는 적외선(IR) 영역이다. 이 적외선 영역은 근적외, 중적외, 열적외로 나뉜다.

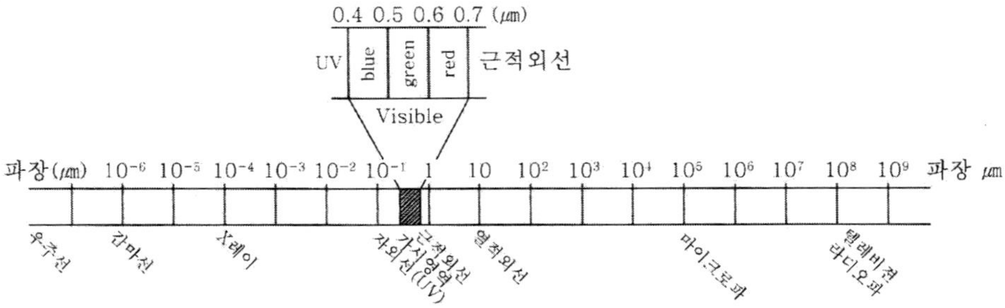

[그림] 18.3 전자파 스펙트럼

[표] 18.1 전자파 스펙트럼 구분

밴드명	파장대	비 고
감마선(γ ray)	〈 0.03 nm	태양의 감마선은 대기 중에서 완전히 흡수되며, 방사성 광물에서 나오는 감마선은 저고도 항공기로 탐지할 수 있다.
X-선(X ray)	0.03~3 nm	대기 중에서 완전히 흡수되며, 의학적 목적으로 인공적으로 생성하여 사용한다.
자외선(ultraviolet, UV)	3 nm~0.4 μm	0.3 μm 이하는 오존에 의해 거의 흡수된다.
가시광선(visible)	0.4~0.7 μm	인간의 눈으로 감지할 수 있는 파장대이다.
푸른색(blue)	0.4~0.5 μm	
초록색(green)	0.5~0.6 μm	빛의 3원색
적색(red)	0.6~0.7 μm	
적외선(infrared, IR)	0.7~300 μm	3 μm를 경계로 반사적외선과 방사적외선 구분
근적외선(near-IR)	0.7~1.3 μm	
중적외선(mid-IR)	1.3~3 μm	단파장적외선(shortwave-IR)이라고도 한다.
열적외선(thermal-IR)	3~15 μm	원적외선(far-IR)이라고도 한다.
마이크로파(microwave)	0.3~300 cm	능동적 시스템에서 레이다(radar)라고 부른다.
Ka	0.8~1.1 cm	40~26.5 GHz
K	1.1~1.7 cm	26.5~18 GHz
Ku	1.7~2.4 cm	18~12.5 GHz
X	2.4~3.8 cm	12.5~8 GHz
C	3.8~7.5 cm	8~4 GHz
S	7.5~15 cm	4~2 GHz
L	15~30 cm	2~1 GHz
P	30~100 cm	1~0.3 GHz

18.2.2 물체의 분광반사 특성

(1) 물체는 입사된 전자파에너지를 반사, 흡수, 전도시키며, 또는 자체적인 전자파에너지를 복사한다. 원격탐사는 이 중에서 반사 또는 복사되는 에너지를 취득한다.

(2) 물체는 고유의 반사 및 복사 특성을 나타내며, 이것은 파장에 따라 다르다. 따라서 원격탐사에서는 이 정보를 여러 파장대로 나누어 관측하는 것이 보다 효과적이다.

(3) 분광반사 특성의 고려 사항

1) 같은 물체라도 물체의 상태(함수량, 활력도 등)에 따라 반사율이 다르게 나타나므로, 이로부터 물체의 종류 및 상태에 대한 평가를 할 수 있다.

2) 같은 물체라도 공간적 위치(spatial effect) 및 관측시기(temporal effect)에 따라 다르다. → 자동 분석이 어렵고, 참조자료가 필요

3) 센서의 제한된 공간해상력으로 혼합화소(mixed pixel) 현상이 발생한다.
⇨ 분류 정확도 저하의 원인

4) 파장대별 주요 응용 분야

① 가시광선 : 연안수 조사, 엽록소에 따른 식생의 구분 등

② 근적외선 : 육역과 수역의 구분, 토양과 식생의 구분, 농작물의 작황조사 등

③ 중적외선 : 지질학적 연구(광물조사)

④ 열적외선 : 지표의 온도조사

⑤ 마이크로파 : active sensor에 의한 조사

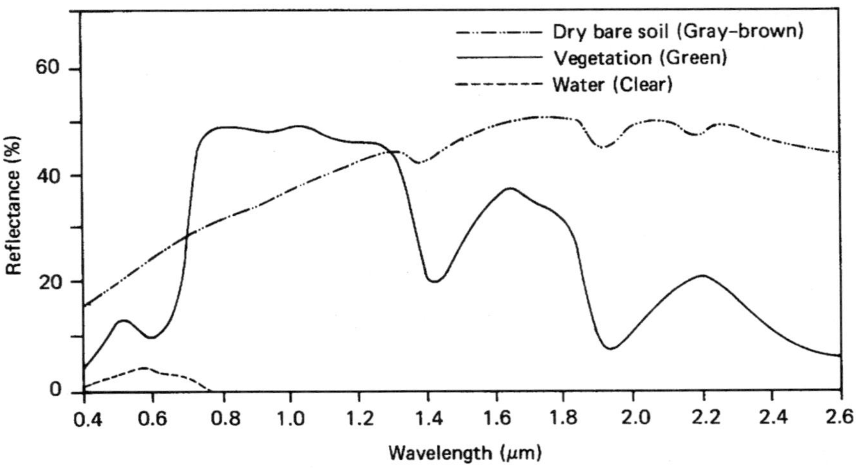

[그림] 18.4 토양, 식생, 물의 전형적인 분광반사율 곡선

5) 대기에 의한 영향

① 흡수 : 대기 중의 수증기, 이산화탄소, 오존 등이 특정한 파장대의 전자파에너지를 흡수 → 대기의 창(atmospheric window) 영역만 관측 가능

② 산란

- Rayleigh 산란 (대기의 분자, 미립자 영향)
- Mie 산란 (수증기, 먼지 영향)
- nonselective 산란 (안개, 구름의 물방울 영향)

18.2.3 센서에 의한 자료획득

(1) A/D 변환(Analog-to-Digital conversion) 과정

센서에 감지된 전자파의 전기적 신호를 일정시간 간격으로 추출하여 정수값으로 정량화(이진코드방식, 6 bit=0~63, 7 bit=0~127, 8bit=0~255)

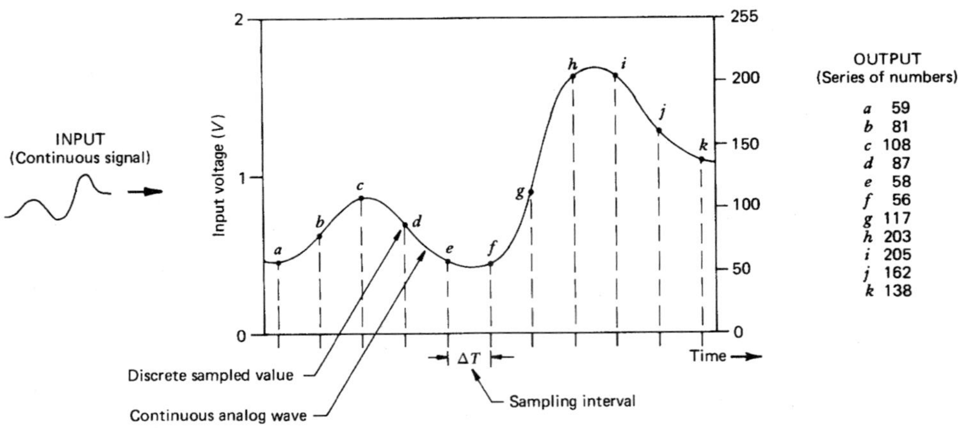

[그림] 18.5 A/D 변환 과정

(2) 해상력(resolution)

- 공간해상력(spatial resolution) : 1 화소가 대표하는 지상면적

위성고도, 스캐닝 속도(노출시간), 밴드의 위치 및 폭 등에 영향을 받는다.

- 방사해상력(radiometric resolution) : 반사율의 미세한 차이를 구별할 수 있는 능력
  A/D 변환시 몇 bit로 정량화 하느냐에 따라 결정된다.
- 분광해상력(spectral resolution) : 밴드의 폭 또는 밴드 수
  밴드의 폭이 좁을수록, 밴드의 수가 많을수록 분광해상력이 좋다.
- 주기해상력(temporal resolution) : 동일 지역을 얼마나 자주 관측할 수 있는가의 정도
  변화 추출에 관한 연구시 중요한 고려 요소

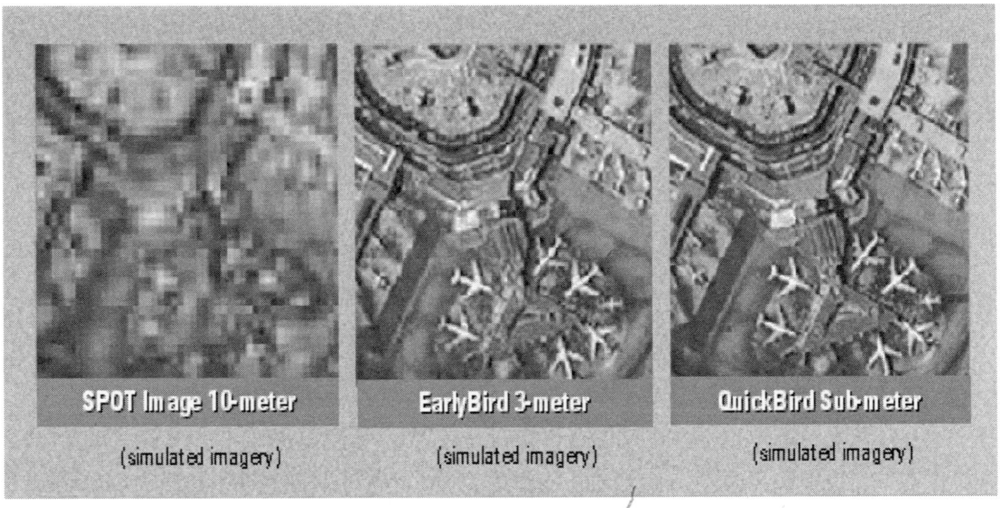

[그림] 18.6 해상력

이러한 해상력들은 서로 반비례하는 경향이 있으므로, 연구목적에 따라 적절한 선정기준을 채택하여 자료를 선택하는 것이 중요하다.

(3) 에너지원에 따른 센서의 구분

- 수동적(passive) 센서 : 자연적으로 이용 가능한 에너지를 감지하는 센서
  (적외선파장 이하의 전자파에너지를 수집하는 대부분의 센서)
- 능동적(active) 센서 : 센서가 자체적인 에너지원을 생성하여 이를 물체에 쏘아 반사되는 에너지를 감지하는 센서 (레이더 센서)

18.3 지구자원 탐사위성

18.3.1 위성개발 동향

- 1957년 소련 SPUTNIK 1호 발사(최초 인공위성)
- 1960년 미국 TIROS 1호 발사(최초 기상위성)
- 1972년 미국 Landsat 1호 발사(최초 지구자원탐사위성)
- 1986년 프랑스 SPOT 1호 발사
- 1990년대부터 레이다 센서 등장
- 1992년 미국 "Open Skies" 정책 발표 ⇒ 상업적 목적의 고해상도 센서 개발
- 1991년 유럽 ERS 발사(최초 레이더 탑재 지구관측위성)
- 1995년 캐나다 Radarsat 발사(SAR 탑재 지구관측위성)
- 1995년 한국 무궁화호 발사(한국 최초의 통신위성)
- 1999년 미국 IKONOS 발사(고해상도 지구관측위성)
- 1999년 한국 아리랑 1호 발사(한국 최초의 다목적 위성)
- 2000년 미국 Quickbird, Orbview(1 m 이하 급의 고해상도 위성)
- 2006년 한국 아리랑 2호 발사(1 m 급의 고해상도 위성)
- 2012년 한국 아리랑 3호 발사(1 m 이하 급의 고해상도 위성)

(1) Landsat

미국에서 지구자원탐사목적으로 1972년 7월 23일에 1호가 발사를 시작으로 현재 8호까지 발사되어 운용되고 있다. 1세대 1, 2, 3호는 2개의 센서를 탑재하고 있다. 2세대 Landsat은 1982년에 4호 발사로 시작되었고 MMS(Multispectral Scanner)에 TM(Thematic Mapper)이 추가되었다. 6호는 행방불명되었고 7호 15 m 펜크로매틱 밴드(0.52~0.90 μm)와 30 m 다중분광밴드와 60 m 열밴드 센서가 있다.

(2) SPOT

프랑스, 스웨덴, 벨기에가 공동으로 개발한 최초의 상업목적 위성으로 30개국의 지상수신소를 가지고 있으며 최초로 pushbroom 스태닝방식의 선형배면센서를 채택하였다.

±27° 의 경사 스캐닝이 가능하므로 입체모델을 형성하여 지형도 제작이 가능하다. SPOT1호는 1986년 2월 22일에 발사되었으며 2002년 5월 4일에는 발사된 SPOT5호는 2.5 m, 5 m 그리고 10 m 해상도를 가지고 있다.

(3) IKONOS

1 m급의 고해상도 영상을 제공하는 IKONOS는 1999년 4월 27일에 처음 1호가 발사되었으나 궤도진입에 실패하였고, 곧바로 9월 24일에 2호를 발사하여 궤도진입에 성공하였다. IKONOS-2는 최초의 상업용 고해상도 위성으로 1 m 해상도의 흑백 센서와 4 m 해상도의 칼라 센서를 탑재하고 있다.

(4) Quickbird

2001년 10월에 발사된 퀵버드 위성은 1 m 이하의 해상도 영상, 지리적 정확성, 대용량 자료 저장을 제공하고 있다. 0.61 m 흑백 센서와 2.4 m 칼라 센서를 탑재하고 있다.

(5) 아리랑위성(Kompsat)

1999년 12월 발사된 아리랑 1호는 지구관측용 다목적 실용위성으로, 지상에서 6.6 m의 해상도를 갖는 전자광학 카메라와 해양관측이 가능한 저해상도 카메라를 탑재하고 있다. 2006년 7월 28일에는 아리랑 2호를 발사함으로써 우리나라가 지구관측위성분야에서는 세계적 수준의 위성개발 국가권으로 진입하게 되었다.

지구 상공 685 km의 궤도를 하루 열네 바퀴 반씩 선회하는 아리랑 2호는 총 2,633억 원의 개발비를 들였으며 1999년부터 7년의 개발 기간이 소요되었다. 위성에 탑재된 MSC(Multi Spectral Camera)는 해상도 흑백 1 m급, 칼라 4 m급이다.

[표] 18.2 지구자원 탐사위성 현황

관할기관	위성명	발사일	센서명	밴드(수)	해상력	관측폭
NASA (미국)	Landsat-7	1999. 4	ETM+	P(1) V(3), N(1), M(2) T(1)	15 m 30 m 60 m	185 km
	EO-1	2000. 11	ALI	P(1) V(4), N(3), M(2)	10 m 30 m	37 km
			Hyperion	220밴드	30 m	7.5 km
			LAC	256밴드	250 m	185 km
CNES (프랑스)	SPOT-4	1998. 3	HRVIR (2대)	P(1) V(2), N(1), M(1)	10 m 20 m	60 km
			Vegetation	V(2), N(1), M(1)	1 km	2,250 km
	SPOT-5	2002	HRG (2대)	P(1) V(2), N(1) M(1)	2.5 m/5 m 10 m 20 m	60 km

ISRO (인도)	IRS-1C IRS-1D	1995. 12 1997. 9	Pan	P(1)	5.8 m	70 km
			LISS-Ⅲ	V(2), N(1) M(1)	23.5 m 70.5 m	142 km
			WiFS	V(1), N(1)	188 m	810 km
Space Imaging (미국)	IKONOS-2	1999. 9	Kodak 카메라	P(1) V(3), N(1)	1 m 4 m	13 km
Digital Globe (미국)	QuickBird-2	2001. 10	Pushbroom Array	P(0.61) V(2.4)	0.61 m 2.4 m	22 km
OrbImage (미국)	OrbView-3 OrbView-4	2001		P(1) V(3), N(1)	1 m 4 m	8 km
			(4호에만)	200밴드	8 m	5 km
European Space Agency	ERS-2	1995. 4	SAR	5.3 GHz	30 m	100 km
	Envisat	2001	ASAR	5.3 GHz	30 m	100 km
NASDA (일본)	JERS-1	1992. 2 98. 10 정지	SAR	1.275 GHz	18 m	75 km
			OPS	V(2), N(2), M(4)	18×24 m	75 km
	ALOS	2002	PRISM	P(1)	2.5 m	35 km/70 km
			AVNIR-2	V(3), N(1)	10 m	70 km
			PALSAR	1.27 GHz	10 m/20 m	70 km
CSA (캐나다)	Radarsat-1	1995. 11	SAR	5.3 GHz	28 m	100 km
RSA (러시아)	COSMOS KOMETA	1987 이후	TK350	P(1)	10 m	200×300 km
			KVR-1000 (SPIN-22)	P(1)	2 m	40×40 km
인공위성연구센터 (한국)	KITSAT-3 우리별 3호	1999. 5	CCD방식	V(2), N(1)	15 m	50 km
항공우주연구소(한국)	KOMPSAT-1 아리랑 1호	1999. 12	EOC	P(1)	6.6 m	17 km
			OSMI	V(5), N(1)	1 km	800 km
	KOMPSAT-2 아리랑 2호	2006	MSC	P(1) V(3), N(1)	1 m 4 m	15 km

※ P : Panchromatic(전정색), V : Visible(가시광선), N : Near-infrared(근적외선)
M : Mid-infrared(중적외선), T : Thermal-infrared(열적외선)

18.3.2 지구자원 탐사위성의 일반적 궤도

(1) 태양동주기궤도(sun-synchronous orbit)

→ 각 궤도에서 위성의 적도 통과 시각이 동일(보통 오전 9시 30분~ 10시 30분)

(2) 극궤도 운동(궤도경사각 98° 정도)

(3) 고도 500 ~ 900 km(일주시간 약 100분)

18.3.3 센서의 주사방식

(1) whisk-broom scanner(초기 방식)

위성 진행방향에 직각으로 주사경을 회전시켜 순차적으로 관측

(2) push-broom scanner(최근 경향)

수천 개의 CCD(Charge Coupled Device)를 선형으로 배열

경사관측 가능 → 입체 영상 취득 → DEM 추출 및 지형도 제작

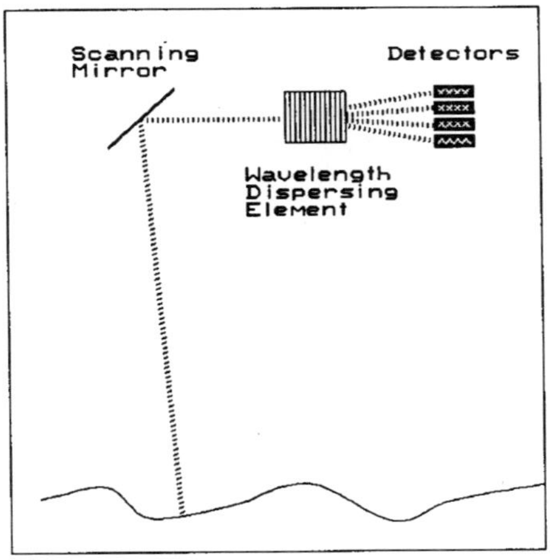

[그림] 18.7 whisk-broom scanner

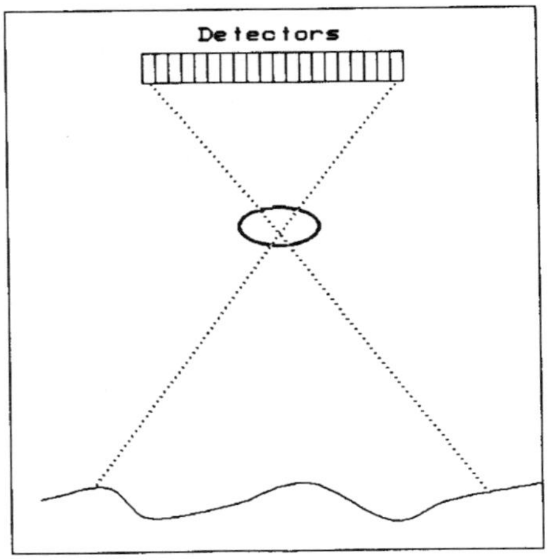

push-broom scanner

18.4 수치영상처리(digital image processing)

수치영상처리의 일반적 과정은 데이터 저장 → 전처리과정 → 강조처리과정 → 분류과정 → 분석 및 모델링 순서로 진행된다.

18.4.1 데이터 저장

(1) CCT(Computer Compatible Tape) 또는 CD로 판매
기록방식 : BIL(Band Interleaved by Line) 포맷
BSQ(Band Sequential) 포맷
HDF(Hierarchical Data Format) 포맷
(2) 사용 S/W의 파일관리 구조에 맞는 포맷으로 하드디스크에 저장

18.4.2 전처리과정

(1) 방사보정(radiometric correction)

1) detector 들 간의 미세한 감도차의 영향 보정 : 지상 수신소에서 처리
2) 잡음(noise) 제거, 그림자 영향 보정
3) 태양고도의 영향 보정 : 모자이크시 계절적 영향 보정

(2) 기하보정(geometric correction)

1) 데이터 취득 당시의 위성의 자세, 지구의 자전, 지구곡률 등의 영향을 보정 (bulk 보정) 일반 지도의 투영법과 같은 좌표체계가 되도록 보정 (정밀보정)
2) 지상기준점(GCP : Ground Control Point) 선정
⇨ 영상좌표와 지상좌표를 관측한 후, 두 좌표계 간의 변환식을 설정하여 재배열
3) 주로 affine 변환식 사용($u=ax+by+c$, $v=dx+ey+f$)
대상영역이 넓을 경우에는 2차 이상의 고차 다항식 사용
4) 화소값의 재배열(resampling) 방법
- nearest neighbour : 가장 가까운 화소값 선택
- bilinear interpolation : 인접 4개 화소값의 가중 평균값 계산 (가장 보편적)
- cubic convolution : 인접 16개 화소값 이용

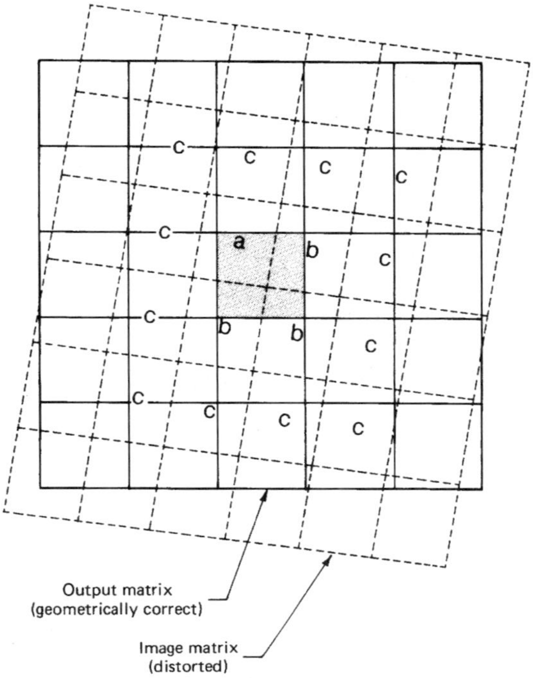

[그림] 18.8 기하보정

18.4.3 강조처리과정(enhancement)

효과적인 시각적 판단, 효율적 분류작업의 수행을 위하여 실시

(1) contrast 조정

1) 모니터로 출력시 시각적 강조
2) 농담 분할처리, contrast stretching 등

(2) 특징 추출

1) 필터링(filtering) : 각각의 화소에 대하여 주변 화소값을 참조하여 강조처리
   → 경계선 강조처리, smoothing
2) fourier 변환 : 빈도 수를 기초로 변환

(3) 밴드 간 연산처리

1) 두 개 이상의 밴드 데이터를 이용하여 연산처리
2) 비연산처리(ratioing) : 그림자 영향 소거
3) 주성분 분석(principal component analysis) : 데이터 압축
4) IHS(intensity-hue-saturation)변환 : 해상력이 다른 데이터의 융합

18.4.4 분류과정(classification)

영상을 응용목적에 따라 여러 개의 class로 단순화시켜 주제정보를 추출

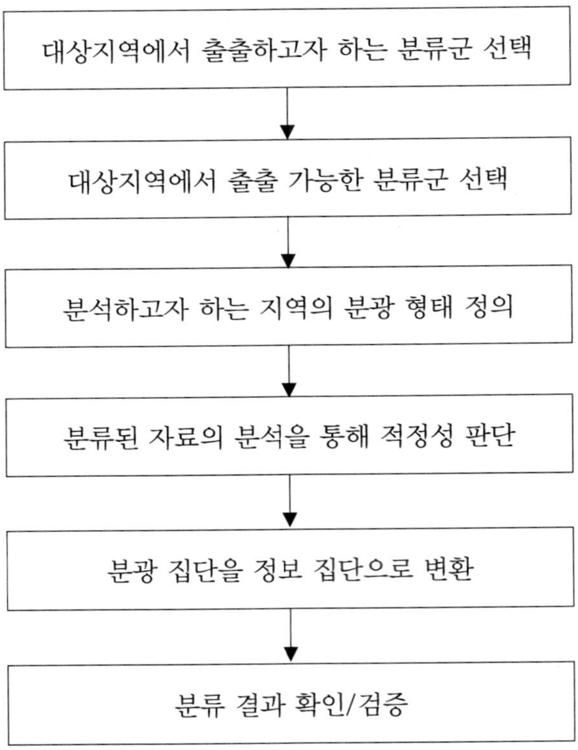

[그림] 18.9 분류과정

(1) 감독분류(supervised classification)

1) training 단계

① 분류하려는 class의 종류를 선정

② 각 class 별로 확실한 영역(training field) 설정(지도나 GIS 자료 등의 참조자료 이용, 현장조사)

③ 각 class 별 통계특성(statistic signature) 자료 작성

④ training data는 이후 분류단계의 결과에 직접적으로 영향을 미치므로 신중히 선택해야 하며, 보통 시행착오 방법을 거치게 된다.

2) 분류 단계

위의 통계특성 자료를 이용하여 일정한 기준에 의하여 모든 화소들을 순차적으로 분류

① 최단거리법(minimum distance classifier)

- 각 class의 평균값을 기준으로 각 화소값과의 차(거리)를 계산한 후, 이 중 가장 짧은 거리의 class로 분류.
- 각 class의 분산에 민감하지 못하므로 잘못 분류할 확률이 크다.

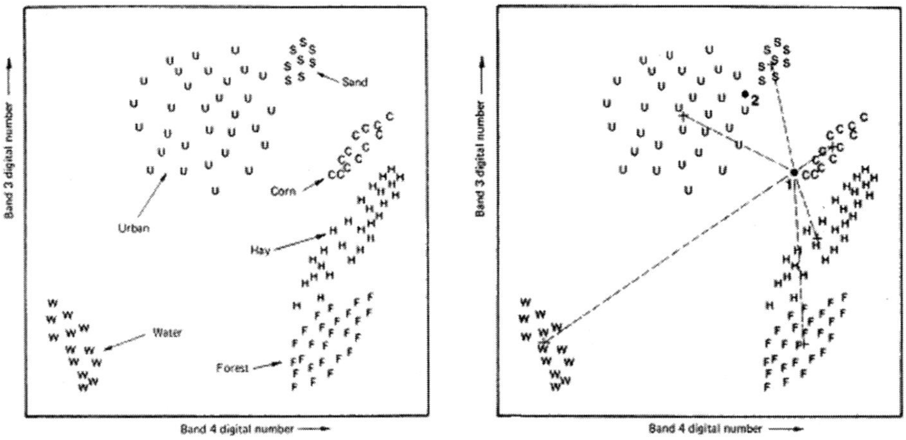

[그림] 18.10 training 단계와 최단거리법

② 평행육면체법(parallelepiped classifier)

- 각 class의 평균과 표준편차를 기초로 상한 및 하한 영역값을 설정한 후, 각 화소

가 속하는 영역의 class로 분류
- 각 class의 영역이 겹치는 경우 문제 발생

③ 최대우도법(maximum likelihood classifier)
- training data가 정규분포를 따른다고 가정
- 각 class의 평균과 공분산행렬을 계산한 후, 확률밀도함수를 이용하여 각 화소를 확률이 가장 높은 class로 분류
- 각 class의 분산뿐만 아니라 상관관계에도 민감, 가장 정확

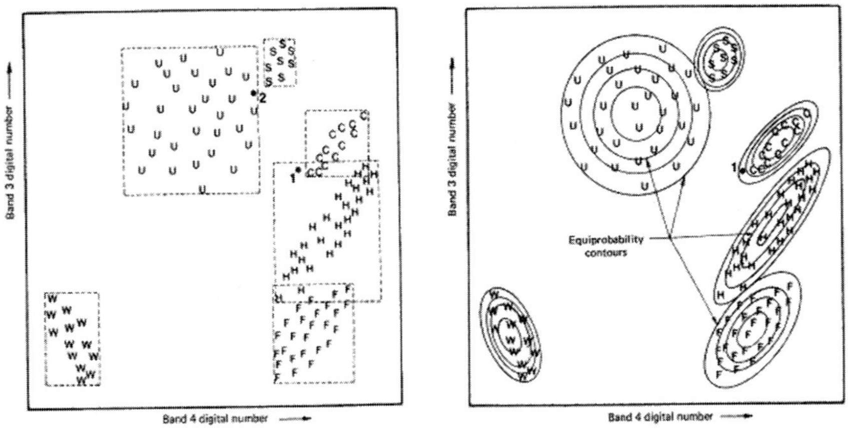

[그림] 18.11 평면육면체법과 최대우도법

(2) 무감독분류(unsupervised classification)

1) 임의로 각 cluster의 중심을 설정한 후, 데이터 자체의 분포를 분석하여 최적중심을 찾을 때까지 반복 계산하여 분류
2) 이때 분류된 각 cluster는 독립된 class라고 단정할 수는 없다.
3) training field를 전혀 설정할 수 없는 경우나, 감독분류를 실시하기 전에 분류 가능한 class의 수를 결정하기 위하여 주로 사용

18.4.5 분석 및 모델링

감독분류의 결과는 training field의 영향을 많이 받으므로 training field의 선정이 매우 중요하다. 따라서 분류된 결과에 대해서는 현지 조사 등을 통하여 분류 정확도를 검증해야 하며, 시행착오적 반복 분석으로 진행되는 것이 보통이다.

최종적인 결과는 하나의 주제에 대한 공간정보로서 GIS의 데이터로 활용되며, 다른 주제정보와 결합되어 다양한 분석을 할 수 있다.

18.5 원격탐사 데이터의 활용

18.5.1 주제도 제작

(1) 토지이용현황도, 임상도, 녹지자연도, 토양도, 지질도 등
(2) 하이퍼 분광영상의 활용시 더욱 상세한 주제도 제작 가능

18.5.2 DEM 및 지형도 제작

(1) 입체영상 취득 → 해석적 표정 → DEM 자동 생성 → 정사영상(지형도) 제작
(2) DEM을 이용한 사면방향 분석, 경사도 분석, 가시권 분석, 통신선로・전파중계소 등의 입지 분석
(3) DEM을 활용한 3차원 위성영상조감도 제작 및 3차원 시뮬레이션을 통한 지형분석
(4) 정사영상을 이용한 지형도 검수 및 수정보완, 영상지도 제작, 지적도 현황 파악
(5) 고해상도위성의 개발 추세에 따라 향후 위성영상을 이용한 지형도 제작의 활성화 예상

18.5.3 환경 관리

(1) 시계열적 분석을 통한 녹지량 변화추세 및 식생천이, 생물서식지 변화 등의 모니터링
(2) 간척지 및 매립지에 대한 환경변화, 온도 변화, 수질 변화 등의 환경 모니터링
(3) 도시화에 따른 온난화 현상, 원자력 발전소 건설에 따른 해수의 온도변화 추적
(4) 습지자원 관리 및 환경보존계획, 수자원 관리계획 등의 수립
(5) 하이퍼 분광영상의 활용시 더욱 다양하고 미세한 분석 가능

18.5.4 재난 관리

(1) 홍수 피해 현황조사, 유출수문곡선 해석에 활용을 통한 홍수 예방
(2) 산사태 피해 현황조사, 산사태 발생인자 분석에 활용을 통한 재해위험지역 예측
(3) 농작물 또는 수목의 병충해 피해 현황조사

18.5.5 도로/시설물 관리

(1) 위성영상 위에 도로/시설물의 중첩 도시를 통하여 도로의 신설 및 선형변경 상황 파악, 불법 시설물의 파악 → 효율적 유지관리 도모
(2) 도로 신설을 위한 노선계획, 관로계획 등에 활용
(3) 대규모 토목공사의 진행 상황 관리
(4) 고해상도 위성영상의 보급에 따라 도로/시설물 관리 분야에의 활용이 증가될 것임

저/자/소/개

강영미 우송정보대학 철도토목과

조성호 전) 충남대학교 건설공학교육과

개정증보

❙ 측량학 ❙

2판 1쇄 발행 2020년 2월 10일

저 자 | 강영미 · 조성호
발 행 인 | 서철종
발 행 처 | 지우북스
주 소 | 경기도 고양시 일산서구 강성로 147 동문시티프라자 814호
전 화 | 031-915-6670(代)
팩 스 | 031-915-6671
이 메 일 | jwbooks@nate.com
홈페이지 | www.jwbooks.co.kr
출판등록 | 2017년 2월 16일 제 410-2017-000032 호

ISBN 979-11-88673-53-7

정가 25,000원